INHALTSVERZEICHNIS

ERSTER TEIL / THEORIE

ZWEITER TEIL / ANWENDUNGEN

ERSTER TEIL / THEORIE

ERSTER ABSCHNITT: KUBISCHE GLEICHUNGEN

§ 1. Die reinkubische Gleichung

Die einfachste kubische Gleichung heißt

$$x^3 = 1.$$

Man sieht sofort, daß sie die Wurzel $x = 1$ besitzt. Es läßt sich aber leicht zeigen, daß sie noch zwei weitere Wurzeln hat. Bedenkt man nämlich, daß nach der bekannten Identität

$$a^3 - b^3 = (a - b)\,(a^2 + ab + b^2)$$

$$x^3 - 1 = (x - 1)\,(x^2 + x + 1)$$

ist, so erkennt man, daß außer der ursprünglichen Schreibung

$$x^3 - 1 = 0$$

unserer Gleichung noch eine zweite Schreibweise existiert:

$$(x - 1)\,(x^2 + x + 1) = 0.$$

Und hieraus folgt, daß auch die beiden Wurzeln der quadratischen Gleichung

$$x^2 + x + 1 = 0$$

die Ausgangsgleichung befriedigen. Die Wurzeln der quadratischen Gleichung sind

$$\omega = (-1 + i\sqrt{3})/2 \quad \text{und} \quad \overline{\omega} = (-1 - i\sqrt{3})/2,$$

wo i die imaginäre Einheit bedeutet; und zwar ist $\overline{\omega}$ der konjugierte Wert von ω. Die zweite Wurzel $(\overline{\omega})$ der quadratischen Gleichung läßt sich auch sehr einfach rational durch die erste ausdrücken, wenn man will, sogar auf drei Weisen:

$$\overline{\omega} = -1 - \omega, \qquad \overline{\omega} = 1/\omega, \qquad \overline{\omega} = \omega^2.$$

Die beiden ersten dieser Formeln folgen sofort aus den beiden Wurzel-Koeffizienten-Beziehungen für die quadratische Gleichung, die dritte folgt aus der ersten in Verbindung mit $\omega^2 + \omega + 1 = 0.$

Natürlich läßt sich das Formeltripel auch sofort vermöge der für ω und $\overline{\omega}$ angegebenen Werte gewinnen.

Die Probe bestätigt, daß ω und $\overline{\omega}$ Wurzeln der Ausgangsgleichung sind, daß also

$$\omega^3 = 1 \quad \text{und} \quad \overline{\omega}^3 = 1$$

ist. In der Tat: zunächst ist $\omega^3 = \omega^2 \cdot \omega = \overline{\omega} \cdot \omega = 1$, sodann $\overline{\omega}^3 = (\omega^2)^3 = (\omega^3)^2 = 1^2 = 1$.

Das **Ergebnis** unserer Betrachtung lautet:

Die kubische Gleichnng $x^3 = 1$ hat drei Wurzeln:

$$x = 1, \qquad x = \omega, \qquad x = \omega^2$$

oder, wie man auch schreiben kann,

$$x = \omega, \qquad x = \omega^2, \qquad x = \omega^3.$$

Da man aus der Ausgangsgleichung

$$x = \sqrt[3]{1}$$

folgert und ihre Wurzel demgemäß als **Dritte Einheitswurzel** bezeichnet, so können wir auch sagen:

Es gibt drei Dritte Einheitswurzeln:

$$1, \quad \omega, \quad \omega^2.$$

Zusatz. Man achte darauf, daß die Folge $1, \omega, \omega^2, \omega^3, \omega^4, \omega^5 \ldots$ der Potenzen von ω **periodisch** ist, insofern sich die Werte der sukzessiven Folgeglieder nach je drei Schritten wiederholen:

$$\omega^3 = 1, \ \omega^4 = \omega, \ \omega^5 = \omega^2, \ \omega^6 = 1, \ \omega^7 = \omega, \ \omega^8 = \omega^2 \quad \text{usw.}$$

Darstellung der Dritten Einheitswurzeln als Ecken eines regulären Dreiecks.

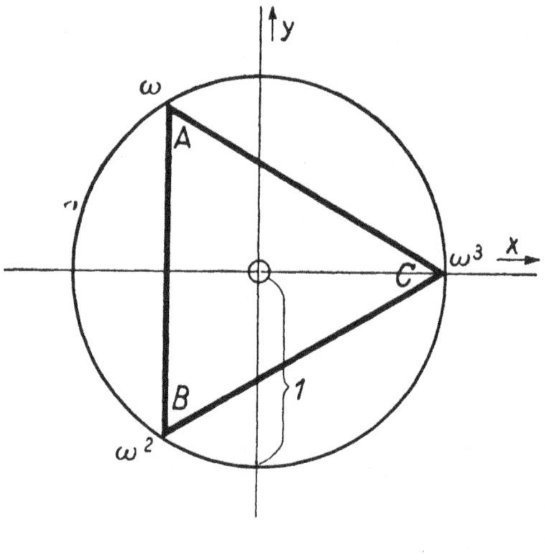

Werden die drei Dritten Einheitswurzeln $\omega^1, \omega^2, \omega^3$ als „Zahlen der Gaußebene" (komplexen Zahlenebene) konstruiert, so bilden sie, wie die Figur zeigt, die drei Ecken A, B, C eines dem Einheitskreise $x^2 + y^2 = 1$ einbeschriebenen gleichseitigen Dreiecks.

Bei Benutzung der drei Dritten Einheitswurzeln ist die Bestimmung der Wurzeln der allgemeinen reinkubischen Gleichung

$$x^3 = K,$$

in welcher K eine beliebig gegebene Konstante bedeutet, einfach.

Es sei k eine Zahl, deren Kubus K ist (man nennt k kurzweg „die" Kubikwurzel aus K); dann geht die kubische Gleichung in

$$x^3 = k^3$$

über. Diese Gleichung hat, wie man ohne weiteres erkennt, die drei voneinander verschiedenen Wurzeln

$$\alpha = k, \qquad \beta = k\omega, \qquad \gamma = k\omega^2.$$

Andere Wurzeln hat sie nicht, da aus ihrer Schreibung

$$(x - k)(x^2 + kx + k^2) = 0$$

hervorgeht, daß sie genau drei Wurzeln hat.

Summe ist das ohne weiteres ersichtlich, für das Produkt entsteht der Wert

$$u^2 + v^2 + (\omega + \omega^2)\, uv = u^2 + v^2 - uv$$
$$= (u^3 + v^3)/(u + v) = (U + V)/(u + v) = j/\Gamma = \Gamma^2 - 3\,i,$$

wie behauptet wurde.

Die angegebene Darstellung von A, B, Γ als Linearaggregate von u und v ergibt sich auch ohne weiteres aus dem für die Wurzel von (2) oben gefundenen Werte

$$\sqrt[3]{U} + \sqrt[3]{V},$$

wenn man die Dreideutigkeit der Kubikwurzel berücksichtigt. Man bekommt dadurch für $\sqrt[3]{U}$ die drei Werte u, ωu, $\omega^2 u$, für $\sqrt[3]{V}$ die drei Werte v, ωv, $\omega^2 v$. Da aber die beiden Bestandteile des die Wurzel von (2) bildenden Binoms das Produkt i haben müssen, so sind nur die drei Zusammenstellungen

$$u + v, \qquad \omega u + \omega^2 v \qquad \text{und} \qquad \omega^2 u + \omega v$$

brauchbar, im Einklange mit dem Obigen.

Wir haben hier den Nachdruck auf die Ermittlung der Wurzeln A, B, Γ der reduzierten Gleichung

$$X^3 = 3\,i\,X + j$$

gelegt. Das ist berechtigt, insofern die Wurzeln α, β, γ der vorgelegten Gleichung

$$a x^3 + b x^2 + c x + d = 0$$

auf Grund der Substitution

$$X = 3\,a x + b$$

sich ohne weiteres aus

$$A = 3\,a\alpha + b, \qquad B = 3\,a\beta + b, \qquad \Gamma = 3\,a\gamma + b$$

ergeben.

Wir haben also den

Fundamentalsatz:

Die allgemeine kubische Gleichung

$$\boldsymbol{a x^3 + b x^2 + c x + d = 0}$$

hat drei Wurzeln α, β, γ;

Diese ergeben sich aus den drei Wurzeln A, B, Γ der reduzierten Gleichung

$$\boldsymbol{X^3 = 3\,i\,X + j}$$

mit $\boldsymbol{i = b^2 - 3\,ac}$, $\boldsymbol{j = 9\,abc - 27\,a^2 d - 2\,b^3}$

zu $\boldsymbol{\alpha = (A - b)/(3\,a)}$, $\boldsymbol{\beta = (B - b)/(3\,a)}$, $\boldsymbol{\gamma = (\Gamma - b)/(3\,a)}$.

Beispiele.

1. $$x^3 + 3\,x^2 - 15\,x - 52 = 0$$

Hier ist $a = 1$, $b = 3$, $c = -15$, $d = -52$, $i = 54$, $j = 945$.

Die reduzierte Gleichung heißt

$$X^3 = 162\,X + 945 \qquad (\text{mit } X = 3\,x + 3),$$

die zugehörige quadratische Resolvente

$$W^2 - 945\,W + 157\,464 = 0.$$

Ihre Wurzeln sind

$U = 729$ und $V = 216$, so daß $u = 9$, $v = 6$

und die erste Wurzel der reduzierten Gleichung

$$X = \Gamma = u + v = 15$$

wird. Die anderen beiden Wurzeln A und B bestimmen sich aus der quadratischen Gleichung

$$X^2 + 15\,X + 63 = 0$$

zu

$$A = (-15 + 3\,r\varepsilon)/2, \qquad B = (-15 - 3\,r\varepsilon)/2,$$

wo r die Quadratwurzel aus 3 und ε die imaginäre Einheit bedeutet. Schließlich erhalten wir (der Substitution $X = 3\,x + 3$ zufolge) die Wurzeln der vorgelegten Gleichung zu

$$\alpha = (-7 + r\varepsilon)/2, \qquad \beta = (-7 - r\varepsilon)/2, \qquad \gamma = 4.$$

2. $$3\,x^3 - 5\,x^2 + 4\,x + 2 = 0.$$

Hier ist $i = -11$ und $j = -776$, und die reduzierte Gleichung wird

$$X^3 = -33\,X - 776 \qquad \text{mit } X = 9\,x - 5.$$

Die quadratische Resolvente heißt

$$W^2 + 776\,W - 1331 = 0,$$

und ihre Wurzeln sind

$$U = -388 + 225\,r \quad \text{und} \quad V = -388 - 225\,r \qquad \text{mit } r = \sqrt{3}.$$

Wegen der zur Bestimmung der beiden Bestandteile $u = \sqrt[3]{U}$ und $v = \sqrt[3]{V}$ erforderlichen numerischen Rechnungen schlagen wir zur Ermittlung von u und v einen etwas bequemeren Weg ein, von der Vermutung ausgehend, daß in Ansehung der beiden Relationen

$$u^3 = -388 + 225\,r, \qquad v^3 = -388 - 225\,r$$

und der Beziehungen

$$uv = -11, \qquad u^3 + v^3 = -776$$

u und v die Formen

$$u = h + kr, \qquad v = h - kr$$

mit ganzzahligen Koeffizienten h und k haben werden.

Diese Ansätze liefern (in $uv = -11$ und $u^3 + v^3 = -776$ substituiert) für h und k die beiden Bedingungen

$$h^2 - 3\,k^2 = -11 \quad \text{und} \quad h^3 + 9\,hk^2 = -388.$$

Die einfachste Lösung $h = \pm 1$, $k = \pm 2$ der ersten Bedingung paßt nicht für die zweite Bedingung, wohl aber die nächsteinfache Lösung $h = \pm 4$, $k = \pm 3$, und zwar mit den Vorzeichen $h = -4$, $k = +3$. So bekommen wir

$$u = -4 + 3\,r, \qquad v = -4 - 3\,r$$

und hieraus die drei Wurzeln der reduzierten Gleichung

$$A = \omega u + \omega^2 v = 4 + 3\,r\,(\omega - \omega^2) = 4 + 9\,\varepsilon, \qquad B = 4 - 9\,\varepsilon, \qquad \Gamma = -8$$

$$[\text{mit } \varepsilon^2 = -1].$$

Der Substitution $X = 9\,x - 5$ entsprechend sind dann die Wurzeln der vorgelegten Gleichung

$$\alpha = 1 + \varepsilon, \quad \beta = 1 - \varepsilon, \quad \gamma = -1/3.$$

3. $$2x^3 - 9x^2 + 10x - 3 = 0$$

Hier wird $i = 21$, $j = 162$, und die reduzierte Gleichung lautet

$$X^3 = 63\,X + 162 \qquad \text{mit } X = 6\,x - 9.$$

Die quadratische Resolvente wird

$$W^2 - 162\,W + 9261 = 0.$$

Ihre Diskriminante hat den negativen Wert $81^2 - 9261 = -2700$, so daß die Größen U und V komplex werden:

$$U = 81 + 30\,r\varepsilon, \qquad V = 81 - 30\,r\varepsilon.$$

Damit fallen auch die Γ zusammensetzenden Bestandteile u und v komplex aus. Da aber U und V konjugiert komplex sind, hat die Summe $\Gamma = u + v$ dennoch einen reellen Wert.

Wir setzen versuchsweise

$$u = h + kr\varepsilon, \qquad v = h - kr\varepsilon$$

und haben in Gemäßheit der Relationen

$$uv = i, \qquad u^3 + v^3 = j$$

$$h^2 + 3\,k^2 = 21 \qquad \text{und} \qquad h^3 - 9\,hk^2 = 81.$$

Nach einigem Bemühen findet man $h = -1{,}5$, $k = 2{,}5$

und erhält $u = -1{,}5 + 2{,}5\,r\varepsilon$, $v = -1{,}5 - 2{,}5\,r\varepsilon$.

So entsteht ähnlich wie unter 2. $A = -6$, $B = 9$, $\Gamma = -3$

und hieraus $\alpha = \frac{1}{2}$, $\beta = 3$, $\gamma = 1$.

§ 4. Casus irreducibilis

Wenn — bei reellen Koeffizienten a, b, c, d der Ausgangsgleichung — die Diskriminante $D = j^2 - 4\,i^3$ der quadratischen Resolvente negativ ausfällt, sind ihre beiden Wurzeln U und V und damit auch die Bestandteile u und v der Wurzel Γ konjugiert komplex.

Wie schon das im letzten Paragraphen behandelte Zahlenbeispiel 3. zeigte, sind dann alle drei Wurzeln A, B, Γ reell. Für $\Gamma = u + v$ ist das sofort klar; für A und B folgt es daraus, daß sowohl die beiden Bestandteile ωu und $\omega^2 v$ von A als auch die beiden Summanden $\omega^2 u$ und ωv von B konjugiert komplex sind. Da die älteren Algebraiker die kardanische Formel zwecks Gewinnung der reellen Wurzeln nicht umzuformen wußten, insofern sie das Imaginäre aus der Wurzel

$$\Gamma = u + v = \sqrt[3]{U} + \sqrt[3]{V}$$

nicht zu beseitigen vermochten, nannten sie diesen Fall den casus irreducibilis, und diese Bezeichnung hat sich bis auf den heutigen Tag erhalten, obwohl der Fall für einen z. B. mit Moivres Formel bekannten Leser nichts Irreduzibles mehr darbietet.

Behandlung des casus irreducibilis mittels Moivres Formel

Man bringt die beiden konjugiertkomplexen Zahlen U und V auf die trigonometrische Form:

(1) $$U = R\,(\cos\Phi + \varepsilon\sin\Phi), \qquad V = R\,(\cos\Phi - \varepsilon\sin\Phi),$$

unter R den Betrag, unter Φ den Winkel von U, unter ε die imaginäre Einheit verstanden.

Dann folgt durch Anwendung von Moivres Formel auf $\sqrt[3]{U}$ und $\sqrt[3]{V}$

(2) $u = r(\cos\varphi + \varepsilon\sin\varphi), \qquad v = r(\cos\varphi - \varepsilon\sin\varphi),$

wo r die (positive) Kubikwurzel aus R und φ den dritten Teil von Φ bedeutet. Für die Wurzel Γ der kubischen Gleichung $X^3 = 3iX + j$ entsteht dann

$$\Gamma = 2r\cos\varphi;$$

für die beiden andern Wurzeln A und B erhalten wir

$$A = \omega u + \omega^2 v = \omega r(\cos\varphi + \varepsilon\sin\varphi) + \omega^2 r(\cos\varphi - \varepsilon\sin\varphi) =$$
$$-r\cos\varphi + (\omega - \omega^2) r\varepsilon\sin\varphi = r\left(-\cos\varphi - \sqrt{3}\sin\varphi\right) =$$
$$2r\left[\cos\varphi\cdot(-1/2) - \sin\varphi\cdot\left(\sqrt{3}/2\right)\right] = 2r(\cos\varphi\cos 120^0 - \sin\varphi\sin 120^0) =$$
$$2r\cos(\varphi + 120^0)$$

und ebenso

$$B = \omega^2 u + \omega v = 2r(\cos\varphi\cos 120^0 + \sin\varphi\sin 120^0) = 2r\cos(\varphi - 120^0).$$

Die drei Wurzeln unserer kubischen Gleichung sind demnach die reellen Werte

$$2r\cos\varphi, \qquad 2r\cos(\varphi + 120^0), \qquad 2r\cos(\varphi - 120^0).$$

Die Werte für A und B bekommt man übrigens schneller, wenn man in (1), was wegen der Periodizität der Kreisfunktionen gestattet ist, Φ durch $\Phi + 360^0$ oder durch $\Phi - 360^0$ ersetzt. Dadurch wird in (2) φ durch $\varphi + 120^0$ oder durch $\varphi - 120^0$ ersetzt, und man erhält sofort als Wurzeln $u + v = 2r\cos(\varphi + 120^0)$ bzw. $2r\cos(\varphi - 120^0)$.

Ergebnis:

Ist R der Betrag, Φ der Winkel einer komplexen Wurzel der quadratischen Resolvente, r die Kubikwurzel aus R, φ der dritte Teil von Φ, so hat die kubische Gleichung die drei reellen Wurzeln

$$2r\cos\varphi, \qquad 2r\cos(\varphi + 120^0) \qquad \text{und} \qquad 2r\cos(\varphi - 120^0).$$

Behandlung des casus irreducibilis nach dem Multiplikationssatz der Cosinusfunktion

Wir gehen aus von der reduzierten Gleichung

$$X^3 = 3iX + j,$$

in der wir uns die Koeffizienten i und j als beliebige reelle Zahlen vorstellen, derart, daß

$$j^2 < 4i^3$$

ist.

Wir bringen die kubische Gleichung in Verbindung mit einer ähnlich gebauten kubischen Gleichung aus der Goniometrie.

Nach dem Multiplikationssatze für die Cosinusfunktion für den Multiplikator 3 ist bekanntlich

$$\cos 3\varphi = 4\cos^3\varphi - 3\cos\varphi.$$

Setzen wir also $\cos\varphi = o$, $3\varphi = \Phi$, so haben wir für o die kubische Gleichung

$$8o^3 = 6o + 2\cos\Phi.$$

Um den Koeffizienten von o etwas allgemeiner zu gestalten, multiplizieren wir die Gleichung mit dem Kubus einer vorerst noch unbestimmten Größe r und wählen gleichzeitig (statt o) $2ro = \xi$ als neue „Unbekannte". Dadurch verwandelt sich unsere Gleichung in

$$\xi^3 = 3r^2\xi + 2r^3\cos\Phi.$$

Diese kubische Gleichung nun bringen wir auf folgende Weise mit der Ausgangsgleichung zur Übereinstimmung:
Wir bestimmen einen Betrag r und einen Winkel Φ so, daß

$$r^2 = i \qquad \text{und} \qquad 2\,r^3 \cos\Phi = j$$

wird; dann ist sicher

$$\xi = 2\,r o = 2\,r \cos\varphi \qquad \text{mit } \varphi = \Phi/3$$

eine Wurzel der Ausgangsgleichung.
Für den Betrag ergibt sich sofort

$$r = \sqrt{i}$$

(der Koeffizient i ist positiv, da sonst nicht $j^2 < 4\,i^3$ sein könnte), für Φ entsteht die Berechnungsvorschrift

$$\cos\Phi = j : 2\,r^3 = j : 2\,i\sqrt{i} = \sqrt{j^2 : 4\,i^3}$$

(sie liefert einen reellen Winkel Φ, da $j^2 < 4\,i^3$, der Bruch $j^2 : 4\,i^3$ also ein echter ist).
Auch die andern beiden Wurzeln der vorgelegten Gleichung bekommen wir leicht. Wir brauchen nur Φ durch $\Phi + 360^0$ oder durch $\Phi - 360^0$ zu ersetzen, um in

$$\varphi' = (\Phi + 360^0)/3 = \varphi + 120^0 \qquad \text{und} \qquad \varphi'' = (\Phi - 360^0)/3 = \varphi - 120^0$$

zwei Winkel zu finden, für die

$$\xi' = 2\,r\cos\varphi' \qquad \text{und} \qquad \xi'' = 2\,r\cos\varphi''$$

gleichfalls Wurzeln der vorgelegten Gleichung sind.

Ergebnis:
Im irreduziblen Falle (bei negativem Wert der Koeffizientenverbindung $j^2 - 4\,i^3$) sind die drei Wurzeln der reduzierten Gleichung

$$X^3 = 3\,i\,X + j$$

$$2\,r\cos\varphi, \qquad 2\,r\cos(\varphi + 120^0), \qquad 2\,r\cos(\varphi - 120^0),$$

wo $\quad r = \sqrt{i}, \qquad \varphi = \Phi/3$

ist und der Hilfswinkel Φ durch die Vorschrift

$$\cos\Phi = j/(2\,i\sqrt{i}) = \sqrt{j^2/(4\,i^3)}$$

bestimmt wird.

§ 5. Beziehungen zwischen Koeffizienten und Wurzeln

Da die Wurzeln α, β, γ der kubischen Gleichung

$$ax^3 + bx^2 + cx + d = 0$$

von den Koeffizienten a, b, c, d der Gleichung abhängen, dürfen wir erwarten, daß zwischen den Wurzeln und Koeffizienten einfache Beziehungen bestehen. Diese herzuleiten ist unser nächstes Bestreben.
Wir führen unsere Aufgabe wieder auf die reduzierte Gleichung

$$X^3 = 3\,i\,X + j$$

zurück. Die Beziehungen, die zwischen ihren Wurzeln A, B, Γ und Koeffizienten bestehen, erhalten wir ohne weiteres aus den Wurzelkoeffizientenbeziehungen der quadratischen Hilfsgleichung

$$X^2 + \Gamma X + (\Gamma^2 - 3\,i) = 0:$$

$$A + B = -\Gamma \qquad \text{und} \qquad AB = \Gamma^2 - 3\,i.$$

Als erste Beziehung haben wir sonach

(1) $$A + B + \Gamma = 0.$$

Als zweite bekommen wir durch Multiplikation von (1) mit Γ und Ersatz des dabei auftretenden Γ^2 durch $AB + 3\,i$

(2) $$B\Gamma + \Gamma A + AB = -3\,i.$$

Als dritte endlich erhalten wir, die Formel $AB = \Gamma^2 - 3\,i$ mit Γ multiplizierend und den rechts entstehenden Ausdruck $\Gamma^3 - 3\,i\,\Gamma$ durch j ersetzend,

(3) $$AB\Gamma = j.$$

Mit den Formeln (1), (2), (3) haben wir die einfachen Beziehungen, die zwischen den Wurzeln und Koeffizienten der reduzierten Gleichung bestehen und in denen jeweils alle drei Wurzeln auftreten, ermittelt.

Um zu den entsprechenden Beziehungen für die Ausgangsgleichung zu gelangen, brauchen wir nur in (1), (2), (3)

$$A = 3\,a\alpha + b, \qquad B = 3\,a\beta + b, \qquad \Gamma = 3\,a\gamma + b$$

zu substituieren.

Von den Abkürzungen p, q, r für die drei Einerausdrücke $\alpha + \beta + \gamma$, $\beta\gamma + \gamma\alpha + \alpha\beta$, $\alpha\beta\gamma$ dabei Gebrauch machend, erhalten wir sukzessive

$$3\,ap + 3\,b = 0 \qquad \text{oder} \qquad p = -b : a,$$

$$9\,a^2q + 6\,abp + 3\,b^2 = -3\,i = 9\,ac - 3\,b^2 \qquad \text{oder} \qquad q = c : a$$

und $$27\,a^3r + 9\,a^2bq + 3ab^2p + b^3 = j = 9\,abc - 27\,a^2d - 2\,b^3$$

oder $$r = -d : a.$$

Die gesuchten Beziehungen lauten daher

$$\alpha + \beta + \gamma = -b : a, \qquad \beta\gamma + \gamma\alpha + \alpha\beta = +c : a, \qquad \alpha\beta\gamma = -d : a.$$

Sie werden noch etwas einfacher, wenn wir den Koeffizienten a gleich 1 voraussetzen, d. h. die vorgelegte kubische Gleichung (was durch Division mit dem Erstkoeffizienten stets bewirkt werden kann) in der Form

$$x^3 + Ax^2 + Bx + C = 0$$

als sog. Normalgleichung annehmen.

Für die Wurzeln α, β, γ dieser Normalgleichung haben wir dann, denkbar einfach,

$$\boldsymbol{\alpha + \beta + \gamma = -A, \qquad \beta\gamma + \gamma\alpha + \alpha\beta = +B, \qquad \alpha\beta\gamma = -C.}$$

Vielleicht ist es nicht überflüssig, diese wichtigen Formeln in Worte zu fassen. Als Ergebnis unserer Betrachtung entsteht dann der

Satz von Vieta:

Zwischen den Wurzeln und Koeffizienten einer kubischen Normalgleichung bestehen folgende drei Beziehungen:

Die Summe der Wurzeln ist gleich dem entgegengesetzten Koeffizienten des quadratischen Gliedes.

Die Summe der Produkte aus je zwei Wurzeln ist gleich dem Koeffizienten des linearen Gliedes.

Das Produkt der Wurzeln ist gleich dem entgegengesetzten Freigliede.

Bei der Gleichung

$$x^3 - 6\,x^2 + 11\,x - 6 = 0$$

ist z. B.

$$\alpha + \beta + \gamma = 6, \qquad \beta\gamma + \gamma\alpha + \alpha\beta = 11, \qquad \alpha\beta\gamma = 6.$$

Man findet mühelos, daß die drei Zahlen $\alpha = 1, \beta = 2, \gamma = 3$ die drei Wurzelkoeffizientenbeziehungen befriedigen. Damit weiß man sofort: die Wurzeln der kubischen Gleichung $x^3 - 6x^2 + 11x - 6$ sind $\alpha = 1,\ \beta = 2,\ \gamma = 3$.

Der gefundene Satz läßt sich noch auf eine andere wichtige Form bringen: Sind wieder α, β, γ die Wurzeln der Normalgleichung $x^3 + Ax^2 + Bx + C = 0$ oder, wie wir jetzt sagen wollen, die Wurzeln (Nullstellen) des „Normalpolynoms" $x^3 + Ax^2 + Bx + C$, so ergibt das Produkt der drei Linearfaktoren $x - \alpha,\ x - \beta,\ x - \gamma$ den Wert

$$(x-\alpha)(x-\beta)(x-\gamma) = x^3 - (\alpha + \beta + \gamma)x^2 + (\beta\gamma + \gamma\alpha + \alpha\beta)x - \alpha\beta\gamma.$$

Berücksichtigen wir hier rechts die drei Wurzelkoeffizientenbeziehungen

$$\alpha + \beta + \gamma = -A, \qquad \beta\gamma + \gamma\alpha + \alpha\beta = B, \qquad \alpha\beta\gamma = C,$$

so kommen wir zur Identität

$$\boldsymbol{x + Ax^2 + Bx + C = (x - \alpha)(x - \beta)(x - \gamma)},$$

d. h. zu dem **Satze:**

Jedes kubische Normalpolynom läßt sich als Produkt der drei Linearfaktoren $x - \alpha$, $x - \beta$, $x - \gamma$ darstellen, wo α, β, γ die Wurzeln des Polynoms bedeuten.

Beim beliebigen kubischen Polynom wird natürlich — weniger symmetrisch —

$$\boldsymbol{ax^3 + bx^2 + cx + d = a(x - \alpha)(x - \beta)(x - \gamma)},$$

wo gleichfalls α, β, γ die Wurzeln des Polynoms bedeuten.

§ 6. Rationale Wurzeln

Das Zahlenbeispiel 2 aus § 3 zeigte, daß zur Ermittlung einer einfachen rationalen Wurzel ($\gamma = 1/3$) einer kubischen Gleichung ein verhältnismäßig großer Aufwand an Rechnung und Überlegung erforderlich war, und das hätte sich noch unangenehmer bemerkbar gemacht, wenn man die Kubikwurzeln aus U und V auf dem üblichen (logarithmischen) Wege gezogen hätte.

Dieser Übelstand läßt sich jedoch in vielen Fällen vermeiden, da es einen einfachen Weg gibt, rationale Wurzeln einer algebraischen Gleichung mit rationalen Koeffizienten verhältnismäßig bequem zu finden.

Wir setzen dieses Verfahren im folgenden auseinander.

Wir nehmen zunächst an, daß sämtliche Koeffizienten der vorgelegten kubischen Gleichung teilerfremde Ganzzahlen sind. Sollte diese Annahme nicht gleich von vornherein zutreffen, so braucht man die Gleichung nur mit dem Hauptnenner ihrer Koeffizienten zu multiplizieren, um lauter ganzzahlige Koeffizienten zu erhalten. Sollten diese noch nicht teilerfremd sein, so teilt man die Gleichung noch durch den größten gemeinsamen Teiler der erhaltenen Koeffizienten und bekommt dann die Gleichung in der angenommenen Form

$$ax^3 + bx^2 + cx + d = 0$$

mit teilerfremden ganzzahligen Koeffizienten.

Bei einer Normalgleichung, d. h. bei einer solchen, deren Erstkoeffizient die Einheit ist, kann man sich auf die Suche nach ganzzahligen Wurzeln beschränken; denn es gilt der **Satz:**

Eine Normalgleichung mit ganzzahligen Koeffizienten kann nur ganzzahlige Rationalwurzeln haben.

Beweis: Angenommen, es gäbe einen irreduziblen Bruch $p:q$ (mit von 1 verschiedenem Nenner q), welcher Wurzel der Normalgleichung

$$x^n + ax^{n-1} + bx^{n-2} + cx^{n-3} + \ldots = 0$$

mit ganzzahligen Koeffizienten sei. Dann ist

$$(p^n/q^n) + a\,(p^{n-1}/q^{n-1}) + b\,(p^{n-2}/q^{n-2}) + c\,(p^{n-3}/q^{n-3}) + \ldots = 0,$$

mithin $$q\,[ap^{n-1} + bp^{n-2}q + cp^{n-3}q^2 + \ldots] = -p^n.$$

Diese Gleichung kann aber nicht bestehen, da ihre linke Seite eine durch q teilbare ganze Zahl ist, während ihre ganzzahlige rechte Seite wegen der Fremdheit von p und q nicht durch q teilbar ist.

Da man weiter durch die Multiplikation mit a^2 und durch den Ersatz von ax durch X die vorgelegte Gleichung auf die Normalform

$$X^3 + AX^2 + BX + C = 0 \qquad \text{mit } A = b, \qquad B = ca, \qquad D = da^2$$

bringen kann, so läßt sich in jedem Falle die Suche nach Rationalwurzeln auf die Suche nach Ganzwurzeln zurückführen. Unsere Aufgabe lautet sonach:

Die gánzzahligen Wurzeln einer kubischen Gleichung

(0) $$ax^3 + bx^2 + cx + d = 0$$

mit ganzzahligen Koeffizienten zu finden.

Lösung: Ist α eine ganzzahlige Wurzel von (0), so folgt aus

$$a\alpha^3 + b\alpha^2 + c\alpha + d = 0$$

(1) $$d/\alpha = -a\alpha^2 - b\alpha - c.$$

Da die rechte Seite von (1) eine Ganzzahl ist, muß auch die linke eine sein, und wir erhalten als erste Bedingung für α:

Jede ganzzahlige Wurzel von (0) muß ein Teiler des Freigliedes d sein.

Wir schreiben (1)

(2) $$[(d/\alpha) + c]/\alpha = -a\alpha - b$$

und finden durch denselben Schluß als zweite Bedingung für ganzzahlige Wurzeln:

Jede ganzzahlige Wurzel von (0) muß in $d/\alpha + c$ aufgehen.

Wir verwandeln (2) in

(3) $$[([(d/\alpha) + c]/\alpha) + b]/\alpha = -a$$

und erhalten als dritte Bedingung:

Jede ganzzahlige Wurzel von (0) muß in $([(d/\alpha) + c]/\alpha) + b$ aufgehen, und der Quotient dieser Division muß den entgegengesetzten Wert des Erstkoeffizienten a ergeben. Zugleich ist klar, daß α eine Wurzel von (0) ist, wenn umgekehrt die gefundenen 3 Bedingungen erfüllt sind.

Das Ergebnis unserer Betrachtung lautet:

Ganzwurzelsatz:

Die Ganzzahl α ist Wurzel der ganzzahligen Gleichung

$$\boldsymbol{ax^3 + bx^2 + cx + d = 0,}$$

wenn die drei Größen

$$\boldsymbol{d, \qquad (d/\alpha) + c, \qquad ([(d/\alpha) + c]/\alpha) + b}$$

durch α teilbar sind und die dritte dieser Divisionen außerdem als Quotienten den entgegengesetzten Erstkoeffizienten $-a$ liefert.

Wir merken im besonderen: **Ganzwurzeln können nur unter den Teilern des Freigliedes vorkommen.**

Wir nennen das System der 3 Divisionsformeln

$$d/\alpha = h, \qquad (h + c)/\alpha = k, \qquad (k + b)/\alpha = l,$$

— auch wenn α keine Wurzel ist und h, k, l keine Ganzzahlen sind — den Divisionsalgorithmus der Zahl α für die vorgelegte Gleichung.

Zwei Beispiele mögen die bequeme Handhabung des Ganzwurzelsatzes zeigen. Dabei bedeutet ein Schlußstrich |, daß der Algorithmus nicht fortzusetzen ist.

1. $$2\,x^3 + 5\,x^2 - 28\,x - 15 = 0.$$

Als etwaige Ganzwurzeln kommen nur die Teiler $\pm 1, \pm 3, \pm 5, \pm 15$ des Freigliedes in Frage. ± 1 scheidet, wie man direkt sieht, aus, so daß nur die Teiler $\pm 3, \pm 5, \pm 15$ zu probieren sind.

$-15/3 = -5$, $(-5-28)/3 = -11$, $(-11+5)/3 = -2$; 3 ist Wurzel.
$-15/(-3) = 5$, $(-5-28)/(-3)$ |. $-15/5 = -3$, $(-3-28)/5$ |.
$-15/(-5) = 3$, $(3-28)/(-5) = 5$, $(5+5)/(-5) = -2$; auch -5 ist eine Wurzel.
$-15/15 = -1$, $(-1-28)/15$ |. $-15/(-15) = 1$, $(1-28)/(-15)$ |.

Unsere kubische Gleichung hat zwei ganzzahlige Wurzeln: $\alpha = 3$ und $\beta = -5$. Die dritte Wurzel γ folgt etwa aus der Wurzelkoeffizientenbeziehung $\alpha\beta\gamma = 15/2$ zu $\gamma = -1/2$.

2. $$x^3 + 22\,x^2 + 88\,x + 51 = 0.$$

Nur die Freigliedteiler $\pm 1, \quad \pm 3, \quad \pm 17, \quad \pm 51$
sind zu probieren. ± 1 scheidet sofort aus. Der Divisionsalgorithmus ergibt

$51/3 = 17$, $(17+88)/3 = 35$, $(35+22)/3 = 19$ $(\neq -1)$.
$51/(-3) = -17$, $(-17+88)/(-3)$ |. $51/17 = 3$, $(3+88)/17$ |.
$51/(-17) = -3$, $(-3+88)/(-17) = -5$, $(-5+22)/(-17) = -1$.

Auch ± 51 scheidet aus, wie der Algorithmus sofort zeigt. Nur $\alpha = -17$ ist Ganzwurzel der vorgelegten Gleichung. Die andern beiden Wurzeln β und γ finden wir durch Spaltung des Ausgangspolynoms in Faktoren, von denen wir einen, $x + 17$, schon kennen:

$$x^3 + 22\,x^2 + 88\,x + 51 = (x + 17)\,(x^2 + 5\,x + 3).$$

Die beiden Wurzeln β und γ sind also die Wurzeln der quadratischen Gleichung

$$x^2 + 5\,x + 3 = 0.$$

Immerhin führt dieses Verfahren der Wurzelermittlung schneller zum Ziele als das allgemeine Verfahren von § 3.

Zusatz. Hat man durch den Algorithmus eine Ganzwurzel α der Gleichung

$$ax^3 + bx^2 + cx + d = 0$$

ermittelt, so hat man damit zugleich die Koeffizienten des Trinoms gefunden, das bei der Division des Gleichungspolynoms durch $x - \alpha$ entsteht.

In der Tat. Unser Algorithmus habe ergeben:

$$d/\alpha = h, \qquad (h + c)/\alpha = k, \qquad (k + b)/\alpha = l = -a.$$

Dann ist

$$(x - \alpha)\,[-lx^2 - kx - h] = ax^3 + (l\alpha - k)\,x^2 + [k\alpha - h]\,x + d.$$

Hier hat aber die runde Klammer rechts nach der dritten Algorithmusgleichung den Wert b, die eckige nach der zweiten Algorithmusgleichung den Wert c, so daß die rechte Seite $ax^3 + bx^2 + cx + d$ und

$$ax^3 + bx^2 + cx + d = (x - \alpha)(-lx^2 - kx - h)$$

ist. Wir haben den

Satz:

Die in umgekehrter Anordnung und mit entgegengesetzten Vorzeichen genommenen Quotienten des Divisionsalgorithmus der Ganzwurzel α sind die Koeffizienten des bei der Division des Ausgangspolynoms durch $x - \alpha$ entstehenden Trinoms.

So haben wir beim Zahlenbeispiel 2 sofort

$$x^3 + 22x^2 + 88x + 51 = (x + 17)(x^2 + 5x + 3).$$

§ 7. Numerische Wurzelbestimmung

Vorgelegt sei die kubische Gleichung

$$x^3 + ax^2 + bx = c \tag{0}$$

mit gegebenen numerischen Koeffizienten a, b, c.

Wir stellen uns die Aufgabe, eine reelle Wurzel dieser Gleichung auf eine vorgeschriebene Anzahl von Dezimalen genau zu berechnen.

Bei der Lösung dieser Aufgabe können wir uns auf die Suche nach positiven Wurzeln beschränken. Hat nämlich (0) keine positive Wurzel, so hat es sicher eine negative: $-\pi$ (mit $\pi > 0$), und diese finden wir als entgegengesetzten Wert der positiven Wurzel π der Gleichung

$$x^3 - ax^2 + bx = -c.$$

Wir nehmen an, wir haben — etwa durch Probieren — eine nichtnegative Ganzzahl r ermittelt, für die, mit $R = r + 1$,

$$\left.\begin{array}{ll} \text{entweder} & r^3 + ar^2 + br \leqq c < R^3 + aR^2 + bR \\ \text{oder} & r^3 + ar^2 + br \geqq c > R^3 + aR^2 + bR \end{array}\right\} \text{ist.}$$

Eine solche nichtnegative Ganzzahl heiße der Rang des Zahltripels a, b, c. Dann gibt es sicher eine Wurzel x von (0) von der Form

$$x = r + (x'/10) \qquad \text{mit } 0 \leqq x' < 10.$$

Durch Substitution dieses x-Wertes in (0) entsteht für x' die kubische Gleichung

$$x'^3 + a'x'^2 + b'x' = c' \tag{1}$$

mit den neuen Koeffizienten

$$a' = 10(a + 3r), \qquad b' = 100(r^2 + s + t), \qquad c' = 1000(c - rt),$$

wo s eine Abkürzung für das Produkt $r(r + a)$, t eine Abkürzung für die Summe $b + s$ bedeutet.

Wir nennen die Gleichung (1) bzw. ihre Wurzel x' die Ableitung der Gleichung (0) bzw. ihrer Wurzel x, ebenso das neue Tripel (a', b', c') die Ableitung des Tripels (a, b, c).

Nun ist sicher, daß (1) eine nichtnegative Wurzel zwischen 0 und 10 besitzt, so daß man ohne große Mühe die Ziffer findet, die den Rang r' des Tripels

a', b', c' darstellt. Dann ist (wie oben) eine Wurzel x' von (1) von der Form

$$x' = r' + (x''/10) \qquad \text{mit } 0 \leqq x'' < 10.$$

Die Substitution dieses x'-Wertes in (1) liefert für x'' die kubische Gleichung

(2) $$x''^3 + a''x''^2 + b''x'' = c''$$

mit den Koeffizienten

$$a'' = 10\,(a' + 3\,r'), \qquad b'' = 100\,(r'^2 + s' + t'), \qquad c'' = 1000\,(c' - r't'),$$

wo (wie oben) $s' = r'\,(r' + a')$ und $t' = b' + s'$ ist.

Natürlich heißt die Ableitung (2) von (1) bzw. die Ableitung x'' der Wurzel x' von (1) die zweite Ableitung von (0) bzw. von x, ebenso das Tripel (a'', b'', c'') die zweite Ableitung des Tripels (a, b, c).

In der geschilderten Weise kann man fortfahren, neue Ableitungen zu bilden. Man erhält so eine Kette

$$a, \ b, \ c, \qquad a', \ b', \ c', \qquad a'', \ b'', \ c'', \ \ldots$$

von Zahlentripeln, die das Rechenschema darstellen, mit der zugehörigen Gleichungskette:

$$x = r + \frac{x'}{10}, \qquad x' = r' + \frac{x''}{10}, \qquad x'' = r'' + \frac{x'''}{10}, \ \ldots$$

Dabei sind die Ränge $r', r'', r''', \ldots$ Ziffern; nur der Ausgangsrang r braucht keine Ziffer zu sein.

Substituieren wir in der ersten Kettengleichung x' aus der zweiten, darauf in der entstehenden Gleichung x'' aus der dritten, darauf in der neu entstehenden Gleichung x''' aus der vierten usw., so ergibt sich

$$x = r + (r'/10) + (r''/10^2) + (r'''/10^3) + \ldots + (r^\nu/10^\nu) + (x^\mu/10^\mu)$$

mit $\mu = \nu + 1$, wo r^ν den Rang der νten Ableitung des gegebenen Tripels (a, b, c) und x^μ die μte Ableitung von x bedeutet.

Da x^μ zwischen 0 und 10 liegt, ist

$$x^\mu/10^\mu < 1/10^\nu,$$

und die Dezimalbruchentwicklung von x beginnt mit

$$x = r, \ r'r''r''' \ldots r^\nu.$$

Die sukzessiven Dezimalen der gesuchten Wurzel x sind also die Ränge der sukzessiven Ableitungen des Zahlentripels (a, b, c).

Es wird gut sein, unsere Theorie auf einige Beispiele anzuwenden.

Beispiel 1. Gleichung des Johannes von Palermo, zuerst gelöst von Leonardo von Pisa (vgl. Cantor, Geschichte der Mathematik, Bd. 2, S. 46, 47).

$$x^3 + 2x^2 + 10\,x = 20.$$

Das Rechenschema besteht aus soviel Schritten, wie Dezimalen gefunden werden sollen. Jeder Schritt beginnt mit einem Zahlentripel (A, B, C) und seinem rechts davon hingeschriebenen Range R. Unmittelbar unter B steht das Produkt $S = R\,(R + A)$, darunter die Summe $T = B + S$, links davon der 3fache Rang, rechts davon das Produkt $R\,T$. Dann folgt der Schlußstrich. Darunter steht links $A' = 10\,(A + 3\,R)$, in der Mitte $B' = 100\,(R^2 + S + T)$ und rechts $C' = 1000\,(C - R\,T)$, so daß im nächsten Schritt die Rechnung mit der Ableitung (A', B', C') des Tripels (A, B, C) in derselben Weise fortgesetzt werden kann.

2	10	20	1
	3		
3	13	13	
50	1700	7000	3
	159		
9	1859	5577	
590	202700	1423000	6
	3576		
18	206276	1237656	
6080	20988800	185344000	8
	48704		
24	21037504	168300032	
61040	2108627200	17043968000	8

Demnach ist

$$x = 1,3688\ldots$$

Beispiel 2.

$$x^3 + 1,726\,x^2 - 5,37\,x = 36,014$$

1,726	— 5,37	36,014	3
	14,178		
9	8,808	26,424	
107,26	3198,6	9590	2
	218,52		
6	3417,12	6834,24	
1132,6	363964	2755760	7
	7977,2		
21	371941,2	2603588,4	
11536	37996740	152171600	4
	46160		
	38042900	152171600	

Die Rechnung geht auf; es ist also genau

$$x = 3,274.$$

Beispiel 3.

$$x^3 - 23\,x^2 + 107\,x = 89,487$$

— 23	107	89,487	4
	— 76		
12	31	124	
— 110	— 2900	— 34513	9
	— 909		
27	— 3809	— 34281	
— 8300	— 46370000	— 232000000	05
	— 41475		
	— 46411475	— 232057375	

Hier müßte der vierte Rang eigentlich 4 heißen, worauf als fünfter Rang 9 folgen würde. Wir runden deshalb auf 5 ab und haben auf 3 Stellen genau

$$x = 4,9\,0\,5.$$

Zusatz 1. Ist

$$X^3 + A X^2 + B X = C$$

eine hinreichend hohe Ableitung der vorgelegten Gleichung

$$x^3 + a x^2 + b x = c,$$

so wird

$$X = (C/B) - F \qquad \text{mit } F = X^2 (X + A)/B.$$

Nun ist — man vergleiche die Beispiele — $|B|$ groß gegen $|A|$, also auch, da $X < 10$ ist, $|B|$ groß gegen $|X^2 (X + A)|$ und folglich F ein kleiner Bruch, so daß angenähert

$$X = C/B$$

ist.

Setzt man daher

$$X = C/B,$$

so begeht man den geringen Fehler F, welcher übrigens leicht abgeschätzt werden kann.

Besitzt nämlich $|X^2 (X + A)|$ nicht mehr als n Stellen vor dem Komma, B genau N Stellen vor dem Komma, so ist $|F| < 1 : 10^{N-n-1}$ und die Division $C : B$ liefert zur Dezimalbruchentwicklung der Wurzel x weitere $(N - n)$ richtige Dezimalen, von denen die letzte noch nicht um eine Einheit falsch ist.

Setzt man beispielsweise das Obige zur Gleichung $x^3 + 2\,x^2 + 10\,x = 20$ gehörige Rechenschema noch drei Schritte fort, so bekommt man die weiteren Stellen 081, also $x = 1{,}3688081 \ldots$ und als 8. Ableitung des Ausgangstripels 2, 10, 20

$$A = 610642430, \quad B = 210961392438768300, \quad C = 165000766564559000.$$

Hieraus folgt $X = 0, \ldots$, d. h. $X < 1$ und $F < (A + 1) : B$. $A + 1$ hat 9 Stellen, B aber deren 18. Mithin liefert die Division $C : B$ nicht weniger als $18 - 9 = 9$ neue Stellen für x, die Stellen 078213726, so daß schließlich

$$x = 1{,}3688081078213726,$$

wobei die 6 am Ende noch nicht um eine Einheit zu groß ist.

Zusatz 2. Ist x so groß, daß r nicht leicht zu finden ist, so rücke man in a, b, c das Komma bzw. n, $2\,n$, $3\,n$ Stellen nach links, wobei man n passend wählt, bestimme eine Wurzel ξ mittels des neuen Tripels ($a : 10^n$, $b : 10^{2n}$, $c : 10^{3n}$) und rücke in dem gefundenen ξ das Komma wieder n Stellen nach rechts und hat damit x.

Zusatz 3. Liegen zwischen r und $r + 1$ mehrere Wurzeln der vorgelegten Gleichung, so reiße man sie durch die Substitution $x = 10^\nu \xi$ mit hinreichend hohem Exponenten ν so weit auseinander, daß die für ξ entstehende Gleichung keine zwei Wurzeln mehr besitzt, deren Unterschied kleiner als 1 ist, berechne dann nach dem geschilderten Verfahren ξ und finde x als 10^ν-faches von ξ.

§ 8. Graphische Lösung der kubischen Gleichung

Wir setzen die zu lösende kubische Gleichung in der Form

$$(1) \qquad x^3 + 2\,ax^2 + bx + c = 0$$

voraus und führen sie durch Multiplikation mit x in die biquadratische Gleichung

$$(2) \qquad x^4 + 2\,ax^3 + bx^2 + cx = 0$$

über, welche außer der Wurzel Null dieselben Wurzeln wie (1) hat.

Nun stimmt die Summe der beiden ersten Glieder der linken Seite von (2) mit der Summe der beiden ersten Glieder der Entwicklung des Quadrats des Binoms

$$(3) \qquad y = x^2 + ax$$

nach fallenden Potenzen von x überein, so daß sich (2) auf Grund von (3)

$$(4) \qquad y^2 + (b - a^2)\,x^2 + cx = 0$$

schreiben läßt.

Von den Wertepaaren (x, y), welche das System der beiden Gleichungen (3) und (4) befriedigen, sind die (vier) x-Werte die Wurzeln von (2).

Wir ziehen es aber vor, statt des Paares (3), (4) das Gleichungspaar

$$\left\{\begin{array}{ll} (3) & y = x^2 + ax \\ (5) & x^2 + y^2 + (a + c - ab + a^3)\,x - (1 + a^2 - b)\,y = 0 \end{array}\right\}$$

zu lösen, dessen zweite Gleichung durch Subtraktion der mit $(1 + a^2 - b)$ multiplizierten Gleichung (3) von (4) entsteht.

Jedes die Gleichungen (3) und (5) befriedigende Wertepaar (x, y) liefert in seinem x-Werte eine Wurzel von (2).

Nun bedeutet geometrisch (3) eine durch den Ursprung eines rechtwinkligen xy-Koordinatensystems laufende Parabel, (5) einen durch den Ursprung laufenden Kreis. Beide Kurven sind auf Grund der bekannten Koeffizienten ihrer Gleichungen leicht zu zeichnen.

Die Wurzeln der vorgelegten kubischen Gleichung (1) sind die Abszissen der (nicht mit dem Ursprung des Koordinatensystems zusammenfallenden) Schnittpunkte der Parabel $\boldsymbol{y = x^2 + ax}$

und des Kreises $\boldsymbol{x^2 + y^2 + (a + c - ab + a^3)\,x - (1 + a^2 - b)\,y = 0.}$

§ 9. Lösung der kubischen Gleichung durch Einschiebung

Unter einer Einschiebung versteht man die Konstruktion einer Strecke von gegebener Länge, deren Endpunkte auf zwei gegebenen Linien liegen derart, daß die Strecke oder ihre Verlängerung durch einen gegebenen Punkt läuft.

Die Konstruktion wird zweckmäßig mittels eines gefalteten Stücks Papier mit scharfer Kante ausgeführt, weshalb sie auch als Papierstreifenkonstruktion bezeichnet wird. (Natürlich kann auch ein dünnes Lineal mit scharfer Kante benutzt werden.)

Man markiert auf der Papierstreifenkante zwei Punkte A und B, deren Abstand der gegebenen Strecke gleicht, und legt den Streifen so auf das Zeichenblatt, daß die Kante durch den gegebenen Punkt läuft und die Marken A und B auf die beiden gegebenen Linien fallen.

Schon bei den Griechen galt die Einschiebung als ein Konstruktionsverfahren, das auch neben der legitimen Zirkel-Lineal-Konstruktionsmethode vielfach als berechtigt zugelassen wurde, worüber man z. B. bei Hippokrates und Archimedes nachlesen kann.

Wir wollen nachweisen, daß jede kubische Gleichung durch Einschiebungen gelöst werden kann.

Wie in den Paragraphen 3 und 4 dargelegt wurde, kommt die Lösung kubischer Gleichungen auf die Lösung der folgenden zwei Aufgaben hinaus:

I. Aus einer gegebenen reellen positiven Zahl die Kubikwurzel zu ziehen.

II. Einen gegebenen Winkel in drei gleiche Teile zu teilen.

Wir brauchen also nur zu zeigen, daß jede dieser Aufgaben durch eine Einschiebung gelöst werden kann.

Lösung von Aufgabe I.

Konstruktion von $x = \sqrt[3]{p}.$

Um aus der vorgelegten positiven Zahl p durch Einschiebung die Kubikwurzel zu ziehen, wählen wir eine Strecke von solcher Länge b, daß

$$b^3 < p$$

ausfällt und nehmen b als Basis AB eines gleichschenkligen Dreiecks ABS mit dem Schenkel $AS = BS = s = p : 2\,b^2.$

Daß ein solches Dreieck konstruierbar ist, folgt sofort aus $2\,s > b$, welche Ungleichung auf $p : b^2 > b$, d. h. auf $b^3 < p$ hinaus kommt, mithin befriedigt ist.

Wir verlängern $SA = s$ um sich selbst bis zum Hilfspunkte H und zeichnen die Hilfsgerade HB. Darauf schieben wir die Strecke s als XY so zwischen die Verlängerungen von HB und AB ein, daß X auf der Verlängerung von HB, Y auf der von AB liegt und die Gerade XY durch S läuft. Dann ist

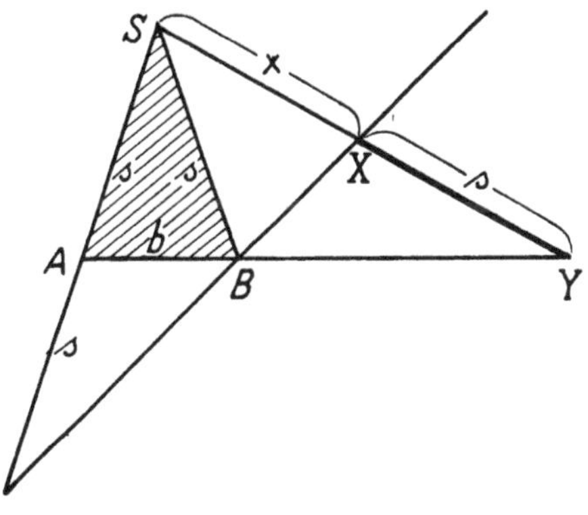

$$SX = x = \sqrt[3]{p}.$$

Beweis. Es sei $BY = y$. Nach dem auf das gleichschenklige Dreieck ABS und die Spitzentransversale SXY angewandten Spitzentransversalensatze ist

$$x^2 + 2\,sx = y^2 + b\,y, \tag{1}$$

nach dem auf das Dreiseit ASY und die Transversale HBX angewandten Satze von Menelaos $(AH : SH) \cdot (SX : YX) \cdot (YB : AB) = -1$ oder

$$xy = 2\,bs. \tag{2}$$

Wir substituieren $y = 2\,b s : x$ aus (2) in (1) und bekommen

$$(x + 2\,s)\,x^3 = 4\,b^2 s^2 + 2\,b^2 s\,x = 2\,b^2 s\,(x + 2\,s)$$

$$\text{oder } x^3 = 2\,b^2 s \qquad \text{oder } x^3 = p$$

und endlich $x = \sqrt[3]{p}$, was zu beweisen war.

Ist im besonderen

$$p = 2\,k^3,$$

wo k eine bekannte Strecke bedeutet, so wählen wir $b = k$ (da dann b^3 sicher kleiner als p ausfällt) und haben

$$s = p : 2\,b^2 = k.$$

Das gleichschenklige Dreieck ABS wird dann gleichseitig, und wir erhalten

$$x = k\sqrt[3]{2}\,.$$

Die zugehörige Figur gewährt dann folgende überaus einfache Lösung des berühmten Delischen Problems der Würfelverdoppelung:

Einen Würfel mit der gegebenen Kante k zu verdoppeln.

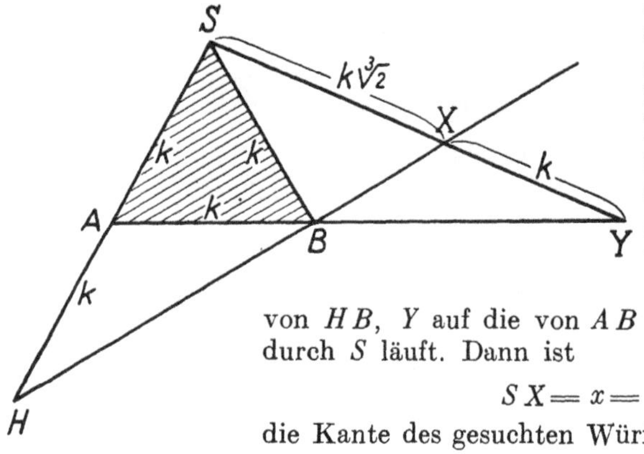

Man zeichnet ein gleichseitiges Dreieck ABS mit der Seite $AB = k$ und verlängert SA um $AH = k$. Man zeichnet die Gerade HB und schiebt die Strecke $XY = k$ so zwischen die Verlängerung von HB und AB ein, daß X auf die Verlängerung von HB, Y auf die von AB fällt und die Gerade XY durch S läuft. Dann ist

$$SX = x = k\sqrt[3]{2}$$

die Kante des gesuchten Würfels.

Lösung von Aufgabe II.

Trisektion des Winkels.

Der vorgelegte (spitze) Winkel heiße α, sein Sinus a. Der dritte Teil, φ, von α läßt sich zeichnen, wenn $\sin\varphi = x$ bekannt ist.

Nun besteht die Relation

$$\sin 3\,\varphi = 3 \sin\varphi - 4 \sin^3\varphi.$$

Das Problem führt also auf die kubische Gleichung

$$a = 3\,x - 4\,x^3.$$

Wir schreiben sie

$$a = x\,(3 - 4\,x^2) = x\,(1 + 2\,[1 - 2\,x^2])$$

oder, indem wir die Größe

$$X = \cos 2\,\varphi = 1 - 2\,x^2$$

einführen,

$$a = x\,(1 + 2\,X)$$

oder endlich

(1) $$x/a = 1/(1 + 2\,X).$$

Diese Beziehung übertragen wir nun auf Grund des Strahlensatzes ins Geometrische.

Wir denken uns ein rechtwinkliges Dreieck SHK mit der Hypotenuse $SK = 1$, dem Winkel $HSK = \varphi$ und der Kathete $HK = x$. Wir spiegeln das Dreieck in der Kathete HK nach HKM. Der bei K liegende Außenwinkel des gleichschenkligen Dreiecks SKM ist dann 2φ, so daß durch die Konstruktion eines neuen gleichschenkligen Dreiecks KML mit der Spitze M, dem Basiswinkel 2φ und der auf der Verlängerung von SK liegenden Basis $KL = 2X$ die Strecke SL gleich $1 + 2X$ wird. Fällen wir noch das Lot $LN = u$ von L auf die Verlängerung von SM, so liefert der Strahlensatz die Proportion

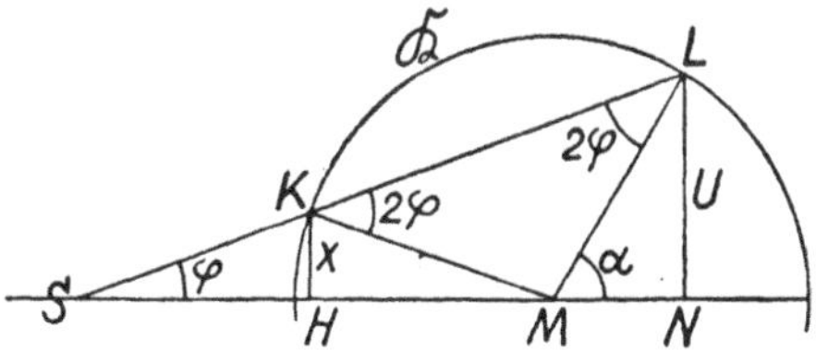

$$HK : LN = SK : SL$$

oder

(2) $$x : u = 1 : (1 + 2X).$$

Aus (1) und (2) folgt

$$u = a,$$

so daß unsere Figur die Relation (1) illustriert.

Außerdem ist $\sphericalangle LMN$ als Außenwinkel des Dreiecks SML [in welchem der Winkel bei L gleich 2φ ist] gleich 3φ, so daß

$$\sphericalangle NML = \alpha$$

ist.

In Anlehnung an unsere Figur erhalten wir nun folgende

Archimedische Konstruktion für die Dreiteilung des Winkels.

Um den Scheitelpunkt M des vorgelegten (spitzen) Winkels α beschreiben wir einen Kreis $\mathfrak{K}$, welcher den einen Schenkel von α in L schneidet und verlängern den anderen Schenkel von α über M hinaus. Auf einem Papierstreifen oder auf der Kante eines Lineals bringen wir zwei Marken an, deren Abstand dem Kreisradius gleicht. Dann legen wir den Papierstreifen bzw. das Lineal so auf die Zeichnung, daß die Kante durch L läuft, die eine Marke auf den Kreis, die andere auf die obige Schenkelverlängerung fällt. Ist S die Stelle, wo die zweite Marke mit der Schenkelverlängerung koinzidiert, so stellt

$$\sphericalangle MSL = \varphi$$

den dritten Teil des vorgelegten Winkels α dar.

Wir fassen das Ergebnis unserer Überlegungen folgendermaßen zusammen:

Fundamentalsatz:

Kubische Gleichungen lassen sich durch Einschiebung lösen.

§ 10. Doppelwurzel und Diskriminante

Wir werfen die Frage auf:

Wann besitzt die kubische Gleichung

(1) $$ax^3 + bx^2 + cx + d = 0$$

eine Doppelwurzel? Das heißt: wann sind von den drei Wurzeln α, β, γ zwei einander gleich:

$$\alpha = \beta?$$

Die Beantwortung auch dieser Frage erfolgt mit Hilfe der reduzierten Gleichung

$$X^3 = 3\,i\,X + j \tag{2}$$

und ihrer Wurzeln A, B, Γ.

Da nämlich wegen $\mathsf{A} = 3\,a\,\alpha + b$ und $\mathsf{B} = 3\,a\beta + b$ sowohl aus $\alpha = \beta$ die Gleichung $\mathsf{A} = \mathsf{B}$ wie auch aus $\mathsf{A} = \mathsf{B}$ die Gleichung $\alpha = \beta$ folgt, so besitzt (1) dann und nur dann eine Doppelwurzel, wenn (2) eine besitzt.

Nun ergeben sich die beiden Wurzeln A und B von (2) — nach Ermittlung von Γ mittels der kardanischen Formel — als Wurzeln der quadratischen Hilfsgleichung

$$W^2 + \Gamma\,W + (\Gamma^2 - 3\,i) = 0.$$

Die Wurzeln einer quadratischen Gleichung sind aber einander gleich, wenn die Diskriminante der Gleichung verschwindet.

Da die Diskriminante der Hilfsgleichung

$$D = j^2 - 4\,i^3$$

ist, so haben wir den Satz:

Wenn (1) eine Doppelwurzel besitzt, verschwindet die Koeffizientenverbindung

$$\Delta = 4\,i^3 - j^2.$$

Wir zeigen jetzt, daß auch umgekehrt, wenn Δ verschwindet, (1) eine Doppelwurzel besitzt.

Zu dem Zwecke drücken wir die Invarianten i und j in Δ durch A, B, Γ aus. Wegen $j = \mathsf{A}\,\mathsf{B}\,\Gamma$ und $3\,i = \Gamma^2 - \mathsf{A}\,\mathsf{B}$ (§ 5) wird zunächst

$$27\,\Delta = 4\,(\Gamma^2 - \mathsf{A}\,\mathsf{B})^3 - 27\,\mathsf{A}^2\,\mathsf{B}^2\,\Gamma^2.$$

Schreiben wir hier noch statt Γ den Wert $-\mathsf{A} - \mathsf{B}$, so kommt

$$27\,\Delta = 4\,(\mathsf{A}^2 + \mathsf{A}\,\mathsf{B} + \mathsf{B}^2)^3 - 27\,\mathsf{A}^2\,\mathsf{B}^2\,(\mathsf{A} + \mathsf{B})^2.$$

Wie man sofort erkennt, verschwindet das auf der rechten Seite dieser Formel stehende Polynom für

$$\mathsf{B} = \mathsf{A}, \qquad \mathsf{B} = -2\,\mathsf{A}, \qquad \mathsf{A} = -2\,\mathsf{B}$$

und ist daher durch jeden der drei Faktoren $\mathsf{A} - \mathsf{B}$, $2\,\mathsf{A} + \mathsf{B}$, $\mathsf{A} + 2\,\mathsf{B}$, mithin auch durch das Produkt $P = (\mathsf{A} - \mathsf{B})\,(2\,\mathsf{A} + \mathsf{B})\,(\mathsf{A} + 2\,\mathsf{B})$ dieser Faktoren teilbar. Bei der Division erscheint als Quotient wiederum P. Daher gilt die Identität

$$27\,\Delta = P^2.$$

Ersetzt man in den beiden letzten Faktoren von P $\mathsf{A} + \mathsf{B}$ durch $-\Gamma$, so entsteht die in A, B, Γ symmetrische Formel

$$27\,\Delta = (\mathsf{B} - \Gamma)^2\,(\Gamma - \mathsf{A})^2\,(\mathsf{A} - \mathsf{B})^2.$$

Hier führen wir auch gleich, den Relationen

$$\mathsf{A} = 3\,a\alpha + b, \qquad \mathsf{B} = 3\,a\beta + b, \qquad \Gamma = 3\,a\gamma + b$$

zufolge, die Wurzeln α, β, γ der ursprünglichen Gleichung (1) ein und bekommen die fundamentale Formel

$$\mathbf{27\,a^6\,\Pi = \Delta = 4\,i^3 - j^2,} \tag{I}$$

in welcher

$$\Pi = (\beta - \gamma)^2\,(\gamma - \alpha)^2\,(\alpha - \beta)^2$$

das Produkt der quadrierten Wurzeldifferenzen der Ausgangsgleichung (1) und

$$\Delta = 4\,i^3 - j^2$$

die entgegengesetzte Diskriminante der quadratischen Resolvente $W^2 - jW + i^3 = 0$ ist.
Aus (I) folgt nun in der Tat: Bei verschwindendem Δ besitzt (1) eine Doppelwurzel.
Zusammenfassend können wir sagen:

Doppelwurzelsatz:

Die kubische Gleichung (1) besitzt dann und nur dann eine Doppelwurzel, wenn die Koeffizientenverbindung

$$\boldsymbol{\Delta = 4\,i^3 - j^2}$$

verschwindet.

Substituiert man in der Formel

$$\Delta = 4\,i^3 - j^2$$

für i und j die bekannten Werte

$$i = b^2 - 3\,ac, \qquad j = 9\,abc - 27\,a^2d - 2\,b^3,$$

so läßt sich rechts nach Ausrechnung und Zusammenfassung der Faktor $27\,a^2$ abspalten, und es entsteht

(II) $\boldsymbol{\Delta = 27\,a^2\,\theta}$ mit $\boldsymbol{\theta = 18\,abcd + b^2c^2 - 27\,a^2d^2 - 4\,ac^3 - 4\,db^3}$.

Das in den Koeffizienten a, b, c, d homogene Polynom θ vom vierten Grade und vom Gewicht 6 (§ 70) heißt die

Diskriminante der kubischen Gleichung $ax^3 + bx^2 + cx + d = 0$.
Diskriminante θ und Produkt Π der quadrierten Wurzeldifferenzen unterscheiden sich [gemäß (I)] nur durch den Faktor a^4:

(III) $$\boldsymbol{a^4\,\Pi = \theta.}$$

In Erweiterung des obigen Doppelwurzelsatzes haben wir nun als Gesamtergebnis unserer Betrachtungen den fundamentalen

Diskriminantensatz:

Die kubische Gleichung

$$\boldsymbol{ax^3 + bx^2 + cx + d = 0}$$

hat drei verschiedene reelle Wurzeln oder eine Doppelwurzel und eine weitere reelle Wurzel oder endlich eine reelle und zwei (konjugiert) komplexe Wurzeln, je nachdem ihre Diskriminante

$$\boldsymbol{\theta = 18\,abcd + b^2c^2 - 27\,a^2d^2 - 4\,ac^3 - 4\,db^3}$$

positiv, null oder negativ ist.

In Anbetracht der großen Bedeutung, die der Diskriminante θ in der Theorie der kubischen Gleichungen und Polynome zukommt, zeigen wir noch, wie man auf einem anderen Wege zu ihr gelangt.
Wenn die kubische Gleichung

(1) $$ax^3 + bx^2 + cx + d = 0$$

eine Doppelwurzel α besitzt, so befriedigt diese bekanntlich (§ 73) auch die abgeleitete Gleichung

(1′) $$3\,ax^2 + 2\,bx + c = 0.$$

Da dann ferner die Gleichung

$$d\,\xi^3 + c\,\xi^2 + b\,\xi + a = 0,$$

die aus (1) durch die Substitution $x = 1 : \xi$ hervorgeht und die die reziproken Wurzeln von (1) zu Wurzeln besitzt, gleichfalls eine Doppelwurzel $(1/\alpha)$ hat und diese die Gleichung

$$3\,d\,\xi^2 + 2\,c\,\xi + b = 0$$

befriedigen muß, so erfüllt die Doppelwurzel α auch die vermöge $\xi = 1 : x$ zurücktransformierte Gleichung

$$(1'') \qquad b\,x^2 + 2\,cx + 3\,d = 0.$$

Daher befriedigt die Doppelwurzel α gleichzeitig die beiden quadratischen Gleichungen

$$\left\{\begin{matrix} 3\,ax^2 + 2\,bx + c = 0 \\ b\,x^2 + 2\,cx + 3\,d = 0 \end{matrix}\right\}.$$

Umgekehrt: Wenn eine Zahl $x = \alpha$ dieses Gleichungspaar befriedigt, ist α Doppelwurzel von (1), was man sofort erkennt, wenn man nach Ersatz von x durch α die erste Gleichung des Paares mit $\alpha : 3$, die zweite mit $1 : 3$ multipliziert und dann die beiden Gleichungen addiert, wodurch

$$a\alpha^3 + b\alpha^2 + c\alpha + d = 0$$

entsteht.

Die erforderliche und hinreichende Bedingung für das Vorhandensein einer gemeinsamen Wurzel α der beiden Gleichungen unseres Paares ist aber das Verschwinden ihrer Resultante

$$\mathfrak{R} = \begin{vmatrix} A & B \\ B & C \end{vmatrix},$$

wo

$$A = \begin{vmatrix} 2\,b & c \\ 2\,c & 3\,d \end{vmatrix}, \qquad B = \begin{vmatrix} c & 3\,a \\ 3\,d & b \end{vmatrix}, \qquad C = \begin{vmatrix} 3\,a & 2\,b \\ b & 2\,c \end{vmatrix}$$

die drei Determinanten der Koeffizientenmatrix

$$\begin{pmatrix} 3\,a & 2\,b & c \\ b & 2\,c & 3\,d \end{pmatrix}$$

bedeuten.

Aus $\qquad A = 6\,bd - 2\,c^2, \qquad B = bc - 9\,ad, \qquad C = 6\,ac - 2\,b^2$

errechnet sich

$$\mathfrak{R} = AC - B^2 = 3\,[18\,abcd + b^2c^2 - 27\,a^2d^2 - 4\,ac^3 - 4\,db^3],$$

d. h.

$$\boldsymbol{\mathfrak{R} = 3\,\theta}.$$

Die Resultante $\mathfrak{R}$ des Gleichungspaares

$$(3\,ax^2 + 2\,bx + c = 0, \qquad bx^2 + 2\,cx + 3\,d = 0)$$

ist das Dreifache der Diskriminante $\boldsymbol{\theta}$. Damit haben wir erneut bewiesen, daß die notwendige und hinreichende Bedingung für die Existenz einer Doppelwurzel einer kubischen Gleichung das Verschwinden ihrer Diskriminante ist.

Gleichzeitig haben wir einen neuen bequemen, das Gedächtnis so gut wie nicht belastenden Weg zur Berechnung der Dikriminante $\boldsymbol{\theta}$ gefunden: Wir bilden das Koeffizientenschema

$$\begin{matrix} 3\,a & 2\,b & c \\ b & 2\,c & 3\,d \end{matrix}$$

der beiden abgeleiteten Gleichungen, berechnen seine Determinanten A, B, C und aus ihnen die Resultante

$$\mathfrak{R} = \begin{vmatrix} A & B \\ B & C \end{vmatrix};$$

der dritte Teil von $\mathfrak{R}$ ist die gesuchte Diskriminante θ.

Um z. B. die Diskriminante der kubischen Gleichung

$$2\,x^3 - 7\,x^2 - x + 3 \doteq 0$$

zu berechnen, bilden wir das Schema

$$\begin{pmatrix} 6 & -14 & -1 \\ -7 & -2 & 9 \end{pmatrix},$$

daraus die Determinanten

$$A = -128, \qquad B = -47, \qquad C = -110$$

und haben

$$\mathfrak{R} = \begin{vmatrix} 128 & 47 \\ 47 & 110 \end{vmatrix} = 11871,$$

d. h.

$$\theta = 3957.$$

Die Formel

$$\theta = 18\,abcd + b^2c^2 - 27\,a^2d^2 - 4\,ac^3 - 4\,db^3$$

liefert ebenfalls

$$\theta = 3957.$$

Wegen der Positivität von θ hat diese kubische Gleichung drei verschiedene reelle Wurzeln. Eine Zusammenstellung der fundamentalen Formeln dieses Paragraphen wird nützlich sein:

$$\theta = a^4\Pi \qquad \mathfrak{R} = 3\,\theta \qquad \Delta = 27\,a^2\,\theta.$$

Dabei ist

$$\Pi = (\beta - \gamma)^2\,(\gamma - \alpha)^2\,(\alpha - \beta)^2,$$
$$\theta = 18\,abcd + b^2c^2 - 27\,a^2d^2 - 4\,ac^3 - 4\,db^3,$$
$$\mathfrak{R} = \begin{vmatrix} A & B \\ B & C \end{vmatrix}, \qquad \Delta = 4\,i^3 - j^2 = 27\,a^6\Pi.$$

Zusatz. **Irreduzibilität der Diskriminante.**

Das Polynom

$$\boldsymbol{\theta = 18\,abcd + b^2c^2 - 27\,a^2d^2 - 4\,ac^3 - 4\,db^3}$$

ist irreduzibel; d. h. es ist nicht in ein Produkt von zwei Polynomen niedrigeren Grades mit rationalen Koeffizienten zerlegbar.

Beweis: Angenommen, es gäbe doch zwei solche Polynome $f\,(a, b, c, d)$ und $g\,(a, b, c, d)$, und es sei

$$\theta = f \cdot g.$$

Nun sind f und g symmetrische Polynome der Wurzeln α, β, γ, und θ ist das symmetrische Polynom $a^4\,(\beta - \gamma)^2\,(\gamma - \alpha)^2\,(\alpha - \beta)^2$ der Wurzeln. Es ist aber ohne weiteres ersichtlich, daß das Polynom $a^4\,(\beta - \gamma)^2\,(\gamma - \alpha)^2\,(\alpha - \beta)^2$ nicht in ein Produkt zweier symmetrischer Polynome der Größen α, β, γ gespalten werden kann.

Doppelwurzelbestimmung

Nachdem wir im vorigen als notwendige und hinreichende Bedingung für das Vorhandensein einer Doppelwurzel der kubischen Gleichung (1) das Verschwinden der Diskriminante θ erkannt haben, müssen wir noch die Aufgabe lösen:

Die Doppelwurzel einer kubischen Gleichung mit verschwindender Diskriminante zu bestimmen.

Wir könnten uns darauf beschränken, auf das oben besprochene Gleichungspaar

$$3\,ax^2 + 2\,bx + c = 0, \qquad b\,x^2 + 2cx + 3\,d = 0$$

zu verweisen, dessen gemeinsame Wurzel die gesuchte Doppelwurzel ist. Der Reinheit der Methode sowie der größeren Vollständigkeit wegen wollen wir aber auch diese Aufgabe durch Zurückführung auf die reduzierte Gleichung (2) lösen.

Wenn (1) eine Doppelwurzel $\beta = \alpha$ hat, so besitzt, wie ohne weiteres klar, auch (2) eine solche: $\mathsf{B} = \mathsf{A}$, und da auch die Diskriminante der quadratischen Resolvente

$$W^2 - j\,W + i^3 = 0$$

verschwindet ($\varDelta = 0$), so hat auch diese Resolvente eine Doppelwurzel:

$$U = V = j/2 = \sqrt{i^3},$$

wobei das Vorzeichen der Quadratwurzel + oder — ist, je nachdem j positiv oder negativ ist.

Aus $\qquad U = u^3 = \sqrt{i^3} \qquad$ und $\qquad V = v^3 = \sqrt{i^3}$

folgt $\qquad u = v = \sqrt{i} \qquad$ und weiter

$$\Gamma = 2\sqrt{i}, \qquad \mathsf{A} = \omega u + \omega^2 v = -\sqrt{i}, \qquad \mathsf{B} = \omega^2 u + \omega v = -\sqrt{i}.$$

Die reduzierte Gleichung

$$\boldsymbol{X^3 = 3\,i\,X + j}$$

hat demnach bei verschwindender Diskriminante die Doppelwurzel $-\sqrt{i}$ und die einfache Wurzel $2\sqrt{i}$,

wobei $\sqrt{i}$ das positive oder negative Vorzeichen bekommt, je nachdem j positiv oder negativ ist.

Aus $\qquad \mathsf{A} = 3\,a\alpha + b = -\sqrt{i}$

folgt weiter durch Quadrierung (wegen $i = b^2 - 3\,ac$)

$$3\,a\alpha^2 + 2\,b\alpha + c = 0.$$

Subtrahiert man noch das αfache dieser Gleichung vom 3fachen der Gleichung $a\alpha^3 + b\alpha^2 + c\alpha + d = 0$, so bleibt

$$b\,\alpha^2 + 2\,c\,\alpha + 3\,d = 0.$$

Wir haben also zur Lösung der gestellten Aufgabe den

Doppelwurzelsatz:

Die Doppelwurzel α einer kubischen Gleichung

$$\boldsymbol{a\,x^3 + b\,x^2 + c\,x + d = 0}$$

mit verschwindender Diskriminante berechnet sich — nach Belieben — als Wurzel der Lineargleichung

$$\boldsymbol{3\,a\,x + b = -\sqrt{i}}$$

(wo $\sqrt{i}$ positiv oder negativ genommen wird, je nachdem j positiv oder negativ ist) oder als gemeinsame Wurzel des quadratischen Gleichungspaares

$$\left\{\begin{matrix} \boldsymbol{3\,a\,x^2 + 2\,b\,x + c = 0} \\ \boldsymbol{b\,x^2 + 2\,c\,x + 3\,d = 0} \end{matrix}\right\}.$$

§ 11. Zeichenwechsel und Zeichenfolgen

Vorgelegt sei eine kubische Gleichung

$$ax^3 + bx^2 + cx + d = 0$$

mit nur reellen Wurzeln, und es soll entschieden werden, wieviele von diesen Wurzeln positiv bzw. negativ sind.

Dabei setzen wir den Koeffizient a als positiv voraus, während die übrigen Koeffizienten beliebig positiv oder negativ sein können.

Wenn bei zwei aufeinander folgenden Koeffizienten der eine positiv, der andere negativ ist, so spricht man von einem Zeichenwechsel; wenn aber beide Koeffizienten dasselbe Vorzeichen haben, von einer Zeichenfolge.

Bei den vier Koeffizienten a, b, c, d sind folgende acht Vorzeichenkombinationen möglich:

a	b	c	d
+	+	+	+
+	+	+	—
+	+	—	+
+	+	—	—
+	—	+	+
+	—	+	—
+	—	—	+
+	—	—	—

Wir verteilen sie nach der Anzahl der Zeichenwechsel, die bei ihnen vorkommen, folgendermaßen auf vier verschiedene Gruppen.

Erste Gruppe mit drei Zeichenwechseln:

a	b	c	d
+	—	+	—

Zweite Gruppe mit zwei Zeiehenwechseln:

a	b	c	d
+	+	—	+
+	—	+	+
+	—	—	+

Dritte Gruppe mit einem Zeichenwechsel:

a	b	c	d
+	+	+	—
+	+	—	—
+	—	—	—

Vierte Gruppe mit keinem Zeichenwechsel:

a	b	c	d
+	+	+	+

Entsprechend teilen wir auch alle kubischen Gleichungen (mit nur reellen Wurzeln) in vier Gruppen ein.

I. Gleichungen der ersten Gruppe.

Eine Gleichung der ersten Gruppe kann keine negative Wurzel haben. Wäre nämlich α eine solche negative Wurzel, so wäre

$$a\alpha^3 + b\alpha^2 + c\alpha + d = 0,$$

*

während doch die linke Seite dieser Gleichung aus lauter negativen Gliedern besteht, deren Summe natürlich nicht verschwinden kann.

Gleichungen der ersten Gruppe haben demnach nur positive Wurzeln.

Hat umgekehrt unsere Gleichung nur positive Wurzeln α, β, γ, so ist b [weil gleich $-a(\alpha+\beta+\gamma)$] negativ, c [weil gleich $+a(\beta\gamma+\gamma\alpha+\alpha\beta)$] positiv und d [weil gleich $-a\cdot\alpha\beta\gamma$] wieder negativ, gehört die Gleichung mithin zur ersten Gruppe.

II. Gleichungen der vierten Gruppe.

Sind in der Gleichung

$$ax^3+bx^2+cx+d=0$$

alle Koeffizienten positiv, so setzen wir

$$a=+A, \quad b=-B, \quad c=+C, \quad d=-D, \quad x=-X$$

und bekommen für X die Gleichung

$$AX^3+BX^2+CX+D=0$$

mit der Vorzeichenverteilung

A	B	C	D
$+$	$-$	$+$	$-$

der Koeffizienten A, B, C, D. Die Gleichung für X gehört sonach der ersten Gruppe an und hat nur positive Wurzeln. Daher hat die vorgelegte Gleichung nur negative Wurzeln.

Wenn umgekehrt die vorgelegte Gleichung nur negative Wurzeln hat, besitzt die Gleichung für X nur positive Wurzeln, besteht also für A, B, C, D die notierte Vorzeichenverteilung, und die vorgelegten Koeffizienten sind alle positiv, die Gleichung hat keinen Zeichenwechsel.

III. Gleichungen der zweiten Gruppe.

Aus $\alpha\beta\gamma=-d:a$ und $d>0$ folgt, daß zwei Wurzeln positiv sind, die dritte negativ ist. Die andere Möglichkeit, daß alle drei Wurzeln negativ sind, scheidet aus, da bei drei negativen Wurzeln b und c positiv sein müßten.

IV. Gleichungen der dritten Gruppe.

Wir setzen wieder

$$a=A, \quad b=-B, \quad c=C, \quad d=-D, \quad x=-X$$

und haben die zur zweiten Gruppe gehörige Gleichung

$$AX^3+BX^2+CX+D=0$$

mit zwei positiven und einer negativen Wurzel. Daher hat die Ausgangsgleichung

$$ax^3+bx^2+cx+d=0$$

zwei negative und eine positive Wurzel.

Durch Zusammenfassung von III. und IV. erkennen wir, daß auch umgekehrt jede Gleichung mit zwei positiven und einer negativen Wurzel zur zweiten Gruppe, jede Gleichung mit zwei negativen und einer positiven Wurzel zur dritten Gruppe gehört. Wir fassen die gefundenen Ergebnisse folgendermaßen zusammen:

Eine kubische Gleichung mit nur reellen Wurzeln und lauter nicht verschwindenden Koeffizienten hat genau so viel positive Wurzeln wie sie Zeichenwechsel besitzt.

Es erübrigt noch, die kubischen Gleichungen zu betrachten, bei denen ein Koeffizient verschwindet.

1. Es sei $b = 0$; die Gleichung heiße

$$ax^3 + cx + d = 0 \qquad \text{(mit } a > 0).$$

Hier sind vier Fälle ins Auge zu fassen:

$ax^3 + px + \pi = 0$, $ax^3 + px - \pi = 0$, $ax^3 - px + \pi = 0$, $ax^3 - px - \pi = 0$,

wo p und π positive Größen sind.

Im ersten Falle ist keine positive Wurzel vorhanden.

Im zweiten und vierten Falle folgt aus $\alpha + \beta + \gamma = 0$ und $\alpha\beta\gamma = \pi$, daß zwei negative und eine positive Wurzel vorhanden sind.

Im dritten Falle folgt aus $\alpha + \beta + \gamma = 0$ und $\alpha\beta\gamma = -\pi$, daß eine negative und zwei positive Wurzeln vorhanden sind.

In allen vier Fällen hat daher die Gleichung soviel positive Wurzeln wie Zeichenwechsel (in der Koeffizientenreihe a, c, d).

2. Es sei $c = 0$; die Gleichung heiße

$$ax^3 + bx^2 + d = 0.$$

Wir setzen $x = 1 : \xi$ und verwandeln die Gleichung in

$$d\,\xi^3 + b\,\xi + a = 0.$$

Diese aber hat nach dem eben Erörterten soviel positive Wurzeln wie Zeichenwechsel; und daran würde auch ein negatives Vorzeichen von d nichts ändern, da die Gleichung auch $-d\xi^3 - b\xi - a$ geschrieben werden könnte und die beiden Reihen d, b, a und $-d$, $-b$, $-a$ natürlich gleichviel Zeichenwechsel haben, und zwar soviel wie die Reihe a, b, d. Wir sehen:

Auch im Falle 2 besitzt die vorgelegte Gleichung soviel positive Wurzeln wie Zeichenwechsel.

3. Es sei $d = 0$; die Gleichung heiße

$$ax^3 + bx^2 + cx = 0.$$

Sie hat zunächst die Wurzel 0. Ihre andern zwei Wurzeln sind die Wurzeln der quadratischen Gleichung

$$ax^2 + bx + c = 0.$$

Man stellt aber leicht fest, daß eine quadratische Gleichung mit nur reellen Wurzeln ebensoviel positive Wurzeln wie Zeichenwechsel besitzt.

Folglich hat auch in diesem Falle unsere kubische Gleichung soviel positive Wurzeln wie Zeichenwechsel.

Eine kubische Gleichung mit nur reellen Wurzeln und einem verschwindenden Koeffizienten hat also in jedem Falle ebensoviel positive Wurzeln wie Zeichenwechsel.

Der Vollständigkeit wegen können wir hinzufügen, daß — was mit Leichtigkeit festgestellt wird — auch eine kubische Gleichung mit *zwei* verschwindenden Koeffizienten ebensoviel positive Wurzeln wie Zeichenwechsel hat.

Als Gesamtergebnis unserer Betrachtungen erhalten wir den schönen

Satz:

Eine kubische Gleichung mit nur reellen Wurzeln hat genau so viel positive Wurzeln wie Zeichenwechsel.

§ 12. Wurzelintervalle

Wir stellen uns die Aufgabe, zur kubischen Gleichung

(1) $$ax^3 + bx^2 + cx + d = 0$$

Intervalle anzugeben, in denen ihre Wurzeln liegen müssen.
Wir nehmen wieder die reduzierte Gleichung

(2) $$X^3 = 3\,i\,X + j$$

zu Hilfe und betrachten das Polynom

$$Y = F(X) = X^3 - 3\,i\,X - j$$

sowie seine Ableitung

$$Y' = F'(X) = 3\,(X^2 - i).$$

Zwei Fälle sind zu unterscheiden:

I. Alle drei Wurzeln von (1) sind reell.
II. Nur eine Wurzel von (1) ist reell.

Erster Fall.

Da in diesem Falle die Invariante i positiv sein muß, so setzen wir den Betrag von $\sqrt{i}$ gleich p und haben

$$Y' = 3\,(X^2 - p^2).$$

Die Invariante j sei zunächst negativ, gleich $-P$, wo dann P positiv ist. Die Funktion Y' ist positiv oder negativ, je nachdem X außerhalb oder innerhalb des Intervalls $(-p, +p)$ liegt.
Durch das Intervall $(-p, +p)$, das wir M nennen wollen, zerfällt die X-Achse in 3 Intervalle: L, links von M, dann M und schließlich R, rechts von M. In den Intervallen L und R steigt die Funktion Y, im Intervalle M fällt sie. Da nun Y an der Stelle $-p$ den positiven Wert $2\,p^3 + P$ hat, besitzt Y im Intervalle L genau eine Wurzel A. Die andern beiden Wurzeln B und Γ verteilen sich also auf die Intervalle M und R. Da nämlich Y in M ständig fällt, in R ständig wächst, so muß eine Wurzel, B, in M, die andere, Γ, in R liegen, und an der Stelle $+p$ muß Y negativ ausfallen, so daß $F(p) < 0$ oder $-2\,p^3 + P < 0$ ist.
Damit bekommen wir folgende Wertetafel;

X	$-2\,p$	$-p$	$+p$	$+2\,p$
Y	$-2p^3+P<0$	$+2p^3+P>0$	$-2p^3+P<0$	$+2p^3+P>0$

Diese lehrt:
In jedem der drei sukzessiven Intervalle

$$(-2\,p, -p), \qquad (-p, +p), \qquad (+p, +2\,p)$$

liegt eine Wurzel von (2).
Bei positivem j, $j = P$, setzen wir $X = -\xi$, $Y = -\eta$, haben

$$\eta = \xi^3 - 3\,p^2\xi + P$$

und bekommen für η als Funktion von ξ dieselbe Wertetafel.
Damit gilt der

Satz:

Besitzt die reduzierte Gleichung

$$X^3 = 3\,i\,X + j$$

drei Realwurzeln, so liegen diese in den sukzessiven Intervallen

$$-2\sqrt{i}\,\ldots\ldots -\sqrt{i}\,\ldots\ldots +\sqrt{i}\,\ldots\ldots +2\sqrt{i},$$

und zwar in jedem Intervall eine.

Zweiter Fall.

Bei positivem i, $i = p^2$, und zunächst negativem j, $j = -P$, ist nach wie vor $F(-p) = 2p^3 + P$ positiv, und da Y im Intervall L dauernd steigt, so liegt hier seine einzige Realwurzel. Daher muß Y für positive X stets positiv sein, muß also z. B. $F(p) = -2p^3 + P > 0$ sein. Dann ist aber auch $F(-2p) = -2p^3 + P$ positiv, und die Wurzel von Y liegt schon im Intervall $(-\infty, -2p)$.

Bei positivem j, liegt dann die Wurzel von η in diesem Intervall ($\xi = -\infty$ bis $\xi = -2p$) und die von Y im Intervall $(+2p, +\infty)$. Folglich:

Besitzt die reduzierte Gleichung

$$X^3 = 3iX + j$$

nur eine Realwurzel, so liegt diese bei positivem i außerhalb des Intervalls

$$(-2\sqrt{i}, +2\sqrt{i}).$$

Bei negativem i, $i = -p^2$, liegen die Verhältnisse nicht so übersichtlich. Unsere Gleichung lautet jetzt

$$X^3 + 3p^2X = j.$$

Aus

$$X = j/(X^2 + 3p^2)$$

folgt bei positivem j $X < j/(3p^2)$, bei negativem j $X > j/(3p^2)$. Die Wurzel liegt dann in jedem Falle zwischen 0 und $-j/(3i)$.

Zusammenfassung:

Ist die Invariante i positiv, so liegt bei positiver Diskriminante (casus irreducibilis) in jedem der drei sukzessiven Intervalle

$$-2\sqrt{i}\,\ldots\ldots -\sqrt{i}\,\ldots\ldots +\sqrt{i}\,\ldots\ldots +2\sqrt{i},$$

bei negativer Diskriminante nur außerhalb des Intervalls

$$-2\sqrt{i}\,\ldots\ldots\ldots\ldots\ldots\ldots +2\sqrt{i}$$

eine Realwurzel der reduzierten Gleichung

$$X^3 = 3iX + j.$$

Ist die Invariante i negativ, so liegt die einzige Realwurzel dieser Gleichung im Intervalle

$$(0, -j:3i).$$

Die Lage der Wurzeln α, β, γ der Gleichung

$$ax^3 + bx^2 + cx + d = 0$$

folgt sofort aus jener der Wurzeln $\mathsf{A}, \mathsf{B}, \Gamma$ der reduzierten Gleichung vermöge der Beziehungen

$$\mathsf{A} = 3a\alpha + b, \qquad \mathsf{B} = 3a\beta + b, \qquad \Gamma = 3a\gamma + b.$$

§ 13. Invarianz der Diskriminante

Die Diskriminante

$$\theta = 18\,abcd + b^2c^2 - 27\,a^2d^2 - 4\,ac^3 - 4\,db^3$$

der kubischen Gleichung

$$ax^3 + bx^2 + cx + d = 0$$

wird zugleich als Diskriminante der binären kubischen Form

$$f = f(x, y) = ax^3 + bx^2y + cxy^2 + dy^3$$

bezeichnet und spielt in der Theorie der binären kubischen Formen eine große Rolle. Wir erwähnen hier aus dieser Theorie nur den

Fundamentalsatz:

Die Diskriminante der binären kubischen Form ist eine Invariante der Form vom Index 6. Sie ist die einzige Invariante, welche die Form besitzt.

Wir beweisen zunächst den ersten Teil des Satzes.
Wir unterwerfen die Form f der Substitution

$$x = pX + qY, \qquad y = rX + sY$$

vom Modul

$$M = ps - qr.$$

Sie geht dadurch in die binäre kubische Form

$$F = F(X, Y) = AX^3 + BX^2Y + CXY^2 + DY^3$$

über, deren Diskriminante

$$\Theta = 18\,ABCD + B^2C^2 - 27\,A^2D^2 - 4\,AC^3 - 4\,DB^3$$

ist. Wir behaupten dann, daß

$$\boldsymbol{\Theta = M^6\,\theta}$$

ist.
Der folgende Beweis beruht auf den beiden Formeln

$$\theta = a^4\pi \quad \text{und} \quad \Theta = A^4\Pi,$$

in denen π und Π die Produkte der quadrierten Wurzeldifferenzen der Gleichungen

$$(1) \quad a\zeta^3 + b\zeta^2 + c\zeta + d = 0 \quad \text{und} \quad (2) \quad AZ^3 + BZ^2 + CZ + D = 0$$

bedeuten.
Wir haben in diesen Gleichungen zwei verschiedene Unbekanntenbezeichnungen, ζ und Z, gewählt, weil wir uns die Formen f und F

$$f = y^3(a\zeta^3 + b\zeta^2 + c\zeta + d) \quad \text{und} \quad F = Y^3(AZ^3 + BZ^2 + CZ + D)$$

mit $\zeta = x : y$ und $Z = X : Y$ geschrieben denken. Da nun zwischen den Quotienten ζ und Z unserer Substitution zufolge die homographische Beziehung

$$\zeta = (pZ + q)/(rZ + s) \qquad \text{bzw.} \qquad Z = (s\zeta - q)/(p - r\zeta)$$

besteht, so denken wir uns die Wurzeln α, β, γ von (1) und $\mathsf{A}, \mathsf{B}, \Gamma$ von (2) dieser Beziehung gemäß einander zugeordnet, so daß also die drei Gleichungen

$$\alpha = (p\mathsf{A} + q)/(r\mathsf{A} + s), \qquad \beta = (p\mathsf{B} + q)/(r\mathsf{B} + s), \qquad \gamma = (p\Gamma + q)/(r\Gamma + s)$$

gelten.
Nun ist

$$\pi = (\beta - \gamma)^2\,(\gamma - \alpha)^2\,(\alpha - \beta)^2.$$

Für $\beta - \gamma$ finden wir

$$\beta - \gamma = M(\mathsf{B} - \Gamma)/[(r\mathsf{B} + s)(r\Gamma + s)]$$

oder, indem wir im Nenner der rechten Seite B durch β und Γ durch γ ausdrücken,

$$\beta - \gamma = (\mathsf{B} - \Gamma)/(M/[(p - r\beta)(p - r\gamma)]).$$

Genau so entsteht

$$\gamma - \alpha = (\Gamma - \mathsf{A})/(M/[(p - r\beta)(p - r\gamma)]),$$
$$\alpha - \beta = (\mathsf{A} - \mathsf{B})/(M/[(p - r\alpha)(p - r\beta)]).$$

Folglich wird

$$M^6(\beta - \gamma)^2(\gamma - \alpha)^2(\alpha - \beta)^2 = (\mathsf{B} - \Gamma)^2(\Gamma - \mathsf{A})^2(\mathsf{A} - \mathsf{B})^2 \cdot P^4$$

mit

$$P = (p - r\alpha)(p - r\beta)(p - r\gamma),$$

so daß es nur noch darauf ankommt, das Produkt P zu ermitteln.

Es ist aber (nach den Wurzelkoeffizientenbeziehungen) P gleich

$$p^3 + (b/a)p^2 r + (c/a)p r^2 + (d/a)r^3 = (a p^3 + b p^2 r + c p r^2 + d r^3) : a,$$

also

$$P = f(p, r) : a.$$

Anderseits ist $f(p, r)$ der erste Koeffizient A der Form F, wie man sofort erkennt, wenn man die Werte $x = pX + qY$ und $y = rX + sY$ in f substituiert und die Klammern ausrechnet.

So wird schließlich $P = A : a$. Setzen wir diesen Wert in der für die Produkte der quadrierten Wurzeldifferenzen gefundenen Gleichung ein, so ergibt sich

$$M^6 a^4 (\beta - \gamma)^2(\gamma - \alpha)^2(\alpha - \beta)^2 = A^4(\mathsf{B} - \Gamma)^2(\Gamma - \mathsf{A})^2(\mathsf{A} - \mathsf{B})^2$$

oder

$$M^6 a^4 \pi = A^4 \Pi$$

oder endlich

$$\Theta = M^6 \theta.$$

Das heißt aber: die Diskriminante ist eine Invariante der kubischen Form f vom Index 6.

Nunmehr zeigen wir, daß die Form f außer θ keine weitere Invariante besitzt. Angenommen, $J = J(a, b, c, d)$ wäre eine zweite Invariante, etwa vom Index ν, so daß also

$$J(A, B, C, D) = M^\nu J(a, b, c, d)$$

ist.

Wir bilden den Quotient

$$\varphi = \varphi(a, b, c, d) = J^6 : \theta^\nu = J^6(a, b, c, d) : \theta^\nu(a, b, c, d).$$

Aus

$$\varphi(A, B, C, D) = \frac{J^6(A, B, C, D)}{\theta^\nu(A, B, C, D)} = \frac{M^{6\nu} J^6(a, b, c, d)}{M^{6\nu}\theta^\nu(a, b, c, d)} = \frac{J^6(a, b, c, d)}{\theta^\nu(a, b, c, d)} = \varphi(a, b, c, d),$$

also

$$\varphi(A, B, C, D) = \varphi(a, b, c, d)$$

folgt, daß φ eine **absolute** Invariante von f ist (d. h. eine Invariante vom Index 0).

Nun lassen sich aber die vier Koeffizienten p, q, r, s unserer Substitution so angeben, daß die vier Koeffizienten A, B, C, D von F **beliebig** vorgegebene

Werte erhalten. Es ist jedoch klar, daß keine Funktion φ existieren kann, die für vier beliebige Werte A, B, C, D ihrer Argumente den festen Wert $\varphi(a, b, c, d)$ hat:

$$\varphi(A, B, C, D) = \varphi(a, b, c, d).$$

Also ist die Annahme einer zweiten Invariante zu verwerfen: die kubische (binäre) Form besitzt nur die eine Invariante θ.

§ 14. Resultante zweier kubischer Gleichungen

Wir suchen die Bedingung, unter welcher zwei kubische Gleichungen

$$ax^3 + bx^2 + cx + d = 0$$

und

$$a'x^3 + b'x^2 + c'x + d' = 0$$

eine gemeinsame Wurzel α haben.

Es sei also

(1) $$a\alpha^3 + b\alpha^2 + c\alpha + d = 0,$$

(2) $$a'\alpha^3 + b'\alpha^2 + c'\alpha + d' = 0.$$

Nach Bézouts Eliminationsmethode verfahren wir folgendermaßen:

1. Wir subtrahieren das a'-fache von (1) vom a-fachen von (2) und bekommen

$$A\alpha^2 + B\alpha + C = 0,$$

wo

$$A = ab' - ba', \qquad B = ac' - ca', \qquad C = ad' - da'$$

ist.

2. Wir subtrahieren das $(a'\alpha + b')$-fache von (1) vom $(a\alpha + b)$-fachen von (2). Dadurch heben sich die ersten beiden Glieder jeder Gleichung fort! Und es bleibt

$$A'\alpha^2 + B'\alpha + C' = 0$$

wo

$$A' = ac' - ca', \qquad B' = ad' - da' + bc' - cb', \qquad C' = bd' - db'$$

ist.

3. Wir subtrahieren das $(a'\alpha^2 + b'\alpha + c')$ fache von (1) vom $(a\alpha^2 + b\alpha + c)$-fachen von (2). Dadurch fallen die drei ersten Glieder jeder Gleichung fort! Und wir erhalten

$$A''\alpha^2 + B''\alpha + C'' = 0,$$

wo

$$A'' = ad' - da', \qquad B'' = bd' - db', \qquad C'' = cd' - dc'$$

ist.

Auf Grund der drei gefundenen quadratischen Gleichungen für α hat das Homogensystem

$$\left\{\begin{array}{l} Ax + By + Cz = 0 \\ A'x + B'y + C'z = 0 \\ A''x + B''y + C''z = 0 \end{array}\right\}$$

die eigentliche Lösung

$$x = \alpha^2, \qquad y = \alpha, \qquad z = 1.$$

Mithin muß die Systemdeterminante

$$R = \begin{vmatrix} A & B & C \\ A' & B' & C' \\ A'' & B'' & C'' \end{vmatrix}$$

verschwinden, und die „Unbekannten“ x, y, z, d. h. also α^2, α und 1 verhalten sich wie die Adjunkten einer beliebigen Determinantenzeile.

Bezeichnen wir also die Adjunkte eines Elements der Determinante durch den gleichnamigen großen deutschen Buchstaben, so ist z. B.

$$\alpha^2 : \alpha : 1 = \mathfrak{A}' : \mathfrak{B}' : \mathfrak{C}'$$

oder

$$\alpha = \mathfrak{A}'/\mathfrak{B}' = \mathfrak{B}'/\mathfrak{C}',$$

so daß

$$\mathfrak{B}'^2 = \mathfrak{A}'\,\mathfrak{C}'$$

sein muß.

Die Relation $\mathfrak{B}'^2 = \mathfrak{A}'\,\mathfrak{C}'$ folgt aber nicht nur aus den beiden Werten für α; sie ist eine unmittelbare Folge des Verschwindens der Determinante R.

In der Tat: Die Determinante R hat den Wert

$$R = \begin{vmatrix} A & B & C \\ B & C + D & E \\ C & E & F \end{vmatrix}$$

mit

$$\begin{cases} A = ab' - ba', & B = ac' - ca', & C = ad' - da', \\ D = bc' - cb', & E = bd' - db', & F = cd' - dc', \end{cases}$$

wobei, wie man schnell bestätigt, zwischen den 6 Determinanten A, B, C, D, E, F die Identität

$$AF - BE + CD = 0$$

besteht.

Wir berechnen nun den Ausdruck $\mathfrak{A}'\,\mathfrak{C}' - \mathfrak{B}'^2$.

Er hat den Wert

$$(CE - BF)(BC - AE) - (AF - C^2)^2 =$$
$$BC^2E - ACE^2 - B^2CF + \underbrace{ABEF - A^2F^2} - C^4 + 2\,AC^2F$$

oder, da die markierte Differenz nach der erwähnten Identität gleich $ACDF$ ist,

$$C\,[BCE - AE^2 - B^2F + ADF + 2\,ACF - C^3] =$$
$$C\,[ACF + ADF - AE^2 - B^2F + 2\,BCE + \underbrace{ACF - BCE} - C^3].$$

Hier schreiben wir für die markierte Differenz $-\,C^2D$ und bekommen weiter

$$C\,[ACF + ADF - AE^2 - B^2F + 2\,BCE - C^2D - C^3] = C\,R.$$

Folglich ist

$$\mathfrak{A}'\,\mathfrak{C}' - \mathfrak{B}'^2 = C\,R,$$

und da R verschwindet, ist $\mathfrak{B}'^2 = \mathfrak{A}'\mathfrak{C}'$ oder $\mathfrak{A}' : \mathfrak{B}' = \mathfrak{B}' : \mathfrak{C}'$.

Das Verschwinden der Determinante R war die notwendige Bedingung für die Existenz einer gemeinsamen Wurzel der beiden kubischen Gleichungen.

Wir zeigen, daß es auch die hinreichende Bedingung ist.

Aus dem Verschwinden von R folgt nämlich, wie wir schon feststellten, die Proportion

$$\mathfrak{A}' : \mathfrak{B}' = \mathfrak{B}' : \mathfrak{C}'.$$

Wir setzen den gemeinsamen Wert ihrer Seiten gleich α und haben, falls $\mathfrak{C}' \neq 0$,

$$\alpha = \mathfrak{B}'/\mathfrak{C}', \qquad \alpha^2 = \mathfrak{A}'/\mathfrak{C}',$$

Folglich wird

$$\begin{aligned} A\alpha^2 + B\alpha + C &= (A\mathfrak{A}' + B\mathfrak{B}' + C\mathfrak{C}')/\mathfrak{C}' = 0,\\ A'\alpha^2 + B'\alpha + C' &= (A'\mathfrak{A}' + B'\mathfrak{B}' + C'\mathfrak{C}')/\mathfrak{C}' = 0,\\ A''\alpha^2 + B''\alpha + C'' &= (A''\mathfrak{A}' + B''\mathfrak{B}' + C''\mathfrak{C}')/\mathfrak{C}' = 0, \end{aligned}$$

so daß $(\alpha^2, \alpha, 1)$ eine Lösung des obigen Homogensystems ist.
Nun haben aber die Ausdrücke

$$A\alpha^2 + B\alpha + C, \qquad A'\alpha^2 + B'\alpha + C', \qquad A''\alpha^2 + B''\alpha + C''$$

ihrer Bildung gemäß, die Werte

$$a\Theta' - a'\Theta, \quad (a\alpha + b)\Theta' - (a'\alpha + b')\Theta, \quad (a\alpha^2 + b\alpha + c)\Theta' - (a'\alpha^2 + b'\alpha + c')\Theta,$$

mit

$$\Theta = a\alpha^3 + b\alpha^2 + c\alpha + d, \qquad \Theta' = a'\alpha^3 + b'\alpha^2 + c'\alpha + d',$$

und da diese drei Differenzen verschwinden, verschwinden außer $a\Theta' - a'\Theta$ auch die Größen $b\Theta' - b'\Theta$, $c\Theta' - c'\Theta$. Das ist aber nur möglich, wenn

$$\Theta = 0 \quad \text{und} \quad \Theta' = 0$$

ist. Daher ist α gemeinsame Wurzel der vorgelegten kubischen Gleichungen.
Ist $\mathfrak{C}' = 0$, aber eine der Größen $\mathfrak{C}$ oder $\mathfrak{C}''$ von Null verschieden, so setze man, den ähnlich wie oben zu bestätigenden Identitäten

$$\mathfrak{A}\mathfrak{C} - \mathfrak{B}^2 = FR, \qquad \mathfrak{A}''\mathfrak{C}'' - \mathfrak{B}''^2 = ER$$

entsprechend,

$$\alpha = \mathfrak{B}/\mathfrak{C}, \quad \alpha^2 = \mathfrak{A}/\mathfrak{C} \qquad \text{oder} \quad \alpha = \mathfrak{B}''/\mathfrak{C}'', \quad \alpha^2 = \mathfrak{A}''/\mathfrak{C}''$$

und findet ähnlich wie oben

$$A\alpha^2 + B\alpha + C = 0, \qquad A'\alpha^2 + B'\alpha + C' = 0, \qquad A''\alpha^2 + B''\alpha + C'' = 0,$$

so daß wiederum Θ und Θ' verschwinden, also α eine gemeinsame Wurzel unserer kubischen Gleichungen ist.
Sollten aber alle drei Adjunkten $\mathfrak{C}, \mathfrak{C}', \mathfrak{C}''$ verschwinden, wo dann, den drei obigen Identitäten und der Ausgangsgleichung $R = 0$ entsprechend, auch die drei Adjunkten $\mathfrak{B}, \mathfrak{B}', \mathfrak{B}''$ verschwinden, so betrachte man statt des vorgelegten Gleichungspaares das Paar

$$dx^3 + cx^2 + bx + a = 0, \qquad d'x^3 + c'x^2 + b'x + a' = 0,$$

insofern der reziproke Wert einer gemeinsamen Wurzel dieses Paares eine gemeinsame Wurzel des vorgelegten Paares liefert.
Jetzt handelt es sich um die verschwindende Determinante

$$\begin{vmatrix} F & E & C \\ E & C + D & B \\ C & B & A \end{vmatrix} = \begin{vmatrix} C'' & B'' & A'' \\ C' & B' & A' \\ C & B & A \end{vmatrix} (= R);$$

und wenn dann auch noch die Adjunkten $\mathfrak{A}'', \mathfrak{A}', \mathfrak{A}$ ihrer letzten Spalte verschwinden sollten, so sind alle neun Adjunkten (Minoren) von R gleich Null.

In diesem Ausnahmefalle bestimme man α aus der quadratischen Gleichung

$$A\alpha^2 + B\alpha + C = 0.$$

Dann sind die beiden folgenden Gleichungen

$$A'\alpha^2 + B'\alpha + C' = 0$$

und

$$A''\alpha^2 + B''\alpha + C'' = 0$$

von selbst erfüllt, und das so geformte α ist gemeinsame Wurzel der kubischen Ausgangsgleichungen.

Unser Ergebnis lautet:

Satz von Bézout:

Die beiden kubischen Gleichungen

$$\begin{aligned} a x^3 + b x^2 + c x + d &= 0 \\ a' x^3 + b' x^2 + c' x + d' &= 0 \end{aligned}$$

haben dann und nur dann eine gemeinsame Wurzel, wenn die symmetrische Determinante

$$R = \begin{vmatrix} \overline{a b'} & \overline{a c'} & \overline{a d'} \\ \overline{a c'} & \overline{a d'} + \overline{b c'} & \overline{b d'} \\ \overline{a d'} & \overline{b d'} & \overline{c d'} \end{vmatrix}$$

verschwindet.

Dabei bedeutet bei beliebigen Buchstaben x, y das Zeichen $\overline{x y'}$ die Determinante $x y' - y x'$.

Die Determinante R heißt die Resultante der beiden kubischen Gleichungen oder der beiden Polynome

$$a x^3 + b x^2 + c x + d \qquad \text{und} \qquad a' x^3 + b' x^2 + c' x + d'.$$

ZWEITER ABSCHNITT: BIQUADRATISCHE GLEICHUNGEN

§ 15. Ferraris Verfahren

Das älteste und vielleicht einfachste Verfahren zur Lösung der biquadratischen Gleichung stammt von dem Italiener Ludovico Ferraro (1522—1565), der gewöhnlich Ferrari genannt wird.

Die allgemeinste Form einer biquadratischen Gleichung lautet

$$(1) \qquad a x^4 + b x^3 + c x^2 + d x + e = 0,$$

wo a, b, c, d, e die fünf gegebenen Koeffizienten sind.

Um die Gleichung zu lösen, multiplizieren wir sie zunächst mit $4a$:

$$4 a^2 x^4 + 4 ab x^3 + 4 acx^2 + 4 adx + 4 ae = 0$$

und versuchen die linke Seite dieser Gleichung durch Addition der „quadratischen Ergänzung“ $(p x + q)^2$, d. h. also des Quadrats einer geeigneten Linearfunktion $p x + q$, zu einem vollständigen Quadrat, nämlich zum Quadrat des Trinoms $2 a x^2 + b x + r$ zu machen, wobei p, q, r gewisse noch zu bestimmende Konstanten sind. Wir versuchen also den Ansatz

$$(2) \quad 4 a^2 x^4 + 4 ab x^3 + 4 ac x^2 + 4 ad x + 4 ae + (p x + q)^2 = (2 a x^2 + b x + r)^2$$

zu verwirklichen.

Die zu diesem Zwecke zu erfüllenden — drei — Bedingungen, die sich durch Vergleichung der auf der linken und rechten Seite der angesetzten Gleichung stehenden Koeffizienten gleich hoher Potenzen von x ergeben, lauten

$$4 ac + p^2 = 4 ar + b^2, \qquad 2 a d + pq = br, \qquad 4 ae + q^2 = r^2.$$

Wenn es also gelingt, die drei Größen p, q, r diesen drei Gleichungen gemäß zu bestimmen, so ist der Ansatz (2) realisiert.

Diese drei Bestimmungsgleichungen geben aber

(3) $p^2 = 4\,ar + b^2 - 4\,ac, \qquad pq = br - 2\,ad, \qquad q^2 = r^2 - 4\,ae,$

so daß wir, der Identität $p^2 \cdot q^2 = (pq)^2$ entsprechend, für r die Bedingung

$$(4\,ar + b^2 - 4ac)\,(r^2 - 4\,ae) = (br - 2\,ad)^2$$

erhalten. So entsteht für die unbekannte Hilfsgröße r die kubische Gleichung — die sog. Ferrariresolvente —

(4) $r^3 - cr^2 + (bd - 4ae)\,r + (4\,ace - ad^2 - eb^2) = 0,$

aus welcher sich r, sogar auf drei Weisen, ermitteln läßt.

Nach Berechnung einer Wurzel r von (4) — man nimmt natürlich die einfachste Wurzel — findet man p und q sofort aus (3):

$$p = \sqrt{4\,ar + b^2 - 4\,ac} \qquad \text{und} \qquad q = (br - 2\,ad) : p,$$

wobei man noch unter zwei Werten p die Wahl hat.

Wir denken uns p, q, r in der geschilderten Weise ermittelt und schreiben Gleichung (1) zufolge (2) nunmehr

$$(2\,ax^2 + bx + r)^2 - (px + q)^2 = 0$$

oder

$$[2\,ax^2 + (b + p)\,x + (r + q)] \cdot [2\,ax^2 + (b - p)\,x + (r - q)] = 0.$$

Damit zerfällt die vorgelegte biquadratische Gleichung in die beiden quadratischen Gleichungen — Resolventen —

(5) $$\left\{\begin{array}{l} 2\,ax^2 + (b + p)\,x + (r + q) = 0 \\ 2\,ax^2 + (b - p)\,x + (r - q) = 0 \end{array}\right\}.$$

Die biquadratische Gleichung (1) hat sonach genau vier Wurzeln α, β γ, δ, die sich sofort als Wurzeln der beiden quadratischen Gleichungen (5) ergeben.

So lange man keinen weiteren Zweck verfolgt als die vier Wurzeln einer biquadratischen Gleichung mit gegebenen numerischen Koeffizienten zu berechnen, reicht das im vorstehenden geschilderte Ferrarische Verfahren vollständig aus.

Sollen aber die Wurzeln von (1) als algebraische Funktionen der gegebenen Koeffizienten a, b, c, d, e dargestellt werden, ist die obige Betrachtung noch folgendermaßen zu vervollständigen.

Da sich die gefundenen quadratischen Gleichungen nur durch das Vorzeichen von p voneinander unterscheiden [es ist $q = (br - 2\,ad)/p$], so brauchen wir uns nur um eine dieser Gleichungen, etwa um die zweite, zu kümmern und haben demgemäß, unter x irgendeine Wurzel von (1) verstanden,

$$4\,ax + b = p + w \qquad \text{mit } w^2 = (b - p)^2 - 8\,a\,(r - q).$$

Wir nennen

$$X = 4\,ax + b$$

die reduzierte Wurzel von (1) und haben einfach

$$X = p + w.$$

Wir formen zunächst den Ausdruck w^2 auf Grund der drei Formeln (3) für p^2, pq, q^2 um:

$$\begin{aligned} w^2 &= b^2 - 2\,bp + p^2 - 8\,ar + 8\,aq \\ &= b^2 - 2\,bp + 2\,p^2 - 8\,ar + 8\,aq - p^2 \\ &= b^2 - 2\,bp + 2\,b^2 - 8\,ac + 8\,aq - p^2 \\ &= 3\,b^2 - 8\,ac - [2\,(bp^2 - 4\,apq)/p] - p^2 \\ &= 3\,b^2 - 8\,ac - [2\,(b^3 + 8\,a^2d - 4\,abc)/p] - p^2, \end{aligned}$$

wodurch die Größen r und q aus unserm Ausdruck beseitigt sind und nur p verblieben ist.

Durch die Abkürzungen

$$E = 3\,b^2 - 8\,ac, \qquad k = b^3 + 8\,a^2d - 4\,abc$$

nimmt der Ausdruck die einfache Form

$$w^2 = E - (2\,k/p) - p^2$$

an, und die reduzierte Wurzel wird

$$X = p + \sqrt{E - (2\,k/p) - p^2}.$$

Wenn es also gelingt, p, ohne Zuhilfenahme von r, direkt durch a, b, c, d, e auszudrücken, ist das oben erstrebte Ziel erreicht.

Nun, das ist zu machen.

Wir setzen $p^2 = P$ und haben zunächst

$$4\,ar = P + 4\,ac - b^2.$$

Dann multiplizieren wir (4) mit $64\,a^3$, wodurch diese Gleichung in

$$(4\,ar)^3 - 4\,ac\,(4\,a\,r)^2 + 16\,a^2(bd - 4\,ae)\,(4\,ar) + 64\,a^3\,(4\,ace - b^2e - d^2a) = 0$$

übergeht. Setzen wir hier für $4\,ar$ den soeben angegebenen Wert ein, so resultiert für $P = p^2$ die kubische Gleichung

$$(6) \qquad P^3 - E\,P^2 + F\,P - G = 0$$

mit

$$\begin{cases} E = 3\,b^2 - 8\,ac, \\ F = 16a^2\,(c^2 + bd - 4\,ae) + b^2\,(3\,b^2 - 16\,ac), \\ G = k^2, \qquad k = b^3 + 8\,a^2\,d - 4\,abc. \end{cases}$$

Die Gleichung (6) heißt die **kubische Resolvente** der vorgelegten biquadratischen Gleichung (1). Sie ermöglicht die direkte Bestimmung von P bzw. p und damit die Umgehung von r. Setzen wir noch

$$E - (2\,k/p) - p^2 = E - P - \left(2\,k/\sqrt{P}\right) = Q,$$

so lautet die Formel für die reduzierte Wurzel X von (1) einfach

$$X = \sqrt{P} + \sqrt{Q}.$$

Und zwar erhalten wir infolge der Doppeldeutigkeit jeder der beiden hier auftretenden Quadratwurzeln, **sämtliche vier** reduzierten Wurzeln von (1)!

Damit haben wir also folgende einfache

Vorschrift zur Berechnung der reduzierten Wurzel $X = 4\,ax + b$ der biquadratischen Gleichung

$$a\,x^4 + b\,x^3 + c\,x^2 + d\,x + e = 0.$$

Man berechnet zunächst die Diskriminanten

$$\mathfrak{L} = b^2 - 4\,a\,c, \qquad \mathfrak{M} = c^2 - 4\,a\,e,$$

sodann die drei Konstanten

$$E = 2\,\mathfrak{L} + b^2, \qquad F = (4\,\mathfrak{L} - b^2)\cdot b^2 + (4\,a)^2\,(\mathfrak{M} + b\,d), \qquad G = k^2$$

mit

$$k = 8\,a^2\,d + b\,\mathfrak{L}.$$

Darauf ermittelt man eine nichtnegative Wurzel P der kubischen Resolvente*)

$$P^3 - E\,P^2 + F\,P - G = 0.$$

---

*) Daß die kubische Resolvente mindestens eine nichtnegative Wurzel besitzt, folgt sofort aus dem Anblick der Schaukurve des Polynoms $y = x^3 - E\,x^2 + F\,x - G$.

Dann ist

$$\boldsymbol{X = \sqrt{P} + \sqrt{Q},}$$

wobei sich $\boldsymbol{Q}$ durch die Gleichung

$$\boldsymbol{P + Q = E - (2k / \sqrt{P})}$$

bestimmt.

Infolge der Doppeldeutigkeit der beiden X zusammensetzenden Quadratwurzeln liefert die Formel für X alle vier reduzierten Wurzeln der biquadratischen Gleichung.

Zusatz 1. Natürlich sind $\sqrt{P}$ in der Formel für X und $\sqrt{P}$ in der Formel für $P + Q$ mit demselben Vorzeichen zu nehmen.

Zusatz 2. Wenn die ausgewählte nichtnegative Wurzel P der kubischen Resolvente verschwindet, so verschwinden auch G und k, und der Bruch $k : \sqrt{P}$ hat die unbestimmte Form $0:0$. Um den Wert des Bruches zu bestimmen schreiben wir (6)

$$k^2 : P = F - E\,P + P^2,$$

setzen jetzt P und k gleich Null und erhalten

$$k^2 : P = F, \quad \text{also} \quad k : \sqrt{P} = \sqrt{F}.$$

In diesem Ausnahmefalle lautet demnach die Formel für $\boldsymbol{P + Q}$

$$\boldsymbol{P + Q = E - 2\sqrt{F}.}$$

Zusatz 3. Die vier reduzierten Wurzeln der biquadratischen Gleichung haben die Summe Null.

Wir betrachten einige Beispiele.

Beispiel 1. $x^4 - 10\,x^3 + 35\,x^2 - 50\,x + 24 = 0.$
Die kubische Resolvente heißt

$$P^3 - E\,P^2 + F\,P - G = 0 \qquad \text{mit} \quad E = 20, \qquad F = 64, \qquad G = 0,$$

also

$$P^3 - 20\,P^2 + 64\,P = 0$$

und hat die drei Wurzeln

$$P = 0, \qquad P = 16, \qquad P = 4.$$

Wählen wir die erste, so wird die reduzierte Wurzel der vorgelegten Gleichung

$$X = 4\,x - 10 = \sqrt{Q} \quad \text{mit} \quad Q = E - 2\sqrt{F} = 20 \pm 16.$$

Das gibt die vier Möglichkeiten

$$X = \pm\sqrt{36} = \pm 6, \qquad X = \pm\sqrt{4} = \pm 2,$$

also die vier Wurzeln

$$x = 4, \qquad x = 1, \qquad x = 3, \qquad x = 2.$$

Nehmen wir die zweite, so wird die reduzierte Wurzel

$$X = 4\,x - 10 = \sqrt{P} + \sqrt{Q} \qquad \text{mit} \quad P + Q = E - \left(2\,k/\sqrt{P}\right) = 20.$$

Dem entsprechen die vier Möglichkeiten $X = \pm 4 \pm 2$ und die vier Wurzeln

$$x = 4, \qquad x = 3, \qquad x = 2, \qquad x = 1,$$

wie es sich also von selbst versteht, dieselben vier Wurzeln (nur in anderer Reihenfolge).

Beispiel 2. $x^4 - 8x^3 + 42x^2 - 80x + 125 = 0$.
Hier ist

$$\mathfrak{L} = b^2 - 4ac = -104, \qquad \mathfrak{M} = c^2 - 4ae = 1264,$$
$$E = 2\mathfrak{L} + b^2 = -144, \quad F = (4\mathfrak{L} - b^2)\cdot b^2 + (4a)^2(\mathfrak{M} + bd) = -256, \quad G = k^2$$
$$\text{mit} \quad k = 8a^2d + b\mathfrak{L} = +192.$$

Die kubische Resolvente heißt daher

$$P^3 + 144P^2 - 256P - 192^2 = 0.$$

Eine positive Wurzel dieser Gleichung ist $P = 16$. Das gibt die zwei Fälle

$$\sqrt{P} = 4 \quad \text{und} \quad \sqrt{P} = -4$$

und, der Formel

$$P + Q = E - (2k/\sqrt{P}) = -144 - (2\cdot 192/\sqrt{P})$$

entsprechend, für Q die beiden Werte

$$Q = -256 \qquad \text{bzw. } Q = -64.$$

Die reduzierte Wurzel der vorgelegten Gleichung ist daher wegen

$$X = 4x - 8 = \sqrt{P} + \sqrt{Q},$$
$$X = 4 \pm 16i \qquad \text{oder } X = -4 \pm 8i \qquad \text{mit } i^2 = -1.$$

Die gesuchten vier Wurzeln x sind

$$\alpha = 3 + 4i, \quad \beta = 3 - 4i, \quad \gamma = 1 + 2i, \quad \delta = 1 - 2i.$$

§ 16. Beziehungen zwischen Koeffizienten und Wurzeln

Zwischen den Koeffizienten a, b, c, d, e und den Wurzeln $\alpha, \beta, \gamma, \delta$ der biquadratischen Gleichung

$$ax^4 + bx^3 + cx^2 + dx + e = 0$$

bestehen vier einfache Beziehungen, die z. B. leicht dem in § 15 auseinandergesetzten Ferrarischen Lösungsverfahren entnommen werden können. Da die biquadratische Gleichung in die beiden quadratischen Gleichungen

$$\begin{Bmatrix} 2ax^2 + (b + p)x + (r + q) = 0 \\ 2ax^2 + (b - p)x + (r - q) = 0 \end{Bmatrix}$$

zerfällt, sind etwa α und β die Wurzeln der ersten, γ und δ die Wurzeln der zweiten dieser Resolventen. Demnach gelten die vier Relationen

$$\alpha + \beta = -(b + p)/2a, \qquad \alpha\beta = (r + q)/2a,$$
$$\gamma + \delta = -(b - p)/2a, \qquad \gamma\delta = (r - q)/2a.$$

Aus ihnen ergibt sich zunächst

$$\alpha + \beta + \gamma + \delta = -b/a,$$
$$(\alpha + \beta)(\gamma + \delta) + \alpha\beta + \gamma\delta = (b^2 - p^2 + 4ar)/4a^2,$$
$$\alpha\beta(\gamma + \delta) + \gamma\delta(\alpha + \beta) = -(br - pq)/2a^2,$$
$$\alpha\beta\gamma\delta = (r^2 - q^2)/4a^2.$$

Da aber die Zähler der rechten Seiten der drei letzten dieser vier Gleichungen nach der Formelgruppe (3) des § 15 die Werte $4ac$, $2ad$, $4ae$ haben, so wird einfacher

$$(\alpha + \beta)(\gamma + \delta) + \alpha\beta + \gamma\delta = +c/a,$$
$$\alpha\beta(\gamma + \delta) + \gamma\delta(\alpha + \beta) = -d/a,$$
$$\alpha\beta\gamma\delta = +e/a.$$

Damit haben wir folgende vier

Wurzelkoeffizientenbeziehungen:

$$\left\{\begin{array}{c} \alpha+\beta+\gamma+\delta=-b:a \\ \alpha\beta+\alpha\gamma+\alpha\delta+\beta\gamma+\beta\delta+\gamma\delta=+c:a \\ \alpha\beta\gamma+\alpha\beta\delta+\alpha\gamma\delta+\beta\gamma\delta=-d:a \\ \alpha\beta\gamma\delta=+e:a \end{array}\right\}.$$

Sie werden noch etwas einfacher bei Normalgleichungen, d. h. bei solchen, in denen der erste Koeffizient (a) die Einheit ist. Es gilt dann der

Satz von Vieta:

Zwischen den Koeffizienten A, B, C, D und den Wurzeln α, β, γ, δ der biquadratischen Normalgleichung

$$x^4 + Ax^3 + Bx^2 + Cx + D = 0$$

bestehen folgende vier Wurzelkoeffizientenbeziehungen:

$$\alpha+\beta+\gamma+\delta=-A,$$
$$\alpha\beta+\alpha\gamma+\alpha\delta+\beta\gamma+\beta\delta+\gamma\delta=+B,$$
$$\alpha\beta\gamma+\alpha\beta\delta+\alpha\gamma\delta+\beta\gamma\delta=-C,$$
$$\alpha\beta\gamma\delta=+D.$$

Es ist vielleicht nicht überflüssig, sie in Worte zu fassen:

Fundamentalsatz:

Die Wurzeln einer biquadratischen Normalgleichung stehen zu den Koeffizienten der Gleichung in folgenden vier Beziehungen:

Die Summe der vier Wurzeln ist gleich dem entgegengesetzten Koeffizienten des kubischen Gliedes.

Die Summe der sechs Produkte aus je zwei Wurzeln ist gleich dem Koeffizienten des quadratischen Gliedes.

Die Summe der vier Produkte aus je drei Wurzeln ist gleich dem entgegengesetzten Koeffizienten des linearen Gliedes.
Das Produkt der vier Wurzeln ist gleich dem Freigliede.

Aus diesem Satze ergibt sich sofort ganz ähnlich wie am Schlusse von § 4 der weitere wichtige

Verwandlungssatz:

Jedes biquadratische Normalpolynom

$$x^4 + Ax^3 + Bx^2 + Cx + D$$

läßt sich in das Produkt der vier Linearfaktoren $x-\alpha$, $x-\beta$, $x-\gamma$, $x-\delta$ verwandeln, wo α, β, γ, δ die Wurzeln des Polynoms sind:

$$x^4 + Ax^3 + Bx^2 + Cx + D = (x-\alpha)(x-\beta)(x-\gamma)(x-\delta).$$

Beim beliebigen biquadratischen Polynom heißt es

$$ax^4 + bx^3 + cx^2 + dx + e = a(x-\alpha)(x-\beta)(x-\gamma)(x-\delta),$$

wo wieder α, β, γ, δ die Nullstellen des Polynoms sind.

§ 17. Descartes' Verfahren

Wir setzen die vorgelegte biquadratische Gleichung

(1) $$ax^4 + bx^3 + cx^2 + dx + e = 0$$

als Normalgleichung voraus, so daß also der Koeffizient a des biquadratischen Gliedes den Wert 1 hat (was ja durch Division mit dem Erstkoeffizienten, wenn er noch nicht gleich 1 sein sollte, stets zu erreichen ist).

Der Descartessche Gedanke besteht darin, die linke Seite der Gleichung in ein Produkt von zwei quadratischen Trinomen zu zerlegen:

$$ax^4 + bx^3 + cx^2 + dx + e = (x^2 + px + q)(x^2 + p'x + q')$$

und damit die Lösung der biquadratischen Gleichung auf die Lösung von zwei quadratischen Gleichungen

(2) $$x^2 + px + q = 0$$ und (3) $$x^2 + p'x + q' = 0$$

zurückzuführen.

Der Descartessche Ansatz liefert durch den Vergleich der beiderseitigen Koeffizienten gleichhoher Potenzen von x die vier Bedingungen

$$p + p' = b, \qquad q + q' + pp' = c, \qquad pq' + qp' = d, \qquad qq' = e$$

für die unbekannten Koeffizienten p, q, p', q' der beiden Trinome.

Es kommt demnach lediglich darauf an, die vier Bedingungsgleichungen aufzulösen.

Zu diesem Zwecke führen wir den gemeinsamen Wert der beiden Binome $q + q'$ und $c - pp'$ als neue Unbekannte r ein:

$$r = q + q' = c - pp'$$

und ziehen zur Aufstellung einer Bestimmungsgleichung für r die Eulersche Relation

$$(p^2 + p'^2)(q^2 + q'^2) = (pq + p'q')^2 + (pq' - qp')^2$$

heran.

Wir schreiben demgemäß

$$\begin{aligned} p^2 + p'^2 &= (p + p')^2 - 2pp' = b^2 - 2c + 2r, \\ q^2 + q'^2 &= (q + q')^2 - 2qq' = r^2 - 2e, \\ pq + p'q' &= (p + p')(q + q') - (pq' + qp') = br - d, \\ (pq' - qp')^2 &= (pq' + qp')^2 - 4pp' \cdot qq' = d^2 - 4(c - r) \cdot e \end{aligned}$$

und bekommen damit für r die Gleichung

$$(b^2 - 2c + 2r)(r^2 - 2e) = (br - d)^2 + d^2 - 4ce + 4er$$

oder, geordnet,

(4) $$r^3 - cr^2 + (bd - 4e)r + [4ce - d^2 - eb^2] = 0$$

oder um die Übereinstimmung dieser Gleichung mit der ganz ähnlich gebauten Gleichung (4) von § 15 vollständig zu machen,

(4) $$r^3 - cr^2 + (bd - 4ae)r + [4ace - ad^2 - eb^2] = 0.$$

Wir erkennen: Das Verfahren von Descartes führt auf dieselbe kubische Resolvente für die Unbekannte r wie das Ferrarische Verfahren.

Durch (4) wird die Hilfsunbekannte r bestimmt. Alles weitere vollzieht sich dann höchst einfach. Wir stellen zusammen:

Descartes' Rezept zur Lösung der biquadratischen Normalgleichung

$$ax^4 + bx^3 + cx^2 + dx + e = 0:$$

1. Man bestimmt eine Wurzel r der kubischen Resolvente — Descartesresolvente

$$r^3 - cr^2 + (bd - 4ae)\,r + [4ace - ad^2 - eb^2] = 0,$$

die wegen des Wertes $a = 1$ auch kürzer

$$r^3 - cr^2 + (bd - 4e)\,r + [4ce - d^2 - eb^2] = 0$$

geschrieben wird.

2. Man bestimmt die Unbekannten p und p' aus dem Gleichungspaar

$$p + p' = b, \qquad pp' = c - r,$$

sodann die Unbekannten q und q' aus den Lineargleichungen

$$q + q' = r, \qquad p'q + pq' = d.$$

3. Man ermittelt die Wurzeln α und β bzw. γ und δ der quadratischen Gleichung

$$x^2 + px + q = 0 \quad \text{bzw.} \quad x^2 + p'x + q' = 0.$$

Dann sind α, β, γ, δ die vier Wurzeln der vorgelegten biquadratischen Gleichung.

Zusatz. Da die kubische Resolvente drei Wurzeln besitzt, von denen jede zulässig ist, so wird man sich die Wurzel r aussuchen, die am schnellsten und bequemsten zu ermitteln ist.

Das Descartessche Verfahren ist wegen seiner Übersichtlichkeit allen zu empfehlen, die nicht tiefer in die Lehre von den biquadratischen Gleichungen eindringen wollen, denen es nur darauf ankommt, ein Verfahren zur Auflösung biquadratischer Gleichungen kennenzulernen, welches sich dem Gedächtnis leicht einprägen läßt.

Das Descartessche Verfahren gestattet die schnelle und bequeme Ermittlung der Beziehungen zwischen den Koeffizienten und Wurzeln der biquadratischen Gleichung.

Da die quadratische Gleichung $x^2 + px + q = 0$ bzw. $x^2 + p'x + q' = 0$ die Wurzeln α und β bzw. γ und δ hat, so ist bekanntlich

$$\alpha + \beta = -p, \qquad \alpha\beta = q, \qquad \gamma + \delta = -p', \qquad \gamma\delta = q'.$$

Setzen wir die hierdurch gelieferten Ausdrücke für p, q, p', q' in dem Descartesschen Formelquadrupel

$$p + p' = b, \qquad q + q' + pp' = c, \qquad pq' + qp' = d, \qquad qq' = e$$

ein, so entstehen sofort die

Beziehungen zwischen den Koeffizienten und Wurzeln der Normalgleichung

$$ax^4 + bx^3 + cx^2 + dx + e = 0 \qquad (a = 1):$$

$$\alpha + \beta + \gamma + \delta = -b$$
$$\alpha\beta + \alpha\gamma + \alpha\delta + \beta\gamma + \beta\delta + \gamma\delta = +c$$
$$\alpha\beta\gamma + \alpha\beta\delta + \alpha\gamma\delta + \beta\gamma\delta = -d$$
$$\alpha\beta\gamma\delta = +e.$$

§ 18. Lagranges Verfahren zur Auflösung der biquadratischen Gleichung

Die vorgelegte biquadratische Gleichung habe die Normalform

$$ax^4 + bx^3 + cx^2 + dx + e = 0,$$

so daß der Koeffizient a des biquadratischen Gliedes die Einheit ist und die Wurzelkoeffizientenbeziehungen einfach

$$\left\{\begin{array}{l} \alpha+\beta+\gamma+\delta = -b \\ \alpha\beta+\alpha\gamma+\alpha\delta+\beta\gamma+\beta\delta+\gamma\delta = +c \\ \alpha\beta\gamma+\alpha\beta\delta+\alpha\gamma\delta+\beta\gamma\delta = -d \\ \alpha\beta\gamma\delta = +e \end{array}\right\}$$

lauten, wo $\alpha, \beta, \gamma, \delta$ die Gleichungswurzeln sind.

Das Lagrangesche Lösungsverfahren besteht darin, ein Polynom L der vier Wurzeln $\alpha, \beta, \gamma, \delta$ zu bilden, welches bei den 24 Permutationen der Elemente $\alpha, \beta, \gamma, \delta$ nur drei verschiedene Werte L, M, N annimmt, und dann die biquadratische Gleichung auf die kubische Gleichung (Resolvente) mit den Wurzeln L, M, N und drei quadratische Gleichungen zurückzuführen.

Das von Lagrange gewählte Polynom ist

$$L = \beta\gamma + \alpha\delta.$$

Durch die genannten Permutationen erscheinen noch die beiden andern Werte

$$M = \gamma\alpha + \beta\delta \quad \text{und} \quad N = \alpha\beta + \gamma\delta.$$

Unsere Aufgabe besteht zunächst in der Bestimmung der Einerfunktionen

$$P = L + M + N, \qquad Q = MN + NL + LM, \qquad R = LMN$$

von L, M, N.

Am schnellsten erhalten wir P. Es ist

(1) $$P = c.$$

Um

$$Q = MN + NL + LM = \Sigma\alpha^2\beta\gamma,$$

wobei in der rechts stehenden Summe alle möglichen Wurzelkombinationen zu je dreien vorkommen, zu finden, bedenken wir, daß

$$bd = (\alpha+\beta+\gamma+\delta)(\alpha\beta\gamma+\alpha\beta\delta+\alpha\gamma\delta+\beta\gamma\delta) = \Sigma\alpha^2\beta\gamma + 4e$$

wird. Daraus folgt

(2) $$Q = bd - 4e = bd - 4ae.$$

Um endlich

$$R = LMN = \Sigma\alpha^3\beta\gamma\delta + \Sigma\alpha^2\beta^2\gamma^2$$

zu bekommen, bilden wir

einerseits $\Sigma\alpha^3\beta\gamma\delta = e\Sigma\alpha^2 = e[(\Sigma\alpha)^2 - 2\Sigma\alpha\beta] = e[b^2 - 2c]$,

anderseits $d^2 = \Sigma\alpha^2\beta^2\gamma^2 + 2e\Sigma\alpha\beta = \Sigma\alpha^2\beta^2\gamma^2 + 2ce$,

so daß $\Sigma\alpha^2\beta^2\gamma^2 = d^2 - 2ce$

ist, und finden so $R = e[b^2 - 2c] + d^2 - 2ce = eb^2 + d^2 - 4ce$

oder

(3) $$R = ad^2 + eb^2 - 4ace.$$

Vermöge der Relationen (1), (2), (3) sind die Koeffizienten der Lagrangeresolvente, d. h. der kubischen Gleichung mit den Wurzeln

$$L = \beta\gamma + \alpha\delta, \qquad M = \gamma\alpha + \beta\delta, \qquad N = \alpha\beta + \gamma\delta$$

bekannt. Die Resolvente heißt

$$X^3 - cX^2 + (bd - 4ae)\,X + [4\,ace - ad^2 - eb^2] = 0,$$

und wir sehen, daß sie mit der Ferrariresolvente und Descartesresolvente übereinstimmt.

Eine Wurzel der Lagrangeresolvente, etwa $L = \beta\gamma + \alpha\delta$, ist sicher reell; nur diese benötigen wir.

Nach ihrer Berechnung erhalten wir ihre Bestandteile $\beta\gamma$ und $\alpha\delta$ als Wurzeln der quadratischen Gleichung

$$w^2 - L\,w + e = 0.$$

Zur Ermittlung von α, β, γ, δ einzeln dienen dann die beiden quadratischen Gleichungen

$$u^2 - (\beta + \gamma)\,u + \beta\gamma = 0 \quad \text{und} \quad v^2 - (\alpha + \delta)\,v + \alpha\delta = 0,$$

deren Koeffizienten $\beta\gamma$ und $\alpha\delta$ durch die quadratische Gleichung für w geliefert werden, deren Koeffizienten $\beta + \gamma$ und $\alpha + \delta$ durch das Linearsystem

$$\left\{\begin{array}{l} \beta\gamma\,(\alpha + \delta) + \alpha\delta\,(\beta + \gamma) = -d \\ \quad(\alpha + \delta) + \quad\;\;(\beta + \gamma) = -b \end{array}\right\}$$

gefunden werden.

Berechnet man statt einer alle drei Wurzeln L, M, N der Lagrangeresolvente, so läßt sich die Ermittlung von α, β, γ, δ (statt auf quadratische) auf lineare Gleichungen zurückführen. Man führt zu dem Zwecke die drei Hilfsgrößen

$$l = \beta + \gamma - \alpha - \delta, \qquad m = \gamma + \alpha - \beta - \delta, \qquad n = \alpha + \beta - \gamma - \delta$$

sowie ihr Produkt und ihre Quadrate ein.

Das Produkt ist, wie die Ausrechnung ergibt,

$$lmn = \Sigma\alpha^2\beta - 2\,\Sigma\alpha\beta\gamma - \Sigma\alpha^3 = \Sigma\alpha^2\beta - \Sigma\alpha^3 + 2\,d.$$

Hier sind noch die symmetrischen Polynome $\overline{2{,}1} = \Sigma\alpha^2\beta$ und $\overline{3} = \Sigma\alpha^3$ auszuwerten. Am einfachsten findet sich $\overline{2{,}1}$. Aus

$$-bc = \Sigma\alpha \cdot \Sigma\alpha\beta = \Sigma\alpha^2\beta + 3\,\Sigma\alpha\beta\gamma = \Sigma\alpha^2\beta - 3\,d$$

folgt

$$\overline{2{,}1} = \Sigma\alpha^2\beta = 3\,d - bc.$$

Um $\overline{3}$ auszuwerten, bilden wir

$$-b^3 = (\Sigma\alpha)^3 = \Sigma\alpha^3 + 3\,\Sigma\alpha^2\beta + 6\,\Sigma\alpha\beta\gamma = \Sigma\alpha^3 + 3\,\Sigma\alpha^2\beta - 6\,d$$

und bekommen

$$\overline{3} = \Sigma\alpha^3 = 3\,bc - b^3 - 3\,d.$$

Setzt man diese Werte für $\overline{2{,}1}$ und $\overline{3}$ oben ein, so ergibt sich

$$lmn = 8\,d + b^3 - 4\,bc.$$

Was die Quadrate angeht, so ist z. B.

$$l^2 = \Sigma\alpha^2 - 2\,\Sigma\alpha\beta + 4\,L = (\Sigma\alpha)^2 - \cdot 4\,\Sigma\alpha\beta + 4\,L = b^2 - 4\,c + 4\,L,$$

mithin $\qquad l^2 = D + 4\,L \qquad$ mit $D = b^2 - 4\,ac.$

Ähnlich wird $\qquad m^2 = D + 4\,M \qquad$ und $\qquad n^2 = D + 4\,N.$

Aus den drei letzten Gleichungen erhält man durch Wurzelziehung l, m, n, wobei man die Wurzelvorzeichen beliebig wählen darf, jedoch so, daß $lmn = 8\,d + b^3 - 4\,bc$ ist.

Nachdem l, m, n so gefunden sind, liefert das Linearsystem

$$\left\{\begin{array}{l} \beta+\gamma-\alpha-\delta=l \\ \gamma+\alpha-\beta-\delta=m \\ \alpha+\beta-\gamma-\delta=n \\ \alpha+\beta+\gamma+\delta=-b \end{array}\right\}$$

die Wurzeln α, β, γ, δ der vorgelegten biquadratischen Gleichung.

Zusammenfassung.

Zur Lösung der biquadratischen Normalgleichung

$$a x^4+b x^3+c x^2+d x+e=0, \qquad (a=1)$$

berechne man die Wurzeln L, M, N der Lagrangeresolvente

$$\mathfrak{a}\,\mathfrak{x}^3+\mathfrak{b}\,\mathfrak{x}^2+\mathfrak{c}\,\mathfrak{x}+\mathfrak{d}=0$$

mit $\mathfrak{a}=1$, $\mathfrak{b}=-c$, $\mathfrak{c}=bd-4ae$, $\mathfrak{d}=4ace-ad^2-eb^2$,

darauf die drei Hilfsgrößen

$$l=\sqrt{D+4L}, \qquad m=\sqrt{D+4M}, \qquad n=\sqrt{D+4N},$$

wobei D die Diskriminante b^2-4ac bedeutet und die Wurzelvorzeichen so zu wählen sind, daß $l\,m\,n$ den Wert $8d+b^3-4bc$ hat. Dann bestimmen sich die Wurzeln α, β, γ, δ der biquadratischen Gleichung aus dem Linearsystem

$$\left\{\begin{array}{l} \beta+\gamma-\alpha-\delta=l \\ \gamma+\alpha-\beta-\delta=m \\ \alpha+\beta-\gamma-\delta=n \\ \alpha+\beta+\gamma+\delta=-b \end{array}\right\} \text{ zu } \left\{\begin{array}{l} \alpha=(m+n-l-b)/4 \\ \beta=(n+l-m-b)/4 \\ \gamma=(l+m-n-b)/4 \\ \delta=(-l-m-n-b)/4 \end{array}\right\}.$$

Beispiel. $x^4-11x^3+41x^2-61x+30=0$.

Hier ist $a=1, b=-11$, $c=41$, $d=-61$, $e=30$. Die Koeffizienten der Lagrangeresolvente sind

$\mathfrak{a}=1$, $\mathfrak{b}=-c=-41$, $\mathfrak{c}=bd-4ae=551$, $\mathfrak{d}=4ace-ad^2-eb^2=-2431$;

die Resolvente heißt

$$\mathfrak{x}^3-41\,\mathfrak{x}^2+551\,\mathfrak{x}-2431=0.$$

Sie hat die Wurzeln $L=11$, $M=13$, $N=17$.

Die drei Hilfsgrößen l, m, n folgen aus $D=-43$ und

$$l^2=D+4L=1, \qquad m^2=D+4M=9, \qquad n^2=D+4N=25$$

zu

$$l=1, \qquad m=3, \qquad n=-5,$$

da ihr Produkt wegen $l\,m\,n=8d+b^3-4bc=-15$ negativ sein muß. Schließlich wird

$$\alpha=(m+n-l-b)/4=2, \qquad \beta=(n+l-m-b)/4=1,$$
$$\gamma=(l+m-n-b)/4=5, \qquad \delta=(-l-m-n-b)/4=3.$$

§ 19. Graphische Lösung der biquadratischen Gleichung

I. Verfahren von Gerono (Nouvelles Annales de Mathématiques, 1844). Wir nehmen die zu lösende biquadratische Gleichung in der Normalform an und setzen außerdem den Koeffizient des kubischen Gliedes gleich $2a$:

(1) $$x^4+2ax^3+bx^2+cx+d=0.$$

Wir wollen zeigen, daß sich die Wurzeln der Gleichung durch die Schnittpunkte einer Parabel mit einem Kreise zeichnerisch ermitteln lassen.

Die Parabel hat die Gleichung

(2) $$x^2 + ax = y.$$

Wir quadrieren diese Gleichung und erhalten

$$x^4 + 2\,ax^3 = y^2 - a^2x^2,$$

so daß sich (1) folgendermaßen schreiben läßt:

(3) $$y^2 + (b - a^2)\,x^2 + cx + d = 0.$$

Wir schreiben (2)

$$x^2 = y - ax$$

und addieren das $(1 + a^2 - b)$-fache dieser Gleichung zu (3).
Das gibt

(4) $$x^2 + y^2 + (c + a + a^3 - ab)\,x + (b - a^2 - 1)\,y + d = 0.$$

Dies ist die Gleichung des Kreises, dessen Schnittpunkte mit der Parabel (2) die Wurzeln der Gleichung (1) zu Abszissen haben.

Ergebnis:

Die Wurzeln der biquadratischen Gleichung

$$\boldsymbol{x^4 + 2\,ax^3 + bx^2 + cx + d = 0}$$

sind die Abszissen der Schnittpunkte

der Parabel $$\boldsymbol{x^2 + ax = y}$$

und des Kreises $$\boldsymbol{x^2 + y^2 + Ax + By + d = 0,}$$

wobei $$\boldsymbol{A = c + a + a^3 - ab, \qquad B = b - a^2 - 1}$$

ist.

Parabel und Kreis lassen sich auf Grund der gegebenen Gleichungskoeffizienten leicht auf Millimeterpapier zeichnen. Die auf der Zeichnung abgemessenen Abszissen der Schnittpunkte beider Kurven liefern die gesuchten Gleichungswurzeln, allerdings nur mit der Genauigkeit, die eine derartige graphische Darstellung gewährt.

II. Festparabelverfahren.

Die graphische Lösung der biquadratischen Gleichung läßt sich auch mit einer nach Lage und Größe festen Parabel bewerkstelligen, die, nachdem sie (mittels einer Schablone etwa) gezeichnet ist, für die Lösung jeder biquadratischen Gleichung benutzt werden kann.

Dabei setzen wir die biquadratische Gleichung in der reduzierten Form

(1) $$X^4 = AX^2 + BX + C$$

voraus, die durch das Fehlen des kubischen Gliedes gekennzeichnet ist, und die aus der Normalgleichung

$$x^4 + ax^3 + bx^2 + cx + d = 0$$

durch die Substitution $x = X - (a/4)$ gewonnen wird.

Die feste Parabel hat die Gleichung

(2) $$X^2 = PY,$$

wobei P den Parameter der Parabel bedeutet.

Ersetzt man in (1) X^2 durch PY, X^4 durch P^2Y^2, so entsteht die Gleichung

(3) $$P^2Y^2 = APY + BX + C,$$

welche gleichfalls eine Parabel darstellt.

Die Wurzeln von (1) sind demnach die Abszissen der Schnittpunkte der beiden Parabeln (2) und (3).

Nun laufen aber durch diese Schnittpunkte unendlich viele Kegelschnitte, und die Gleichung eines beliebigen dieser Kegelschnitte hat die Form

$$\lambda X^2 + P^2 Y^2 - B X - P (A + \lambda) Y - C = 0,$$

wo λ eine passende Konstante ist.

Wir sehen, daß sich in der Kegelschnittschar auch ein Kreis befindet, den wir durch die Wahl $\lambda = P^2$ erhalten, dessen Gleichung mithin

$$X^2 + Y^2 - 2 H X - 2 K Y + \Pi = 0$$

lautet, wobei

$$2 H = B : P^2, \qquad 2 K = A : P + P, \qquad \Pi = - C : P^2 \quad \text{ist.}$$

Dieser Kreis hat die Mittelpunktskoordinaten H und K und das Halbmesserquadrat $R^2 = C : P^2 + H^2 + K^2$, so daß seine Mittelpunktsgleichung

(4) $$(X - H)^2 + (Y - R)^2 = R^2$$

wird.

Damit erscheinen die Wurzeln von (1) als die Abszissen der Schnittpunkte der Parabel (2) mit dem Kreise (4).

Dabei ist der Parabelparameter P immer noch willkürlich und kann zweckmäßig ausgesucht werden. Nachdem das geschehen ist, wird die Parabel zeichnerisch festgelegt und kann dann zur Lösung jeder biquadratischen Gleichung verwandt werden.

Ergebnis:

Die Wurzeln der reduzierten biquadratischen Gleichung

$$\boldsymbol{x^4 = a x^2 + b x + c}$$

sind die Abszissen der Schnittpunkte

der Festparabel $\boldsymbol{x^2 = P y}$

mit dem Kreise $\boldsymbol{(x - h)^2 + (y - k)^2 = r^2}$,

dessen Zentrum die Koordinaten $\boldsymbol{h = b : 2 P^2}$, $\boldsymbol{k = a : 2 P + P : 2}$,

dessen Radiusquadrat den Wert $\boldsymbol{r^2 = h^2 + k^2 + c : P^2}$ **hat.**

Ist man erst einmal im Besitz des Blattes mit der eingezeichneten Festparabel, so ist zur Lösung einer beliebigen biquadratischen Gleichung mit gegebenen numerischen Koeffizienten nur mehr die Zeichnung eines Kreises mit bekanntem Mittelpunkt und bekanntem Radius notwendig.

§ 20 Doppelwurzel und Diskriminante

Wir suchen die Bedingung, die die Koeffizienten a, b, c, d, e der biquadratischen Gleichung

(1) $$a x^4 + b x^3 + c x^2 + d x + e = 0$$

erfüllen müssen, damit die Gleichung eine Doppelwurzel besitzt, d. h. damit zwei von den vier Wurzeln $\alpha, \beta, \gamma, \delta$ von (1) einander gleich sind.

Wie sofort einzusehen, liegt eine Doppelwurzel dann und nur dann vor, wenn das Produkt der quadrierten Wurzeldifferenzen

$$\Pi = (\alpha - \beta)^2 (\alpha - \gamma)^2 (\alpha - \delta)^2 (\beta - \gamma)^2 (\beta - \delta)^2 (\gamma - \delta)^2$$

verschwindet.

Es wird also darauf ankommen, dieses Produkt mit den Koeffizienten a, b, c, d, e in Beziehung zu setzen.

Um das zu tun, gehen wir zurück auf die Formeln (3), (4), (5), die wir im § 15 bei der Darlegung des Ferrarischen Lösungsverfahrens erhielten.

Da ist vor allem die Ferrariresolvente, d. h. die kubische Gleichung

$$\mathfrak{a} r^3 + \mathfrak{b} r^2 + \mathfrak{c} r + \mathfrak{d} = 0 \tag{2}$$

für die Hilfsgröße r, deren Koeffizienten die Werte $\mathfrak{a} = 1$, $\mathfrak{b} = -c$, $\mathfrak{c} = bd - 4\,ae$, $\mathfrak{d} = 4\,ace - ad^2 - eb^2$ haben, und die wir jetzt etwas näher betrachten müssen.

Wie wir in § 3 erfahren haben, erfolgt die Bestimmung ihrer Wurzeln r, s, t mit Zuhilfenahme der ihr zugeordneten reduzierten Gleichung

$$R^3 = 3\,\mathfrak{i}\,R + \mathfrak{j}, \tag{3}$$

in welcher

$$R = 3\,r - c$$

die reduzierte Wurzel und

$$\mathfrak{i} = c^2 + 12\,ae - 3\,bd \quad \text{und} \quad \mathfrak{j} = 2\,c^3 + 27\,(ad^2 + eb^2) - 9c\,(8ae + bd)$$

die beiden Invarianten der Gleichung (2) bedeuten.

Wir nennen die drei Wurzeln von (3) R, S, T und haben dementsprechend

$$R = 3\,r - c, \qquad S = 3\,s - c, \qquad T = 3\,t - c.$$

Die Wurzeln $\alpha, \beta, \gamma, \delta$ von (1) verteilen sich auf die unter (5) in § 15 aufgeführten quadratischen Resolventen

$$\left\{ \begin{array}{l} 2\,ax^2 + (b + p)\,x + (r + q) = 0 \\ 2\,ax^2 + (b - p)\,x + (r - q) = 0 \end{array} \right\},$$

und wir wollen annehmen, daß die erste dieser Gleichungen die Wurzeln α und δ, die zweite die Wurzeln β und γ hat. Es bestehen also die Relationen

$$\alpha + \delta = -(b + p)/2\,a \qquad \text{und} \qquad \beta + \gamma = -(b - p)/2\,a.$$

Von ihnen gelangen wir sofort zum Produkt

$$\Lambda = (\beta + \gamma)\,(\alpha + \delta),$$

für welches sich der Wert $(b^2 - p^2) : 4\,a^2$ ergibt, der aber nach (3) § 15 die einfachere Schreibung $(c - r)/a$ gestattet, so daß

$$\Lambda = (\beta + \gamma)\,(\alpha + \delta) = (c - r)/a$$

ist.

Durch zyklische Vertauschung ergeben sich hieraus die analog gebauten Produkte $\mathsf{M} = (\gamma + \alpha)\,(\beta + \delta)$ und $\mathsf{N} = (\alpha + \beta)\,(\gamma + \delta)$:

$$\mathsf{M} = (\gamma + \alpha)\,(\beta + \delta) = (c - s)/a, \qquad \mathsf{N} = (\alpha + \beta)\,(\gamma + \delta) = (c - t)/a.$$

Von Λ, M, N gelangen wir sofort zu den drei hier unmittelbarer in Frage kommenden Produkten

$$\lambda = (\beta - \gamma)\,(\alpha - \delta), \qquad \mu = (\gamma - \alpha)\,(\beta - \delta), \qquad \nu = (\alpha - \beta)\,(\gamma - \delta),$$

(mit deren Hilfe wir das Differenzenprodukt

$$(\alpha - \beta)\,(\alpha - \gamma)\,(\alpha - \delta)\,(\beta - \gamma)\,(\beta - \delta)\,(\gamma - \delta)$$

sofort angeben können).

Es ist nämlich, wie man auf den ersten Blick übersieht,

$$\lambda = \mathsf{M} - \mathsf{N}, \qquad \mu = \mathsf{N} - \Lambda, \qquad \nu = \Lambda - \mathsf{M}.$$

Da nun die Differenzen $M - N$, $N - \Lambda$, $\Lambda - M$ die Werte $(t - s)/a$, $(r - t)/a$, $(s - r)/a$ haben, erhalten wir das Formeltripel

$$\left\{\begin{aligned} \lambda &= (\beta - \gamma)\,(\alpha - \delta) = (t - s)/a \\ \mu &= (\gamma - \alpha)\,(\beta - \delta) = (r - t)/a \\ \nu &= (\alpha - \beta)\,(\gamma - \delta) = (s - r)/a \end{aligned}\right\}.$$

Von hier zur Ermittlung des Produkts Π der quadrierten Wurzeldifferenzen ist nur ein Schritt.

Es ist

$$\Pi = \lambda^2\mu^2\nu^2 = [(s - t)^2\,(t - r)^2\,(r - s)^2]/a^6.$$

Nun stellt aber der Zähler der rechten Seite dieser Formel das Produkt der quadrierten Wurzeldifferenzen der kubischen Gleichung (2) dar, und dieses hat nach § 7 den Wert

$$\boldsymbol{\Theta} = 18\,\mathfrak{a}\,\mathfrak{b}\,\mathfrak{c}\,\mathfrak{d} + \mathfrak{b}^2\mathfrak{c}^2 - 27\,\mathfrak{a}^2\mathfrak{d}^2 - 4\,\mathfrak{a}\,\mathfrak{c}^3 - 4\,\mathfrak{d}\,\mathfrak{b}^3$$

so daß

$$27\,\boldsymbol{\Theta} = 4\,\mathfrak{i}^3 - \mathfrak{j}^2$$

mit

$$\mathfrak{i} = \boldsymbol{c}^2 + 12\,\boldsymbol{a}\,\boldsymbol{e} - 3\,\boldsymbol{b}\,\boldsymbol{d}, \qquad \mathfrak{j} = 2\,\boldsymbol{c}^3 + 27\,\boldsymbol{a}\,\boldsymbol{d}^2 + 27\,\boldsymbol{e}\,\boldsymbol{b}^2 - 72\,\boldsymbol{a}\,\boldsymbol{c}\,\boldsymbol{e} - 9\,\boldsymbol{b}\,\boldsymbol{c}\,\boldsymbol{d}.$$

Daher wird schließlich

$$\boldsymbol{a}^6\,\boldsymbol{\Pi} = \boldsymbol{\Theta},$$

womit das gewünschte Ziel erreicht, Π als rationale Funktion der gegebenen Koeffizienten a, b, c, d, e dargestellt ist, da ja $\mathfrak{a}$, $\mathfrak{b}$, $\mathfrak{c}$, $\mathfrak{d}$ einfache Polynome dieser Koeffizienten sind.

Setzt man in dem für Θ angegebenen Ausdruck für $\mathfrak{a}$, $\mathfrak{b}$, $\mathfrak{c}$, $\mathfrak{d}$ die obigen Werte

$$\mathfrak{a} = 1, \qquad \mathfrak{b} = -c, \qquad \mathfrak{c} = bd - 4\,ae, \qquad \mathfrak{d} = 4\,ace - ad^2 - eb^2$$

ein, so entsteht ein homogenes Polynom der Größen a, b, c, d, e vom sechsten Grade und vom Gewicht 12.

Dieses Polynom Θ, in ausführlicher Schreibung

$$\begin{aligned} &256\,a^3e^3 - 192\,a^2bde^2 - 128\,a^2c^2e^2 + 144\,a^2cd^2e - 27\,a^2d^4 + 144\,ab^2ce^2 \\ &\quad - 6\,ab^2d^2e - 80\,abc^2de + 18\,abcd^3 + 16\,ac^4e - 4\,ac^3d^2 - 27\,b^4e^2 \\ &\quad + 18\,b^3cde - 4\,b^3d^3 - 4\,b^2c^3e + b^2c^2d^2 \end{aligned}$$

wird die Diskriminante der biquadratischen Gleichung

$$ax^4 + bx^3 + cx^2 + dx + e = 0$$

bzw. des biquadratischen Polynoms $ax^4 + bx^3 + cx^2 + dx + e$ genannt.

Wir erkennen:

Die Diskriminante Θ unserer biquadratischen Gleichung ist zugleich die Diskriminante der Ferrariresolvente

$$\mathfrak{a}r^3 + \mathfrak{b}r^2 + \mathfrak{c}r + \mathfrak{d} = 0.$$

Die Formel

$$27\,\Theta = 4\,\mathfrak{i}^3 - \mathfrak{j}^2,$$

welche die Diskriminante als Polynom der Invarianten $\mathfrak{i}$ und $\mathfrak{j}$ darstellt, allerdings nicht mit ganzzahligen Koeffizienten, stammt von Cayley.

Zusatz.

Der Fall, daß die biquadratische Gleichung (I) zwei Doppelwurzeln besitzt, ist weit einfacher zu behandeln. Sind nämlich α und β diese beiden Doppelwurzeln, so gilt die Identität

$$ax^4 + bx^3 + cx^2 + dx + e = a\,(x - \alpha)^2\,(x - \beta)^2$$

oder, wenn wir $\alpha + \beta$ gleich σ, $\alpha\beta$ gleich π setzen

$$ax^4 + bx^3 + cx^2 + dx + e = a(x^2 - \sigma x + \pi)^2.$$

Führt man die Quadrierung rechts aus und vergleicht dann die Koeffizienten gleich hoher Potenzen von x links und rechts miteinander, so entstehen die vier Bedingungen

$$2a\sigma = -b, \qquad a(\sigma^2 + 2\pi) = c, \qquad 2a\sigma\pi = -d, \qquad a\pi^2 = e.$$

Aus ihnen folgen durch Elimination von σ und π die beiden Relationen

$$ad^2 = eb^2 \qquad \text{und} \qquad b^3 + 8a^2d = 4abc,$$

deren zweite sich auch $8a^2d + b\mathfrak{L} = 0$ oder kurz $k = 0$ schreiben läßt (§ 15). Umgekehrt lassen sich beim Erfülltsein dieser beiden Relationen zwei Größen σ und π angeben, die die notierten vier Bedingungen befriedigen, so daß identisch

$$ax^4 + bx^3 + cx^2 + dx + e = a(x^2 - \sigma x + \pi)^2$$

ist. Folglich:

Die notwendigen und hinreichenden Bedingungen für die Existenz zweier Doppelwurzeln der biquadratischen Gleichung $ax^4 + bx^3 + cx^2 + dx + e = 0$ sind

$$ad^2 = eb^2 \qquad \text{und} \qquad 8a^2d + b^3 = 4abc.$$

Die zweite dieser Bedingungen läßt sich kürzer $k = 0$ oder $G = 0$ schreiben, sagt also aus, daß das Freiglied der kubischen Resolvente

$$P^3 - EP^2 + FP - G = 0$$

(§ 15) der biquadratischen Gleichung verschwindet.

Wir zeigen, daß aus den beiden Bedingungen auch das Verschwinden von F folgt.

Es war $$F = (4a)^2(\mathfrak{M} + bd) + b^2(4\mathfrak{L} - b^2)$$

mit $$\mathfrak{M} = c^2 - 4ae \qquad \text{und} \qquad \mathfrak{L} = b^2 - 4ac.$$

Nun ist zufolge der zweiten Bedingung

$$c = (b^2/4a) + 2(ad/b), \quad \text{also} \quad c^2 = (b^4/16a^2) + 4(a^2d^2/b^2) + bd$$

und zufolge der ersten $$-4ae = -4(a^2d^2/b^2),$$

mithin $$\mathfrak{M} + bd = (b^4/16a^2) + 2bd$$

und $$(4a)^2(\mathfrak{M} + bd) = b^4 + 32a^2bd.$$

Ferner ist $$\mathfrak{L} = -8(a^2d/b),$$

mithin $$4\mathfrak{L} - b^2 = -32(a^2d/b) - b^2$$

und $$b^2(4\mathfrak{L} - b^2) = -32a^2bd - b^4.$$

Die Addition der beiden gefundenen Gleichungen liefert sofort $F = 0$.

Aus den beiden Bedingungen

$$ad^2 = eb^2 \qquad \text{und} \qquad 8a^2d + b^3 = 4abc$$

folgt sonach das Gleichungspaar

$$F = 0, \qquad G = 0.$$

Umgekehrt folgt aus diesem Gleichungspaar die Gültigkeit der beiden obigen Bedingungsgleichungen. (Ein Beweis für die Richtigkeit der Umkehrung wird sich weiter unten im § 22 ergeben.)

Wir können unser obiges Ergebnis also auch folgendermaßen aussprechen:

Die notwendige und hinreichende Bedingung für die Existenz zweier Doppelwurzeln der biquadratischen Gleichung

$$ax^4 + bx^3 + cx^2 + dx + e = 0$$

ist das Verschwinden des Freigliedes G und des Lineargliedkoeffizienten F ihrer kubischen Resolvente

$$P^3 - E P^2 + F P - G = 0,$$

ist m. a. W. das Vorhandensein von zwei verschwindenden Wurzeln dieser Resolvente.

§ 21. Vom Doppelverhältnis über Cauchys Identität zur Diskriminante

Vielleicht der bequemste und übersichtlichste Weg zur Diskriminante der biquadratischen Gleichung

$$ax^4 + bx^3 + cx^2 + dx + e = 0$$

besteht in der Substitution des Doppelverhältnisses der vier Wurzeln α, β, γ, δ der Gleichung in die sog. Cauchysche Identität. Dieser Weg hat zugleich den Vorzug, von der Bezugnahme auf kubische Gleichungen unabhängig zu sein.

Unter dem Doppelverhältnis der vier kollinearen Punkte A, B, C, D (in dieser Reihenfolge) versteht man bekanntlich das Verhältnis der beiden Teilverhältnisse

$$AC : BC \quad \text{und} \quad AD : BD.$$

Man schreibt es gewöhnlich $(ABCD)$ und hat die Definition

$$(ABCD) = (AC/BC) : (AD/BD).$$

Sind $\mathfrak{a}$, $\mathfrak{b}$, $\mathfrak{c}$, $\mathfrak{d}$ die Abstände der vier Punkte A, B, C, D von einem Fixpunkte der Gerade $ABCD$, so wird

$$(ABCD) = [(\mathfrak{c} - \mathfrak{a}) / (\mathfrak{c} - \mathfrak{b})] : [(\mathfrak{d} - \mathfrak{a}) / (\mathfrak{d} - \mathfrak{b})].$$

Diese Formel gibt Veranlassung zu folgender neuen Definition:

Unter dem Doppelverhältnis von vier beliebigen Zahlen x, y, z, t — in dieser Reihenfolge — versteht man das Verhältnis

$$[(z - x) / (z - y)] : [(t - x) / (t - y)].$$

Bezeichnet man das Doppelverhältnis der vier Zahlen x, y, z, t mit $(xyzt)$, so gilt also die Definitionsgleichung

$$\boldsymbol{(xyzt) = [(z - x) / (z - y)] : [(t - x) / (t - y)].}$$

Schreibt man die Zahlen x, y, z, t in einer anderen Anordnung, so erhält man im allgemeinen auch ein anderes Doppelverhältnis; so ist z. B.

$$(zytx) = [(t - z) / (t - y)] : [(x - z) / (x - y)].$$

So ergeben sich gemäß den 24 Permutationen der vier Elemente x, y, z, t im ganzen 24 aus diesen Elementen gebildete Doppelverhältnisse.

Diese 24 Doppelverhältnisse führen aber im allgemeinen nur auf sechs untereinander verschiedene Werte, so zwar, daß sechs Gruppen zu je vier verschieden geschriebenen, aber einander gleichen Doppelverhältnissen entstehen.

Diese Gruppen ergeben sich am einfachsten durch Anwendung der beiden Regeln:

I. Vertauscht man in einem Doppelverhältnis $(xyzt)$ die beiden vorderen Elemente (x und y) oder die beiden hinteren Elemente (z und t) miteinander, so erhält man den reziproken Wert des Doppelverhältnisses.

Mit anderen Worten: Ist

$$(xyzt) = \lambda, \qquad (yxzt) = v, \qquad (xytz) = h,$$

so ist $\qquad v = 1 : \lambda \qquad$ wie auch $h = 1 : \lambda$.

II. Vertauscht man im Doppelverhältnis ($x\,y\,z\,t$) die beiden inneren Elemente (y und z) oder die beiden äußeren Elemente (x und t) miteinander, so erhält man den komplementären Wert des Doppelverhältnisses.

Mit anderen Worten:

Ist $(xyzt) = \lambda, \quad (xzyt) = i, \quad (tyzx) = a,$

so ist $i = 1 - \lambda$ wie auch $a = 1 - \lambda$.

Zu diesen Regeln könnte man noch folgende dritte Regel fügen:

III. Vertauscht man im Doppelverhältnis ($x\ y\ z\ t$) die beiden „geraden" Elemente (y und t) oder die beiden „ungeraden" Elemente (x und z) miteinander, so sind die beiden Reziproken der beiden Doppelverhältnisse komplementär.

Mit anderen Worten:

Ist $(xyzt) = \lambda, \quad (xtzy) = g, \quad (zyxt) = u,$

so ist $(1/\lambda) + (1/g) = 1$ wie auch $(1/\lambda) + (1/u) = 1$.

Alle diese Regeln ergeben sich ohne weiteres durch einfachste Rechnungen aus den Zahlwerten der betreffenden Doppelverhältnisse.

Nunmehr führt die Anwendung der genannten Regeln mühelos auf folgende

Gruppenzusammenstellung:

$$\begin{aligned}
(xyzt) &= (yxtz) = (tzyx) = (ztxy) = \lambda,\\
(xytz) &= (yxzt) = (ztyx) = (tzxy) = 1 : \lambda,\\
(xzyt) &= (zxty) = (tyzx) = (ytxz) = 1 - \lambda,\\
(xtzy) &= (txyz) = (yztx) = (zyxt) = \lambda : (\lambda - 1),\\
(xtyz) &= (txzy) = (zytx) = (yzxt) = 1 - 1 : \lambda,\\
(xzty) &= (zxyt) = (ytzx) = (tyxz) = 1 : (1 - \lambda).
\end{aligned}$$

Aus dieser Tabelle geht hervor, daß sich die 24 verschiedenen Bildungen des Doppelverhältnisses aus den vier Elementen x, y, z, t auf im ganzen nur sechs im allgemeinen untereinander verschiedene Werte reduzieren. Diese Werte sind

$$\lambda,\quad 1/\lambda,\quad 1 - \lambda,\quad 1/(1 - \lambda),\quad 1 - (1/\lambda),\quad \lambda/(\lambda - 1),$$

wenn λ ein beliebig unter ihnen gewählter Wert, etwa $\lambda = (xyzt)$, ist.

Ohne Mißverständnisse befürchten zu müssen, kann man diese sechs Werte kurz als „die sechs Werte des Doppelverhältnisses der vier Elemente x, y, z, t" bezeichnen.

Weitergehend fragen wir, ob auch noch unter den sechs Werten

$$\lambda,\quad 1/\lambda,\quad 1 - \lambda,\quad 1/(1 - \lambda),\quad 1 - (1/\lambda),\quad \lambda/(\lambda - 1)$$

eines Doppelverhältnisses zwei oder mehr gleiche Werte vorkommen können. Die Durchführung der zugehörigen Bedingungsgleichungen, z. B. $\lambda = 1 : \lambda$, $\lambda = 1 - \lambda$, $\lambda = 1 : (1 - \lambda)$, führt zu folgendem Ergebnis:

Unter den sechs Werten eines Doppelverhältnisses kommen gleiche Werte nur in folgenden zwei Fällen vor:

I. Die sechs Werte umfassen drei Wertepaare zu je zwei gleichen Werten, und zwar

entweder die drei Wertepaare $(1, 1)$, $(0, 0)$, (∞, ∞), wenn nämlich $\lambda = 1$ ist, oder die drei Wertepaare $(-1, -1)$, $(2, 2)$, $(\frac{1}{2}, \frac{1}{2})$, wenn $\lambda = -1$ ist.

II. Die sechs Werte umfassen zwei Wertetripel zu je drei gleichen Werten, und zwar die beiden Tripel

$$(\sigma, \sigma, \sigma),\ (\bar\sigma, \bar\sigma, \bar\sigma) \text{ mit } \sigma = (1 + i\sqrt{3})/2,\ \bar\sigma = (1 - i\sqrt{3})/2,$$

wo σ und $\bar{\sigma}$ die Wurzeln der quadratischen Gleichung $1 : \lambda = 1 - \lambda$ oder $\lambda^2 - \lambda + 1 = 0$ sind. Im ersten Wertepaarfalle:

$\lambda = 1,\ 1/\lambda = 1,\ 1 - \lambda = 0,\ 1 - (1/\lambda) = 0,\ 1/(1 - \lambda) = \infty,\ \lambda/(\lambda - 1) = \infty$

sind die Doppelverhältniswerte 1 und 0 Wurzeln des Polynoms

$$f(x) = x^2 - x,$$

im zweiten Wertepaarfalle:

$\lambda = -1,\ 1/\lambda = -1,\ 1 - \lambda = 2,\ 1 - (1/\lambda) = 2,\ 1/(1 - \lambda) = 1/2,\ \lambda/(\lambda - 1) = 1/2$

sind die Doppelverhältniswerte -1, 2, $1/2$ Wurzeln des Polynoms

$$F(x) = (x + 1)(x - 2)(2x - 1).$$

Ersetzt man in den Polynomen $f(x)$ und $F(x)$ x durch $1/x$, so gehen sie in

$$-f(x) : x^3 \quad \text{und} \quad F(x) : x^3$$

über, bei Ersatz von x durch $1 - x$ dagegen in

$$f(x) \quad \text{und} \quad -F(x).$$

Durch Anwendung jeder der beiden Substitutionen

$$x \mid 1/x \quad \text{und} \quad x \mid 1 - x$$

geht also der Bruch $F(x) : f(x)$ in seinen entgegengesetzten Wert über.

Folglich:

Durch Anwendung jeder der beiden Substitutionen

$$x \mid 1/x \qquad x \mid 1 - x$$

bleibt die Funktion

$$\varphi(x) = F^2(x) : f^2(x)$$

unverändert.

Dasselbe gilt mithin für die drei Substitutionen

$$x \mid 1 - (1/x), \qquad x \mid 1/(1 - x), \qquad x \mid x/(x - 1)$$

und wir haben den bemerkenswerten

Satz:

Die Funktion

$$\varphi(x) = F^2(x)/f^2(x) \ \text{mit} \ \begin{cases} F(x) = (x + 1)(x - 2)(2x - 1) \\ f(x) = x^2 - x \end{cases}$$

bleibt unverändert, wenn man x durch einen der sechs Doppelverhältniswerte

$$x, \quad 1/x, \quad 1 - x, \quad 1/(1 - x), \quad 1 - (1/x), \quad x/(x - 1)$$

ersetzt.

Hieraus folgt unmittelbar:

Kennt man eine Wurzel λ der Gleichung sechsten Grades

$$\varphi(x) = k,$$

wo k ein beliebig vorgegebener konstanter Wert ist, so kennt man sie alle; sie sind

$$\lambda, \quad 1/\lambda, \quad 1 - \lambda, \quad 1/(1 - \lambda), \quad 1 - (1/\lambda), \quad \lambda/(\lambda - 1).$$

Nun ist (mit $2\sigma = 1 + i\sqrt{3}$)

$$f(\sigma) = -1, \qquad F(\sigma) = -3\sqrt{3}\,i,$$

folglich

$$F^2(\sigma) : f^2(\sigma) = -27.$$

Mithin hat die Gleichung sechsten Grades

$$F^2(x) : f^2(x) = -27 \qquad \text{oder} \quad F^2(x) + 27 f^2(x) = 0$$

die sechs Wurzeln

$$\sigma,\ 1/\sigma = \bar{\sigma},\ 1 - \sigma = \bar{\sigma},\ 1/(1 - \sigma) = \sigma,\ 1 - (1/\sigma) = \sigma,\ \sigma/(\sigma - 1) = \bar{\sigma}$$

oder die beiden Tripelwurzeln σ und $\bar{\sigma}$. Daher ist identisch

$$F^2(x) + 27\,f^2(x) = 4\,(x - \sigma)^3\,(x - \bar{\sigma})^3 = 4\,(x^2 - x + 1)^3,$$

ausführlich geschrieben:

$$[(x+1)\ (x-2)\ (2\,x-1)]^2 + 27\,[x^2 - x]^2 = 4\,[x^2 - x + 1]^3.$$

Dies ist die Cauchysche Identität, die durch mechanische Ausrechnung leicht verifiziert werden kann. Mit Benutzung der Abkürzungen $f(x)$ und $F(x)$ sowie $\Phi(x)$ für $x^2 - x + 1$ schreibt sie sich bequemer

$$F^2(x) + 27\,f^2(x) = 4\,\Phi^3(x).$$

Zur Berechnung der Diskriminante der biquadratischen Gleichung

$$ax^4 + bx^3 + cx^2 + dx + e = 0,$$

d. h. zur Berechnung des Produkts

$$\Pi = (\beta - \gamma)^2\,(\gamma - \alpha)^2\,(\alpha - \beta)^2\,(\alpha - \delta)^2\,(\beta - \delta)^2\,(\gamma - \delta)^2$$

der quadrierten Wurzeldifferenzen der Gleichung gelangen wir nun unmittelbar, indem wir in Cauchys Identität für x das Doppelverhältnis

$$\lambda = (\alpha\beta\gamma\delta) = [(\gamma - \alpha)/(\gamma - \beta)]\ :\ [(\delta - \alpha)/(\delta - \beta)]$$

der vier Wurzeln α, β, γ, δ substituieren.

Um die damit verbundenen Rechnungen bequem ausführen zu können, führen wir für die sechs Wurzeldifferenzen folgende Abkürzungen ein:

$$U = \alpha - \delta,\ V = \beta - \delta,\ W = \gamma - \delta,\ u = \beta - \gamma,\ v = \gamma - \alpha,\ w = \alpha - \beta,$$

so daß zugleich

$$u = V - W, \qquad v = W - U, \qquad w = U - V$$

ist. Diese sechs Differenzen sind durch die Eulersche Identität

$$Uu + Vv + Ww = 0$$

miteinander verknüpft.

Zunächst schreibt sich nun unser Doppelverhältnis

$$\lambda = - Vv/(Uu).$$

Hieraus ergibt sich sukzessiv

$$\begin{aligned}
\lambda - 1 &= (-Vv - Uu)/(Uu) = Ww/(Uu),\\
\lambda + 1 &= (-Vv + Uu)/(Uu),\\
\lambda - 2 &= (-Vv - 2\,Uu)/(Uu) = (Ww - Uu)/(Uu),\\
2\,\lambda - 1 &= (-2\,Vv - Uu)/(Uu) = (Ww - Vv)/(Uu),\\
f(\lambda) &= \lambda\,(\lambda - 1) = -(Uu\ Vv\ Ww)/(U^3u^3),\\
F(\lambda) &= [(Vv - Ww)/(Uu)]\cdot[(Ww - Uu)/(Uu)]\cdot[(Uu - Vv)/(Uu)],\\
\Phi(\lambda) &= f(\lambda) + 1 = (-Vv\,Ww + U^2u^2)\,/\,(U^2u^2)
\end{aligned}$$

oder, da zufolge Eulers Identität

$$(Vv + Ww)^2 = U^2u^2, \quad \text{also} \quad 2\,Vv\,Ww = U^2\,u^2 - V^2\,v^2 - W^2\,w^2 \ \text{ist},$$

$$\Phi(\lambda) = (U^2u^2 + V^2v^2 + W^2w^2)\,/\,(2\,U^2u^2).$$

Damit verwandelt sich Cauchys Identität in

$$\mathfrak{B}^2 + 27\,\Pi = 4\,\mathfrak{C}^3$$

mit

$$\mathfrak{B} = (Vv - Ww)\,(Ww - Uu)\,(Uu - Vv)$$

und

$$\mathfrak{C} = (U^2\,u^2 + V^2\,v^2 + W^2\,w^2)/2.$$

Die hier ganz ungezwungen auftretenden Größen $\mathfrak{B}$ und $\mathfrak{C}$ sind, wie man leicht übersieht, symmetrische Polynome der vier Wurzeln $\alpha, \beta, \gamma, \delta$ unserer Gleichung und als solche (wie auch die folgende einfache Rechnung zeigen wird) rational durch die Koeffizienten a, b, c, d, e der Gleichung ausdrückbar. $\mathfrak{B}$ wurde zuerst von Boole, $\mathfrak{C}$ von Cayley betrachtet.

Wir beginnen mit der Berechnung von $\mathfrak{C}$. Dabei bezeichnen wir die vier Einerpolynome der Größen $\alpha, \beta, \gamma, \delta$ kurz mit E, F, G, H, so daß

$$\alpha + \beta + \gamma + \delta = E, \qquad \alpha\delta + \beta\delta + \gamma\delta + \beta\gamma + \gamma\alpha + \alpha\beta = F,$$
$$\alpha\beta\gamma + \alpha\beta\delta + \alpha\gamma\delta + \beta\gamma\delta = G, \qquad \alpha\beta\gamma\delta = H \quad \text{ist.}$$

Zunächst haben wir

$$Uu = \Gamma - \mathsf{B}, \qquad Vv = \mathsf{A} - \Gamma, \qquad Ww = \mathsf{B} - \mathsf{A},$$

mit $\qquad \mathsf{A} = \alpha\delta + \beta\gamma, \qquad \mathsf{B} = \beta\delta + \gamma\alpha, \qquad \Gamma = \gamma\delta + \alpha\beta.$

Daraus folgt

$$\mathfrak{C} = (\mathsf{A}^2 + \mathsf{B}^2 + \Gamma^2) - [\mathsf{B}\Gamma + \Gamma\mathsf{A} + \mathsf{A}\mathsf{B}],$$

wobei sowohl die runde als auch die eckige Klammer ein symmetrisches Polynom von $\alpha, \beta, \gamma, \delta$ ist.

Nun ist

$$(\ ) = \{\alpha^2\beta^2 + \alpha^2\gamma^2 + \alpha^2\delta^2 + \beta^2\gamma^2 + \beta^2\delta^2 + \gamma^2\delta^2\} + 6\,H.$$

Anderseits ist, $\{\} = X$ gesetzt,

$$F^2 = X + 2\,Y + 6\,H \qquad \text{mit } Y = \alpha^2\beta\gamma + \alpha^2\beta\delta + \ldots$$

Das symmetrische Polynom Y findet sich durch Multiplikation von E mit G:

$$EG = (\alpha + \beta + \ldots)(\alpha\beta\gamma + \alpha\beta\delta + \ldots) = Y + 4\,H,$$

so daß $\qquad Y = EG - 4\,H$

ist. Weiter wird jetzt

$$X = F^2 - 2\,EG + 2\,H$$

und $\qquad (\ ) = \mathsf{A}^2 + \mathsf{B}^2 + \Gamma^2 = F^2 - 2\,EG + 8\,H.$

Einfacher ergibt sich [ ]. Es wird

$$[\ ] = \mathsf{B}\Gamma + \Gamma\mathsf{A} + \mathsf{A}\mathsf{B} = \alpha^2\beta\gamma + \alpha\beta^2\delta + \ldots = Y,$$

also $\qquad [\ ] = \mathsf{B}\Gamma + \Gamma\mathsf{A} + \mathsf{A}\mathsf{B} = EG - 4\,H.$

Schließlich wird

$$\mathfrak{C} = F^2 + 12\,H - 3\,EG.$$

Die Berechnung von $\mathfrak{B}$ ist etwas umständlicher.

Zunächst haben wir

$$Vv - Ww = (\beta - \delta)(\gamma - \alpha) - (\gamma - \delta)(\alpha - \beta) =$$
$$2(\beta\gamma + \alpha\delta) - \alpha\beta - \gamma\delta - \gamma\alpha - \beta\delta$$

oder $\qquad Vv - Ww = 3\,\mathsf{A} - F.$

Ebenso wird $\qquad Ww - Uu = 3\,\mathsf{B} - F, \qquad Uu - Vv = 3\,\Gamma - F.$

Daher hat $\mathfrak{B}$ den Wert

$$\mathfrak{B} = (3\,\mathsf{A} - F)(3\,\mathsf{B} - F)(3\,\Gamma - F),$$

so daß

$$\mathfrak{B} = 27\,\mathsf{A}\mathsf{B}\Gamma - 9\,(\mathsf{B}\Gamma + \Gamma\mathsf{A} + \mathsf{A}\mathsf{B})\,F + 3\,(\mathsf{A} + \mathsf{B} + \Gamma)\,F^2 - F^3$$

oder (s. o.) $\qquad \mathfrak{B} = 27\,\mathsf{A}\mathsf{B}\Gamma - 9\,(EG - 4\,H)\,F + 3\,FF^2 - F^3$

oder $\qquad \mathfrak{B} = 27\,\mathsf{A}\mathsf{B}\Gamma - 9\,EFG + 36\,FH + 2\,F^3.$

Hier muß noch das symmetrische Polynom $\mathsf{AB}\Gamma$ durch die Einerpolynome E, F, G, H ausgedrückt werden.
Nun ist

$$\mathsf{AB}\Gamma = (\alpha\delta + \beta\gamma)(\beta\delta + \gamma\alpha)(\gamma\delta + \alpha\beta) =$$
$$[\alpha^2\beta^2\gamma^2 + \beta^2\gamma^2\delta^2 + \gamma^2\alpha^2\delta^2 + \alpha^2\beta^2\delta^2] + H(\alpha^2 + \beta^2 + \gamma^2 + \delta^2).$$

$\alpha^2 + \beta^2 + \gamma^2 + \delta^2$ findet sich ohne weiteres durch Quadrierung von E:

$$E^2 = \alpha^2 + \beta^2 + \gamma^2 + \delta^2 + 2F$$

zu
$$\alpha^2 + \beta^2 + \gamma^2 + \delta^2 = E^2 - 2F,$$

$\alpha^2\beta^2\gamma^2 + \beta^2\gamma^2\delta^2 + \ldots$ durch Quadrierung von G:

$$G^2 = \alpha^2\beta^2\gamma^2 + \beta^2\gamma^2\delta^2 + \gamma^2\alpha^2\delta^2 + \alpha^2\beta^2\delta^2 + 2\alpha\beta\gamma\delta(\beta\gamma + \gamma\alpha + \ldots)$$

zu
$$\alpha^2\beta^2\gamma^2 + \beta^2\gamma^2\delta^2 + \ldots = G^2 - 2HF.$$

Damit wird
$$\mathsf{AB}\Gamma = G^2 + E^2H - 4FH.$$

Folglich erhalten wir

$$\mathfrak{B} = 2F^3 + 27G^2 + 27HE^2 - 72FH - 9EFG.$$

Ersetzen wir in den für $\mathfrak{C}$ und $\mathfrak{B}$ gefundenen Formeln

$$E, F, G, H \quad \text{durch} \quad -b/a, \ +c/a, \ -d/a, \ +e/a,$$

so verwandeln sie sich in

$$\boldsymbol{a^2\mathfrak{C} = c^2 + 12ae - 3bd}$$

und

$$\boldsymbol{a^3\mathfrak{B} = 2c^3 + 27ad^2 + 27eb^2 - 72ace - 9bcd.}$$

Die auf den rechten Seiten dieser beiden Formeln stehenden Polynome

$$\boldsymbol{i = c^2 + 12ae - 3bd}$$

und

$$\boldsymbol{j = 2c^3 + 27ad^2 + 27eb^2 - 72ace - 9bcd}$$

sind die **quadratische und kubische Invariante** (s. § 26) **der biquadratischen Gleichung** $\boldsymbol{ax^4 + bx^3 + cx^2 + dx + e = 0}$

bzw. Form $\quad ax^4 + bx^3y + cx^2y^2 + dxy^3 + ey^4.$

Führen wir sie in der obigen Relation

$$\mathfrak{B}^2 + 27\Pi = 4\mathfrak{C}^3$$

ein, so ergibt sich schließlich die

Fundamentalformel von Cayley-Boole:

$$\boldsymbol{27a^6\Pi = 4i^3 - j^2,}$$

welche das Produkt Π der quadrierten Wurzeldifferenzen der biquadratischen Gleichung

$$ax^4 + bx^3 + cx^2 + dx + e = 0$$

vermittels der beiden Invarianten

$$\boldsymbol{i = c^2 + 12ae - 3bd}$$
$$\boldsymbol{j = 2c^3 + 27ad^2 + 27eb^2 - 72ace - 9bcd}$$

rational durch die Gleichungskoeffizienten ausdrückt.
Führt man die Kubierung von i und Quadrierung von j aus, so läßt sich aus der Differenz $4i^3 - j^2$ noch der Faktor 27 abspalten, und wir erhalten die Diskriminante

$$\boldsymbol{\Theta = a^6\Pi}$$

der biquadratischen Gleichung in der wenig übersichtlichen Form

$$\Theta = \left\{ \begin{array}{l} 256\, a^3 e^3 - 192\, a^2 b d e^2 - 128\, a^2 c^2 e^2 + 144\, a^2 c d^2 e - 27\, a^2 d^4 \\ + 144 a b^2 c e^2 - 6\, a b^2 d^2 e - 80 a b c^2 d e + 18 a b c d^3 + 16 a c^4 e - 4\, a c^3 d^2 \\ - 27\, b^4 e^2 + 18\, b^3 c d e - 4 b^3 d^3 - 4\, b^2 c^3 e + b^2 c^2 d^2 \end{array} \right\}.$$

Für Gedächtnis und Berechnung ist weit bequemer

Cayley-Booles Relation:

$$27\, \Theta = 4\, i^3 - j^2.$$

Mnemotechnisches.

Cayleys Formel

$$27\, a^6\, \Pi = 4\, i^3 - j^2,$$

die das Produkt Π der quadrierten Wurzeldifferenzen durch die Invarianten i und j ausdrückt, gilt sowohl bei kubischen Gleichungen

$$a\, x^3 + b\, x^2 + c\, x + d = 0$$

als auch bei biquadratischen

$$a\, x^4 + b\, x^3 + c\, x^2 + d\, x + e = 0;$$

doch sind die Invarianten i und j bei der kubischen Gleichung

$$i = b^2 - 3\, a c, \qquad j = 9\, a b c - 27\, a^2\, d - 2\, b^3,$$

bei der biquadratischen Gleichung

$$i = c^2 + 12\, a e - 3\, b d, \qquad j = 2\, c^3 + 27\, a d^2 + 27\, e b^2 - 72\, a c e - 9\, b c d.$$

Die als Polynom der Koeffizienten dargestellte Differenz $4\, i^3 - j^2$ gestattet bei der kubischen Gleichung die Abspaltung des Faktors $27\, a^2$, das verbleibende Polynom $\theta = a^4\, \Pi$

ist die Diskriminante der kubischen Gleichung; gestattet bei der biquadratischen Gleichung dagegen nur die Abspaltung des Faktors 27, das verbleibende Polynom $\Theta = a^6\, \Pi$

ist die Diskriminante der biquadratischen Gleichung. Daher die Formeln

$$27\, a^2 \cdot \theta = 4\, i^3 - j^2, \qquad 27 \cdot \Theta = 4\, i^3 - j^2.$$

§ 22. Realitätsverhältnisse

Eine der wichtigsten Fragen aus der Lehre von den biquadratischen Gleichungen ist die Frage nach der Anzahl der reellen bzw. komplexen Wurzeln der vorgelegten Gleichung

(1) $$a x^4 + b\, x^3 + c\, x^2 + d\, x + e = 0.$$

Wir beantworten diese Frage hier im engen Anschluß an die Eigenschaften der kubischen Resolvente

$$P^3 - E\, P^2 + F\, P - G = 0 \qquad (\S\ 15)$$

von (1) und entwickeln demgemäß zunächst diejenigen dieser Eigenschaften, die bislang noch nicht erörtert wurden.

Wir haben im § 15 die reduzierte Wurzel X der biquadratischen Gleichung (1) als Summe zweier Quadratwurzeln dargestellt. Es gibt auch eine Möglichkeit, sie als Summe dreier Quadratwurzeln darzustellen, die von Bedeutung und Interesse ist und deshalb nicht übergangen werden soll.

Sie beruht auf der Einführung der drei Linearaggregate

$$\varrho = a\,(\beta + \gamma - \alpha - \delta), \qquad \sigma = a\,(\gamma + \alpha - \beta - \delta), \qquad \tau = a\,(\alpha + \beta - \gamma - \delta)$$

der Wurzeln $\alpha, \beta, \gamma, \delta$, die durch zyklische Vertauschung von α, β, γ ineinander übergehen. Diese drei Formeln gestatten umgekehrt, die reduzierten Wurzeln

$$\mathsf{A} = 4\,a\alpha + b, \qquad \mathsf{B} = 4\,a\beta + b, \qquad \Gamma = 4\,a\gamma + b, \qquad \Delta = 4\,a\delta + b$$

der biquadratischen Gleichung als einfachste Linearaggregate von ϱ, σ, τ darzustellen. Es ist, wie leicht nachzuprüfen,

$$\mathsf{A} = \boldsymbol{\sigma} + \boldsymbol{\tau} - \boldsymbol{\varrho}, \qquad \mathsf{B} = \boldsymbol{\tau} + \boldsymbol{\varrho} - \boldsymbol{\sigma}, \qquad \boldsymbol{\Gamma} = \boldsymbol{\varrho} + \boldsymbol{\sigma} - \boldsymbol{\tau}, \qquad -\boldsymbol{\Delta} = \boldsymbol{\varrho} + \boldsymbol{\sigma} + \boldsymbol{\tau}.$$

Wenn man also die Größen ϱ, σ, τ finden könnte, so hätte man in dem gerahmten Gleichungsquadrupel ein einfaches Rezept für die Angabe der vier reduzierten Wurzeln. Nun, diese Größen ϱ, σ, τ sind die soeben erwähnten Quadratwurzeln, und man findet sie wie folgt:

Es ist

$$\varrho^2/a^2 = (\beta + \gamma - \alpha - \delta)^2 = (\beta + \gamma + \alpha + \delta)^2 - 4\,(\beta + \gamma)\,(\alpha + \delta).$$

Nun hat $\Lambda = (\beta + \gamma)\,(\alpha + \delta)$ nach § 20 den Wert $(c - r)/a$, und da $\alpha + \beta + \gamma + \delta = -b : a$ ist, so wird

$$\varrho^2 = 4\,ar + \mathfrak{L} \qquad \text{mit } \mathfrak{L} = b^2 - 4\,ac.$$

Ebenso findet man

$$\sigma^2 = 4\,as + \mathfrak{L}, \qquad \tau^2 = 4\,at + \mathfrak{L},$$

wobei r, s, t die drei Wurzeln der Ferrariresolvente bedeuten.

Damit ist

$$\varrho = \sqrt{4\,ar + \mathfrak{L}}, \qquad \sigma = \sqrt{4\,as + \mathfrak{L}}, \qquad \tau = \sqrt{4\,at + \mathfrak{L}}\,.$$

Jetzt aber ergibt sich eine kleine Schwierigkeit: Da die drei Quadratwurzeln zweideutig sind, käme man durch das fett gedruckte Formelsystem auf acht reduzierte Wurzeln, während doch nur vier existieren.

Diese Schwierigkeit wird durch den Wert des Produkts $\varrho\sigma\tau$ behoben.

Das Produkt $\varrho\sigma\tau$ erweist sich nämlich als symmetrisches Polynom der Wurzeln $\alpha, \beta, \gamma, \delta$ und läßt sich zufolge des Waringschen Satzes (§ 70) ganzrational durch die Koeffizienten a, b, c, d, e ausdrücken.

Zunächst findet man durch Ausmultiplizieren

$$\varrho\sigma\tau : a^3 = \overset{\frown}{1,2} - 2.\ \overset{\frown}{1^3} - \overset{\frown}{3} = \Sigma\alpha^2\beta - 2\,\Sigma\alpha\beta\gamma - \Sigma\alpha^3,$$

wobei die Summationen über alle möglichen Wurzelkombinationen zu erstrecken sind.

Nun ist ohne weiteres $\quad \overset{\frown}{1^3} = \Sigma\,\alpha\,\beta\,\gamma = -d : a.$

Ferner ist $\quad (\Sigma\,\alpha)^3 = \Sigma\,\alpha^3 + 3\,\Sigma\,\alpha^2\beta + 6\,\Sigma\,\alpha\,\beta\,\gamma$

und $\quad \Sigma\,\alpha \cdot \Sigma\,\alpha\,\beta = \Sigma\,\alpha^2\,\beta + 3\,\Sigma\,\alpha\,\beta\,\gamma.$

Da $\Sigma\,\alpha = -b : a$, $\Sigma\,\alpha\,\beta = +c : a$ und $\Sigma\,\alpha\,\beta\,\gamma = -d : a$ bekannt sind, findet man aus diesen beiden Gleichungen

$$\overset{\frown}{12} = \Sigma\,\alpha^2\,\beta = -(bc/a^2) + 3\,(d/a)$$

und dann $\quad \overset{\frown}{3} = \Sigma\,\alpha^3 = -(b^3/a^3) + 3\,(bc/a^2) - 3\,(d/a).$

Folglich wird $\quad \boldsymbol{\varrho\,\sigma\,\tau = k} \qquad$ mit $k = 8\,a^2\,d + b\,\mathfrak{L}.$

Durch diese Vorschrift für ϱ, σ, τ sind nur noch die Vorzeichen von etwa ϱ und σ willkürlich, während das Vorzeichen von τ dann durch die Formel $\varrho\sigma\tau = k$ festgelegt ist, so daß im ganzen nur vier Werte [A, B, Γ, Δ] des Trinoms $\pm\varrho \pm \sigma \pm \tau$ entstehen.

Ein enger Zusammenhang besteht zwischen den drei Größen ϱ, σ, τ und der kubischen Resolvente

$$P^3 - EP^2 + FP - G = 0$$

des § 15. Um ihn zu erkennen, bilden wir die Einerpolynome der Quadrate der drei Größen.

Das erste ist

$$\varrho^2 + \sigma^2 + \tau^2 = 4\,a\,(r + s + t) + 3\,\mathfrak{L} = 4\,ac + 3\,\mathfrak{L} = 2\,\mathfrak{L} + b^2$$

oder
$$\boldsymbol{\varrho^2 + \sigma^2 + \tau^2 = E.}$$

Das zweite wird

$$\sigma^2\tau^2 + \tau^2\varrho^2 + \varrho^2\sigma^2 = 16\,a^2\,(st + tr + rs) + 8\,a\mathfrak{L}\,(r + s + t) + 3\,\mathfrak{L}^2.$$

Setzt man hier rechts für die beiden Einerpolynome $r + s + t$ und $st + tr + rs$ der Wurzeln r, s, t der Ferrariresolvente ihre Werte c und $bd - 4\,ae$ ein, so ergibt sich nach einfacher Rechnung

$$\boldsymbol{\sigma^2\tau^2 + \tau^2\varrho^2 + \varrho^2\sigma^2 = F.}$$

Nun, und das dritte hat wegen $\varrho\sigma\tau = k$ und $G = k^2$ den Wert

$$\boldsymbol{\varrho^2\sigma^2\tau^2 = G.}$$

Folglich:

Die Quadrate der Größen ϱ, σ, τ sind die Wurzeln der kubischen Resolvente

$$\boldsymbol{P^3 - EP^2 + FP - G = 0.}$$

Infolge dieses Sachverhalts ist es leicht, die Diskriminante ϑ der kubischen Resolvente zur Diskriminante Θ der biquadratischen Gleichung in Beziehung zu bringen.

Es ist

$$\vartheta = (\sigma^2 - \tau^2)^2\,(\tau^2 - \varrho^2)^2\,(\varrho^2 - \sigma^2)^2 = [4\,a\,(s - t)]^2\,[4\,a\,(t - r)]^2\,[4\,a\,(r - s)^2] = 4^6 a^6\,(s - t)^2\,(t - r)^2\,(r - s)^2.$$

Nach § 20 stellt aber das Produkt $(s - t)^2\,(t - r)^2\,(r - s)^2$ die Diskriminante Θ der biquadratischen Gleichung dar. Daher gilt die Relation

$$\boldsymbol{\vartheta = (4\,a)^6\,\Theta,}$$

wo Θ die Diskriminante der biquadratischen Gleichung

$$ax^4 + bx^3 + cx^2 + dx + e = 0,$$

ϑ die Diskriminante ihrer kubischen Resolvente

$$P^3 - EP^2 + FP - G = 0$$

bedeutet.

Nun zu den Realitätsverhältnissen der Wurzeln α, β, γ, δ der biquadratischen Gleichung!

Wir unterscheiden drei Fälle:

1. Θ negativ, 2. $\Theta = 0$, 3. Θ positiv.

Im ersten Falle ist auch ϑ negativ, und die kubische Resolvente hat zwei komplexe Wurzeln $\varrho^2 = P + Qi$, $\sigma^2 = P - Qi$ und eine reelle, r^2. Daher ist etwa

entweder $\varrho = p + qi$, $\sigma = p - qi$ oder $\varrho = p + qi$, $\sigma = -p + qi$

und (welches dieser beiden Gleichungspaare auch gelten möge) τ reell, da $\varrho\sigma\tau = k$ reell ist. Demgemäß wird

entweder $\mathsf{A} = \tau - 2\,qi$, $\mathsf{B} = \tau + 2\,qi$, $\Gamma = 2\,p - \tau$, $\Delta = -2\,p - \tau$

oder $\mathsf{A} = \tau - 2\,p$, $\mathsf{B} = \tau + 2\,p$, $\Gamma = -\tau + 2\,qi$, $\Delta = -\tau - 2\,qi$.

Die biquadratische Gleichung hat, was auch unmittelbar aus $\Theta < 0$ hervorgeht, zwei reelle und zwei konjugiert komplexe Wurzeln.

Im zweiten Falle verschwindet auch ϑ. Die biquadratische Gleichung hat eine Doppelwurzel, etwa $\alpha = \beta$ ($\mathsf{A} = \mathsf{B}$). Das bedeutet $\varrho = \sigma$, und wir haben

$$\mathsf{A} = \mathsf{B} = \tau, \qquad \Gamma = 2\,\varrho - \tau, \qquad \Delta = -2\,\varrho - \tau.$$

Ist nur diese eine Doppelwurzel vorhanden, so ist $\varrho = \sigma$ von Null verschieden. Da $\varrho\sigma\tau$ reell ist, kann $\varrho = \sigma$ nicht komplex sein, ist also entweder $\varrho = \sigma = \mathfrak{r}$ oder $\varrho = \sigma = i\mathfrak{r}$, wo $\mathfrak{r}$ eine Realzahl bedeutet.

Im ersten Falle hat die Resolvente drei positive Wurzeln, sind sonach E und F beide positiv. Die Wurzeln $\alpha, \beta, \gamma, \delta$ sind alle vier reell.

Im zweiten Falle ist

$$E = \varrho^2 + \sigma^2 + \tau^2 = \tau^2 - 2\,\mathfrak{r}^2, \quad F = \sigma^2\tau^2 + \tau^2\varrho^2 + \varrho^2\sigma^2 = \mathfrak{r}^2\,(\mathfrak{r}^2 - 2\,\tau^2),$$

können also E und F nicht beide positiv sein. Die Wurzeln α und β sind reell, γ und δ komplex.

Beim Vorhandensein einer zweiten Doppelwurzel, $\gamma = \delta$ ($\Gamma = \Delta$) verschwindet ϱ, also auch σ, und die Resolvente hat zwei verschwindende Wurzeln, so daß

$$F = 0 \quad \text{und} \quad G = 0$$

ist (§ 20) und die einzige nichtverschwindende Wurzel der Resolvente $\tau^2 = E$ ist. Die beiden Doppelwurzeln sind also reell oder komplex, je nachdem E positiv oder negativ ist.

Im dritten Falle ist auch ϑ positiv. Jetzt sind zwei Unterfälle zu entscheiden:

I. Alle vier Wurzeln sind reell, II. alle vier Wurzeln sind komplex.

Im Falle I sind ϱ, σ und τ reell, daher die Resolventenwurzeln positiv und folglich die Koeffizienten E, F, G alle drei positiv.

Im Falle II sei β zu α und δ zu γ konjugiert. Die reduzierten Wurzeln haben dann (da ihre Summe verschwindet) die Formen

$$\mathsf{A} = P + Qi, \qquad \mathsf{B} = P - Qi, \qquad \Gamma = -P + Si, \qquad \Delta = -P - Si,$$

und ϱ und σ stellen sich als reinimaginär heraus, während τ reell ist. Daher hat die Resolvente zwei negative und eine positive Wurzel, und die Koeffizienten E, F, G können nicht alle drei positiv sein.

Ergebnis:

Bei positiver Diskriminante sind die Wurzeln der biquadratischen Gleichung alle reell oder alle komplex, je nachdem die Resolventenkoeffizienten E und F beide positiv sind oder nicht.

Bei verschwindender Diskriminante sind alle vier oder nur zwei Wurzeln ($\alpha = \beta$) reell, je nachdem E und F beide positiv sind oder nicht.

Bei negativer Diskriminante sind zwei Wurzeln reell, die beiden andern konjugiert komplex.

§ 23. Der Satz von Sturm

Die Anzahl und Lage der reellen Wurzeln einer biquadratischen Gleichung läßt sich auch bequem durch den Sturmschen Satz bestimmen, den wir deshalb hier betrachten müssen.

Wir setzen zunächst voraus, daß die vorgelegte biquadratische Gleichung

$$f(x) = ax^4 + b\,x^3 + c\,x^2 + d\,x + e = 0$$

nur einfache Wurzeln besitzt.

Hätte sie nämlich eine mehrfache Wurzel α, so besäße auch die Ableitung $f'(x)$ die Nullstelle α. Dann hätte aber auch der größte gemeinsame Divisor $\varphi(x)$ von $f(x)$ und $f'(x)$ diese Nullstelle; und da dieser größte gemeinsame Divisor durch den bekannten euklidischen Divisionsalgorithmus leicht gefunden werden kann, so läßt sich α als Nullstelle von $\varphi(x)$ ebenfalls leicht finden.

Demgemäß habe das Polynom $f(x)$, dessen Grad nunmehr beliebig sei, nur einfache Nullstellen.

Dann verschwindet die Ableitung $f'(x)$ von $f(x)$ für keine dieser Wurzeln, und der größte gemeinsame Teiler der Funktionen $f(x)$ und $f'(x)$ ist eine von Null verschiedene Konstante K. Wir bilden den Divisionsalgorithmus zur Bestimmung des größten gemeinsamen Teilers von $f(x)$ und $f'(x)$, schreiben aber der Übersichtlichkeit wegen statt $f(x)$ und $f'(x)$ $f_0(x)$ und $f_1(x)$ und nennen die bei den aufeinanderfolgenden Divisionen auftretenden Quotienten $q_0(x)$, $q_1(x)$, $q_2(x)$, ... und Reste $-f_2(x)$, $-f_2(x)$, ... Lassen wir noch der Kürze wegen das Argumentzeichen fort, so haben wir das Schema

(0) $\qquad f_0 = q_0 f_1 - f_2,$

(1) $\qquad f_1 = q_1 f_2 - f_3,$

(2) $\qquad f_2 = q_2 f_3 - f_4,$ usw.

In diesem Schema muß schließlich, spätestens mit dem Reste K, ein Rest $-f_s(x)$ auftreten, der an keiner Stelle des Intervalls verschwindet, mithin im ganzen Intervall dasselbe Vorzeichen hat. Hier brechen wir den Algorithmus ab. Die beteiligten Funktionen

$$f_0,\ f_1,\ f_2,\ \dots\ f_s$$

bilden eine „*Sturmsche Kette*" und heißen in diesem Zusammenhange *Sturmsche Funktionen*.

Die Sturmschen Funktionen besitzen folgende drei Eigenschaften: 1. Zwei benachbarte Funktionen verschwinden an keiner Stelle des Intervalls gleichzeitig. 2. An einer Nullstelle einer Sturmschen Funktion haben die beiden der Funktion benachbarten Funktionen ungleiche Vorzeichen. 3. In einer hinreichend kleinen Umgebung einer Nullstelle von $f_0(x)$ ist $f_1(x)$ überall größer als Null oder überall kleiner als Null.

Beweis zu 1: Wenn z. B. f_2 und f_3 an einer Intervallstelle verschwinden, verschwindet an dieser Stelle auch f_4 [nach (2)], sodann f_5 [nach (3)], usw., schließlich (nach der letzten Algorithmuszeile) auch f_s, was aber der Voraussetzung widerspricht.

Beweis zu 2: Verschwindet an einer Intervallstelle σ z. B. die Funktion f_3, so folgt aus (2)

$$f_2(\sigma) = -f_4(\sigma).$$

Beweis zu 3 folgt aus dem bekannten Satze: Eine Funktion $[f_0(x)]$ steigt oder fällt an einer Stelle, je nachdem ihre Ableitung $[f_1(x)]$ an dieser Stelle größer oder kleiner als Null ist.

Wir greifen nun eine beliebige Intervallstelle x heraus, notieren die Vorzeichen der Werte $f_0(x)$, $f_1(x)$, ... $f_s(x)$ und erhalten eine *Sturmsche Zeichenkette* (wobei allerdings, um eindeutige Zeichen zu bekommen, vorausgesetzt werden muß, daß keiner der genannten $s + 1$ Funktionswerte

Null ist). Die Zeichenkette wird Zeichenfolgen (+ + und — —) wie Zeichenwechsel (+ — und — +) enthalten.

Wir achten auf die Anzahl $Z(x)$ der Zeichenwechsel in der Zeichenkette und auf die Veränderungen, die $Z(x)$ erfährt, wenn x das Intervall durchläuft. Eine Änderung kann nur eintreten, wenn eine oder mehrere der Sturmschen Funktionen ihr Zeichen ändern, d. h. von negativen (positiven) Werten durch Null hindurch zu positiven (negativen) Werten übergehen. Wir untersuchen sonach den Einfluß, den der Durchgang einer Funktion $f_\nu(x)$ durch Null auf $Z(x)$ ausübt.

k sei eine Stelle, an der f_ν verschwindet, h eine links, l eine rechts von k gelegene Stelle so nahe bei k, daß im Intervall h bis l

1. $f_\nu(x)$ außer für $x = k$ nicht verschwindet,
2. jeder Nachbar ($f_{\nu+1}$, $f_{\nu-1}$) von f_ν sein Vorzeichen nicht ändert.

Wir müssen die Fälle $\nu > 0$ und $\nu = 0$ auseinanderhalten; im ersten Falle handelt es sich um das Tripel $f_{\nu-1}$, f_ν, $f_{\nu+1}$, im zweiten um das Paar f_0, f_1. Beim Tripel haben $f_{\nu-1}$ und $f_{\nu+1}$ an allen drei Stellen h, k, l entweder die Vorzeichen + und — oder die Vorzeichen — und +. Wie also auch das Vorzeichen von f_0 an diesen Stellen beschaffen sein mag, das Tripel bietet für jeden der drei Argumentwerte h, k, l einen Zeichenwechsel dar. Der Durchgang der Funktion f_ν durch Null ändert die Zeichenwechselzahl der Kette nicht!

Beim Paar hat f_1 an allen drei Stellen h, k, l entweder das Zeichen + oder das Zeichen —. Im ersten Falle wächst f_0, ist also bei h negativ, bei l positiv; im zweiten Falle fällt f_0 und ist an der Stelle h positiv, l negativ. In beiden Fällen geht ein Zeichenwechsel verloren.

Unsere Betrachtung lehrt: Die Sturmsche Zeichenkette erfährt nur dann eine Änderung ihrer Wechselzahl $Z(x)$, wenn x eine Nullstelle von $f(x)$ passiert; und zwar verliert (bei wachsendem x) die Kette dann genau einen Zeichenwechsel. Durchläuft also x das Intervall (dessen Enden keine Wurzeln von $f(x) = 0$ sein sollen) von links nach rechts, so verliert die Zeichenkette genau so viele Wechsel, wie Nullstellen von $f(x)$ im Intervall vorhanden sind.

Ergebnis:

Satz von Sturm.

Die Anzahl der reellen Wurzeln einer algebraischen Gleichung mit reellen Koeffizienten, deren reelle Wurzeln einfach sind, in einem Intervalle, dessen Endpunkte keine Wurzeln sind, ist gleich dem Unterschied der Zeichenwechselzahlen der für die Intervallenden gebildeten Sturmschen Zeichenketten.

Zusatz. Unsere Überlegungen sind unverändert auf die Reihe anwendbar, die entsteht, wenn wir $f_0, f_1, f_2, \ldots f_s$ mit beliebigen positiven Konstanten multiplizieren, und die deshalb gleichfalls als Sturmsche Kette bezeichnet wird. Bei der Bildung der Sturmschen Funktionenkette lassen sich demnach alle gebrochenen Koeffizienten vermeiden.

Beispiel 1: Die Anzahl der Realwurzeln der biquadratischen Gleichung

$$x^4 + 4x^3 - 4x - 13 = 0$$

zu finden.

Hier wird

$$f_0 = x^4 + 4x^3 - 4x - 13, \quad f_1 = 4x^3 + 12x^2 - 4, \quad f_2 = x^2 + x + 4,$$
$$f_3 = 2x + 3, \quad f_4 = -19.$$

Substituieren wir in den Sturmschen Polynomen für x sukzessive $-\infty, 0, +\infty$, so entstehen die drei Zeichenketten

$$\begin{matrix} + & - & + & - & -, \\ - & - & + & + & -, \\ + & + & + & + & -. \end{matrix}$$

Ihr Anblick lehrt, daß die vorgelegte Gleichung zwei reelle Wurzeln besitzt: eine negative und eine positive.

Beispiel 2: Anzahl und Lage der reellen Wurzeln der Gleichung $x^5 - 3x - 1 = 0$ zu bestimmen.

Die Sturmsche Kette heißt

$$f_0 = x^5 - 3x - 1, \quad f_1 = 5x^4 - 3, \quad f_2 = 12x + 5, \quad f_3 = 1.$$

Die Vorzeichen der f für $x = -2, -1, 0, +1, +2$ sind

x	f_0	f_1	f_2	f_3
-2	$-$	$+$	$-$	$+$
-1	$+$	$+$	$-$	$+$
0	$-$	$-$	$+$	$+$
$+1$	$-$	$+$	$+$	$+$
$+2$	$+$	$+$	$+$	$+$

Die Gleichung hat also drei reelle Wurzeln: eine zwischen -2 und -1, eine zwischen -1 und 0, eine zwischen $+1$ und $+2$. Die anderen beiden Wurzeln sind komplex.

§ 24. Reziproke biquadratische Gleichungen

Die biquadratische Gleichung

(1) $$a x^4 + b x^3 + c x^2 + d x + e = 0$$

ist reziprok (§ 2), wenn aus ihr durch Verwandlung von x in $1/x$ eine Gleichung mit denselben Wurzeln entsteht.

Durch die genannte Verwandlung geht die Gleichung in

$$e x^4 + d x^3 + c x^2 + b x + a = 0$$

über, und diese Gleichung hat dieselben Wurzeln wie (1), wenn ihre Koeffizienten denen von (1) proportional sind:

$$e/a = d/b = c/c = b/d = a/e,$$

d. h. wenn $e = a$ und $d = b$ ist.

Eine reziproke biquadratische Gleichung hat demnach die Form

(2) $$a x^4 + b x^3 + c x^2 + b x + a = 0.$$

Eine biquadratische Gleichung ist also **reziprok**, wenn ihre Koeffizientenfolge symmetrisch ist.

Um die reziproke Gleichung (2) zu lösen, schreiben wir sie

$$a\,[x^2 + (1/x^2)] + b\,[x + (1/x)] + c = 0$$

und führen

$$x + (1/x) = y$$

als neue Unbekannte ein.

Dadurch entsteht für y die quadratische Gleichung

$$ay^2 + by + (c - 2a) = 0.$$

Ihre Auflösung liefert y, darauf die Lösung der quadratischen Gleichung

$$x^2 - yx + 1 = 0$$

Da jede dieser beiden quadratischen Gleichungen zwei Wurzeln hat, erhalten wir auf diese Weise, wie es auch sein muß, die vier Wurzeln der vorgelegten biquadratischen Gleichung.

Zusatz. Die biquadratische Gleichung

$$(1') \qquad ax^4 + bx^3 + cx^2 - bx + a = 0$$

ist zwar nicht reziprok, läßt sich aber doch ganz ähnlich lösen. Wir schreiben sie

$$a\,[x^2 + (1/x^2)] + b\,[x - (1/x)] + c = 0$$

setzen

$$x - (1/x) = y$$

und bekommen für y die quadratische Gleichung

$$ay^2 + by + (c + 2a) = 0,$$

darauf für x die quadratische Gleichung

$$x^2 - yx - 1 = 0.$$

Man achte darauf, daß die Gleichung (1′) durch die Verwandlung von x in $-1/x$ unverändert bleibt.

Quasireziproke biquadratische Gleichungen

Eine biquadratische Gleichung heißt quasireziprok, wenn sie durch die Verwandlung von x in $(1 - x) / (1 + x)$ unverändert bleibt.
Durch diese Substitution geht die biquadratische Gleichung

$$(1) \qquad ax^4 + bx^3 + cx^2 + dx + e = 0$$

in

$$a\,(1 - x)^4 + b\,(1 - x)^3\,(1 + x) + c\,(1 - x)^2\,(1 + x)^2 + d\,(1 - x)\,(1 + x)^3 + e\,(1 + x)^4 = 0$$

oder endlich in

$$(3) \qquad Ax^4 + Bx^3 + Cx^2 + Dx + E = 0$$

über, wobei die neuen Koeffizienten die Werte

$$A = a - b + c - d + e, \quad B = -4a + 2b - 2d + 4e, \quad C = 6a - 2c + 6e,$$
$$D = -4a - 2b + 2d + 4e, \qquad E = a + b + c + d + e$$

haben.

Damit (3) dieselben Wurzeln wie (1) hat, müssen seine Koeffizienten denen von (1) proportional sein:

$$A/a = B/b = C/c = D/d = E/e.$$

Setzen wir den gemeinsamen Wert dieser fünf Verhältnisse gleich t, so haben wir die fünf Bedingungen

$$(4) \qquad \begin{cases} a - b + c - d + e = at, \\ -4a + 2b - 2d + 4e = bt, \\ 6a - 2c + 6e = ct, \\ -4a - 2b + 2d + 4e = dt, \\ a + b + c + d + e = et. \end{cases}$$

Aus der zweiten und vierten dieser Bedingungsgleichungen folgt durch Subtraktion

$$4(b - d) = (b - d)\,t,$$

so daß im allgemeinen $t = 4$ sein wird, während im Ausnahmefalle $b = d$ die gefundene Gleichung über t keine Auskunft erteilt.

Allgemeiner Fall, $b \neq d$, $t = 4$.

Aus der zweiten oder vierten der Relationen (4) folgt dann $b + d = 2(e - a)$, aus der dritten $c = a + e$.

Umgekehrt sind bei

$$c = a + e \quad \text{und} \quad b + d = 2(e - a)$$

alle fünf Bedingungen (4) mit $t = 4$ erfüllt.

Die biquadratische Gleichung

$$(1) \qquad a x^4 + b x^3 + c x^2 + d x + e = 0$$

ist also sicher quasireziprok, wenn zwischen ihren Koeffizienten die beiden Beziehungen

$$(1'') \qquad \boldsymbol{c = a + e, \qquad b + d = 2(e - a)}$$

bestehen.

Um in diesem allgemeinen Falle die Gleichung zu lösen, führen wir die neue Unbekannte

$$y = x + [(1 - x)/(1 + x)] = (1 + x^2)/(1 + x)$$

ein und versuchen, die vorgelegte Gleichung mit der quadratischen Gleichung

$$(5) \qquad a y^2 + b y + h = 0,$$

in der das Freiglied vorerst noch unbestimmt ist, zur Übereinstimmung zu bringen.

Diese quadratische Gleichung schreibt sich

$$a[(x^2 + 1)/(x + 1)]^2 + b[(x^2 + 1)/(x + 1)] + h = 0$$

oder $$a x^4 + b x^3 + (2a + b + h) x^2 + (b + 2h) x + (a + b + h) = 0.$$

Damit diese biquadratische Gleichung mit (1) übereinstimmt, muß h die drei Bedingungen

$$2a + b + h = c, \qquad b + 2h = d, \qquad a + b + h = e$$

erfüllen, die sich auf Grund der Ausgangsbedingungen (1″) in

$$h = e - a - b = [(d + b)/2] - b = (d - b)/2, \qquad h = (d - b)/2,$$
$$h = e - a - b = (d - b)/2$$

verwandeln, mithin durch den Wert

$$h = (d - b)/2$$

zu befriedigen sind. Folglich:

Die quasireziproke biquadratische Gleichung

$$a x^4 + b x^3 + c x^2 + d x + e = 0$$

mit $$c = a + e, \qquad b + d = 2(e - a)$$

wird gelöst durch die quadratischen Gleichungen

$$a y^2 + b y + (d - b)/2 = 0$$

und $$(x^2 + 1)/(x + 1) = y.$$

Beispiel:

$$90 x^4 - 153 x^3 + 92 x^2 - 23 x + 2 = 0.$$

Die Gleichung ist quasireziprok, da

$$c = a + e \quad \text{und} \quad b + d = 2 (e - a)$$

ist. Die quadratischen Hilfsgleichungen heißen

$$90 y^2 - 153 y + 65 = 0 \quad \text{und} \quad (x^2 + 1) / (x + 1) = y.$$

Die erste liefert $y = 13/15$ und $y = 5/6$; und aus

$$(x^2 + 1) / (x + 1) = 13/15 \quad \text{und} \quad (x^2 + 1) / (x + 1) = 5/6$$

folgen die beiden quadratischen Gleichungen

$$15 x^2 - 13 x + 2 = 0 \quad \text{und} \quad 6 x^2 - 5 x + 1 = 0,$$

deren Wurzeln die Wurzeln der vorgelegten biquadratischen Gleichung darstellen. Diese Wurzeln sind also

$$\alpha = 2/3, \quad \beta = 1/5, \quad \gamma = 1/2, \quad \delta = 1/3,$$

Zugleich sind α und β wie auch γ und δ quasireziproke Werte.

Ausnahmefall: $b = d$.

Jetzt folgt aus der zweiten wie auch vierten Bedingung des Systems (4)

$$4 (e - a) = b t = d t$$

und aus der ersten und letzten Bedingung (durch Subtraktion)

$$2 b + 2 d = 4 b = (e - a) t.$$

Die Verknüpfung dieser beiden Relationen führt auf $b t^2 = 16 b$, so daß sich im ganzen drei Unterfälle ergeben

$$\text{I. } t = 4 \qquad \text{II. } t = -4 \qquad \text{III. } b = 0.$$

Im ersten Unterfalle ist [nach (4)] $d = b = e - a$ und $c = a + e$, so daß dieser Unterfall nur ein Sonderfall des allgemeinen Falles

$$c = a + e, \qquad b + d = 2 (e - a)$$

ist.

Im zweiten Unterfalle wird [nach (4)] $c = -3 (a + e)$ und $b = d = a - e$, und die biquadratische Gleichung hat die Form

$$\boldsymbol{a x^4 + (a - e) x^3 - 3 (a + e) x^2 + (a - e) x + e = 0,}$$

und diese Form der quasireziproken biquadratischen Gleichung ist nicht in dem allgemeinen Falle enthalten!

Um sie zu lösen, schreiben wir sie

$$a x [x^3 + x^2 - 3 x + 1] = e [x^3 + 3 x^2 + x - 1].$$

Hier hat die erste der eckigen Klammern die Nullstelle 1, die zweite die Nullstelle -1, ist daraufhin

$$x^3 + x^2 - 3 x + 1 = (x - 1) (x^2 + 2 x - 1) \quad \text{und} \quad x^3 + 3 x^2 + x - 1 = (x + 1) (x^2 + 2 x - 1),$$

und unsere Gleichung geht über in

$$(x^2 + 2 x - 1) [a x (x - 1) - e (x + 1)] = 0,$$

so daß ihre Wurzeln durch die Wurzeln der quadratischen Gleichungen

$$x^2 + 2 x - 1 = 0, \qquad a x^2 - (a + e) x - e = 0$$

geliefert werden.

Im dritten Unterfalle endlich wird zunächst $b = d = 0$ und $e = a$. Weiter ergibt sich aus (4)

$$2a + c = at \quad \text{und} \quad 12a - 2c = ct$$

und aus diesen beiden Gleichungen durch Elimination von c

$$t^2 = 16 \quad \text{und damit} \quad t = \pm 4.$$

Das gibt $c = 2a$ bzw. $c = -6a$

und die quasireziproken Gleichungen

$$x^4 + 2x^2 + 1 = 0 \quad \text{und} \quad x^4 - 6x^2 + 1 = 0,$$

von denen die erste dem allgemeinen Falle $[c = a + e,\ b + d = 2(e - a)]$, die zweite dem Unterfalle II

$$[ax^4 + (a - e)x^3 - 3(a + e)x^2 + (a - e)x + e = 0]$$

angehört.

§ 25. Der Satz von Legendre

Die biquadratische Gleichung

$$x^4 + 4ax^3 + 4cx - 1 = 0$$

hat vier reelle paarweise verschiedene Wurzeln, zwei reelle Wurzeln und eine Doppelwurzel oder zwei reelle und zwei komplexe Wurzeln, je nachdem der Ausdruck

$$(a + c)^{2/3} - (a - c)^{2/3} + 1$$

negativ, null oder positiv ist.

Beweis: Die Wurzeln $\alpha, \beta, \gamma, \delta$ der Gleichung befriedigen die Beziehungen

$$\alpha + \beta + \gamma + \delta = -4a, \tag{1}$$

$$\alpha\beta + \alpha\gamma + \alpha\delta + \beta\gamma + \beta\delta + \gamma\delta = 0, \tag{2}$$

$$\alpha\beta\gamma + \alpha\beta\delta + \alpha\gamma\delta + \beta\gamma\delta = -4c, \tag{3}$$

$$\alpha\beta\gamma\delta = -1. \tag{4}$$

Wir betrachten die kubische Gleichung

$$x^3 + px + q = 0$$

mit den Wurzeln

$$\lambda = \beta\gamma + \alpha\delta, \qquad \mu = \gamma\alpha + \beta\delta, \qquad \nu = \alpha\beta + \gamma\delta,$$

wobei sonach

$$p = \mu\nu + \nu\lambda + \lambda\mu \quad \text{und} \quad q = -\lambda\mu\nu$$

ist.

Drücken wir p durch $\alpha, \beta, \gamma, \delta$ aus und multiplizieren unter Beachtung von (4) (1) mit (3), so liefert der Vergleich der beiden Resultate die Formel

$$p = 16ac + 4. \tag{I}$$

Drücken wir q durch $\alpha, \beta, \gamma, \delta$ aus, so entsteht wegen (4) und der quadrierten Gleichung (1) $[\alpha^2 + \beta^2 + \gamma^2 + \delta^2 = 16a^2]$

$$q = 16a^2 - \Sigma \alpha^2\beta^2\gamma^2.$$

Da aber die Quadrierung von (3) wegen (2) und (4) die Gleichung

$$\Sigma \alpha^2\beta^2\gamma^2 = 16c^2$$

liefert, so wird

$$q = 16a^2 - 16c^2 \tag{II}$$

Die Formeln (I) und (II) drücken die Koeffizienten p und q der kubischen Gleichung durch die der biquadratischen aus.

Für die Wurzeldifferenzen $\mu - \nu$, $\nu - \lambda$, $\lambda - \mu$ der kubischen Gleichung ergeben sich die Werte

$$\mu - \nu = (\beta - \gamma)(\delta - \alpha),\quad \nu - \lambda = (\gamma - \alpha)(\delta - \beta),\quad \lambda - \mu = (\alpha - \beta)(\delta - \gamma).$$

Ihr Anblick lehrt:

Die kubische Gleichung hat drei reelle ungleiche Wurzeln, eine reelle Wurzel und eine Doppelwurzel oder eine reelle Wurzel und zwei komplexe Wurzeln, je nachdem die biquadratische Gleichung vier reelle ungleiche Wurzeln, zwei reelle Wurzeln und eine Doppelwurzel oder zwei reelle und zwei komplexe Wurzeln besitzt.

Bekanntlich hat aber die kubische Gleichung drei reelle ungleiche Wurzeln, eine reelle Wurzel und eine Doppelwurzel oder eine reelle Wurzel und zwei komplexe Wurzeln, je nachdem die entgegengesetzte Diskriminante

$$\varDelta = 4\,p^3 + 27\,q^2$$

negativ, null oder positiv ist.

Auf Grund der Werte von p und q aus (I) und (II) wird

$$\varDelta = 4\,(16\,ac + 4)^3 + 27\,(16\,a^2 - 16\,c^2)^2 = 256\,[(4\,ac + 1)^3 + 27\,(a^2 - c^2)^2].$$

Durch Einführung der beiden Größen

$$h = (a + c)^{2/3} \qquad \text{und} \qquad k = (a - c)^{2/3}$$

wird nun

$$h^3 k^3 = (a^2 - c^2)^2 \qquad \text{und} \qquad h^3 - k^3 = 4\,a\,c,$$

also

$$\varDelta = 256\,[(h^3 - k^3 + 1)^3 + (3\,hk)^3].$$

Das Vorzeichen von $\varDelta$ ist demnach das Vorzeichen von

$$m^3 + n^3 \qquad \text{mit} \quad m = h^3 - k^3 + 1, \qquad n = 3\,hk.$$

Der Identität

$$m^3 + n^3 = (m + n)(m^2 + n^2 - mn)$$

zufolge stimmt aber das Vorzeichen von $m^3 + n^3$ mit dem von $m + n$ überein [$m^2 + n^2 - mn$ ist wegen $m^2 + n^2 \geqq 2\,mn$ positiv], so daß $\varDelta$ das Vorzeichen von $m + n$ hat.

Ferner stimmt wegen der Identität

$$u^3 + v^3 + w^3 - 3\,uvw = (u + v + w)(u^2 + v^2 + w^2 - vw - wu - uv)$$

und der Positivität von $u^2 + v^2 + w^2 - vw - wu - uv$ [dieser Ausdruck ist ja die Hälfte von $(v - w)^2 + (w - u)^2 + (u - v)^2$] das Vorzeichen des Ausdrucks $u^3 + v^3 + w^3 - 3\,uvw$ mit dem des Trinoms $u + v + w$ überein. Folglich stimmt auch das Vorzeichen von

$$m + n = h^3 + l^3 + 1^3 - 3 \cdot h \cdot l \cdot 1 \qquad (\text{mit } l = -k)$$

mit dem Vorzeichen von

$$h + l + 1 = h - k + 1$$

überein.

Daher ist $\varDelta \lesseqgtr 0$, je nachdem $h - k + 1 \lesseqgtr 0$ ist. Der Beziehung zufolge, die zwischen unserer biquadratischen und kubischen Gleichung obwaltet, hat die vorgelegte biquadratische Gleichung sonach vier reelle ungleiche Wurzeln, zwei reelle Wurzeln und eine Doppelwurzel oder zwei reelle und zwei komplexe Wurzeln, je nachdem

$$h - k + 1 \lesseqgtr 0$$

ist, was zu beweisen war.

§ 26. Invarianten der biquadratischen Form

Im § 20 begegneten wir den Invarianten $\mathfrak{i}$ und $\mathfrak{j}$ der kubischen Resolvente

$$\mathfrak{a}\mathfrak{x}^3 + \mathfrak{b}\mathfrak{x}^2 + \mathfrak{c}\mathfrak{x} + \mathfrak{d} = 0$$

der biquadratischen Gleichung

$$ax^4 + bx^3 + cx^2 + dx + e = 0,$$

deren Koeffizienten die Werte

$$\mathfrak{a} = 1, \quad \mathfrak{b} = -c, \quad \mathfrak{c} = bd - 4ae, \quad \mathfrak{d} = 4ace - ad^2 - eb^2$$

haben. Es sind das die Koeffizientenpolynome

$$\mathfrak{i} = \mathfrak{b}^2 - 3\mathfrak{a}\mathfrak{c} \qquad \text{und} \qquad \mathfrak{j} = 9\mathfrak{a}\mathfrak{b}\mathfrak{c} - 27\mathfrak{a}^2\mathfrak{d} - 2\mathfrak{b}^3,$$

die sich, durch die Koeffizienten der biquadratischen Gleichung ausgedrückt,

$$\mathfrak{i} = c^2 + 12\,ae - 3\,bd \quad \text{und} \quad \mathfrak{j} = 2\,c^3 + 27\,ad^2 + 27\,eb^2 - 72\,ace - 9bcd$$

schreiben.

Diese Invarianten der kubischen Resolvente sind von fundamentaler Bedeutung für die binäre biquadratische Form

$$\mathfrak{f} = ax^4 + bx^3y + cx^2y^2 + dxy^3 + ey^4.$$

Es gilt nämlich der

Satz:

Die Koeffizientenpolynome

$$\mathfrak{i} \quad c^2 + 12\,ae - 3\,bd \quad \text{und} \quad \mathfrak{j} \quad 2\,c^3 + 27\,ad^2 + 27\,eb^2 - 72\,ace - 9\,bcd$$

sind Invarianten der binären biquadratischen Form

$$\mathfrak{f} = ax^4 + bx^3y + cx^2y^2 + dxy^3 + ey^4,$$

und zwar $\mathfrak{i}$ vom Index 4, $\mathfrak{j}$ vom Index 6.

Das heißt also: Unterwirft man die Form $\mathfrak{f}$ der Linearsubstitution

$$x = \mathfrak{p}X + \mathfrak{q}Y, \qquad y = \mathfrak{r}X + \mathfrak{s}Y$$

mit dem Modul

$$\mathfrak{M} = \mathfrak{p}\mathfrak{s} - \mathfrak{q}\mathfrak{r},$$

wodurch sie in die Form

$$\mathfrak{F} = AX^4 + BX^3Y + CX^2Y^2 + DXY^3 + EY^4$$

übergeht, so ändern sich die beiden Koeffizientenverbindungen

$$\mathfrak{i} = \varphi(a, b, c, d, e) = c^2 + 12\,ae - 3\,bd$$

und

$$\mathfrak{j} = \psi(a, b, c, d, e) = 2\,c^3 + 27\,ad^2 + 27\,eb^2 - 72\,ace - 9\,bcd$$

nur um einen durch eine Potenz des Moduls dargestellten multiplikativen Faktor, ist nämlich

$$\mathfrak{I} = \varphi(A, B, C, D, E) = \mathfrak{M}^4 \varphi(a, b, c, d, e) = \mathfrak{M}^4\mathfrak{i}$$

und

$$\mathfrak{J} = \psi(A, B, C, D, E) = \mathfrak{M}^6 \psi(a, b, c, d, e) = \mathfrak{M}^6\mathfrak{j}.$$

Der folgende Beweis dieses Satzes geht von zwei Hilfsformeln aus, durch die $\mathfrak{i}$ und $\mathfrak{j}^2$ als symmetrische Polynome der im § 20 betrachteten Wurzelausdrücke

$$\lambda = (\beta - \gamma)(\alpha - \delta), \qquad \mu = (\gamma - \alpha)(\beta - \delta), \qquad \nu = (\alpha - \beta)(\gamma - \delta)$$

dargestellt werden, und verläuft dann ähnlich wie im § 13.

Herleitung der beiden Hilfsformeln.

Wir benutzen mit einer unten angegebenen Ausnahme die Bezeichnungen von § 20. Es ist

$$\lambda = (t - s)/a, \qquad \mu = (r - t)/a, \qquad \nu = (s - r)/a,$$

mithin

$$a^2(\lambda^2 + \mu^2 + \nu^2) = 2(r^2 + s^2 + t^2 - st - tr - rs) =$$
$$= 2[(r + s + t)^2 - 3(st + tr + rs)] = 2[\mathfrak{b}^2 - 3\,\mathfrak{a}\mathfrak{c}] = 2\,\mathfrak{i},$$

sonach

(I) $$\mathfrak{i} = a^2(\lambda^2 + \mu^2 + \nu^2)/2.$$

Es ist ferner

$$\mu - \nu = (3r - c)/a = R/a, \qquad \nu - \lambda = S/a, \qquad \lambda - \mu = T/a,$$

mithin

$$(\mu - \nu)(\nu - \lambda)(\lambda - \mu) = RST/a^3 = \mathfrak{j}/a^3,$$

sonach

(II) $$\mathfrak{j} = a^3(\mu - \nu)(\nu - \lambda)(\lambda - \mu).$$

Die Formeln (I) und (II) sind die für unsern Zweck benötigten Hilfsformeln. Mit Einführung der Quotienten

$$\zeta = x : y \qquad \text{und} \qquad Z = X : Y$$

erhalten wir, unserer Lineartransformation zufolge, zwischen ζ und Z die homographische Beziehung

$$\zeta = (\mathfrak{p}Z + \mathfrak{q}) / (\mathfrak{r}Z + \mathfrak{s}) \qquad \text{bzw.} \qquad Z = (\mathfrak{s}\zeta - \mathfrak{q}) / \mathfrak{p} - \mathfrak{r}\zeta)$$

sowie die Gleichungen

$$\mathfrak{f} = \mathfrak{f}(x, y) = ax^4 + bx^3y + cx^2y^2 + dxy^3 + ey^4 =$$
$$= y^4(a\zeta^4 + b\zeta^3 + c\zeta^2 + d\zeta + e),$$
$$\mathfrak{F} = \mathfrak{F}(X, Y) = AX^4 + BX^3Y + CX^2Y^2 + DXY^3 + EY^4 =$$
$$= Y^4(AZ^4 + BZ^3 + CZ^2 + DZ + E).$$

Wie $\alpha, \beta, \gamma, \delta$ die vier Wurzeln der Gleichung $a\zeta^4 + b\zeta^3 + c\zeta^2 + d\zeta + e = 0$ sind, so heißen die Wurzeln der Gleichung $AZ^4 + BZ^3 + CZ^2 + DZ + E = 0$ $\mathsf{A}, \mathsf{B}, \Gamma, \Delta$ und beziehen sich der homographischen Relation zufolge so aufeinander, daß

$$\alpha = (\mathfrak{p}\mathsf{A} + \mathfrak{q}) / (\mathfrak{r}\mathsf{A} + \mathfrak{s}), \qquad \beta = (\mathfrak{p}\mathsf{B} + \mathfrak{q}) / \mathfrak{r}\mathsf{B} + \mathfrak{s}),$$
$$\gamma = (\mathfrak{p}\Gamma + \mathfrak{q}) / (\mathfrak{r}\Gamma + \mathfrak{s}), \qquad \delta = (\mathfrak{p}\Delta + \mathfrak{q}) / (\mathfrak{r}\Delta + \mathfrak{s}) \quad \text{ist.}$$

Nun haben wir (wie im § 13)

$$\beta - \gamma = (\mathsf{B} - \Gamma) / (\mathfrak{M} / [(\mathfrak{p} - \mathfrak{r}\beta)(\mathfrak{p} - \mathfrak{r}\gamma)]),$$
$$\alpha - \delta = (\mathsf{A} - \Delta) / (\mathfrak{M} / [(\mathfrak{p} - \mathfrak{r}\alpha)(\mathfrak{p} - \mathfrak{r}\delta)]).$$

Mithin wird

$$(\beta - \gamma)(\alpha - \delta) \cdot \mathfrak{M}^2 = (\mathsf{B} - \Gamma)(\mathsf{A} - \Delta) \cdot (\mathfrak{p} - \mathfrak{r}\alpha)(\mathfrak{p} - \mathfrak{r}\beta)(\mathfrak{p} - \mathfrak{r}\gamma)(\mathfrak{p} - \mathfrak{r}\delta)$$

oder, wenn wir im Hinblick auf die Bezeichnung λ für das Produkt $(\beta - \gamma)(\alpha - \delta)$ das Produkt $(\mathsf{B} - \Gamma)(\mathsf{A} - \Delta)$ durch den Buchstaben Λ bezeichnen, ferner bedenken, daß

$$(\mathfrak{p} - \mathfrak{r}\alpha)(\mathfrak{p} - \mathfrak{r}\beta)(\mathfrak{p} - \mathfrak{r}\gamma)(\mathfrak{p} - \mathfrak{r}\delta) = \mathfrak{p}^4 + (b/a)\mathfrak{p}^3\mathfrak{r} + (c/a)\mathfrak{p}^2\mathfrak{r}^2 + (d/a)\mathfrak{p}\mathfrak{r}^3$$
$$+ (e/a)\mathfrak{r}^4 = \mathfrak{f}(\mathfrak{p}, \mathfrak{r}) : a$$

ist, und daß (wie die Ausführung der Linearsubstitution sofort zeigt) der Koeffizient A nichts anderes als $\mathfrak{f}(\mathfrak{p}, \mathfrak{r})$ ist,

(1) $$\mathfrak{M}^2 a\lambda = A\,\Lambda.$$

Genau so gelten die Formeln

$$(2) \qquad \mathfrak{M}^2 a\mu = A\,\mathsf{M} \qquad \text{und} \qquad (3) \qquad \mathfrak{M}^2 a\nu = A\,\mathsf{N},$$

wo M und N die Differenzprodukte $(\varGamma - \mathsf{A})\,(\mathsf{B} - \varDelta)$ und $(\mathsf{A} - \mathsf{B})\,(\varGamma - \varDelta)$ bedeuten.

Gehen wir mit den in den Formeln (1), (2), (3) verzeichneten Werten von λ, μ, ν in die beiden Hilfsformeln (I) und (II) ein, so entstehen die Gleichungen

$$\mathfrak{M}^4 i = A^2\,(\varLambda^2 + \mathsf{M}^2 + \mathsf{N}^2)/2 \quad \text{und} \quad \mathfrak{M}^6 j = A^3\,(\mathsf{M} - \mathsf{N})\,(\mathsf{N} - \varLambda)\,(\varLambda - \mathsf{M})$$

oder, wenn wir berücksichtigen, daß (nach den beiden Hilfsformeln) $[A^2\,(\varLambda^2 + \mathsf{M}^2 + \mathsf{N}^2)] : 2$ und $A^3\,(\mathsf{M} - \mathsf{N})\,(\mathsf{N} - \varLambda)\,(\varLambda - \mathsf{M})$ nichts anderes als die Polynome

$$\mathfrak{J} = C^2 + 12\,A\,E - 3\,B\,D \text{ und } \mathfrak{J} = 2\,C^3 + 27\,A\,D^2 + 27\,E\,B^2 - 72\,A\,C\,E - 9\,B\,C\,D$$

sind,

$$\mathfrak{J} = \mathfrak{M}^4\,\mathfrak{i} \qquad \text{und} \qquad \mathfrak{J} = \mathfrak{M}^6\,\mathfrak{j}.$$

Damit ist die Invarianz von $\mathfrak{i}$ und $\mathfrak{j}$ erwiesen.

Bei der kubischen Form gab es (§ 13) nur e i n e Invariante: die Diskriminante. Hier bei der biquadratischen Form fanden sich bereits z w e i Invarianten: $\mathfrak{i}$ und $\mathfrak{j}$. Was die Diskriminante $\varTheta$ der biquadratischen Form (d. h. die Diskriminante der biquadratischen Gleichung $a x^4 + b x^3 + c x^2 + d x + e = 0$) anbetrifft, so stellt sie der Cayleyschen Formel $27\,\varTheta = 4\,\mathfrak{i}^3 - \mathfrak{j}^2$ zufolge natürlich auch eine Invariante dar:

Die Diskriminante $\varTheta$ der biquadratischen Form ist eine Invariante vom Index 12, ist zugleich ein Polynom der Invarianten $\mathfrak{i}$ und $\mathfrak{j}$ mit rationalen, jedoch nicht ganzrationalen Koeffizienten.

Da $\varTheta$ von $\mathfrak{i}$ und $\mathfrak{j}$ abhängt, ist es keine selbständige oder unabhängige Invariante, und wir stehen vor der Frage:

Gibt es außer $\mathfrak{i}$ und $\mathfrak{j}$ noch weitere unabhängige (d. h. von $\mathfrak{i}$ und $\mathfrak{j}$ nicht abhängige) Invarianten der biquadratischen Form?
Die Frage ist zu verneinen, denn es gilt der

Satz:

Jedes invariante Polynom $\varPhi\ (a,\ b,\ c,\ d,\ e)$ der Koeffizienten der biquadratischen Form $\mathfrak{f}$ ist ein Polynom der Invarianten $\mathfrak{i}$ und $\mathfrak{j}$.

Beweis: Das homogene Polynom $\varPhi\ (a, b, c, d, e)$ der Koeffizienten a, b, c, d, e der biquadratischen Form $\mathfrak{f} = a x^4 + b x^3 y + c x^2 y^2 + d x y^3 + e y^4$ sei eine Invariante der Form.
Wir unterwerfen

$$\mathfrak{f} = a\,\mathfrak{p} \qquad \text{mit} \qquad \mathfrak{p} = (x - \alpha y)\,(x - \beta y)\,(x - \gamma y)\,(x - \delta y)$$

sukzessive den drei unimodularen*) Substitutionen I, II, III:

$$\left\{ \begin{aligned} \sqrt{l}\,x &= \beta X + \gamma Y \\ \sqrt{l}\,y &= X + Y \end{aligned} \right\}, \quad \left\{ \begin{aligned} \sqrt{m}\,x &= \gamma X + \alpha Y \\ \sqrt{m}\,y &= X + Y \end{aligned} \right\}, \quad \left\{ \begin{aligned} \sqrt{n}\,x &= \alpha X + \beta Y \\ \sqrt{n}\,y &= X + Y \end{aligned} \right\},$$

in denen l, m, n die Differenzen $\beta - \gamma, \gamma - \alpha, \alpha - \beta$ bedeuten. Durch I wird

$$\left\{ \begin{aligned} x - \beta y &= -\sqrt{l}\,Y, & \sqrt{l}\,(x - \alpha y) &= m\,Y - n\,X \\ x - \gamma y &= \sqrt{l}\,X, & \sqrt{l}\,(x - \delta y) &= M\,X + N\,Y \end{aligned} \right\},$$

---

*) Eine unimodulare Substitution ist eine solche, deren Modul die Einheit ist.

mithin $\mathfrak{p} = MnX^3Y + (Nn - Mm)X^2Y^2 - NmXY^3$
und

$$\mathfrak{f} = \mathfrak{F} = BX^3Y + CX^2Y^2 + DXY^3, \qquad [A = 0,\ E = 0]$$

mit $B = aMn, \quad C = a(Nn - Mm), \quad D = -aNm.$

Ebenso geht $\mathfrak{f}$ durch II in

$$\mathfrak{F} = BX^3Y + CX^2Y^2 + DXY^3$$

mit $B = aNl, \quad C = a(Ll - Nn), \quad D = -aLn,$

durch III in

$$\mathfrak{F} = BX^3Y + CX^2Y^2 + DXY^3$$

mit $B = aLm, \quad C = a(Mm - Ll), \quad D = -aMl$

über, wo L, M, N die Differenzen $\alpha - \delta$, $\beta - \delta$, $\gamma - \delta$ bedeuten.
In jedem dieser drei Fälle sind die Außenkoeffizienten A und E der Form $\mathfrak{F}$ fortgefallen, und wir können in Anbetracht der Invarianz schreiben

$$\Phi(a, b, c, d, e) = \Phi(A, B, C, D, E) = \Psi(B, C, D).$$

Das Polynom $\Psi(B, C, D)$ hängt nur vom Mittelkoeffizienten C und vom Außenkoeffizientenprodukt BD ab.
In der Tat: Wenden wir auf $\mathfrak{F}$ die unimodulare Substitution

$$X = h\mathfrak{X}, \qquad Y = k\mathfrak{Y} \qquad \text{mit} \qquad hk = 1$$

an, so geht $\mathfrak{F}$ in die Form

$$\mathfrak{F} = \mathfrak{B}\,\mathfrak{X}^3\mathfrak{Y} + \mathfrak{C}\,\mathfrak{X}^2\mathfrak{Y}^2 + \mathfrak{D}\,\mathfrak{X}\mathfrak{Y}^3$$

über, wo $\mathfrak{B}$, $\mathfrak{C}$, $\mathfrak{D}$ die Werte h^2B, C, k^2D haben, also

$$\mathfrak{C} = C \qquad \text{und} \qquad \mathfrak{B}\mathfrak{D} = BD$$

ist. Mithin können in dem Polynom Ψ nur die Größen C und BD auftreten, und es ist

$$\Psi(B, C, D) = \psi(C, BD),$$

wo ψ ein Polynom der Größen C und BD bedeutet.
Nun ist aber wegen der Invarianz von $\mathfrak{i}$

$$C^2 + 12AE - 3BD = c^2 + 12ae - 3bd$$

oder, da A und E verschwinden,

$$C^2 - 3BD = \mathfrak{i} \qquad \text{oder} \qquad 3BD = C^2 - \mathfrak{i}.$$

Gemäß dieser Relation läßt sich BD überall aus ψ entfernen, und es wird

$$\Phi = \Psi = \psi(C, BD) = \chi(\mathfrak{i}, C),$$

wo χ ein Polynom von $\mathfrak{i}$ und C ist.
Sehen wir uns jetzt C näher an!
Es ist beispielsweise bei I (s. o.) $-C = a(Mm - Nn) = a(\mu - \nu) = R$, ebenso bei II $-C = S$ und bei III $-C = T$, wo R, S, T die drei Wurzeln der Gleichung $Z^3 = 3\mathfrak{i}Z + \mathfrak{j}$ bedeuten. Daher ist in allen drei Fällen

$$C^3 = 3\mathfrak{i}C - \mathfrak{j}.$$

Zufolge dieser Relation können wir alle Potenzen von C, die höher als die zweite sind, aus dem Polynom χ entfernen und bekommen dadurch

$$\Phi = \varphi(\mathfrak{i}, \mathfrak{j}) + \varphi'(\mathfrak{i}, \mathfrak{j})C + \varphi''(\mathfrak{i}, \mathfrak{j})C^2,$$

wo φ, φ' und φ'' Polynome von $\mathfrak{i}$ und $\mathfrak{j}$ sind.

Da aber die letzte Gleichung für drei C-Werte, nämlich $C = -R$, $C = -S$ und $C = -T$ gilt, so müssen φ' und φ'' verschwinden, und es bleibt

$$\Phi = \varphi(\mathfrak{i}, \mathfrak{j}).$$

Das heißt aber: Unsere Invariante Φ ist ein Polynom von $\mathfrak{i}$ und $\mathfrak{j}$, was zu beweisen war.

Die biquadratische binäre Form besitzt also nur zwei voneinander unabhängige Invarianten: die Invarianten $\mathfrak{i}$ und $\mathfrak{j}$. Alle anderen Invarianten sind Polynome von $\mathfrak{i}$ und $\mathfrak{j}$.

Natürlich ist auch umgekehrt jedes Polynom von $\mathfrak{i}$ und $\mathfrak{j}$, welches eine homogene Funktion der Koeffizienten a, b, c, d, e darstellt, eine Invariante der Form.

ZWEITER TEIL / ANWENDUNGEN

ERSTER ABSCHNITT: ANWENDUNGEN DER KUBISCHEN UND BIQUADRATISCHEN GLEICHUNGEN AUF MATHEMATISCHE AUFGABEN

§ 27. Arithmetische Aufgaben

1. $$\underline{x^4 + ax^3 + bx^2 - ax + 1 = 0.}$$

Die Division der Gleichung durch x^2 gibt

$$x^2 + (1/x^2) + a\,[x - (1/x)] + b = 0,$$

darauf die Substitution $y = x - (1/x)$

$$(y^2 + 2) + ay + b = 0,$$

womit die vorgelegte biquadratische Gleichung auf eine quadratische Gleichung zurückgeführt ist.

2. $$\underline{(x - a)^4 + (x - b)^4 = (a - b)^4.}$$

Diese biquadratische Gleichung hat ersichtlich die Wurzeln a und b. Daher ist $(x - a)^4 + (y - b)^4 - (a - b)^4$ durch $(x - a)\,(x - b)$ ohne Rest teilbar, und die Nullstellen des entstehenden Quotienten sind die andern beiden Wurzeln der vorgelegten Gleichung.

3. $$\underline{(x - a)^4 + (x - b)^4 = c.}$$

Ersetzen wir in der Identität

$$(p + q)^4 = p^4 + q^4 + 4\,(p + q)^2\,pq - 2\,p^2q^2$$

p und q durch $a - x$ und $x - b$, so ergibt sich

$$(a - b)^4 = (x - a)^4 + (x - b)^4 + 4\,(a - b)^2\,(a - x)\,(x - b) - 2\,(a - x)^2\,(x - b)^2,$$

und, wenn wir hier

$$(a - x)\,(x - b) = u$$

setzen, entsteht für die Unbekannte u die quadratische Gleichung

$$2\,u^2 - 4\,d^2u = c - d^4 \qquad \text{mit} \qquad d = a - b.$$

Aus dem berechneten u und der quadratischen Gleichung $(a - x)\,(x - b) = u$ findet man dann x.

Man kann in der vorgelegten Gleichung auch gleich nach den Formeln

$$x - a = z - n, \qquad x - b = z + n; \qquad 2\,n = a - b$$

die neue Unbekannte z einführen und z aus der für $Z = z^2$ quadratischen Gleichung

$$(z - n)^4 + (z + n)^4 = c$$

ermitteln.

4. $x^3 - 3\,m x^2 + (3\,m^2 - d^2)\,x - m\,(m^2 - d^2) = 0.$

Wendet man mit dem Teiler m des Freigliedes den im § 7 erörterten Divisionsalgorithmus an, so erhält man das Schema

$$\begin{array}{l} \quad -1 \qquad\quad 2\,m \qquad\quad -m^2 + d^2 \\ x^3 - 3\,m x^2 + (3\,m^2 - d^2)\,x - m\,(m^2 - d^2) = 0. \\ \qquad\quad -m \qquad\quad 2\,m^2. \end{array}$$

Folglich ist $\alpha = m$ eine Wurzel der vorgelegten Gleichung, und die linke Seite der Gleichung schreibt sich $(x - m)\,[x^2 - 2\,m x + (m^2 - d^2)]$.

Die andern Wurzeln β und γ ergeben sich aus $x^2 - 2\,m x + (m^2 - d^2) = 0$ zu $\beta = m + d$ und $\gamma = m - d$.

5. $x^4 - 4\,a x^3 + (6\,a^2 - 10\,\delta^2)\,x^2 - (4\,a^3 - 20\,a\,\delta^2)\,x + (a^2 - \delta^2)\,(a^2 - 9\,\delta^2) = 0.$

Die Teiler des Freigliedes sind

$$a - \delta, \quad a + \delta, \quad a - 3\,\delta, \quad a + 3\,\delta.$$

Wendet man mit irgendeinem von ihnen auf die Gleichung den im § 7 auseinandergesetzten Divisionsalgorithmus an, so zeigt sich, daß der Teiler eine Wurzel ist. So erhält man z. B. mit dem Teiler $a + \delta$ das Schema

$$\begin{array}{l} \quad 3\,a - \delta \qquad -3\,a^2 + 2\,a\,\delta + 9\,\delta^2 \qquad a^3 - a^2\,\delta - 9\,a\,\delta^2 + 9\,\delta^3 \\ x^4 - 4\,a x^3 + (6\,a^2 - 10\,\delta^2)\,x^2 - (4\,a^3 - 20\,a\,\delta^2)\,x + (a^2 - \delta^2)\,(a^2 - 9\,\delta^2) = 0 \\ \quad -a - \delta \qquad 3\,a^2 + 2\,a\,\delta - \delta^2 \qquad -3\,a^3 - a^2\,\delta + 11\,a\,\delta^2 + 9\,\delta^3. \end{array}$$

Daher sind alle vier Teiler Wurzeln der vorgelegten Gleichung.

6. Die gemeinsamen Wurzeln der beiden Gleichungen $x^5 - 3\,x^4 - 3\,x^3 + 2\,x^2 - 4\,x + 1 = 0$ und $x^5 - 4\,x^4 + 2\,x^3 - 3\,x^2 - 3\,x + 1 = 0$ zu bestimmen.

Die den zwei Gleichungen gemeinsamen Wurzeln sind bekanntlich die Nullstellen des größten gemeinsamen Teilers ihrer linken Seiten:

$$\varphi(x) = x^5 - 3\,x^4 - 3\,x^3 + 2\,x^2 - 4\,x + 1 \quad \text{und}$$
$$\psi(x) = x^5 - 4\,x^4 + 2\,x^3 - 3\,x^2 - 3\,x + 1.$$

Diesen größten gemeinsamen Teiler findet man durch den bekannten Euklidischen Divisionsalgorithmus zu $\chi(x) = x^2 - 4\,x + 1$;

und die Nullstellen von $\chi(x)$ sind die gesuchten gemeinsamen Wurzeln. Sie sind $\alpha = 2 + \sqrt{3}$ und $\beta = 2 - \sqrt{3}$.

7. Die kubische Gleichung anzugeben, deren Wurzeln die Quadrate der Wurzeln der Gleichung

$$a x^3 + b x^2 + c x + d = 0$$

sind.

Aus

$$x\,(a x^2 + c) = -b x^2 - d$$

folgt durch Quadrierung $x^2\,(a x^2 + c)^2 = (b x^2 + d)^2$

oder $X\,(a X + c)^2 = (b X + d)^2$ mit $X = x^2$.

Die gefundene Gleichung schreibt sich

$$a^2 X^3 + (2\,ac - b^2)\,X^2 + (c^2 - 2\,bd)\,X - d^2 = 0.$$

Die gesuchte Gleichung lautet daher

$$a^2 x^3 + (2\,ac - b^2)\,x^2 + (c^2 - 2\,bd)\,x - d^2 = 0.$$

8. Die kubische Gleichung

$$\underline{ax^3 + bx^2 + cx + d = 0}$$

habe die Wurzeln α, β, γ; die kubische Gleichung aufzustellen, deren Wurzeln $\beta\gamma$, $\gamma\alpha$, $\alpha\beta$ sind.

Der Bedingung $\gamma \cdot \alpha\beta = -d : a$

entsprechend bekommen wir die verlangte Gleichung aus der vorgelegten durch die Substitution $x = -d : ay$.

Das gibt $a^2 y^3 - c a y^2 + b d y - d^2 = 0.$

Die kubische Gleichung mit den Wurzeln $\beta\gamma$, $\gamma\alpha$, $\alpha\beta$ lautet also

$$a^2 x^3 - c a x^2 + b d x - d^2 = 0.$$

9. Welche komplexen Wurzeln hat die Gleichung

$$\underline{x\,(x+1)\,(x+2)\,(x+3) = 24\,?}$$

Da $4\,! = 24$ ist, hat die Gleichung die Wurzeln $\alpha = 1$ und $\beta = -4$.

Aus ihrer Schreibung $x^4 + 6\,x^3 + 11\,x^2 + 6\,x - 24 = 0$

folgen für die andern beiden Wurzeln γ und δ, den Wurzelkoeffizientenrelationen $\alpha + \beta + \gamma + \delta = -6$, $\alpha\beta\gamma\delta = -24$

entsprechend, die beiden Bedingungen $\gamma + \delta = -3$, $\gamma\delta = 6$.

Daher sind γ und δ die komplexen Wurzeln der quadratischen Gleichung

$$x^2 + 3\,x + 6 = 0.$$

Die vorgelegte Gleichung hat sonach die komplexen Wurzeln

$$\left(-3 \pm i\sqrt{15}\right)/2.$$

10. $\underline{x + y = a, \qquad x^7 + y^7 = b.}$

Man berechne zunächst das Produkt $p = xy$ der Unbekannten.

Aus

$$a^6 = (x+y)^6 = x^6 + 6\,x^5 y + 15\,x^4 y^2 + 20\,x^3 y^3 + 15\,x^2 y^4 + 6\,x y^5 + y^6$$

und

$$b : a = (x^7 + y^7) : (x + y) = x^6 - x^5 y + x^4 y^2 - x^3 y^3 + x^2 y^4 - x y^5 + y^6$$

folgt durch Subtraktion

$$K = (a^7 - b) : 7\,a = p\,\{3\,p^2 + 2\,p\,(x^2 + y^2) + [x^4 + y^4]\},$$

und diese Gleichung verwandelt sich durch die Substitutionen

$$(x^2 + y^2) = (x + y)^2 - 2\,xy = a^2 - 2\,p \quad \text{und}$$

$$[x^4 + y^4] = (x^2 + y^2)^2 - 2\,x^2 y^2 = (a^2 - 2\,p)^2 - 2\,p^2 = a^4 - 4\,a^2 p + 2\,p^2$$

in $K = p\,\{p^2 - 2\,a^2 p + a^4\}.$

So entsteht für die Unbekannte p die kubische Gleichung

$$p^3 - 2\,a^2 p^2 + a^4 p - K = 0.$$

Nach Ermittlung von p findet man x und y aus dem Gleichungspaar

$$x + y = a, \qquad xy = p.$$

11. $$\left\{\begin{array}{l} x + y + z = a \\ x^2 + y^2 + z^2 = b \\ x^3 + y^3 + z^3 = c \end{array}\right\}.$$

Um dieses Gleichungssystem zu lösen, führen wir die drei Einerpolynome

$$p = x + y + z, \qquad q = yz + zx + xy, \qquad r = xyz$$

der drei Unbekannten x, y, z ein.

Nun ist $$a^2 - b = (x + y + z)^2 - (x^2 + y^2 + z^2) = 2q.$$

Ferner ist einerseits

$$ab - c = (x + y + z)(x^2 + y^2 + z^2) - (x^3 + y^3 + z^3)$$
$$= x^2y + x^2z + y^2x + y^2z + z^2x + z^2y,$$

anderseits $$pq = x^2y + x^2z + y^2x + y^2z + z^2x + z^2y + 3r,$$

mithin $$ab - c = pq - 3r.$$

Daher haben wir

$$p = a, \qquad q = \frac{a^2 - b}{2}, \qquad r = \frac{1}{3}\left(a\frac{a^2 - 3b}{2} + c\right).$$

Die Unbekannten x, y, z sind die Wurzeln der kubischen Gleichung

$$t^3 - pt^2 + qt - r = 0$$

mit den bekannten Koeffizienten p, q, r.

12. $$\left\{\begin{array}{l} x + y + z + t = a \\ x^2 + y^2 + z^2 + t^2 = b \\ x^3 + y^3 + z^3 + t^3 = c \\ x^4 + y^4 + z^4 + t^4 = d \end{array}\right\}.$$

Die Lösung dieser Aufgabe ist der der vorigen ganz ähnlich. Man findet für die vier Einerpolynome

$$p = x + y + z + t, \qquad q = xy + xz + xt + yz + yt + zt,$$
$$r = xyz + xyt + xzt + yzt, \qquad s = xyzt$$

die Werte $$p = a, \qquad q = (a^2 - b) : 2, \qquad r = (a^3 - 3ab + 2c) : 6,$$
$$s = (a^4 + 8ac - 6a^2b + 3b^2 - 6d) : 24,$$

und die Unbekannten x, y, z, t sind die Wurzeln der biquadratischen Gleichung

$$x^4 - px^3 + qx^2 - rx + s = 0.$$

13. $$x^3 + (1/x^3) = k^3 - 3k.$$

Lösung. Wir führen $y = x + (1/x)$ als neue Unbekannte ein und haben wegen $y^3 = [x + (1/x)]^3 = x^3 + (1/x^3) + 3[x + (1/x)]$ für y die kubische Gleichung

$$y^3 - 3y = k^3 - 3k.$$

Da diese offensichtlich die Wurzel $y = k$ hat, läßt sie sich schreiben

$$(y - k)(y^2 + ky + k^2 - 3) = 0.$$

Sie hat also die Wurzeln

$$\alpha = k, \qquad \beta = \left(-k + \sqrt{12 - 3k^2}\right)/2, \qquad \gamma = \left(-k - \sqrt{12 - 3k^2}\right)/2.$$

Die verlangten x-Werte ergeben sich aus den drei quadratischen Gleichungen

$$x + (1/x) = \alpha, \qquad x + (1/x) = \beta, \qquad x + (1/x) = \gamma.$$

Es sind im ganzen sechs Stück, im Einklange mit dem Umstande, daß die vorgelegte Gleichung in x vom sechsten Grade ist.

14. Wieviel reelle Wurzeln hat die biquadratische Gleichung

$$x^4 + 4cx^3 + 6c^2x^2 + 4cx + 1 = 0\,?$$

Lösung: Als reziproke Gleichung wird die vorgelegte Gleichung durch den Ansatz $x + (1/x) = y$ gelöst. Sie schreibt sich

$$x^2 + (1/x^2) + 4c\,[x + (1/x)] + 6c^2 = 0$$

und reduziert sich damit auf die quadratische Gleichung

$$y^2 + 4cy + (6c^2 - 2) = 0 \qquad \text{für } y.$$

Damit x reell ist, muß auch y reell sein, darf mithin die Diskriminante

$$D = 2(1 - c^2)$$

der quadratischen Gleichung nicht negativ sein. Daher erhalten wir als erste Realitätsbedingung die Ungleichung

$$c^2 \leqq 1.$$

Wir setzen den positiven Wert der Quadratwurzel $\sqrt{1 - c^2}$ p und erhalten

$$\alpha = -2c + p\sqrt{2} \qquad \text{und} \qquad \beta = -2c - p\sqrt{2}$$

als Wurzeln der quadratischen Gleichung. Nun muß, der Relation $y = x + 1/x$ entsprechend, bei positivem x $y \geqq 2$, bei negativem x $y \leqq -2$ sein. Im ersten Falle kann bei geeignetem c und $c^2 < 1$ nur α die vorgeschriebene Bedingung $y \geqq 2$ erfüllen, β dagegen nicht.

Aus $\alpha \geqq 2$ ergibt sich dann $p\sqrt{2} \geqq 2 + 2c$ oder, wenn man quadriert,

$$3c^2 + 4c + 1 \leqq 0 \qquad \text{oder} \qquad (3c + 1)(c + 1) \leqq 0.$$

Die Konstante c muß dann zwischen -1 und $-1/3$ liegen, die Grenze $-1/3$ eingeschlossen, und die biquadratische Gleichung hat zwei reelle und zwei komplexe Wurzeln.

Im zweiten Falle läßt sich (bei $c^2 < 1$) die Bedingung $y \leqq -2$ nur durch β, dagegen nicht durch α verwirklichen.

Es wird (wegen $\beta \leqq -2$) $p\sqrt{2} \geqq 2 - 2c$ oder

$$3c^2 - 4c + 1 \leqq 0 \qquad \text{oder} \qquad (3c - 1)(c - 1) \leqq 0.$$

Diesmal liegt c zwischen $+1/3$ und $+1$, die untere Grenze eingeschlossen, und die biquadratische Gleichung hat wieder zwei reelle und zwei komplexe Wurzeln.

Bei der bislang nicht erörterten Bedingung $c^2 = 1$ läßt sich in jedem Falle jede der beiden Wurzeln α und β verwenden, so daß die biquadratische Gleichung, was auch wegen ihrer jetzt statthabenden Schreibung $(x \pm 1)^4 = 0$ ohne weiteres einleuchtet, vier (gleiche) reelle Wurzeln hat.

Ergebnis: Die vorgelegte biquadratische Gleichung hat nur dann reelle Wurzeln, wenn c^2 dem Intervalle $^1/_9$ bis 1 angehört. Die Anzahl dieser reellen Wurzeln ist 2 oder 4, je nachdem $c^2 < 1$ oder $c^2 = 1$ ist. Im Grenzfalle $c^2 = {}^1/_9$ liegt eine Doppelwurzel, im Grenzfalle $c^2 = 1$ eine vierfache Wurzel vor.

15. Zu zeigen, daß die Gleichung

$$x^3 - 3kx^2 + 3(k - 1)x + 1 = 0$$

bei reellem k nur reelle Wurzeln haben kann.

Beweis: Die Diskriminante der Gleichung ist

$$\begin{aligned}\Theta &= 81\,k^2\,(k-1)^2 - 162\,k\,(k-1) - 27 - 108\,(k-1)^3 + 108\,k^3\\ &= 81\,k^2\,(k-1)^2 - 162\,k\,(k-1) + 324\,k\,(k-1) + 81\\ &= 81\,k^2\,(k-1)^2 + 162\,k\,(k-1) + 81 = 81\,[k\,(k-1)+1]^2.\end{aligned}$$

Da sie stets positiv ist, hat die vorgelegte Gleichung nur reelle Wurzeln.

16. Zu zeigen, daß die Wurzeln α, β, γ der Gleichung

$$\underline{x^3 - 3k\,x^2 + 3(k-1)\,x + 1 = 0}$$

(bei reellem k) eine der beiden Relationen

$$\beta - \beta\gamma = \gamma - \gamma\alpha = \alpha - \alpha\beta = 1, \qquad \gamma - \beta\gamma = \alpha - \gamma\alpha = \beta - \alpha\beta = 1$$

befriedigen.

Substituiert man in der vorgelegten Gleichung $x = 1 - y$, so verwandelt sie sich in $y^3 + 3\,(k-1)\,y^2 - 3\,ky + 1 = 0.$

Substituiert man in der neuen Gleichung $y = 1 : z$, so geht sie in

$$z^3 - 3\,k\,z^2 + 3\,(k-1)\,z + 1 = 0$$

über. Aus dem Anblick dieser Gleichung und aus $z = 1 : (1 - x)$ folgt, daß die vorgelegte Gleichung die Wurzeln $1/(1-\alpha)$, $1/(1-\beta)$, $1/(1-\gamma)$ hat. Da nun $\alpha \neq 1/(1-\alpha)$, $\beta \neq 1/(1-\beta)$, $\gamma \neq 1/(1-\gamma)$ sein kann, so muß

entweder $\alpha = 1/(1-\beta)$, $\beta = 1/(1-\gamma)$, $\gamma = 1/(1-\alpha)$

oder $\alpha = 1/(1-\gamma)$, $\beta = 1/(1-\alpha)$, $\gamma = 1/(1-\beta)$ sein.

17. Zu zeigen, daß ein ganzzahliges Polynom $f(x)$, bei welchem $f(0)$ und $f(1)$ ungerade Zahlen sind, keine ganzzahlige Nullstelle haben kann.

Wir führen den Beweis (ohne Beschränkung der Allgemeingültigkeit) an dem biquadratischen Polynom

$$f(x) = ax^4 + b\,x^3 + c\,x^2 + d\,x + e,$$

bei welchem also die Koeffizienten Ganzzahlen sind und

$$f(0) = e \qquad \text{und} \qquad f(1) = a + b + c + d + e$$

ungerade sind.

Angenommen, $f(x)$ habe die ganzzahlige Nullstelle α, so daß

$$a\alpha^4 + b\alpha^3 + c\alpha^2 + d\alpha + e = 0$$

ist. Aus dieser Gleichung folgt, daß e durch α teilbar ist $: e = \varepsilon\alpha$; und da e ungerade ist, müssen auch α (und ε) ungerade sein. Jetzt ist

$$\begin{aligned}h &= a\alpha^3 + b\alpha^2 + c\alpha + d + \varepsilon \;[\text{weil} = 0] \text{ gerade},\\ k &= a + b + c + d + \varepsilon\alpha \;[= f(1)] \text{ ungerade}.\end{aligned}$$

Folglich muß $h - k = a\,(\alpha^3 - 1) + b\,(\alpha^2 - 1) + (c - \varepsilon)\,(\alpha - 1)$ ungerade sein. Damit muß auch jeder Faktor von $h - k$ ungerade sein z. B. der Faktor $\alpha - 1$. Mithin müßte α gerade sein.

Der Widerspruch „α ungerade und α gerade“ zeigt, daß die Annahme einer ganzzahligen Nullstelle α falsch ist.

18. In einer Abhandlung des französischen Astronomen Leverrier über den Planeten Uranus (Connaissance des Temps, 1849) steht die biquadratische Gleichung

$$\underline{5797\,x^4 + 4951\,x^3 + 5892\,x^2 + 2876\,x + 6942 = 0.}$$

Man soll zeigen, daß diese Gleichung nur komplexe Wurzeln hat.

Der folgende Nachweis beruht auf dem Lemma:

Hat eine vollständige Gleichung geraden Grades nur Zeichenfolgen oder nur Zeichenwechsel, und ist der kleinste Koeffizient, der zu einer Unbekanntenpotenz mit geradem Exponenten gehört, allen Koeffizienten, die zu Unbekanntenpotenzen mit ungeraden Exponenten gehören, betraglich überlegen, so hat die Gleichung nur komplexe Wurzeln.

Beweis: Die Gleichung heiße

$$f(x) \equiv a_1 x^{2n} + a_1 x^{2n-1} + \dots + a_{2n} = 0,$$

wobei $a_0, a_2, a_4, \dots, a_{2n}$ positiv, $a_1, a_3, a_5, \dots, a_{2n-1}$ alle positiv oder alle negativ sind. Außerdem sei der kleinste aller Koeffizienten $a_0, a_2, a_4, \dots, a_{2n}$ — er heiße k — größer als jeder der Beträge $|a_1|, |a_3|, |a_5|, \dots, |a_{2n-1}|$. Bedeutet ξ den Betrag einer beliebigen Zahl x, so ist

für jeden geraden Zeiger r $\quad a_r x^{2n-r} \geqq k \xi^{2n-r}$,

„ „ ungeraden „ s $\quad a_s x^{2n-s} > -k \xi^{2n\,s}$.

Mithin ist $\quad f(x) > k \xi^{2n} - k \xi^{2n-1} + k \xi^{2n-2} - k \xi^{2n-3} + - \dots + k$

oder $\quad f(x) > k (\xi^{2n} - \xi^{2n-1} + \xi^{2n-2} - + \dots + 1)$

oder schließlich $\quad f(x) > k (\xi^{2n+1} + 1)/(\xi + 1)$.

Das Polynom $f(x)$ ist also für jedes reelle x positiv, kann mithin nicht verschwinden, w. z. b. w.

Das Lemma gestattet unmittelbare Anwendung auf Leverriers Gleichung. In dieser ist nämlich $k = 5797$ größer als jeder der Koeffizienten 4951 und 2876.

§ 28. Planimetrische Aufgaben

1. Die chinesische Aufgabe des Chin Chiu Shao: Eine von einer kreisförmigen Mauer umgebene Stadt wird von einer sie südnördlich durchziehenden Straße in zwei Hälften geteilt. Auf dieser Straße steht 300 m nördlich vom Nordtore ein Baum, den man erblickt, wenn man vom Südtore aus 900 m östlich fortgeschritten ist. Welchen Durchmesser hat die Stadt?

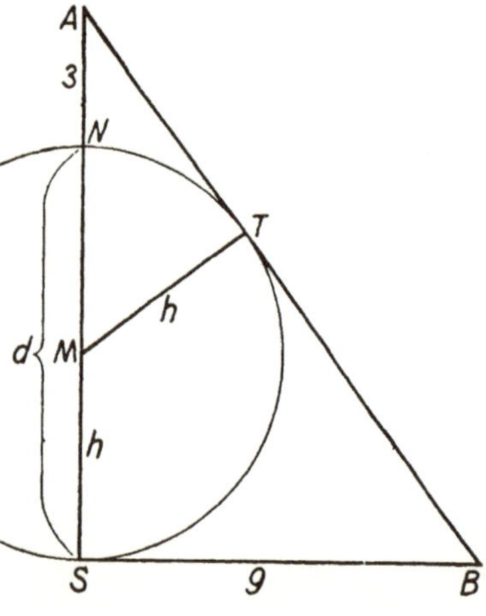

Lösung: Wir nennen den Stadtmittelpunkt M, das Nordtor N, das Südtor S, den Baum A, die Stelle, wo man, von S nach Osten gehend, A zuerst erblickt, B, den Berührungspunkt der den Stadtumfang berührenden Tangente ABT, endlich den gesuchten Durch- bzw. Halbmesser d bzw. h.

Als Längeneinheit wählen wir das Hektometer, so daß $NA = 3$, $SB = 9$ ist. Aus den ähnlichen Dreiecken MAT und BAS folgt $AT : MT = SA : SB$ oder, da

$$AT^2 = MA^2 - MT^2 = (h + 3)^2 - h^2 = 3\,(d + 3),$$
$$MT = h, \qquad SA = d + 3, \qquad SB = 9 \quad \text{ist},$$
$$3\,(d + 3) : h^2 = (d + 3)^2 : 9^2$$

oder endlich $$d^3 + 3\,d^2 = 972.$$

Die Aufgabe führt auf eine kubische Gleichung. Schreibt man diese

$$d \cdot d \cdot (d + 3) = 9 \cdot 9 \cdot 12,$$

so erkennt man sofort die Lösung $d = 9$.

Der Stadtdurchmesser beträgt 900 m.

Die Aufgabe steht in dem von dem chinesischen Mathematiker Chin Chiu Shao (Tsin kiu tschau) um 1240 n. Chr. veröffentlichten Buche „Su schu kieou-tschang“ (Die neun Abschnitte der Zahlenkunst).

2. Aufgaben über das gleichschenklige Dreieck.

Es handelt sich darum, die Seiten eines gleichschenkligen Dreiecks aus zwei gegebenen Stücken zu ermitteln, die jeweils in einer der folgenden Aufgaben genannt sind.

Was die Bezeichnungen anbetrifft, so nennen wir die von den Dreiecksecken an den Inkreis gelegten Tangenten x, y $(= x)$ und z, den Inkreisradius ϱ, den Umkreisradius r, den Umfang $2\,p$, den Inhalt Δ, die Basishöhe h, den Sinus und Cosinus des halben Basiswinkels i und o, des ganzen Basiswinkels J und O. Dann ist die Basis $2\,x$, der Schenkel $s = x + z$, der Halbumfang $p = 2\,x + z$, der Inhalt $\Delta = x\,h$, der Sinus des Spitzenwinkels $2\,JO$.

a) Gegeben sind Inhalt und Umfang.

Lösung: Die pythagoreische Relation $x^2 + h^2 = s^2$ verwandelt sich auf Grund der Beziehungen $h = \Delta : x$ und $s = p - x$ in $x^2 + \Delta^2 : x^2 = (p - x)^2$ oder $\Delta^2 : x^2 = p^2 - 2\,p\,x$. Daher bestimmt sich die Halbbasis x durch die kubische Gleichung

$$2\,p\,x^3 - p^2 x^2 + \Delta^2 = 0.$$

b) Gegeben sind Inhalt und Umkreisradius.

Lösung: Die pythagoreische Relation $x^2 + (h - r)^2 = r^2$ verwandelt sich wegen $h = \Delta : x$ in $x^2 + (\Delta^2/x^2) - (2\,\Delta\,r/x) = 0$. Die Halbbasis x bestimmt sich durch die biquadratische Gleichung

$$x^4 - 2\,\Delta\,r\,x + \Delta^2 = 0.$$

c) Gegeben sind Inhalt und Inkreisradius.

Lösung: Da der Sinus des halben Spitzenwinkels jedem der Verhältnisse $x : s$ und $\varrho : (h - \varrho)$ gleicht, so erhalten wir die Gleichung $x : s = \varrho : (h - \varrho)$ oder $s^2/x^2 = (h - \varrho)^2/\varrho^2$ oder wegen $s^2 = h^2 + x^2$

$$h/x^2 = (h/\varrho^2) - (2/\varrho).$$

Hier ersetzen wir h durch $\Delta : x$ und bekommen für x die kubische Gleichung

$$2\,\varrho\,x^3 - \Delta\,x^2 + \Delta\,\varrho^2 = 0.$$

d) Gegeben sind Umfang und Umkreisradius.

Lösung: Hier gehen wir von den beiden pythagoreischen Relationen

$$x^2 + h^2 = s^2 \qquad \text{und} \qquad x^2 + (h - r)^2 = r^2$$

aus. Die erste schreibt sich (wegen $s = p - x$) $\qquad h^2 = p^2 - 2\,px,$

die zweite $\qquad x^2 + h^2 - 2\,hr = 0.$

Wir entnehmen x der ersten der beiden gewonnenen Gleichungen und substituieren es in der zweiten. Das gibt für die Basishöhe h die biquadratische Gleichung

$$h^4 + 2\,p^2h^2 - 8\,rp^2h + p^4 = 0.$$

e) Gegeben sind Umfang und Inkreisradius.

Lösung: Der Inkreisradius ist bekanntlich mit den Inkreistangenten eines (beliebigen) Dreiecks durch die Relation $\qquad p\varrho^2 = xyz \qquad$ verknüpft. Hier ist $y = x$, $z = p - 2\,x$, und für die Halbbasis x entsteht die kubische Gleichung

$$2\,x^3 - px^2 + p\varrho^2 = 0.$$

f) Gegeben sind Um- und Inkreisradius.

Da der Sinus des Spitzenwinkels dem Verhältnis $x : r$, der Tangens des halben Basiswinkels dem Verhältnis $\varrho : x$ gleicht, bekommen wir aus den Gleichungen $x = 2\,r\,JO$ und $x = \varrho o : i$ die Beziehung

$$\varrho = 2\,r\,2\,i\,o\,O \cdot (i/o) = 2\,r \cdot 2\,i^2 O = 2\,r\,O\,(1 - O),$$

d. h. für den Cosinus O des Basiswinkels die quadratische Gleichung

$$2\,rO^2 - 2\,r\,O + \varrho = 0.$$

Von den sechs Aufgaben, die sich ergeben, wenn jeweils zwei von den vier Stücken Inhalt, Umfang, Umkreisradius und Inkreisradius bekannt sind, führt also nur eine, „ein gleichschenkliges Dreieck aus Um- und Inkreisradius zu bestimmen", auf eine quadratische Gleichung; alle übrigen führen auf kubische oder biquadratische Gleichungen!

3. In einem gleichschenkligen Dreieck drei Cevatransversalen so zu bestimmen, daß ihre an die Dreiecksseiten stoßenden Stücke gleich lang sind.

Lösung: $AB = 2\,k$ sei die Basis des gleichschenkligen Dreiecks ABC, $CC' = h$ die Basishöhe, die drei Ecktransversalen AA', BB', CC' mit dem gemeinsamen Schnittpunkt O seien die gesuchten Cevatransversalen, so daß die drei Stücke OA', OB', OC' die gemeinsame Länge x haben. Durch x ist der auf der Basishöhe liegende Punkt O fixiert.

Um x zu bestimmen, spiegeln wir O in der Basis AB nach H; es wird dann

$$BH = \sqrt{k^2 + x^2} \qquad \text{und} \qquad BH \parallel A'O.$$

Weiter ist nach dem auf die Parallelen OA' und HB und die Strahlen CH und CB angewandten Strahlensatze $\qquad OA' : HB = CO : CH$

oder $\qquad x : \sqrt{k^2 + x^2} = (h - x) : (h + x).$

Damit bekommen wir zur Bestimmung des Transversalenabschnitts x die kubische Gleichung

$$4\,hx^3 - k^2x^2 + 2\,hk^2x - h^2k^2 = 0.$$

4. In welchen Dreiecken bilden die Radien der vier die Seiten berührenden Kreise eine arithmetische bzw. geometrische Reihe?

Die Lösung dieser Aufgabe beruht auf der Relation

$$(1/\varrho_1) + (1/\varrho_2) + (1/\varrho_3) = (1/\varrho),$$

die zwischen den Radien der vier Berührungskreise besteht.

(Diese Relation erhält man schnell wie folgt: Wir nennen die von den Dreiecksecken A, B, C an den Inkreis gelegten Tangenten x, y, z, den Halbumfang, zugleich die von A an den die Seite BC berührenden Ankreis gelegte Tangente s. Dann liest man aus zwei ähnlichen rechtwinkligen Dreiecken ab: $\operatorname{tg}\alpha/2 = \varrho : x = \varrho_1 : s$, woraus $\varrho : \varrho_1 = x : s$ folgt. Ebenso wird $\varrho : \varrho_2 = y : s$, $\varrho : \varrho_3 = z : s$. Aus $x + y + z = s$ resultiert dann $\varrho : \varrho_1 + \varrho : \varrho_2 + \varrho : \varrho_3 = 1$.)

Ist nun $\varrho_1 = \varrho + d$, $\varrho_2 = \varrho + 2\,d$, $\varrho_3 = \varrho + 3\,d$, so gilt für den Quotient $x = d/\varrho$ die kubische Gleichung

$$[1/(1 + x)] + [1/(1 + 2\,x)] + [1/(1 + 3\,x)] = 1$$

oder

$$3\,x^3 = 3\,x + 1.$$

Ist dagegen $\varrho_1 = \varrho q$, $\varrho_2 = \varrho q^2$, $\varrho_3 = \varrho q^3$, so gilt für den Quotient q der geometrischen Reihe die kubische Gleichung

$$1/q + 1/q^2 + 1/q^3 = 1$$

oder

$$q^3 - q^2 - q - 1 = 0.$$

Die Dreiecksseiten verhalten sich im ersten Falle wie die reziproken Werte von $2 + 6\,x$, $3 + 6\,x$, $6 + 6\,x$, im zweiten Falle wie die Größen $1 + q$, $1 + q^2$, $q + q^2$. Das zweite Dreieck ist übrigens rechtwinklig, da

$$(q + q^2)^2 = (1 + q)^2 + (1 + q^2)^2.$$

5. Newtons Halbkreisaufgabe: Den Halbkreis zu ermitteln, in den sich drei gegebene Strecken sukzessiv als Sehnen eintragen lassen.

Lösung: Die drei gegebenen Strecken seien l, m, n, die drei sukzessiven Halbkreissehnen $AB = l$, $BC = m$, $CD = n$, der gesuchte Halbkreisdurchmesser $AD = x$.

Führen wir die Diagonalen $AC = e$ und $BD = f$ des Sehnenvierecks $ABCD$ ein, so liefert der Satz von Ptolemäus die Relation $ef = ln + mx$.

Anderseits ist nach Pythagoras $e = \sqrt{x^2 - n^2}$ und $f = \sqrt{x^2 - l^2}$.

Damit entsteht die Gleichung $\sqrt{x^2 - n^2}\,\sqrt{x^2 - l^2} = ln + mx$

oder in rationaler Form $(x^2 - n^2)\,(x^2 - l^2) = (ln + mx)^2$,

vereinfacht: $x^3 - (l^2 + m^2 + n^2)\,x - 2\,lmn = 0$.

Der gesuchte Halbkreisdurchmesser x ist demnach Wurzel einer (reduzierten) kubischen Gleichung und als solche im allgemeinen mit Zirkel und Lineal nicht konstruierbar.

§ 29. Trigonometrische Aufgaben

1. Die Winkel eines Dreiecks zu ermitteln, deren Cosinus ein gegebenes Verhältnis haben.

Die Lösung dieser Aufgabe beruht auf der bekannten Relation

$$1 - A^2 - B^2 - C^2 - 2\,ABC = 0,$$

die zwischen den Cosinus A, B, C der drei Winkel α, β, γ eines Dreiecks besteht.

Ist $h:k:l$ das gegebene Verhältnis, also

$$A:B:C = h:k:l,$$

so setzen wir den gemeinsamen Wert der drei Quotienten h/A, k/B, l/C gleich einer Unbekannten x und substituieren $A = h/x$, $B = k/x$, $C = l/x$ in der obigen Cosinusrelation. Das gibt für x die kubische Gleichung

$$x^3 - (h^2 + k^2 + l^2)\,x - 2\,hkl = 0.$$

Nach Ermittlung der (einzigen) positiven Wurzel x dieser Gleichung finden wir α, β, γ aus $\qquad \cos\alpha = h/x, \qquad \cos\beta = k/x, \qquad \cos\gamma = l/x.$

Wie man sieht, kommt diese trigonometrische Aufgabe auf Newtons Halbkreisaufgabe hinaus.

2. Aufgabe von Collins: Nachzuweisen, daß sich die Siebenteilung des Kreises auf die Trisektion des Winkels mit dem Tangens $\sqrt{27}$ zurückführen läßt.

Beweis: Bedeutet Φ den 7. Teil des Vollwinkels: $\Phi = 2\pi : 7$, so ist wegen $3\Phi + 4\Phi = 2\pi \qquad \sin 3\Phi = -\sin 4\Phi$,

mithin, wenn wir $\sin\Phi = J$, $\cos\Phi = O$ setzen,

$$3\,J - 4\,J^3 = -2\sin 2\Phi \cos 2\Phi = -4\,JO\,(2O^2 - 1)$$

oder

$$4\,O^2 - 1 = 4\,O - 8\,O^3$$

oder endlich

$$X^3 + X^2 - 2\,X - 1 = 0 \qquad \text{mit} \quad X = 2\,O. \tag{1}$$

Das Problem der Siebenteilung des Kreises führt also auf eine kubische Gleichung.

Es sei nunmehr $3\,\lambda$ ein Hilfswinkel, dessen Tangens $\sqrt{27}$ ist. Aus $\operatorname{tg} 3\,\lambda = 3\sqrt{3}$ folgt dann $\cos 3\,\lambda = 1 : 2\sqrt{7}$, so daß, $\cos\lambda = o$ gesetzt,

$$4\,o^3 - 3\,o = 1 : 2\sqrt{7} \quad \text{oder}$$

$$x^3 - 21\,x - 7 = 0 \qquad \text{mit} \quad x = 2\sqrt{7}\,o \tag{2}$$

ist. Durch die Substitution

$$x = 1 + 3\,\xi$$

verwandelt sich (2) in

$$\xi^3 + \xi^2 - 2\,\xi - 1 = 0. \tag{3}$$

Da die beiden kubischen Gleichungen (1) und (3) in den Wurzeln übereinstimmen und je zwei negative und eine positive Wurzel haben, so ist letztere

$$2\,O = \left(2\sqrt{7}\,o - 1\right) : 3,$$

womit die behauptete Reduktion nachgewiesen ist.

Zur geometrischen Veranschaulichung der gefundenen Formel zeichnen wir ein rechtwinkliges Dreieck mit den Katheten 1 und $3\sqrt{3}$, der Hypotenuse $2\sqrt{7}$ und dem der Kathete $3\sqrt{3}$ gegenüberliegenden Winkel $3\,\lambda$. Durch Trisektion dieses Winkels bekommen wir λ, darauf die Hilfsstrecke $h = 2\sqrt{7}\,o$ als Kathete eines Rechtwinkeldreiecks mit dem Winkel λ und der Hypotenuse $2\sqrt{7}$. Schließlich gewinnen wir Φ vermöge der Gleichung $\qquad 6\,O = h - 1.$

3. Grundgleichung der Siebenecksseite: Welches ist die Grundgleichung*) der Seite des (dem Einheitskreise eingeschriebenen) regulären Siebenecks?

Lösung: Die Siebenecksseite ist bekanntlich $\alpha = 2 \sin \sigma$, wo σ den 7. Teil des Winkels π bedeutet. Aus

$$3\,\sigma + 4\,\sigma = \pi \qquad \text{folgt} \qquad \sin 3\,\sigma = \sin 4\,\sigma.$$

Diese Gleichung geht durch Verwendung der Formeln

$$\sin 3\,\sigma = 3 \sin \sigma - 4 \sin^3 \sigma, \qquad \sin 4\,\sigma = 2 \sin 2\,\sigma \cos 2\,\sigma,$$
$$\sin 2\,\sigma = 2 \sin \sigma \cos \sigma, \qquad \cos 2\,\sigma = 1 - 2 \sin^2 \sigma$$

und der Abkürzungen i und o für $\sin \sigma$ und $\cos \sigma$ in

$$3 - 4\,i^2 = 2\,o\,(2 - 4\,i^2)$$

über. Um hieraus o zu entfernen, quadrieren wir und bekommen

$$(3 - 4\,i^2)^2 = (4 - 4\,i^2)\,(2 - 4\,i^2)^2.$$

Es liegt also auf der Hand, das Quadrat $A = \alpha^2 = 4\,i^2$ der Siebenecksseite als Unbekannte zu wählen. Das gibt

$$(3 - A)^2 = (4 - A)\,(2 - A)^2 \qquad \text{oder} \qquad A^3 - 7\,A^2 + 14\,A - 7 = 0.$$

Das Quadrat A der Siebenecksseite befriedigt demnach die kubische Gleichung

$$X^3 - 7\,X^2 + 14\,X - 7 = 0, \tag{1}$$

die Siebenecksseite α selbst die bikubische Gleichung

$$\mathbf{x^6 - 7\,x^4 + 14\,x^2 - 7 = 0.} \tag{2}$$

Wir behaupten:

Die bikubische Gleichung (2) ist die Grundgleichung der Siebenecksseite.

Um das nachzuweisen, bestimmen wir zunächst die Wurzeln von (2).

Bedeutet τ das Doppelte, ω das Dreifache von σ, so ist

$$3\,\tau + 4\,\tau = 2\,\pi \qquad \text{und} \qquad 3\,\omega + 4\,\omega = 3\,\pi,$$

mithin $\sin 3\,\tau = -\sin 4\,\tau$ und $\sin 3\,\omega = \sin 4\,\omega$,

so daß sich wie oben auch für

$$\beta = 2 \sin \tau = 2 \sin 2\,\sigma \qquad \text{und} \qquad \gamma = 2 \sin \omega = 2 \sin 3\,\sigma$$

die Gleichungen

$$\beta^6 - 7\,\beta^4 + 14\,\beta^2 - 7 = 0 \qquad \text{und} \qquad \gamma^6 - 7\,\gamma^4 + 14\,\gamma^2 - 7 = 0$$

ergeben.

Unsere bikubische Gleichung hat demnach die sechs Wurzeln

$$\alpha = 2 \sin \sigma, \quad \beta = 2 \sin 2\,\sigma, \quad \gamma = 2 \sin 3\,\sigma, \quad -\alpha, \quad -\beta, \quad -\gamma,$$

die kubische Gleichung (1) die drei Wurzeln

$$\mathsf{A} = \alpha^2, \quad \mathsf{B} = \beta^2, \quad \Gamma = \gamma^2.$$

Dieses Ergebnis ist leicht verständlich, da auch die siebenmalige Abtragung des Bogens $\tau = 2\,\sigma$ sowie des Bogens $\omega = 3\,\sigma$ auf dem Einheitskreise ein reguläres (überschlagenes) Siebeneck liefert.

Die Wurzeln der bikubischen Gleichung sind irrationale Zahlen.

*) Grundgleichung einer Zahl z ist die R-Gleichung niedrigsten Grades, die die Wurzel z hat. (Eine R-Gleichung ist eine Gleichung mit rationalen Koeffizienten.)

Hätte nämlich (2) eine rationale Wurzel $p : q$, wo p und q teilerfremd sind, so wäre

$$(p : q)^6 - 7\,(p : q)^4 + 14\,(p : q)^2 - 7 = 0$$

oder

$$p^6 = 7\,(p^4 q^2 - 2\,p^2 q^4 + q^6).$$

Daher müßte p durch 7 teilbar, mithin die linke Seite dieser Gleichung und damit auch die rechte durch 7^6 teilbar sein. Dann müßte die runde Klammer durch 7^5 und folglich, da ihre ersten zwei Glieder durch 7 teilbar sind, q^6 und damit auch q durch 7 teilbar sein.
Die gesperrten Stellen widersprechen aber einander, d. h. die Voraussetzung einer rationalen Wurzel ist nicht haltbar.
Ganz ähnlich zeigt man, daß auch die kubische Gleichung (1) keine Rationalwurzel hat.
Gäbe es nun eine R-Gleichung $f(x) = 0$ vom niedrigeren als 6. Grade, die auch die Wurzel α besitzt, so hätten die Polynome $F(x) = x^6 - 7x^4 + 14x^2 - 7$ und $f(x)$ eine Wurzel gemeinsam, mithin einen (durch Euklids Divisionsalgorithmus auffindbaren) größten gemeinsamen R-Teiler $\varphi(x)$ von mindestens erstem Grade, wäre mit anderen Worten

$$F(x) \equiv \varphi(x) \cdot \psi(x),$$

wo $\varphi(x)$ und $\psi(x)$ zwei R-Polynome von geringerem als 6. Grade sind.
Da $\varphi(x)$ für mindestens eine der 6 Wurzeln $\pm\alpha$, $\pm\beta$, $\pm\gamma$ verschwindet, kann es nicht vom ersten Grade sein (da jene Wurzel sonst rational sein müßte, was nicht der Fall ist).

φ ist deshalb vom 2., 3. oder 4. Grade. Im dritten dieser Fälle ist dann ψ vom 2. Grade. Einer der beiden Faktoren φ und ψ von F ist also sicher vom 2. oder 3. Grade, er heiße $g(x)$. Und die Wurzeln von $g(x)$ sind unter den Zahlen $\alpha, \beta, \gamma, -\alpha, -\beta, -\gamma$ zu suchen.

Wir unterscheiden demnach zwei Fälle:

$$1.\quad g = x^2 + hx + k, \qquad 2.\quad g = x^3 + lx^2 + mx + n.$$

Im Falle 1 besitzt g die Wurzeln $\pm\alpha$ und $\pm\beta$ oder $\pm\beta$ und $\pm\gamma$ oder endlich $\pm\gamma$ und $\pm\alpha$. (Der Fall entgegengesetzt gleicher Wurzeln, etwa α und $-\alpha$, kommt nicht in Frage, da er auf $h = 0$ und $\alpha^2 = -k$ führen würde, wo doch α^2 irrational ist.) Hätte g z. B. die beiden Wurzeln β und $-\gamma$, so wäre $\beta\gamma = -k$, mithin (da aus (1) $\alpha^2\beta^2\gamma^2 = 7$ folgt) $\alpha^2 = 7 : k^2$, was aber wegen der Irrationalität von α^2 nicht angeht. Fall 1 trifft daher nicht zu.
Im Fall 2 besitze g etwa die Wurzeln $\alpha, -\beta, -\gamma$. (Auch hier kommt die Annahme von zwei entgegengesetzt gleichen Wurzeln, etwa β und $-\beta$, nicht in Frage, da aus ihr

$$\beta^3 + l\beta^2 + m\beta + n = 0 \qquad \text{und} \qquad \beta^3 - l\beta^2 + m\beta - n = 0$$

und hieraus durch Subtraktion $l\beta^2 + n = 0$, $\beta^2 = -n : l$, d. h. Rationalität von β^2 folgen würde.)
Für das Produkt der drei supponierten Wurzeln haben wir nun die Gleichung $\alpha\beta\gamma = -n$, was in Verbindung mit $\alpha^2\beta^2\gamma^2 = 7$ auf $n^2 = 7$ führen würde. Da aber das Quadrat einer Rationalzahl n nicht 7 sein kann, muß auch Fall 2 aufgegeben werden.

Die angedeutete Zerlegung von $F(x)$ in zwei R-Faktoren φ und ψ ist sonach unmöglich.

Das Polynom

$$F(x) = x^6 - 7x^4 + 14x^2 - 7$$

ist irreduzibel; es existiert keine R-Gleichung von niedrigerem als 6. Grade, die eine Siebenecksseite zur Wurzel hat.

Die bikubische Gleichung (2) ist die Grundgleichung der Siebenecksseite, die kubische Gleichung (1) die Grundgleichung des Quadrats der Siebenecksseite.

4. Die Grundgleichung der Vierzehnecksseite aufzustellen.

Die Lösung dieser Aufgabe ist merkwürdigerweise weit einfacher als die der entsprechenden Siebenecksaufgabe.

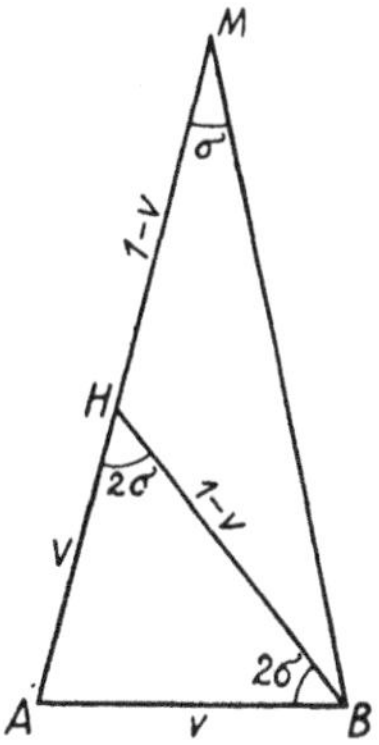

Das Bestimmungsdreieck MAB des regulären Vierzehnecks (im Einheitskreise) hat den Zentriwinkel $2\pi : 14 = \pi : 7 = \sigma$, den Basiswinkel $MAB = MBA = 3\sigma$. Wählen wir also den Hilfspunkt H auf dem Schenkel MA so, daß $\sphericalangle\, MBH = \sigma$, $\sphericalangle\, ABH = 2\sigma$ ist, so entstehen die beiden gleichschenkligen Teildreiecke MBH (mit der Basis MB und dem Basiswinkel σ) und ABH (mit der Basis BH und dem Basiswinkel 2σ). Nennen wir die Vierzehnecksseite v, so sind die Schenkel der beiden Teildreiecke

$$AB = AH = v \quad \text{und} \quad HB = HM = 1 - v.$$

Aus Dreieck ABH folgt

$$\cos 2\sigma = [(1 - v)/2] : v = (1 - v)/2v,$$

aus Dreieck MBH $\quad \cos \sigma = (1/2)/(1 - v) = 1/[2(1 - v)]$.

Durch Substitution dieser Werte in die Formel $\quad \cos 2\sigma = 2\cos^2 \sigma - 1$ entsteht

$$\boldsymbol{v^3 - v^2 - 2v + 1 = 0.}$$

Diese kubische Gleichung ist die Grundgleichung der Vierzehnecksseite.

Die Annahme einer rationalen Wurzel $p : q$ führt nämlich ähnlich wie oben auf einen Widerspruch. Unsere kubische Gleichung ist daher irreduzibel. Es gibt keine quadratische R-Gleichung, die v als Wurzel hat.

Zusatz: Von Interesse ist die Feststellung, daß die Grundgleichung der Vierzehnecksseite zugleich die Grundgleichung des Komplements der Siebenecksseite darstellt. (Das Komplement einer Kreissehne PQ ist die Verbindungslinie des Punktes P mit dem Endpunkte des von Q ausgehenden Durchmessers.)

Bedeutet nämlich y das Komplement der Siebenecksseite α, so hat man

$$\alpha^2 + y^2 = 4.$$

Ersetzt man nun in der obigen Siebenecksformel

$$3 - 4i^2 = 2o\,(2 - 4i^2)$$

$2o$ durch y, $4i^2 = \alpha^2$ durch $4 - y^2$, so ergibt sich $y^2 - 1 = y\,(y^2 - 2)$ oder

$$\boldsymbol{y^3 - y^2 - 2y + 1 = 0}$$

als Gleichung für das Komplement der Siebenecksseite.

5. Die Grundgleichung der Neuecksseite aufzustellen.

Lösung: Der Zentriwinkel der Neunecksseite ist $2\nu = 2\pi : 9$, die Neunecksseite $\alpha = 2 \sin \nu$. Da $3\nu = \pi : 3$ (60^0) ist, gilt die Gleichung $\cos 3\nu = 1/2$ oder (wegen $\cos 3\nu = 4\cos^3 \nu - 3\cos \nu$) $8\cos^3 \nu - 6\cos \nu = 1$.

Das Komplement $y = 2\cos \nu$ der Neunecksseite befriedigt sonach die kubische Gleichung

$$\boldsymbol{y^3 - 3y - 1 = 0.}$$

Wir schreiben $y(y^2 - 3) = 1$, quadrieren diese Gleichung und ersetzen y^2 durch $4 - \alpha^2$. Das gibt $\alpha^6 - 6\alpha^4 + 9\alpha^2 - 3 = 0$.

Die Neunecksseite ist Wurzel der bikubischen Gleichung

$$\boldsymbol{x^6 - 6x^4 + 9x^2 - 3 = 0.}$$

Wie beim Siebeneck zeigt man, daß auch $\beta = 2\sin 2\nu$ und $\gamma = 2\sin 4\nu$ Wurzeln dieser Gleichung sind. (Für $\mu = 2\nu$ wie auch für $\mu = 4\nu$ ist $\cos 3\mu = -1/2$.) Die Wurzeln der bikubischen Gleichung sind daher α, β, γ, $-\alpha$, $-\beta$, $-\gamma$.

Wie beim Siebeneck zeigt man ferner, daß die gefundene Gleichung die Grundgleichung der Neunecksseite ist.

6. $\sin 10^0$ zu berechnen.

Lösung: Wir setzen $\sin 10^0 = x$ und benutzen die Formel

$$\sin 3\varphi = 3\sin\varphi - 4\sin^3\varphi$$

für $\varphi = 10^0$. Da $\sin 3\varphi = 0{,}5$ ist, entsteht für x die kubische Gleichung

$$4x^3 - 3x = -0{,}5.$$

Durch Einführung der Unbekannten $2x = X$ verwandelt sie sich in

$$X^3 - 3X = -1.$$

Nach dem im § 7 auseinandergesetzten numerischen Lösungsverfahren ergibt sich für die Berechnung von X das Schema

0	— 300	— 1000	03
	9		
9	— 291	— 873	
90	— 27300	— 127000	4
	376		
12	— 26924	— 107696	
1020	— 2653200	— 19304000	7
	7189		
21	— 2646011	— 18522077	
10410	— 263877300	— 781923000	2
	20824		
6	— 263856476	— 527712952	
104160	— 26383564800	— 254210048000	9
	937521		
27	— 26382627279	— 237443645511	
	— 2638168967700	— 16766402489000	6

Demnach ist $X = 0{,}347296$ und $x = \sin 10^0 = 0{,}173648$.

7. Zu zeigen, daß

$$\cos 55^0 + \cos 65^0 + \cos 175^0 = 0,$$
$$\cos 65^0 \cos 175^0 + \cos 175^0 \cos 55^0 + \cos 55^0 \cos 65^0 = -3/4,$$
$$\cos 55^0 \cos 65^0 \cos 175^0 = -(1+\sqrt{3})/8\sqrt{2}$$

ist.

Lösung: Im Hinblick auf die Wurzelkoeffizientenbeziehungen der kubischen Gleichung betrachten wir die kubische Gleichung

$$x^3 - (3/4)\,x + (1+\sqrt{3})/8\sqrt{2} = 0$$

oder $$4\,x^3 - 3\,x + (1+\sqrt{3})/2\sqrt{2} = 0.$$

Da ihr Freiglied ein echter Bruch ist, läßt sich $4\,x^3 - 3\,x$ als Cosinus eines Winkels $\Phi = 3\,\varphi$ und daraufhin x als $\cos\varphi$ auffassen. Aus $\cos\Phi = -(1+\sqrt{3})/2\sqrt{2}$ folgt $4\cos^2\Phi = 2+\sqrt{3}$ oder, da $\sqrt{3}/2 = \cos 30^0 = 2\cos^2 15^0 - 1$, d. h. auch $4\cos^2 15^0 = 2+\sqrt{3}$ ist,

$$\cos^2\Phi = \cos^2 15^0 \qquad \text{oder} \qquad \cos\Phi = -\cos 15^0 = \cos 165^0.$$

Hieraus ergeben sich für Φ die drei Werte $\Phi = 165^0$, $\Phi = 525^0$, $\Phi = 195^0$, mithin für φ die drei Werte $\varphi = 55^0$, $\varphi = 175^0$, $\varphi = 65^0$. Demnach sind $\cos 55^0$, $\cos 65^0$ und $\cos 175^0$ die drei Wurzeln der kubischen Gleichung $x^3 - (3/4)\,x + (1+\sqrt{3})/2\sqrt{2} = 0$, womit die drei behaupteten Relationen bewiesen sind.

8. Für welche Winkel φ verschwindet die Summe

$$\cos\varphi + \cos 2\,\varphi + \cos 3\,\varphi\,?$$

Lösung: Wir setzen $\cos\varphi = o$ und haben $o + 2\,o^2 - 1 + 4\,o^3 - 3\,o = 0$

oder $$4\,o^3 + 2\,o^2 - 2\,o - 1 = 0.$$

Wir wählen $x = 2\,o$ als neue Unbekannte und haben

$$x^3 + x^2 - 2\,x - 2 = 0.$$

Diese kubische Gleichung hat die Wurzel $x = -1$, so daß sie sich schreiben läßt

$$(x+1)\,(x^2-2) = 0.$$

Ihre beiden andern Wurzeln sind daher $x = \sqrt{2}$ und $x = -\sqrt{2}$. Mithin ergeben sich die drei Lösungen

$$o = -1/2, \qquad o = \sqrt{2}/2, \qquad o = -\sqrt{2}/2$$

bzw. $$\varphi = 120^0, \qquad \varphi = 45^0, \qquad \varphi = 135^0.$$

9. Die Winkel φ zu bestimmen, für welche

$$\cos 2\,\varphi - \cos 4\,\varphi = \sin\varphi \qquad \text{ist.}$$

Lösung: Man drücke $\cos 2\,\varphi$ und $\cos 4\,\varphi$ durch $x = \sin\varphi$ aus. Das gibt $\cos 2\,\varphi = 1 - 2\,x^2$ und $\cos 4\,\varphi = 1 - 2\sin^2 2\,\varphi = 1 - 2.\ 4\sin^2\varphi\cos^2\varphi = 1 - 8\,x^2\,(1-x^2)$. Die vorgelegte Gleichung verwandelt sich dadurch in die biquadratische Gleichung $8\,x^4 - 6\,x^2 + x = 0$.

Sie hat die Wurzel $x = 0$, und als weitere Wurzeln die Wurzeln der kubischen Gleichung $8\,x^3 - 6\,x + 1 = 0$.

Wir fassen x als Cosinus eines Winkels θ auf und haben

$$4\cos^3\theta - 3\cos\theta = \cos 120^0$$

oder $$\cos 3\,\theta = \cos 120^0.$$

Das gibt für 3θ die drei Werte 120^0, 480^0 und 240^0, also für θ die Werte 40^0, 160^0 und 80^0. Die Wurzeln der kubischen Gleichung sind daher $\cos 40^0$, $\cos 160^0$ und $\cos 80^0$. Aus $\sin\varphi = \cos\theta$ ergeben sich schließlich als zulässige Werte für φ

$$\varphi = 50^0, \qquad \varphi = 290^0 \qquad \text{und} \qquad \varphi = 10^0.$$

Dazu kommen natürlich wegen der verschwindenden Wurzel der biquadratischen Gleichung die (von vornherein) selbstverständlichen Werte $\varphi = 0$ und $\varphi = 180^0$.

10. Einen Winkel Φ zu bestimmen, für den

$$\cos^3\Phi + \sin^3\Phi = K$$

ist, wo K eine gegebene reelle Konstante bedeutet.

Wir zeigen zunächst, daß der Winkel Φ nur dann reell sein kann, wenn der Betrag der Konstante K die Einheit nicht überschreitet.

Der Kürze wegen setzen wir $\qquad \cos\Phi = O \qquad$ und $\qquad \sin\Phi = J$

und haben $\qquad K = O^3 + J^3.$

Nun ist

$$K = O^3 + J^3 = (O^2 + J^2 - OJ)(O + J) = (1 - OJ)(O + J).$$

Hieraus entsteht durch Quadrierung

$$K^2 = (1 - OJ)^2 (1 + 2OJ) = (1 - OJ)(1 - OJ)(1 + 2OJ).$$

Da die drei Faktoren des hier rechts stehenden Produkts die unveränderliche Summe 3 haben und diese Faktoren (wegen der echt gebrochenen Werte O und J) nicht negativ werden können, erreicht das Produkt seinen höchsten Wert bei Gleichheit der Faktoren, d. h. für $O = 0$ oder für $J = 0$, und dieser Höchstwert ist 1, so daß in der Tat

$$K^2 \leqq 1$$

sein muß.

Da der Wert $K^2 = 1$ nur in einem der beiden Fälle $O = 0$, $J = 0$ in Frage kommt, nehmen wir für das Folgende die Konstante K als echt gebrochen an.

Wir setzen das einen echten Bruch darstellende arithmetische Mittel von $\cos\Phi$ und $\sin\Phi$ gleich dem Kosinus o eines Hilfswinkels φ:

$$o = \cos\varphi = (\cos\Phi + \sin\Phi)/2 = (O + J)/2.$$

Die Quadrierung dieser Gleichung ergibt

$$(1) \qquad 4\,o^2 = 1 + 2\,JO,$$

die Kubierung $\qquad 8\,o^3 = O^3 + J^3 + 3\,OJ\,(O + J) \qquad$ oder

$$(2) \qquad 8\,o^3 = K + 6\,o\,J\,O.$$

Setzen wir den aus (1) folgenden Wert von JO in (2) ein, so bekommen wir

$$4\,o^3 - 3\,o = -K,$$

womit die Aufgabe auf eine kubische Gleichung reduziert ist. Da sich letztere

$$\cos 3\,\varphi = -K$$

schreibt, ist sie in diesem Falle schnell zu lösen.

Wir bestimmen zunächst den Winkel $3\,\varphi$ aus dem Intervalle π bis $2\,\pi$, so daß φ zwischen 60^0 und 120^0 liegt. Darauf haben wir nach (1)

$$\sin 2\Phi = 4\,o^2 - 1.$$

Da ϱ^2 ein positiver, unterhalb 1/2 gelegener echter Bruch ist, stellt die rechte Seite der letzten Gleichung einen (positiven oder negativen) echten Bruch dar, so daß sie die Bestimmung des Winkels 2Φ und damit des gesuchten Winkels Φ ohne weiteres ermöglicht.

Will man die durch die Sinusfunktion bedingte Zweideutigkeit vermeiden, so schreibe man statt $(O+J)/2 = o$

$$(O+J)/\sqrt{2} = \sqrt{2}\,o \qquad \text{oder} \qquad \cos(\Phi - 45^0) = \sqrt{2}\,o$$

und bestimme Φ aus dieser Gleichung, deren rechte Seite der obigen Wahl von φ gemäß gleichfalls echt gebrochen ist.

11. Aufgabe von Fitz-Patrick: Ein Dreieck aus den Schnittpunkten seiner Seitenhalbierer mit dem Umkreise zu konstruieren.

Lösung: Wir nennen das Dreieck ABC, seine Seiten a, b, c, seine Seitenhalbierer $AL = l$, $BM = m$, $CN = n$, die Neigungen dieser Halbierer gegen die Dreiecksseiten $\sphericalangle ALC = \lambda$, $\sphericalangle BMA = \mu$, $\sphericalangle CNB = \nu$, die Schnittpunkte der Halbierer mit dem Umkreise $\mathfrak{U}$ des Dreiecks A', B', C', die bekannten Stücke $B'C'$, $C'A'$, $A'B'$ a', b', c' und den Schwerpunkt des Dreiecks $ABCS$.

Die folgende Lösung beruht auf der Cotangentenrelation

$$\cot\lambda + \cot\mu + \cot\nu = 0,$$

die zunächst hergeleitet werden möge.

Wir spiegeln B in der Dreieckshöhe CH nach B' und wenden auf das gleichschenklige Dreieck BCB' und die durch seine Spitze C laufende Transversale CA den Spitzentransversalensatz an. Das gibt, indem wir etwa $b > a$ voraussetzen,
$$b^2 - a^2 = c \cdot AB'.$$

Nun ist AB' das Doppelte von $NH = n\cos\nu$, mithin $b^2 - a^2 = 2\,cn\cos\nu$. Schreiben wir weiter für den Doppelinhalt j des Dreiecks ABC das Produkt $cn\sin\nu$, so können wir cn durch $j:\sin\nu$ ersetzen und bekommen

$$2j\cot\nu = b^2 - a^2.$$

Hieraus folgen noch durch zyklische Vertauschung die Gleichungen

$$2j\cot\lambda = c^2 - b^2 \qquad \text{und} \qquad 2j\cot\mu = a^2 - c^2.$$

Durch Addition der drei gefundenen Gleichungen entsteht

$$\cot\lambda + \cot\mu + \cot\nu = 0.$$

Nun wenden wir unser Augenmerk auf die Figur $ABC\ A'B'C'$. Hier folgt zunächst aus den ähnlichen Dreiecken SBC und $SC'B'$ $a' : a = SB' : SC$. Indem wir die Potenz P des Kreises $\mathfrak{U}$ im Punkte S und das Produkt Π der drei Stücke SA, SB, SC einführen, schreibt sich diese Proportion $a' : a = SB \cdot SB' : SB \cdot SC$ oder $a'/a = (P/\Pi)\cdot SA$ oder

$$3\,\Pi\,a' = 2\,P\,a\,l.$$

Ebenso ist natürlich $\quad 3\,\Pi\,b' = 2\,P\,b\,m, \qquad 3\,\Pi\,c' = 2\,P\,c\,n$

und wir kommen zur Proportion

$$a' : b' : c' = al : bm : cn.$$

Die Produkte al, bm, cn gestatten in Gemäßheit der drei Inhaltsrelationen

$$j = al\sin\lambda, \qquad j = bm\sin\mu, \qquad j = cn\sin\nu$$

die Einführung der Sinus von λ, μ, ν, in unsere Proportion, und diese erhält die Form $a' : b' : c' = 1/\sin\lambda : 1/\sin\mu : 1/\sin\nu$.

Wir setzen den gemeinsamen Wert der drei Produkte $a' \sin\lambda$, $b' \sin\mu$, $c' \sin\nu$ gleich x:

$$a' \sin\lambda = b' \sin\mu = c' \sin\nu = x$$

und haben

$$x \cot\lambda = \sqrt{a'^2 - x^2}, \qquad x \cot\mu = \sqrt{b'^2 - x^2}, \qquad x \cot\nu = \sqrt{c'^2 - x^2}.$$

Schließlich liefert die Kotangentenrelation für die Unbekannte x die Gleichung

$$\sqrt{a'^2 - x^2} + \sqrt{b'^2 - x^2} + \sqrt{c'^2 - x^2} = 0,$$

wobei die Wurzeln, die stumpfwinkligen Werten der Winkel λ, μ, ν entsprechen, natürlich negativ sind.

Damit ist die Aufgabe auf eine Gleichung von der Form

$$\sqrt{A - x^2} + \sqrt{B - x^2} + \sqrt{C - x^2} = 0$$

zurückgeführt. Wird diese (durch zweimalige Quadrierung) rational gemacht, so entsteht die biquadratische Gleichung

$$3\,x^4 - 2\,H x^2 + K = 0$$

mit

$$H = A + B + C, \qquad K = 2\,BC + 2\,CA + 2\,AB - A^2 - B^2 - C^2.$$

Bei der Fitz-Patrickschen Aufgabe ist der Koeffizient H die Norm $N = a'^2 + b'^2 + c'^2$ der drei Seiten des Dreiecks $A'B'C'$ und das Freiglied K das 16fache Inhaltsquadrat dieses Dreiecks.

Da die biquadratische Gleichung keine ungeraden Potenzen von x enthält, läßt sie sich durch die Substitution $x^2 = X$ auf die in X quadratische Gleichung

$$3\,X^2 - 2\,H X + K = 0$$

zurückführen.

Da die Diskriminante dieser quadratischen Gleichung

$$D = H^2 - 3\,K = 2\,[(B - C)^2 + (C - A)^2 + (A - B)^2]$$

eine positive Größe ist, besitzt die Gleichung bei positiven H und K zwei positive Wurzeln X_1 und X_2 ($< X_1$), so daß die biquadratische Gleichung die zwei positiven Wurzeln $x_1 = +\sqrt{X_1}$ und $x_2 = +\sqrt{X_2}$ und die zwei negativen Wurzeln $x_3 = -\sqrt{X_1}$ und $x_4 = -\sqrt{X_2}$ besitzt.

Bei der Fitz-Patrick-Aufgabe ist

$$3\,X_1 = N + \sqrt{N^2 - 12\,j^2}, \qquad 3\,X_2 = N - \sqrt{N^2 - 12\,j^2},$$

so daß x_1 und x_2 mit Zirkel und Lineal konstruiert werden können.

Von diesen beiden Strecken kommt aber für unsere Aufgabe nur die kleinere, x_2 in Betracht.

Beweis: Es sei $A = a'^2$, $B = b'^2$, $C = c'^2$, $W = |\sqrt{N^2 - 12\,j^2}| = \sqrt{D}$.

Der Bedingung

$$a' \sin\lambda = b' \sin\mu = c' \sin\nu = x$$

zufolge, müssen die Brüche $X : A$, $X : B$, $X : C$ echtgebrochen, höchstens allenfalls gleich 1 sein. Wäre also X_1 eine zulässige Lösung, so müßte zugleich

$$N + W \leqq 3\,A, \qquad N + W \leqq 3\,B, \qquad N + W \leqq 3\,C$$

sein. Hieraus würde dann durch Addition $W \leqq 0$, also $W = 0$ oder $D = 0$ und $A = B = C$ folgen. Dieser Fall kann demnach nur beim gleichseitigen Dreieck ABC (oder $A'B'C'$) auftreten, wo er sich mit dem zweiten Falle (X_2) deckt.

Was weiter die Lösung X_2 anbetrifft, so sei C die kleinste der drei Größen A, B, C. Wir behaupten, daß dann schon C (erst recht also A wie auch B) größer als X_2 ist. In der Tat: die Ungleichung $3\,X_2 < 3\,C$ kommt auf $W > A + B - 2\,C$ hinaus, und diese ist erfüllt, weil

$$W^2 = D = 2\,[(B - C)^2 + (C - A)^2 + (A - B)^2] > (A + B - 2\,C)^2$$

oder $$3\,(A - B)^2 > 0 \qquad \text{ist.}$$

Nach Konstruktion der Strecke $x = x_2$ lassen sich nunmehr die der obigen Bedingung gehorchenden Winkel λ, μ, ν zeichnen.

Zur Konstruktion des Dreiecks ABC ist noch die Bestimmung des Schwerpunktes S erforderlich.

Legt man die oben erwähnten ähnlichen Dreiecke SBC und $SC'B'$ homothetisch aufeinander, so läuft der Seitenhalbierer SL von SBC durch die Mitte L' von $B'C'$; und der Winkel $SLC = \lambda$ findet sich auch als $\sphericalangle\, SL'B'$ in der Figur. Trägt man also in dem vorgelegten Dreieck in der Mitte L' von $B'C'$ an $L'B'$ den Winkel λ an, so läuft sein freier Schenkel durch S. Ebenso läuft der freie Schenkel des in der Mitte M' von $C'A'$ an $M'C'$ angetragenen Winkels μ durch S. Der Schnittpunkt der genannten freien Schenkel ist S.

Nachdem S gefunden ist, lassen sich die Ecken A, B, C leicht zeichnen.

12. Eulers Dreiecksaufgabe

Ein Dreieck zu bestimmen, dessen drei Zentren: Umkreiszentrum, Inkreiszentrum und Orthozentrum gegeben sind.

Lösung: Wir nennen das gesuchte Dreieck ABC, seine Seiten wie üblich a, b, c, seine Winkel α, β, γ, seinen Inhalt Δ, seinen Umkreis- bzw. Inkreisradius r bzw. ϱ, das Umkreis-, Inkreis- und Orthozentrum U, J und O, den Schwerpunkt S und die Strecken UJ, UO und OJ o, i und u.

Wir drücken zunächst o, i, u durch die Seiten und Radien aus.

Zuerst ergibt sich o aus Eulers Relation:

(1) $$\boldsymbol{o^2 = r^2 - 2\,r\,\varrho.}$$

Dann liefert der Leibnizsche Satz*), angewendet auf den Punkthaufen A, B, C, seinen Schwerpunkt S und den Punkt O, in Verbindung mit Eulers Gleichung

$$OU = 3 \cdot SU$$

und der bekannten (ohne weiteres aus Stewarts Satze ableitbaren) Formel

$$AS^2 + BS^2 + CS^2 = (a^2 + b^2 + c^2)/3$$

die Gleichung für i:

(2) $$\boldsymbol{i^2 = 9\,r^2 - 2\,S} \qquad \text{mit} \quad 2\,S = a^2 + b^2 + c^2.$$

Um auch u zu bekommen, wenden wir den Cosinussatz auf das Dreieck AJO an, in welchem der u gegenüberliegende Winkel JAO als Zwischenwinkel der von A ausgehenden Höhe und des Halbierers von α gleich dem Halbunterschiede der Winkel β und γ ist. Demnach wird

$$u^2 = AJ^2 + AO^2 - 2\,AJ \cdot AO \cdot \cos\,[(\beta - \gamma)/2],$$

in welcher Gleichung noch AJ und AO durch den Umkreisdurchmesser d und die Winkel α, β, γ auszudrücken sind. Im Interesse bequemer Schreibung

*) Satz von Leibniz: Bedeutet S den Schwerpunkt des Dreiecks ABC, P einen beliebigen Punkt der Dreiecksebene, so gilt die Formel

$$\boldsymbol{AP^2 + BP^2 + CP^2 = AS^2 + BS^2 + CS^2 + 3 \cdot SP^2.}$$

setzen wir dabei

$$\begin{Bmatrix} \cos\alpha = L, & \cos\beta = M, & \cos\gamma = N \\ \sin\alpha = \Lambda, & \sin\beta = \mathsf{M}, & \sin\gamma = \mathsf{N} \end{Bmatrix}, \begin{Bmatrix} \cos(\alpha/2) = l, & \cos(\beta/2) = m, & \cos(\gamma/2) = n \\ \sin(\alpha/2) = \lambda, & \sin(\beta/2) = \mu, & \sin(\gamma/2) = \nu \end{Bmatrix}.$$

Nun ist $\qquad AJ = 2\,d\mu\nu, \qquad AO = dL.$

(Die erste Gleichung findet man etwa so:

Aus $2\,\Delta = \varrho\,(a + b + c)$ folgt $d\,\Lambda\,\mathsf{M}\,\mathsf{N} = \varrho\,(\Lambda + \mathsf{M} + \mathsf{N})$. Es ist aber

$$\Lambda + \mathsf{M} + \mathsf{N} = 2\sin[(\alpha + \beta)/2]\cos[(\alpha - \beta)/2] + 2\sin(\gamma/2)\cos(\gamma/2)$$

$$= 2\cos\frac{\gamma}{2}\left(\cos\frac{\alpha-\beta}{2} + \cos\frac{\alpha+\beta}{2}\right) = 4\cos\frac{\gamma}{2}\cos\frac{\alpha}{2}\cos\frac{\beta}{2} = 4\,l\,m\,n$$

und ferner $\Lambda \cdot \mathsf{M} \cdot \mathsf{N} = 2\,l\lambda \cdot 2\,m\mu \cdot 2\,n\nu = 8\,lmn\lambda\mu\nu$. Daher wird

$$\varrho = 2\,d\,\lambda\mu\nu \qquad \text{und} \qquad AJ = \varrho : \sin(\alpha/2) = 2\,d\mu\nu.$$

Die zweite Gleichung gewinnt man leicht aus dem rechtwinkligen Dreieck mit der Hypotenuse AO und der Projektion $bL = d\mathsf{M}L$ von AC auf AB als Kathete.)

Durch Substitution der für AJ und AO angegebenen Werte in die Gleichung für u^2 entsteht $u^2 = 4\,d^2\mu^2\nu^2 + d^2L^2 - 4\,d^2\mu\nu L\cos(\beta - \gamma)/2 =$

$$d^2[4\mu^2\nu^2 + L^2 - 4\mu\nu L(mn + \mu\nu)] = d^2[4\mu^2\nu^2(1 - L) - L(4\,m\mu n\nu - L)]$$
$$= d^2[8\,\lambda^2\mu^2\nu^2 - L(\mathsf{M}\,\mathsf{N} - L)].$$

Da aber aus $\cos\alpha + \cos(\beta + \gamma) = 0$ die Gleichung $L + MN - \mathsf{M}\,\mathsf{N} = 0$ folgt, ist $\mathsf{M}\,\mathsf{N} - L = MN$, und wir bekommen

$$u^2 = 8\,d^2\lambda^2\mu^2\nu^2 - d^2L\,M\,N = 2\,\varrho^2 - d^2\,L\,M\,N.$$

Um hier noch das Produkt $L\,M\,N$ zu beseitigen, benutzen wir die Formel

$$1 - L^2 - M^2 - N^2 - 2\,L\,M\,N = 0.$$

Sie liefert $\qquad 2\,LMN = \Lambda^2 + \mathsf{M}^2 + \mathsf{N}^2 - 2, \qquad$ so daß

$$d^2LMN = (d^2\Lambda^2 + d^2\mathsf{M}^2 + d^2\mathsf{N}^2)/2 - d^2 = (a^2 + b^2 + c^2)/2 - d^2 = S - d^2$$

wird. Daher ist endlich

$$u^2 = 4\,r^2 + 2\,\varrho^2 - S. \tag{3}$$

Diese Gleichung läßt sich durch Heranziehung der bekannten Sätze „Das Zentrum F des Feuerbachkreises liegt in der Mitte von UO“ und „Der Feuerbachkreis berührt innerlich den Inkreis“ einfacher gewinnen.

Zufolge des zweiten Satzes ist $\qquad JF = (r/2) - \varrho, \qquad$ zufolge des ersten

$$4\,JF^2 = 2\,UJ^2 + 2\,OJ^2 - UO^2 = 2\,(o^2 + u^2) - i^2.$$

Durch Gleichsetzung der beiden Werte von JF und Benutzung von (2) entsteht ebenfalls (3).

Die gefundenen Formeln (1), (2), (3) gestatten die Bestimmung der drei Unbekannten $\quad r,\ \varrho,\ S.$

Mit Einführung der Hilfsgröße $\qquad h = r - 2\,\varrho \qquad$ ist zunächst

$$h^2 = 2\,o^2 + 2\,u^2 - i^2.$$

Sodann wird wegen $o^2 = rh$

$$r = o^2 : h \qquad \text{und} \qquad 2\,\varrho = r - h = o^2/h - h.$$

Schließlich ist noch $\qquad 2\,S = 9\,r^2 - i^2.$

Aus den drei so gewonnenen Größen r, ϱ, S bestimmen sich die gesuchten Dreiecksseiten a, b, c folgendermaßen:

Wir führen die Einerpolynome

$$P = a + b + c, \qquad Q = bc + ca + ab, \qquad R = abc$$

der Dreiecksseiten ein.

Dann ist zunächst

(1) $$P = 2\Delta : \varrho.$$

Darauf wird wegen $P^2 = a^2 + b^2 + c^2 + 2(bc + ca + ab) = 2S + 2Q$

(2) $$Q = (P^2 - 2S) : 2.$$

Schließlich haben wir die bekannte Formel

(3) $$R = 4r\Delta.$$

Wenn wir also noch Δ durch unsere Bekannten r, ϱ, S ausdrücken, sind die Einerpolynome P, Q, R wegen (1), (2), (3) auch bekannt.

Nun ist

$$(2bc + 2ca + 2ab + a^2 + b^2 + c^2)(2bc + 2ca + 2ab - a^2 - b^2 - c^2)$$
$$= 4b^2c^2 + 4c^2a^2 + 4a^2b^2 + 8abcP - (a^2 + b^2 + c^2)^2$$

oder $$P^2(P^2 - 4S) = 16\Delta^2 + 8abcP$$

oder $$P^4 = 4SP^2 + 8abcP + 16\Delta^2$$

oder wegen der beiden Formeln $2\Delta = \varrho P$, $abc = 4r\Delta$

$$16\Delta^4/\varrho^4 = 16S\Delta^2/\varrho^2 + 64r\Delta^2/\varrho + 16\Delta^2$$

oder endlich $$\boldsymbol{\Delta^2 = \varrho^2(S + \varrho^2 + 4r\varrho)},$$

womit Δ durch r, ϱ, S ausgedrückt ist.

Nunmehr sind die drei Einerpolynome

$$P = a + b + c, \qquad Q = bc + ca + ab, \qquad R = abc$$

bekannt, und die gesuchten Dreiecksseiten a, b, c sind die Wurzeln der kubischen Gleichung

$$\boldsymbol{x^3 - Px^2 + Qx - R = 0}.$$

Zusatz. Da die Wurzeln einer kubischen Gleichung im allgemeinen mit Zirkel und Lineal nicht konstruiert werden können, ist eine Zirkel-Linealkonstruktion der Eulerschen Dreiecksaufgabe im allgemeinen nicht durchführbar.

13. Durch einen gegebenen Punkt im Raume eines vorgelegten Winkels eine Transversale zu ziehen, auf der die Schenkel des Winkels eine Strecke von gegebener Länge begrenzen.

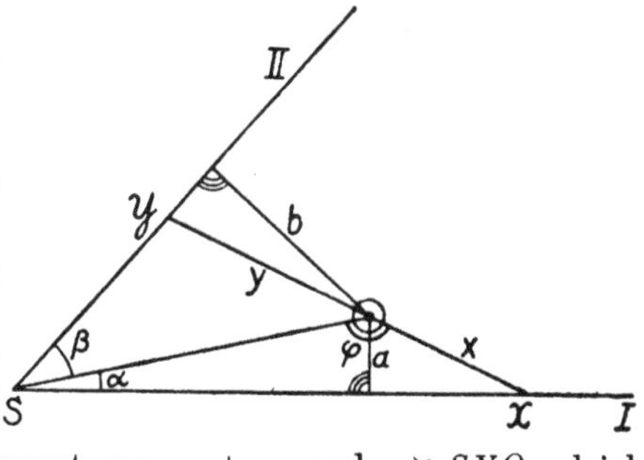

Lösung: Wir nennen die Schenkel des Winkels I und II, den Scheitel S, den gegebenen Punkt O, seine Abstände von I und II a und b, die Winkel, die SO mit I und II bildet, α und β, die Punkte, wo die verlangte Transversale I und II trifft, X und Y, die Strecken OX und OY x und y, so daß $x + y$ der gegebenen Länge l gleicht, endlich den Winkel SOX, den die Transversale mit OS bildet, φ, so daß $\sphericalangle SXO$ Supplement zu $\varphi + \alpha$ und $\sphericalangle SYO$ gleich $\varphi - \beta$ ist.

Aus den rechtwinkligen Dreiecken mit den Hypotenusen x und y, den Katheten a und b folgt

$$x = a : \sin(\varphi + \alpha), \qquad y = b : \sin(\varphi - \beta).$$

Daher entsteht für den unbekannten Winkel φ die Gleichung

$$a/\sin(\varphi + \alpha) + b/\sin(\varphi - \beta) = 1.$$

Unter Einführung der Abkürzungen

$$\cos\alpha = \mathfrak{A}, \qquad \sin\alpha = \mathfrak{a}, \qquad \cos\beta = \mathfrak{B}, \qquad \sin\beta = \mathfrak{b}$$

schreibt sie sich

$$a/(\mathfrak{A}\sin\varphi + \mathfrak{a}\cos\varphi) + b/(\mathfrak{B}\sin\varphi - \mathfrak{b}\cos\varphi) = l,$$

darauf durch Einführung der neuen Unbekannten

$$t = \operatorname{tg}\varphi/2$$

[wegen $\sin\varphi = 2t/(1 + t^2), \qquad \cos\varphi = (1 - t^2)/(1 + t^2)$]

$$(a/[2\,\mathfrak{A}t + \mathfrak{a}(1 - t^2)]) + (b/[2\,\mathfrak{B}t - b(1 - t^2)]) = l/(1 + t^2).$$

Das so harmlos aussehende Problem führt also auf eine ziemlich umständliche biquadratische Gleichung (für t).

14. Durch einen gegebenen Punkt im Raume eines vorgelegten Winkels eine Gerade zu ziehen, aus welcher die Schenkel des Winkels ein möglichst kleines Stück ausschneiden.

Lösung: Wir nennen den gegebenen Punkt P, den vorgelegten Winkel $2\varkappa$, seinen Scheitel O, die Abstände des Punktes P von den Winkelschenkeln $PA = a$ und $PB = b$. Eine beliebige durch P laufende Gerade $\mathfrak{g}$ treffe die Schenkel in U und V und bilde mit PA und PB die Winkel φ und ψ, so daß

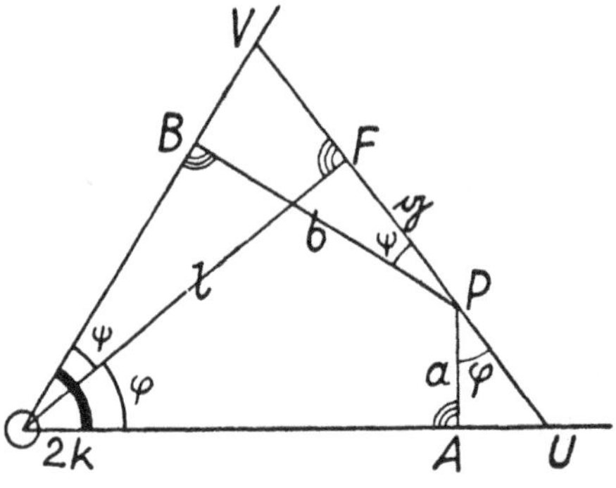

$$PU = a/\cos\varphi, \qquad PV = b/\cos\psi$$

und das von den Schenkeln auf $\mathfrak{g}$ ausgeschnittene Stück

$$w = UV = a/\cos\varphi + b/\cos\psi \quad \text{ist.}$$

Fällen wir das Lot $OF = l$ von O auf $\mathfrak{g}$, so ist $\sphericalangle FOU = \varphi$ und $\sphericalangle FOV = \psi$, mithin

$$\varphi + \psi = 2\varkappa.$$

Um w zu einem Minimum zu machen, wählen wir φ als Argument, bilden die Ableitung von w nach φ und setzen sie gleich Null (wobei $\psi' = -1$ ist). Das gibt die Extrembedingung

$$a\sin\varphi/\cos^2\varphi = b\sin\psi/\cos^2\psi \qquad \text{oder} \qquad a\sin\varphi\cos^2\psi = b\sin\psi\cos^2\varphi.$$

Um diese Gleichung mit zwei Unbekannten auf eine mit nur einer Unbekannten zu reduzieren, setzen wir

$$\varphi - \psi = 2\zeta \qquad \text{also} \qquad \varphi = \varkappa + \zeta, \qquad \psi = \varkappa - \zeta,$$

unter ζ die neue Unbekannte verstanden, und bekommen

$$a\sin(\varkappa + \zeta)\cos^2(\varkappa - \zeta) = b\sin(\varkappa - \zeta)\cos^2(\varkappa + \zeta).$$

Hier wenden wir das Additionstheorem der Kreisfunktionen an, führen die Abkürzungen $\cos\varkappa = h, \quad \sin\varkappa = k, \quad \cos\zeta = x, \quad \sin\zeta = y$

ein und erhalten

$$a(kx + hy)(hx + ky)^2 = b(kx - hy)(hx - ky)^2$$

oder

$$Ax^3 + Bx^2y + Cxy^2 + Dy^3 = 0$$

mit

$$A = (a - b)h^2k, \qquad B = (a + b)(h^3 + 2hk^2),$$
$$C = (a - b)(k^3 + 2h^2k), \qquad D = (a + b)hk^2.$$

Unsere Aufgabe führt also auf eine kubische Gleichung für den Tangens $y : x$ des unbekannten Hilfswinkels ζ.

Nach Berechnung von ζ hat man sofort φ und ψ und damit die gesuchte Transversale UV.

Um eine mehr graphische Lösung der Aufgabe zu erzielen, achten wir etwas näher auf das Lot l und die beiden Stücke $FU = u$ und $FV = v$, in die sein Fußpunkt F die Transversale $UV = w$ zerlegt.

Zunächst ergibt sich nach dem Sinussatze $OU : UV = \cos\psi : \sin 2\varkappa$, mithin $OU = w\cos\psi : \sin 2\varkappa$. Darauf wird $l = OU\cos\varphi = w\cos\varphi\cos\psi/\sin 2\varkappa$ und wegen des obigen Wertes für w $l = (a\cos\psi + b\cos\varphi)/\sin 2\varkappa$.

Daher hat beispielsweise der Abschnitt u die Länge

$$u = l\operatorname{tg}\varphi = (a\sin\varphi\cos\psi + b\sin\varphi\cos\varphi)/(\cos\varphi\sin 2\varkappa).$$

Hier erweitern wir im Hinblick auf die Extrembedingung mit $\cos\psi$ und bekommen

$$u = \frac{a\sin\varphi\cos^2\psi + b\sin\varphi\cos\varphi\cos\psi}{\sin 2\varkappa\cos\varphi\cos\psi} = \frac{b\sin\psi\cos^2\varphi + b\sin\varphi\cos\varphi\cos\psi}{\sin 2\varkappa\cos\varphi\cos\psi}$$
$$= b\frac{\sin\varphi\cos\psi + \cos\varphi\sin\psi}{\sin 2\varkappa\cos\psi} = b\frac{\sin(\varphi + \psi)}{\sin 2\varkappa\cos\psi} = \frac{b}{\cos\psi} = PV.$$

Folglich ist $\boldsymbol{FU = PV}$ und natürlich auch $\boldsymbol{FV = PU}$.

Der Punkt F liegt also auf der Hyperbel $\mathfrak{H}$ mit den Asymptoten OA und OB, die durch den Punkt P läuft. Diese Hyperbel läßt sich bequem konstruieren.

Da $\sphericalangle OFP = 90^0$ ist, liegt F auch auf dem Kreise $\mathfrak{K}$ mit dem Durchmesser OP. Folglich: Die gesuchte Transversale läuft durch den Schnittpunkt F der Hyperbel $\mathfrak{H}$ mit dem Kreise $\mathfrak{K}$.

§ 30. Stereometrische Aufgaben

1. Aus Inhalt und Oberfläche eines Zylinders den Radius und die Höhe des Zylinders zu bestimmen.

Lösung: Bedeuten r und h den Radius und die Höhe, so ist der Inhalt

$$J = \pi r^2 h, \qquad \text{die Oberfläche} \qquad O = 2\pi r^2 + 2\pi rh.$$

Durch Elimination von h aus diesen beiden Formeln entsteht für die Unbekannte r die kubische Gleichung $r^3 - (O/2\pi)r + (J/\pi) = 0$.

Ihre Diskriminante ist $\theta = (O^3 - 54\pi J^2) : 2\pi^3$.

Da nun stets eine negative Wurzel vorhanden ist, besitzt die Gleichung zwei, eine oder keine positive Wurzel, je nachdem

$$O^3 \gtreqless 54\pi J^2$$

ist. Unsere Aufgabe hat demnach zwei, eine oder keine Lösung, je nachdem in unserer Ungleichung das obere, mittlere oder untere Zeichen gilt.

Zusatz. Die sich anschließende Aufgabe: „Die Abmessungen eines Kegels von gegebenem Inhalt und gegebener Oberfläche zu bestimmen" führt merkwürdigerweise nicht auch auf eine kubische, sondern bloß auf eine quadratische Gleichung. Bedeutet nämlich s die Kegelseite, o bzw. i den Cosinus bzw. Sinus ihrer Neigung gegen die Kegelbasis, also os den Radius, is die Höhe des Kegels, so haben wir für Inhalt J und Oberfläche O des Kegels die Formeln $3\,J = \pi o^2 i s^3$, $\quad O = \pi o\,(1 + o)\,s^2$.

Durch Elimination von s entsteht aus ihnen für die Unbekannte o die quadratische Gleichung $9\,\pi J^2\,(1 + o)^2 = O^3\,(o - o^2)$

oder $$(9\,\pi J^2 + O^3)\,o^2 + (18\,\pi J^2 - O^3)\,o + 9\,\pi J^2 = 0.$$

2. In eine vorgelegte Kugel 1⁰ einen Kegel von gegebenem Inhalt A, 2⁰ einen Kegel von gegebener Oberfläche B einzubeschreiben.

Lösung: Wir wählen den Kugeldurchmesser als Längeneinheit und führen die Neigung φ der Kegelseite gegen die Kegelbasis bzw. den Sinus i und Cosinus o dieser Neigung als Unbekannte ein. Dann ist die Kegelseite i, der Kegelradius io, die Kegelhöhe i^2, der Kegelinhalt also $(\pi/3)\,i^4 o^2$, die Kegeloberfläche $\pi\,(i^2 o^2 + o i^2)$. Damit erhalten wir für die erste bzw. zweite Aufgabe die Bedingungsgleichung

$i^4 o^2 = a \quad$ mit $a = 3\,A : \pi \quad$ bzw. $\quad i^2 o^2 + o i^2 = b \quad$ mit $b = B : \pi$.

Die erste Aufgabe führt sonach auf die kubische Gleichung

$$x\,(1 - x)^2 = a$$

für die Unbekannte $x = o^2$, die zweite auf die biquadratische Gleichung

$$(o + o^2)\,(1 - o^2) = b \qquad \text{für die Unbekannte } o.$$

Ausführlichere Behandlung der Aufgabe

„In eine Kugel einen Kegel von gegebenem Inhalt einzubeschreiben".

Lösung: Wir wählen den Kugelhalbmesser als Längeneinheit und nennen den Cosinus bzw. Sinus der Neigung des zu irgendeinem Kegelgrundkreispunkte führenden Kugelradius gegen die Kegelbasis o bzw. i, wobei i negativ gerechnet wird, wenn die Kegelöffnung stumpf ist. Dann ist o der Radius, $1 + i$ die Höhe des Kegels, mithin der dreifache Kegelinhalt $3\,J = \pi\,o^2\,(1 + i) = \pi\,(1 + i)\,(1 - i^2)$; und wir erhalten für die Unbekannte i die kubische Gleichung

$$i^3 + i^2 - i + (3\,J/\pi - 1) = 0.$$

Die Diskriminante dieser Gleichung ist $\quad \theta = (243\,J/\pi^2)\,[(32/81)\,\pi - J]$.

Für unser Problem ist ein negativer Wert von θ unbrauchbar, da die Gleichung dann nur eine Realwurzel hat und diese zwischen $-\infty$ und -1 liegt [maßen die linke Seite der Gleichung an der Stelle $i = -1$ positiv $(= 3\,J : \pi)$ ausfallt].

Daher muß $\quad J \leqq (32/81)\,\pi \quad$ sein.

Ist diese Bedingung erfüllt, so besitzt die Gleichung, da ihre linke Seite für $i > 1$ stets positiv ausfällt, für $i < -1$ stets nur einmal verschwindet $(\alpha + \beta + \gamma = -1)$, immer zwei echt gebrochene Wurzeln, die für $J = (32/81)\,\pi$ in eine zusammenfallen.

Jeder dieser beiden echtgebrochenen Wurzeln entspricht — wie es auch die Anschauung lehrt — eine Lösung der Aufgabe; und der Fall der Doppelwurzel liefert das Maximum $(32\,\pi/81)$ aller einbeschriebenen Kegel.

3. Einen Kugelsektor zu bestimmen, dessen Inhalt bzw. Oberfläche so groß ist wie der Inhalt bzw. die Oberfläche einer vorgelegten Kugel vom Halbmesser a bzw. b.

Lösung: Wir nennen den Radius der Kugel, aus welcher der Sektor ausgeschnitten ist, r, die Höhe und den Grundkreishalbmesser der zum Sektor gehörigen Haube h und ϱ. Dann ist $(2\pi/3)\, r^2 h$ der Inhalt, $2\pi r h + \pi \varrho r$ die Oberfläche des Sektors, so daß wir die beiden Bedingungen

$$(2\pi/3)\, r^2 h = (4\pi/3)\, a^3 \quad \text{und} \quad 2\pi r h + \pi \varrho r = 4\pi b^2$$

erhalten, die sich zu $r^2 h = 2a^3$ und $2rh + \varrho r = 4b^2$ vereinfachen. Nun ist $\varrho^2 = 2rh - h^2$.

Wir schreiben also $\varrho r = 4b^2 - 2rh$, quadrieren diese Gleichung, ersetzen ϱ^2 durch den angegebenen Wert und weiter h durch den Bruch $2a^3/r^2$. Dadurch entsteht für den gesuchten Kugelradius r die kubische Gleichung

$$a^3 r^3 - 4b^4 r^2 + 8a^3 b^2 r - 5a^6 = 0.$$

Durch Einführung des Quotienten $r : a = x$ als neuer Unbekannten und des Verhältnisses $2b^2 : a^2 = \varkappa$ als bekannten Parameters nimmt sie die einfache Form $x^3 - \varkappa^2 x^2 + 4\varkappa x - 5 = 0$ an.

Die Diskriminante dieser Gleichung ist $\theta = -4\varkappa^6 + 104\varkappa^3 - 675$ oder, $\varkappa^3 = K$ gesetzt, $\theta = 4(K - 12\tfrac{1}{2})(13\tfrac{1}{2} - K)$.

Sie fällt also nur dann nicht negativ aus, wenn

$12\tfrac{1}{2} \leqq K \leqq 13\tfrac{1}{2}$ oder wenn $25a^6 \leqq 8b^6 \leqq 27a^6$ ist.

Unsere kubische Gleichung hat demnach eine, zwei (eine davon doppelt) oder drei positive Wurzeln, je nachdem $8b^6$ außerhalb, auf dem Rande oder innerhalb des Intervalls $(25a^6, 27a^6)$ liegt.

4. Wie dick ist eine Holzkugel, die, im Wasser schwimmend, 1 dm über die Wasseroberfläche emporragt, wenn das Holz die Dichte $D = 0{,}75$ besitzt?

Lösung: Bedeutet x den Kugelradius, so ist $2x - 1$ die Eintauchtiefe, also $(\pi/3)(2x-1)^2 \cdot (x+1)$ der Verdrang und zugleich das Verdranggewicht oder der Auftrieb, da die Dichte des Wassers 1 ist. Das Gewicht der Kugel ist $(4\pi/3)\, x^3 D = \pi x^3$. Daher gilt die Gleichung $(\pi/3)(2x-1)^2(x+1) = \pi x^3$ oder

$$x^3 = 3x - 1.$$

Hier ist $i = 1$, $j = -1$, so daß $4i^3 > j^2$ ist, also der casus irreducibilis vorliegt. Der Betrag $r = \sqrt{i}$ wird gleich 1, der Cosinus des Hilfswinkels Φ gleich $j : 2i\sqrt{i} = -1 : 2$, mithin $\Phi = 120^0$ und $\varphi = 40^0$.

Die drei Wurzeln unserer kubischen Gleichung sind daher

$$x_1 = 2r\cos\varphi = 2\cos 40^0, \quad x_2 = 2r\cos(\varphi + 120^0) = 2\cos 160^0,$$
$$x_3 = 2r\cos(\varphi + 240^0) = 2\sin 10^0.$$

Nur die erste ist brauchbar, da x_2 negativ und $x_3 < 1$ ist.

Der Kugelradius ist also $2\cos 40^0 = 1{,}532$, die gesuchte Kugeldicke 3,064 dm.

5. Bis zu welchem Bruchteil ihrer Höhe sinkt eine Eiskugel im Wasser ein?

Lösung: Wenn Wasser gefriert, dehnt es sich bekanntlich um 1/11 seines Volumens aus. Daher ist die Dichte von Eis 11/12. Bedeutet also h die Höhe der Eiskugel, so ist ihr Gewicht $G = (11\,\pi/72)\,h^3$. Nennen wir die Eintauchtiefe t, so ist $A = (\pi/3)\,t^2\,(1{,}5\,h - t)$ der Verdrang und zugleich der Auftrieb, den die Kugel erfährt. Aus $A = G$ folgt $t^3 - 1{,}5\,h\,t^2 + (11/24)\,h^3 = 0$ als Gleichung des Problems, so daß sich für den gesuchten Bruchteil $x = t : h$ die kubische Gleichung $x^3 - (3/2)\,x^2 + (11/24) = 0$ ergibt. Da die Diskriminante positiv ist, hat die Gleichung drei reelle Wurzeln, darunter zwei positive, aber nur eine brauchbare.

Für den reziproken Wert ξ von x haben wir die reduzierte Gleichung

$$\xi^3 = 3 \cdot (12/11)\,\xi - (24/11),$$

so daß, den Formeln für den casus irreducibilis entsprechend,

$$\xi = 2\,r\cos\varphi \quad \text{mit} \quad r = \sqrt{12 : 11} \quad \text{und} \quad \cos 3\,\varphi = -\sqrt{11 : 12}$$

ist.

Demnach wird $3\,\varphi = 163^0\,13{,}2'$, $\varphi = 54^0\,24{,}4'$, $x = 1 : \xi = 1 : 2\,r\cos\varphi = 0{,}8225$.

Die Kugel sinkt zu $^{41}/_{50}$ ihrer Höhe ein.

6. In eine Halbkugel den größten Kegelstumpf einzubeschreiben.

Lösung: Wir wählen den Halbkugelradius als Längeneinheit und drücken den Inhalt J eines einbeschriebenen Kegelstumpfs, dessen Basis mit der Halbkugelbasis zusammenfällt, durch den Cosinus x und Sinus y der Breite φ des oberen Grundkreises des Kegelstumpfs aus. Da der Radius des oberen Grundkreises x, die Höhe des Stumpfs y ist, so wird

$$3\,J = \pi\,y\,(1 + x + x^2).$$

Es handelt sich demnach darum, das Produkt $p = y\,(1 + x + x^2)$ zu einem Maximum zu machen.

Für φ als Argument ist die Ableitung $p' = x\,(1 + x + x^2) - y^2\,(1 + 2\,x)$ oder $p' = x + x^2 + x^3 - (1 - x^2)\,(1 + 2\,x) = 3\,x^3 + 2\,x^2 - x - 1$.

Da das Maximum bei verschwindendem p' eintritt, erhalten wir für den Cosinus x der Breite die kubische Bestimmungsgleichung

$$3\,x^3 + 2\,x^2 - x - 1 = 0.$$

Wir setzen $9\,x + 2 = X$ und haben die reduzierte Gleichung

$$X^3 = 3\,i\,X + j$$

mit $i = b^2 - 3\,ac = 13$, $j = 9\,abc - 27\,a^2d - 2\,b^3 = 173$.

Die quadratische Hilfsgleichung $W^2 - j\,W + i^3 = 0$ mit den Wurzeln U und V wird $W^2 - 173\,W + 2197 = 0$. So wird $U = 159{,}2$, $V = 13{,}8$ und weiter $u = 5{,}41977$, $v = 2{,}39861$, $X = u + v = 7{,}81838$, $x = 0{,}64649$ und $\varphi = 49^0\,43{,}3'$.

7. Welcher von allen einer Halbkugel einbeschriebenen Kegelstümpfen hat die größte Oberfläche?

Lösung: Wir wählen den Kugelhalbmesser als Längeneinheit und nennen die Neigung der Verbindungslinie des Mittelpunkts der Kegelstumpfseite mit dem Kugelzentrum gegen die mit der Halbkugelbasis zusammenfallende Kegelstumpfbasis φ, ihren Sinus i, ihren Cosinus o.

Dann sind die Stumpfradien $r = 1$ und $\varrho = \cos 2\varphi = 1 - 2i^2$, die Stumpfseite $s = 2i$ und die Stumpfoberfläche

$$O = \pi r^2 + \pi \varrho^2 + \pi (r + \varrho) s = 2\pi (1 + 2i - 2i^2 - 2i^3 + 2i^4).$$

Es kommt sonach darauf an, den Ausdruck $u = i - i^2 - i^3 + i^4$ durch Wahl von i zu einem Maximum zu machen.

Das führt auf die kubische Bedingungsgleichung $1 - 2i - 3i^2 + 4i^3 = 0$. Ihre Wurzeln sind

$$i = 1, \quad i = (\mathfrak{r} - 1)/8, \quad i = (-\mathfrak{r} - 1)/8 \quad \text{mit} \quad \mathfrak{r} = \sqrt{17}.$$

Nur die zweite kommt für unsern Zweck in Frage. Aus

$$\sin\varphi = (\sqrt{17} - 1)/8 \quad \text{folgt} \quad \varphi = 22^0\,58{,}7'.$$

8. Ein über dem Dreieck ABC mit den gegebenen Seiten a, b, c als waagrechter Grundfläche errichtetes dreiseitiges Prisma so zu durchschneiden, daß der Schnitt ein gleichseitiges Dreieck bildet.

Lösung: Der gesuchte Schnitt habe die Seite s und treffe die drei in A, B, C errichteten Prismenkanten an den Stellen X, Y, Z in den Abständen $AX = x$, $BY = y$, $CZ = z$ von der Grundfläche.

Wir setzen etwa $x < y < z$ voraus, achten aber darauf, daß die entstehende Bestimmungsgleichung für die Unbekannte s von dieser Voraussetzung nicht abhängt.

Nach Pythagoras finden wir nun leicht

$$z - y = \sqrt{s^2 - a^2}, \quad z - x = \sqrt{s^2 - b^2}, \quad y - x = \sqrt{s^2 - c^2}$$

und hieraus wegen $y - x = (z - x) - (z - y)$

$$\sqrt{s^2 - c^2} = \sqrt{s^2 - b^2} - \sqrt{s^2 - a^2}.$$

Die (durch zweimalige Quadrierung bewirkte) Rationalisierung dieser Gleichung ergibt die biquadratische Gleichung

$$3s^4 - 2Hs^2 + K = 0$$

für die Unbekannte s, wo H die Norm $a^2 + b^2 + c^2$ der Dreiecksseiten a, b, c, und K das 16fache Inhaltsquadrat des Dreiecks ABC bedeutet.

Wir sehen, daß diese stereometrische Aufgabe auf dieselbe biquadratische Gleichung führt wie die planimetrische Fitz-Patrick-Aufgabe (§ 29).

Da aber s größer als a, b wie auch c sein muß, so liefert hier — im Gegensatz zur Fitz-Patrick-Aufgabe — die größere der beiden positiven Wurzeln der biquadratischen Gleichung die Lösung.

9. Lagranges Triederaufgabe

Ein vorgelegtes Trieder so zu schneiden, daß der Schnitt einem gegebenen Dreieck kongruent ist.

Lösung: Wir nennen den Triederscheitel S, die Stellen, wo der gesuchte Schnitt die drei Triederkanten trifft, A, B, C, die Cosinus der bekannten Winkel BSC, CSA. ASB l, m, n, die unbekannten Abschnitte SA, SB, SC x, y, z. Da die Seiten BC, CA, AB des Schnitts die Längen a, b, c der gegebenen Dreiecksseiten haben müssen, gelten nach dem auf die Dreiecke

BSA, *CSA*, *ASB* angewandten Cosinussatze die drei Gleichungen

$$\left\{\begin{array}{l} y^2 + z^2 - 2\,l\,y\,z = a^2 \\ z^2 + x^2 - 2\,mzx = b^2 \\ x^2 + y^2 - 2\,nxy = c^2 \end{array}\right\}$$

für die unbekannten Abschnitte x, y, z.

Wir führen die Quotienten $y:z$ und $x:z$ als neue Unbekannte ein:

$$y:z = u, \qquad x:z = v$$

und verwandeln das Gleichungstripel dadurch in

$$\left\{\begin{array}{ll} 1 + u^2 - 2\,lu & = a^2 : z^2 \\ 1 + v^2 - 2\,mv & = b^2 : z^2 \\ u^2 + v^2 - 2\,nuv & = c^2 : z^2 \end{array}\right\}.$$

Teilen wir im neuen Tripel die erste und zweite Gleichung durch die dritte, so entsteht das Gleichungspaar

$$(1 + u^2 - 2\,lu)\,/\,(u^2 + v^2 - 2\,nuv) = a^2/c^2,$$
$$(1 + v^2 - 2\,mv)\,/\,(u^2 + v^2 - 2\,nuv) = b^2/c^2,$$

für die beiden Unbekannten u und v.

Wir schreiben es

(1) $$(a^2 - c^2)\,u^2 - 2\,a^2 nuv + a^2 v^2 + 2\,c^2 lu - c^2 = 0,$$

(2) $$b^2 u^2 - 2\,b^2 nuv + (b^2 - c^2)\,v^2 + 2\,c^2 mv - c^2 = 0.$$

Fassen wir u und v als rechtwinklige Koordinaten in einer Ebene auf, so stellen (1) und (2) zwei Kegelschnitte dar, und die Lagrangesche Aufgabe kommt darauf hinaus, die Koordinaten der Durchschnittspunkte zweier gegebenen Kegelschnitte zu bestimmen. Bekanntlich wird diese Aufgabe durch Zurückführung auf eine biquadratische Gleichung gelöst (§ 45).

Nach Ermittlung von u und v findet man z z. B. aus $\quad 1 + u^2 - 2\,lu = a^2 : z^2$,

sodann x und y aus $\quad y = uz, \quad x = vz.$

(Lagrange stellte die Aufgabe in den Mémoires de l'Académie de Berlin, 1773 und führte 1795 die Lösung auf eine biquadratische Gleichung zurück.)

§ 31. Aufgaben aus der analytischen Geometrie

1. Barkers Gleichung

Die Stellung eines Kometen von bekannter Periheldistanz k zu einer vorgeschriebenen Zeit t (t-Tage nach dem Periheldurchgang) zu ermitteln.

Die Stellung des Kometen zur Zeit t wird bekanntlich durch die wahre Anomalie $W = \sphericalangle AOP$ festgelegt, d. h. durch den Winkel, den der Brennstrahl $OP = r$ (zur Zeit t) mit der Periheldistanz $OA = k$ bildet (O bedeutet das Sonnenzentrum). Der vom Minimalbrennstrahl k, dem Brennstrahl r und dem in der Zeit t durchlaufenen Bahnbogen AP eingeschlossene Parabelsektor S ist nach Keplers Gesetz der Zeit t proportional;

$$S = Kt \quad \text{mit} \quad K = 0{,}01720\sqrt{k/2},$$

ist also für jeden Zeitpunkt t bekannt.

Der Parabelsektor ist zugleich, wie Barker gefunden hat, ein einfaches kubisches Polynom des Tangens T der halben wahren Anomalie, was wir kurz herleiten wollen.

Fällen wir vom Parabelpunkte P auf die Parabelachse AO das Lot PX, so ist $AX = x$ die Abszisse, $XP = y$ die Ordinate von P, und der Inhalt des parabolischen Halbabschnitts AXP hat nach Archimedes den Wert $^2/_3\, xy$. Wir erhalten den Sektor S, wenn wir den Halbabschnitt um den Inhalt $(x - k)\, y : 2$ des Dreiecks OXP vermindern. Das gibt $S = y\,(x + 3k)/6$.

Nun ist aber $\quad x + k = r, \quad y = r \sin W$

und nach der Polargleichung der Parabel $\quad r = 2k/(1 + \cos W)$,

folglich mit Einführung des Barkerschen Parameters $\quad T = \operatorname{tg}(W/2)$

$$r = k\,(1 + T^2), \qquad x = k\,T^2, \qquad y = 2\,k\,T.$$

Die Substitution dieser Werte für x und y in die obige Inhaltsformel liefert

Barkers Formel: $\quad \boldsymbol{S = k^2\left(T + \frac{1}{3} T^3\right).}$

Da bei der oben gestellten Aufgabe k und S als bekannt anzusehen sind, besteht unsere Aufgabe in der Auflösung der kubischen Gleichung

$$T + \frac{1}{3}\, T^3 = C,$$

wo C eine gegebene Konstante bedeutet.

Um eine besonders einfache Lösung zu bekommen, setzen wir

(1) $$T = \cot \varphi - \operatorname{tg} \varphi,$$

unter φ einen unbekannten Hilfswinkel verstanden. Dadurch wird

$T^3 = \cot^3 \varphi - \operatorname{tg}^3 \varphi - 3 \cot \varphi \operatorname{tg} \varphi\, (\cot \varphi - \operatorname{tg} \varphi) = \cot^3 \varphi - \operatorname{tg}^3 \varphi - 3\, T$

und der Ausgangsgleichung gemäß

$$\cot^3 \varphi - \operatorname{tg}^3 \varphi = 3\, C.$$

Durch Einführung eines durch die Gleichungen

(2) $$\operatorname{tg}^3 \varphi = \operatorname{tg} \Phi, \qquad \cot^3 \varphi = \cot \Phi$$

festgelegten weiteren Hilfswinkels Φ entsteht nunmehr $\quad \cot \Phi - \operatorname{tg} \Phi = 3\, C$

oder

(3) $$\cot 2\Phi = 1{,}5\; C.$$

Der einfache Rechnungsvorgang ist demnach folgender:

1. Man berechnet nach (3) den Winkel Φ.
2. Man berechnet nach (2) den Winkel φ.
3. Man findet gemäß (1) $\quad \operatorname{tg}(W/2) = T$

und damit die gesuchte wahre Anomalie W.

2. Wieviel Lote lassen sich vom Punkte (ξ, η) auf die Ellipse $b^2 x^2 + a^2 y^2 = a^2 b^2$ fällen?

Lösung: Bedeutet (x, y) den unbekannten Fußpunkt eines Lots, so ist die Steigung des Lots $(\eta - y) : (\xi - x)$, während die durch den Fußpunkt laufende Ellipsentangente die Steigung $-b^2 x : a^2 y$ hat. Da die beiden Steigungen das Produkt -1 haben, ergibt sich die Bedingungsgleichung

$$[(\eta - y) / (\xi - x)] \cdot (b^2 x) / (a^2 y) = 1$$

oder $\quad a^2 \xi y - b^2 \eta x = e^2 x y \quad$ mit $\quad e^2 = a^2 - b^2$.

Nehmen wir für die Ellipsengleichung die Parameterform

$$x = a\,(1 - t^2) / (1 + t^2), \qquad y = b\, 2\,t/(1 + t^2),$$

wo t den (variablen) Parameter bedeutet, so liefert die Substitution dieser Werte in die Bedingungsgleichung für die Unbekannte t die Relation

$$2\,e^2 t\,(1-t^2)\,/\,(1+t^2) = 2\,a\xi t - b\,\eta\,(1-t^2).$$

Sie vereinfacht sich durch Einführung der Abkürzungen

$$e^2 : a = \alpha, \qquad e^2 : b = \beta, \qquad \xi : \alpha = \lambda, \qquad \eta : \beta = \mu$$

zu $$2\,t\,(1-t^2) : (1+t^2) = 2\,\lambda t - \mu\,(1-t^2)$$

oder $$t^4 + 2\,[(\lambda+1)\,/\,\mu]\,t^3 + 2\,[(\lambda-1)\,/\,\mu]\,t - 1 = 0,$$

womit das Problem auf eine biquadratische Gleichung zurückgeführt ist. Diese hat nach Legendres Satze vier reelle ungleiche Wurzeln, zwei reelle Wurzeln und eine Doppelwurzel oder zwei reelle und zwei komplexe Wurzeln, je nachdem $$(\lambda : \mu)^{2/3} - (1 : \mu)^{2/3} + 1 \lesseqgtr 0$$

d. h. je nachdem $$\lambda^{2/3} + \mu^{2/3} \lesseqgtr 1 \qquad \text{ist.}$$

Vom Punkte (ξ, η) sind demnach vier, drei oder zwei (reelle) Lote auf die Ellipse möglich, je nachdem der Punkt innerhalb, auf oder außerhalb der Kurve

$$(\xi/\alpha)^{2/3} + (\eta/\beta)^{2/3} = 1$$

liegt.

Diese Kurve ist bekanntlich die Ellipsenevolute.

3. Astroistangente: Im Punkte (a, b) der Astrois

$$x^{2/3} + y^{2/3} = l^{2/3}$$

die Tangente zu bestimmen.

Lösung: Der Punkt (a, b) liege im ersten Quadranten. Wir ermitteln den spitzen Winkel τ, den die verlangte Tangente mit der x-Achse bildet und führen zu diesem Zwecke seinen Sinus i und seinen Cosinus o ein.

Da das Gefälle der Astrois im Punkte (x, y) den Wert $\sqrt[3]{y : x}$ hat, so erhalten wir die Gleichung $$\operatorname{tg}\tau = i/o = \sqrt[3]{b/a} \qquad \text{oder} \qquad i^2/o^2 = b^{2/3}/a^{2/3}.$$

Hieraus findet sich $$i^2 = b^{2/3}/l^{2/3}, \qquad o^2 = a^{2/3}/l^{2/3}$$

und weiter $$a/o + b/i = l.$$

Um eine Gleichung für o allein zu bekommen, schreiben wir

$$i = b\,o/(lo-a), \qquad i^2 = 1 - o^2 = b^2 o^2/(lo-a)^2$$

und erhalten für o die biquadratische Gleichung

$$l^2 o^4 - 2\,lao^3 + (a^2 + b^2 - l^2)\,o^2 + 2\,lao - a^2 = 0.$$

Für i findet sich ähnlich

$$l^2 i^4 - 2\,lb\,i^3 + (a^2 + b^2 - l^2)\,i^2 + 2\,lb\,i - b^2 = 0.$$

Diese beiden biquadratischen Gleichungen gestatten durch Einführung des spitzen Hilfswinkels $\varkappa$, dessen Cosinus λ und Sinus μ durch die Vorschriften

$$a = l\lambda^3, \qquad b = l\mu^3$$

festgelegt sind, noch folgende kleine Vereinfachung:

(1) $$o^4 - 2\,\lambda^3 o^3 - 3\,\lambda^2\mu^2 o^2 + 2\,\lambda^3 o - \lambda^6 = 0,$$

(2) $$i^4 - 2\,\mu^3 i^3 - 3\,\mu^2\lambda^2 i^2 + 2\,\mu^3 i - \mu^6 = 0,$$

wobei noch der Mittelkoeffizient statt $\lambda^6 + \mu^6 - 1$ geschrieben wurde $3\,\lambda^2\mu^2$ [entsprechend der Identität $(\lambda^2 + \mu^2)^3 = \lambda^6 + \mu^6 + 3\,\lambda^2\mu^2$].

Man erkennt leicht, daß (1) die Doppelwurzel λ, (2) die Doppelwurzel μ hat, daß also die linke Seite von (1) durch $(o-\lambda)^2$, die von (2) durch $(i-\mu)^2$ ohne Rest teilbar ist. Damit schreiben sich (1) und (2) wie folgt:

$$(1') \qquad (o-\lambda)^2\,(o^2+2\,\lambda\mu^2 o-\lambda^4)=0,$$

$$(2') \qquad (i-\mu)^2\,(i^2+2\,\mu\lambda^2 i-\mu^4)=0.$$

Die für die Lösung unserer Aufgabe in Betracht kommenden Wurzeln sind die beiden Doppelwurzeln $\quad o=\lambda \quad$ und $\quad i=\mu$.

In der Tat wird dabei $\quad a/o + b/i = a/\lambda + b/\mu = l\,(\lambda^2+\mu^2) = l.$

Daß z. B. die (positive) Wurzel $o=\lambda\,(u-\mu^2)$ [mit $u^2=\mu^4+\lambda^2$] des zweiten Faktors der linken Seite von (1′) unbrauchbar ist, folgt aus der Echtheit des Bruches $u-\mu^2$ [es ist nämlich $1<1+3\,\mu^2$, mithin $\lambda^2+\mu^2<1+3\,\mu^2$ oder $\lambda^2<1+2\,\mu^2$ und $\lambda^2+\mu^4<(1+\mu^2)^2$ oder $u<1+\mu^2$.]. Dadurch wird $a:o>a:\lambda$, so daß bei jeder andern Wahl als $o=\lambda$, $i=\mu$ der Ausdruck $a/o + b/i$ größer als $a/\lambda + b/\mu = l$ ausfällt.

Zusatz. Es ist nicht ohne Reiz, zu bemerken, daß die Ausgangsgleichung

$$(a/\cos\tau) + (b/\sin\tau) = l,$$

die, wie wir gesehen haben, auf eine biquadratische Gleichung hinauskommt, für unsere geometrische Aufgabe auch ohne das Zurückgreifen auf eine biquadratische Gleichung gelöst werden kann.

Führen wir nämlich gleich den obigen Hilfswinkel $\varkappa$ ein, dessen Cosinus λ und Sinus μ durch die Vorschriften $\quad a=l\lambda^3, \quad b=l\mu^3 \quad$ bestimmt sind, so lesen wir aus $\quad \lambda^3/o+\mu^3/i=1 \quad$ sofort ab:

$$o=\lambda, \qquad i=\mu, \qquad \text{da ja } \lambda^2+\mu^2=1 \text{ ist.}$$

4. Das Kreisbillardproblem: Auf einem Billard mit kreisförmiger Bande liegen zwei punktförmige Bälle; den einen von ihnen so zu stoßen, daß er nach dem Anprall gegen die Bande den andern trifft.

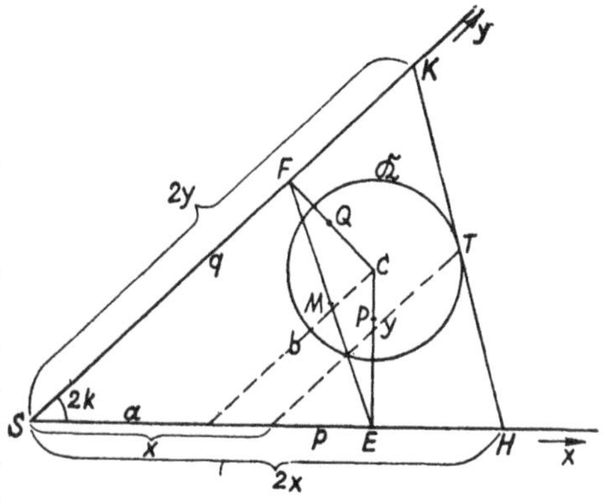

Lösung: Wir nennen den Begrenzungskreis des Billards $\mathfrak{K}$, sein Zentrum C, seinen Radius r, die Punkte, wo die Bälle liegen, P und Q, den Punkt, wo der gestoßene Ball P die Bande $\mathfrak{K}$ trifft, T. Dann bilden die beiden Ballwege PT und TQ mit dem Radius TC gleiche Winkel. Daher sind auch die von T ausgehenden, durch P und Q laufenden Kreissehnen TPU und TQV gleich, gleich endlich auch die vier in den Sehnenendpunkten T, U, V an den Kreis gelegten Tangenten TH, UH, TK, VK, so daß

$$TH = TK$$

ist.

Da P auf der Polare von H und Q auf der Polare von K liegt, liegt auch H auf der Polare p von P und K auf der Polare q von Q.

Die Polaren p und q sind aber durch die Punkte P und Q gegeben, dgl. ihr Schnittpunkt S und ihr Zwischenwinkel $HSK = 2\varkappa$.
Damit kommt die obige Billardaufgabe auf folgende heraus:

Eine von den Schenkeln p und q eines gegebenen Winkels $2\varkappa$ begrenzte Strecke HK zu zeichnen, die einen gegebenen Kreis $\mathfrak{K}$ in ihrem Mittelpunkte T berührt.

Diese Aufgabe wird am besten analytisch gelöst. Wir wählen den Scheitel S des gegebenen Winkels als Ursprung, die Schenkel p und q als x- und y-Achse eines Koordinatensystems und nennen die Koordinaten des Zentrums C von $\mathfrak{K}$ a und b.
In diesem System lautet die Gleichung des Kreises $\mathfrak{K}$

(1) $$(x-a)^2 + (y-b)^2 + 2O(x-a)(x-b) = r^2,$$

wo O den Cosinus des Winkels $2\varkappa$ bedeutet.
Durch Klammerauflösung erhält sie die Form

(1a) $$f \equiv x^2 + y^2 + 2Oxy - 2\alpha x - 2\beta y + \Pi = 0,$$

wo $$\alpha = a + bO, \quad \beta = b + aO, \quad \Pi = a^2 + b^2 + 2abO - r^2$$

ist. Was die geometrische Bedeutung der drei Koeffizienten α, β, Π anbetrifft, so sind α und β die Abstände der Fußpunkte E und F der von C auf p und q gefällten Lote (der Spiegelbilder von P und Q in $\mathfrak{K}$) von S, während $\Pi = SC^2 - r^2$ die Potenz von $\mathfrak{K}$ im Ursprung S bedeutet.
Die Gleichung der durch den beliebigen Kreispunkt (x, y) laufenden Kreistangente in laufenden Koordinaten (ξ, η) lautet

$$u(\xi - x) + v(\eta - y) = 0,$$

wo

$$u = x + Oy - \alpha, \qquad v = y + Ox - \beta$$

die Halbableitungen von f nach x und y sind.
Bedeutet nunmehr (x, y) den Punkt T, so befriedigt z. B. der Punkt $H \equiv (2x, 0)$ die Gleichung der durch T laufenden Tangente, und wir erhalten die Gleichung $ux = vy$ oder ausführlich

(2) $$\varphi \equiv x^2 - y^2 - \alpha x + \beta y = 0$$

als zweite Bestimmungsgleichung für die unbekannten Koordinaten x und y des gesuchten Treffpunktes T.

Die gefundene Gleichung (2) in laufenden Koordinaten x, y ist die Gleichung einer rechtwinkligen (gleichseitigen) Hyperbel $\mathfrak{H}$.

Diese Hyperbel läuft durch die vier Punkte S, E, F, C, und ihr Zentrum ist der Mittelpunkt M der Strecke EF, wie daraus folgt, daß die Koordinaten

$(0,0)$ von S, $(\alpha, 0)$ von E, $(0, \beta)$ von F, (a, b) von C

die Hyperbelgleichung, die Koordinaten $(\alpha/2, \beta/2)$ von M die Bedingungsgleichungen $\varphi_x = 0$, $\varphi_y = 0$ des Hyperbelzentrums erfüllen.

Daß M Hyperbelzentrum ist, geht auch daraus hervor, daß die Kurvengleichung (2) durch die Transformation

$$x = X + \alpha/2, \qquad y = Y + \beta/2$$

zu einem neuen Koordinatensystem mit dem Ursprung M und mit den den alten Achsen parallelen Achsen in

(2a) $$X^2 - Y^2 = (\alpha^2 - \beta^2)/4$$

übergeht.

Wir können daher sagen:
Der gesuchte Treffpunkt T liegt auf der durch die vier Punkte C, S, E, F laufenden rechtwinkligen Hyperbel; wo die Hyperbel den Kreis schneidet, liegt T.

Um die Lage der Hyperbel $\mathfrak{H}$ noch besser zu erkennen, betrachten wir ihre Asymptoten. Zu dem Zwecke führen wir ein neues, diesmal rechtwinkliges Koordinatensystem $\mathfrak{X}\,\mathfrak{Y}$ ein, dessen Ursprung mit M zusammenfällt, dessen $\mathfrak{X}$-Achse der Halbierer des von der X- und Y-Achse gebildeten Winkels $2\,\varkappa$ ist (dem Halbierer des Winkels $p\,q$ parallel läuft).

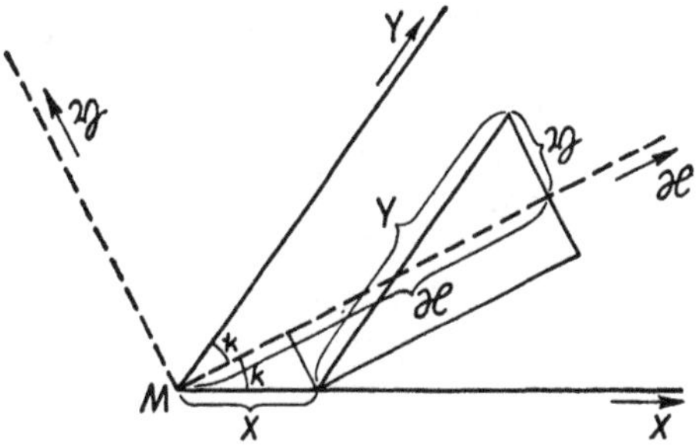

Die unmittelbar aus der Figur ablesbaren Transformationsgleichungen lauten

$$\mathfrak{X} = o\,X + o\,Y, \qquad \mathfrak{Y} = i\,Y - i\,X$$

mit $o = \cos\varkappa$, $i = \sin\varkappa$.

Durch sie verwandelt sich (2a) in

(2b) $$\mathfrak{X}\mathfrak{Y} = \mathfrak{P} \qquad \text{mit} \quad \mathfrak{P} = (\beta^2 - \alpha^2)\,o\,i/4.$$

Die beiden Achsen des neuen Systems sind also die Asymptoten der Hyperbel.

Die Asymptoten der Hyperbel $\mathfrak{H}$ laufen den Halbierern der beiden von den Polaren p und q der gegebenen Punkte gebildeten Winkel parallel. Das Hyperbelzentrum liegt in der Mitte der Strecke EF, und der Asymptotenwinkelraum, in dem die Hyperbel verläuft, ist der, in dem die beiden Punkte C und S liegen.

Durch diese Angaben ist die Hyperbel vollständig bestimmt und kann gezeichnet werden.

Um die Koordinaten der Schnittpunkte T des Kreises $\mathfrak{K}$ und der Hyperbel $\mathfrak{H}$ auch rechnerisch zu ermitteln, führen wir ein rechtwinkliges Koordinatensystem $\mathfrak{x}\mathfrak{y}$ ein, dessen Ursprung das Kreiszentrum C ist, dessen Achsen den Hyperbelasymptoten parallel laufen. Hat C im $\mathfrak{X}\,\mathfrak{Y}$-System die Koordinaten $\mathfrak{A}$ und $\mathfrak{B}$, so lauten die Transformationsgleichungen

$$\mathfrak{X} = \mathfrak{x} + \mathfrak{A}, \qquad \mathfrak{Y} = \mathfrak{y} + \mathfrak{B},$$

und die Hyperbelgleichung im neuen System wird

(2c) $$\mathfrak{x}\mathfrak{y} + \mathfrak{B}\mathfrak{x} + \mathfrak{A}\mathfrak{y} = 0,$$

während die Kreisgleichung in der Mittelpunktsform

(1b) $$\mathfrak{x}^2 + \mathfrak{y}^2 = r^2$$

erscheint.

Nach (1b) hat der gesuchte Schnittpunkt die Koordinaten

$$\mathfrak{x} = r\,(1 - t^2) / (1 + t^2), \qquad \mathfrak{y} = r\,2\,t \,/\, (1 + t^2),$$

unter t eine geeignete Unbekannte verstanden.

Durch Substitution dieser Werte in (2c) entsteht für die Unbekannte t die biquadratische Gleichung

(3) $$t^4 + 2\,[(r - \mathfrak{A}) / \mathfrak{B}]\,t^3 - 2\,[(r + \mathfrak{A}) / \mathfrak{B}]\,t - 1 = 0,$$

also eine Gleichung vom Legendreschen Typus.

Nach Legendres Satz hat sie vier reelle ungleiche Wurzeln, zwei reelle Wurzeln und eine Doppelwurzel oder zwei reelle und zwei komplexe Wurzeln, je nachdem

$$(\mathfrak{A} : \mathfrak{B})^{2/3} - (r : \mathfrak{B})^{2/3} + 1 \lesseqgtr 0$$

ist, d. h. je nachdem

$$\mathfrak{A}^{2/3} + \mathfrak{B}^{2/3} \lesseqgtr r^{2/3}$$

ist; geometrisch gesprochen: je nachdem das Kreiszentrum C innerhalb, auf oder außerhalb der Astrois $\mathfrak{X}^{2/3} + \mathfrak{Y}^{2/3} = r^{2/3}$ liegt.

Ergebnis:

Unsere Aufgabe hat mindestens zwei, höchstens aber vier Lösungen.

Die Stellen T der Billardbande, nach denen man zielen muß, sind die Schnittpunkte der Bande mit einer gewissen rechtwinkligen Hyperbel.

Diese Hyperbel läuft durch das Bandenzentrum C und durch den Schnittpunkt S der Polaren der vorgelegten Ballstellungen für den Bandenkreis. Das Hyperbelzentrum liegt in der Mitte der Verbindungslinie der Spiegelbilder dieser Stellungen im Kreise.

Die Hyperbelasymptoten laufen den Halbierern der von den genannten Polaren gebildeten Winkel parallel.

Die Hyperbel hat vier, drei oder zwei Punkte T mit dem Kreise gemein, je nachdem die biquadratische Gleichung (3) vier, drei oder nur zwei reelle Wurzeln hat; geometrisch gesprochen: je nachdem das Kreiszentrum innerhalb, auf oder außerhalb der Astroide liegt, die die Hyperbelasymptoten als Achsen, den Kreisdurchmesser als Durchmesser hat.

(Im zweiten Falle schneidet der durch das Kreiszentrum laufende Hyperbelast den Kreis zweimal, während der andere Ast den Kreis berührt.)

5. Die von einer Halblemniskate umschlossene Fläche durch eine Senkrechte zur Symmetrieachse zu halbieren.

Lösung: Die Spitze der Halblemniskate sei O, die Symmetrieachse $OA = a$. Bedeutet dann $OP = r$ den Radiusvektor irgend eines Punktes der Kurve, ϑ seine Neigung gegen die Symmetrieachse, so ist bekanntlich

$$r^2 = a^2 \cos 2\vartheta$$

die Gleichung der Kurve in Polarkoordinaten. Für den Sektor OAP bekommen wir also den Inhalt

$$S = \int_0^{\vartheta} (1/2)\, r^2\, d\vartheta = (1/4)\, a^2 \sin 2\vartheta,$$

so daß beispielsweise ($\vartheta = 45^0$) die von der Halblemniskate umschlossene Fläche den Inhalt $(1/2)\, a^2$ hat.

Bedeutet nunmehr P den einen Endpunkt der gesuchten Halbierungssehne und F den Fußpunkt des von P auf die Symmetrieachse gefällten Lots, so ist der Inhalt der von den Strecken AF und FP und dem Lemniskatenbogen

AP umschlossenen Fläche einerseits $(1/8)\,a^2$, anderseits

Sektor OAP — Dreieck $OFP = (1/4)\,a^2 \sin 2\vartheta - (1/2)\,a^2 \cos 2\vartheta \sin\vartheta \cos\vartheta$,

so daß wir für den gesuchten Winkel ϑ die Bedingung

$$1/2 = \sin 2\vartheta - \cos 2\vartheta \sin 2\vartheta \qquad \text{erhalten.}$$

Daher ist $x = \sin 2\vartheta$ Wurzel der biquadratischen Gleichung

$$x^4 - x + 0{,}25 = 0.$$

Man findet $x = 0{,}89679$, $\vartheta = 31^0\,52{,}2'$, $OF = 0{,}5649\,a$.

6. Aufgabe von H. Brocard

Den Ort der Zentra aller Kreise zu finden, die eine Pascalschnecke doppelt berühren.

Lösung: Wir legen ein rechtwinkliges xy-Koordinatensystem mit dem Doppelpunkt der Schnecke als Ursprung und der Symmetrieachse der Schnecke als x-Achse zugrunde. Die Polargleichung der Schnecke lautet dann

$$(1) \qquad r = a + b\cos\vartheta,$$

wo b den Durchmesser des Erzeugungskreises und ϑ die Neigung des Radiusvektor r gegen die x-Achse bedeutet.

Ein Kreis $\mathfrak{K}$ vom Zentrum (x, y) und Halbmesser h schneide die Schnecke im Punkte P mit den Polarkoordinaten (ϑ, r). Dann gelten die Gleichungen (1) und

$$(2) \qquad (ro - x)^2 + (ri - y)^2 = h^2$$

unter o den Cosinus, i den Sinus von ϑ verstanden.

Unsere Aufgabe besteht darin, eine Gleichung aufzustellen, die von den beiden Variablen ϑ und r nur noch r enthält. Die dazu nötige Elimination von ϑ beruht auf den Gleichungen

$$o = (r - a)/b \qquad \text{und} \qquad i^2 = 1 - o^2 = 1 - [(r - a)/b]^2.$$

Aus (2) wird zunächst

$$r^2 - 2r(ox + iy) + \pi = 0 \qquad \text{mit} \quad \pi = x^2 + y^2 - h^2,$$

sodann $$iy = [(b - 2x)\,r^2 + 2axr + b\pi]\,/\,(2br)$$

und hieraus durch Quadrierung

$$y^2\,(1 - [(r - a)/b]^2) = ([(b - 2x)\,r^2 + 2axr + b\pi]\,/\,(2br))^2.$$

Damit bekommen wir für r die biquadratische Gleichung

$$Ar^4 + Br^3 + Cr^2 + Dr + E = 0$$

mit $A = (b - 2x)^2 + 4y^2$, $B = 4ax(b - 2x) - 8ay^2$,

$C = 4a^2x^2 + 2b(b - 2x)\pi - 4(b^2 - a^2)\,y^2$, $D = 4abx\pi$, $E = b^2\pi^2$.

Die vier Wurzeln dieser Gleichung sind die Radienvektoren, die nach den (vier) Schnittpunkten des Kreises $\mathfrak{K}$ mit der Schnecke laufen.

Der Kreis $\mathfrak{K}$ hat also mit der Schnecke zwei Berührungspunkte gemeinsam, wenn die biquadratische Gleichung zwei Doppelwurzeln besitzt. Letzteres ist der Fall, wenn die beiden Koeffizientenbeziehungen

$$AD^2 = EB^2 \qquad \text{und} \qquad 8A^2D + B^3 = 4ABC$$

erfüllt sind (§ 20).

Die erste dieser Bedingungen wird hier

$$(b^2 - 4bx + 4N)\,x^2 = (bx - 2N)^2 \qquad \text{mit} \quad N = x^2 + y^2.$$

Das gibt $$N^2 - bxN - x^2N + bx^3 = 0$$

oder $(N - x^2)(N - bx) = 0$

oder endlich $y^2(x^2 + y^2 - bx) = 0.$

Hieraus geht hervor, daß

entweder $y = 0$ oder $x^2 + y^2 = bx$ sein muß.

Der gesuchte Ort besteht demnach aus der x-Achse — was von vornherein klar war — und dem Erzeugungskreis.

7. Welche Tangente der Ellipsenevolute ist zugleich Normale der Evolute?

Lösung: Die der Aufgabe zugrunde liegende Ellipse habe die Gleichung

$$(x/a)^2 + (y/b)^2 = 1.$$

Die Gleichung der Ellipsenevolute lautet dann

$$(x/\alpha)^{2/3} + (y/\beta)^{2/3} = 1,$$

wo $\alpha = e^2 : a$ und $\beta = e^2 : b$ (mit $e^2 = a^2 - b^2$)

die Halbachsen der Evolute sind.

Die Lösung der Aufgabe gestaltet sich am einfachsten, wenn wir das Irrationale der obigen Gleichungsform vermeiden und die Evolutengleichung in Parameterdarstellung:

$$x = \alpha \cos^3 t, \qquad y = \beta \sin^3 t$$

ansetzen, wo t den variablen Parameter bedeutet.

Schon eine einfache Skizze zeigt, daß z. B. auf dem ersten Quadranten der Evolute ein Punkt $p(x, y)$, auf dem vierten ein Punkt $P(X, Y)$ existiert derart, daß die Verbindungslinie pP den vierten Quadranten in P tangiert, auf dem ersten Quadranten in p senkrecht steht, mithin zugleich Tangente und Normale der Evolute ist.

Sind t und T die den Punkten p und P entsprechenden Werte des Parameters, so gelten zunächst die Gleichungen

$x = \alpha \cos^3 t, \quad y = \beta \sin^3 t; \quad X = \alpha \cos^3 T, \quad Y = \beta \sin^3 T$ oder kürzer, wenn wir $\cos t = o, \quad \sin t = i; \quad \cos T = O, \quad \sin T = J$ setzen

$$x = \alpha o^3, \qquad y = \beta i^3; \qquad X = \alpha O^3, \qquad Y = \beta J^3.$$

Die Steigungen der Evolute an den Stellen p und P sind

$$\mathfrak{s} = -\beta i : \alpha o \qquad \text{und} \qquad \mathfrak{S} = -\beta J : \alpha O.$$

Da die Tangente (mit der Steigung $\mathfrak{s}$) in p auf der Tangente Pp (mit der Steigung $\mathfrak{S}$) in P senkrecht steht, haben wir die Relation $\mathfrak{S}\mathfrak{s} = -1$, so daß wir als erste Beziehung zwischen den Größen o, i, O, J

$$(1) \qquad \alpha^2 O o + \beta^2 J i = 0$$

erhalten.

Eine zweite Beziehung bekommen wir durch Gleichsetzen der beiden Werte $(Y - y) : (X - x)$ und $\mathfrak{S}$ der Steigungen der Geraden Pp. Sie lautet

$$\beta(J^3 - i^3) : \alpha(O^3 - o^3) = -\beta J : \alpha O \quad \text{oder} \quad O(J^3 - i^3) + J(O^3 - o^3) = 0$$

oder mit Rücksicht auf die Formel $O^2 + J^2 = 1$

$$(2) \qquad O i^3 + J o^3 = OJ.$$

Es handelt sich jetzt darum, aus den Beziehungen (1) und (2) etwa die Größen O und J zu eliminieren. Zu dem Zwecke schreiben wir sie

$$\left\{ \begin{array}{l} \beta^2 i U + \alpha^2 o V = 0 \\ o^3 U + i^3 V \;\; = 1 \end{array} \right\} \qquad \text{mit} \qquad \left\{ \begin{array}{l} U = 1 : O \\ V = 1 : J \end{array} \right\}.$$

Dieses Gleichungssystem liefert

$$NU = \alpha^2 o, \qquad -NV = \beta^2 i \qquad \text{mit} \quad N = \alpha^2 o^4 - \beta^2 i^4$$

oder

$$O = N : \alpha^2 o, \qquad -J = N : \beta^2 i.$$

Vermöge der Relation $O^2 + J^2 = 1$ wird hieraus

$$(\alpha^2 o^4 - \beta^2 i^4)^2 (\alpha^4 o^2 + \beta^4 i^2) = \alpha^4 \beta^4 o^2 i^2$$

als Eliminationsergebnis.

Führen wir das Quadrat $Q = \mathfrak{s}^2$ der Steigung $\mathfrak{s}$ als neue Unbekannte ein, so ist zunächst

$$i^2 = AQ/(B + AQ) \quad \text{und} \quad o^2 = B/(B + AQ) \qquad \text{mit } A = \alpha^2, \quad B = \beta^2,$$

und unser Eliminationsergebnis geht in

$$(B - AQ^2)^2 (A + BQ) = Q (B + AQ)^3$$

oder

$$AQ^5 - (3A + 2B) Q^3 - (2A + 3B) Q^2 + B = 0 \qquad \text{über.}$$

Dies ist eine Gleichung fünften Grades, die aber (sie besitzt, wie man leicht feststellt, die Doppelwurzel -1) durch Division mit $(Q + 1)^2$ auf die Gleichung

$$AQ^3 - 2AQ^2 - 2BQ + B = 0$$

zurückgeführt wird.

Setzen wir noch $K = B : A = \beta^2 : \alpha^2 = a^2 : b^2$,

so erhalten wir schließlich die kubische Gleichung

$$\mathbf{Q^3 - 2Q^2 - 2KQ + K = 0} \qquad (K = a^2 : b^2)$$

für das Quadrat Q der unbekannten Steigung $\mathfrak{s}$ der Evolute im Endpunkte p der verlangten „Tangentennormale" pP.

8. Aufgabe von Catalan: Aus welcher Tangentialebene des Ellipsoids

$$x^2/a^2 + y^2/b^2 + z^2/c^2 = 1$$

schneidet der erste Oktant ein möglichst kleines Stück aus?

Lösung: Heißt der Berührungspunkt einer beliebigen Tangentialebene (x, y, z), so schneidet diese auf den Achsen die Stücke

$$X = a^2 : x, \qquad Y = b^2 : y, \qquad Z = c^2 : z$$

auf den Koordinatenebenen Dreiecke von den Doppelinhalten YZ, ZX, XY aus. Nach dem (räumlichen) Satze von Pythagoras bestimmt sich der Doppelinhalt j des durch den ersten Oktanten auf der Tangentialebene ausgeschnittenen Dreiecks durch die Formel

$$j^2 = Y^2 Z^2 + Z^2 X^2 + X^2 Y^2.$$

Führen wir als neue Variable die echten Brüche

$$x^2/a^2 = u, \qquad y^2/b^2 = v, \qquad z^2/c^2 = w,$$

und für die Halbachsenquadrate die Abkürzungen A, B, C ein, so haben wir einerseits

(1) $$s = u + v + w = 1,$$

anderseits für das Quadrat Q von j

(2) $$Q = (BC/vw) + (CA/wu) + (AB/uv).$$

Das Minimum von Q bestimmen wir am zweckmäßigsten nach der Methode der Lagrangemultiplikatoren, indem wir nämlich die drei Ableitungen des Linearkompositums

$$Q + \lambda s$$

(in dem λ den konstanten Lagrangemultiplikator bedeutet) nach u, v, w zum Verschwinden bringen:

$$-\frac{CA}{wu^2}-\frac{AB}{vu^2}+\lambda=0, \quad -\frac{AB}{uv^2}-\frac{BC}{wv^2}+\lambda=0, \quad -\frac{BC}{vw^2}-\frac{CA}{uw^2}+\lambda=0.$$

Wir schreiben diese Bedingungen

$$v/B + w/C = u/\mu, \qquad w/C + u/A = v/\mu, \qquad u/A + v/B = w/\mu,$$

wobei $\lambda\mu = (ABC)/(uvw)$ ist.

Durch Addition dieser drei Bedingungen ergibt sich

$$u/A + v/B + w/C = 1/(2\mu)$$

und damit $u/A + u/\mu = 1/(2\mu)$ oder $2u = A/(A+\mu)$

sowie ebenso $2v = B/(B+\mu)$, $2w = C/(C+\mu)$.

Durch Addition der drei für $2u$, $2v$, $2w$ gefundenen Werte entsteht dann die kubische Gleichung

$$A/(A+\mu) + B/(B+\mu) + C/(C+\mu) = 2$$

oder

$$2\mu^3 + (A+B+C)\mu^2 - ABC = 0.$$

Die positive Wurzel μ dieser Gleichung liefert die Lösung des Problems in Gestalt der drei Formeln

$$2u = A/(A+\mu), \qquad 2v = B/(B+\mu), \qquad 2w = C/(C+\mu).$$

[E. Ch. Catalan, Mélanges mathématiques.]

9. Ellipsoid aus konjugierten Halbmessern

Aus drei konjugierten Halbmessern eines gegebenen Ellipsoids und den Winkeln, die sie einschließen, die Ellipsoidachsen zu bestimmen.

Anmerkung. Drei Halbmesser eines Ellipsoids heißen konjugiert, wenn jeder der Ebene der beiden andern konjugiert ist. Ein Halbmesser aber und eine Diametralebene heißen konjugiert, wenn die Diametralebene alle dem Halbmesser parallelen Sehnen halbiert. Für je zwei von drei konjugierten Halbmessern des Ellipsoids

$$x^2/a^2 + y^2/b^2 + z^2/c^2 = 1$$

gilt die Cosinusrelation

$$\alpha\beta/a^2 + \alpha'\beta'/b^2 + \alpha''\beta''/c^2 = 1,$$

wo $\alpha, \alpha', \alpha''$ die Richtungscosinus des einen, β, β', β'' die des andern der beiden Halbmesser bedeuten.

Die Lösung der Aufgabe beruht auf den drei Beziehungen, die zwischen drei konjugierten Halbmessern bestehen.

Zur Herleitung dieser Beziehungen gehen wir aus von der auf die drei Hauptachsen des Ellipsoids als Koordinatenachsen bezogenen Mittelpunktsgleichung

$$x^2/a^2 + y^2/b^2 + z^2/c^2 = 1$$

des Ellipsoids, in der also a, b, c die Halbachsen des Ellipsoids bedeuten.

Die drei konjugierten Halbmesser seien A, B, C, die Cosinus und Sinus ihrer Zwischenwinkel λ, μ, ν und Λ, M, N, die Richtungscosinus der drei Halbmesser $(\alpha, \alpha', \alpha'')$, (β, β', β'') und $(\gamma, \gamma', \gamma'')$.

Für den Übergang aus dem alten Koordinatensystem xyz zu dem System XYZ, dessen Achsen die drei konjugierten Halbmesser sind, gelten die

Transformationsformeln

$$\left\{\begin{aligned} x &= \alpha\, X + \beta\, Y + \gamma\, Z \\ y &= \alpha'\, X + \beta'\, Y + \gamma'\, Z \\ z &= \alpha'' X + \beta'' Y + \gamma'' Z \end{aligned}\right\}.$$

Da unsere konjugierten Halbmesser durch das Formeltripel

$$\frac{\beta\gamma}{a^2} + \frac{\beta'\gamma'}{b^2} + \frac{\beta''\gamma''}{c^2} = 0,\ \frac{\gamma\alpha}{a^2} + \frac{\gamma'\alpha'}{b^2} + \frac{\gamma''\alpha''}{c^2} = 0,\ \frac{\alpha\beta}{a^2} + \frac{\alpha'\beta'}{b^2} + \frac{\alpha''\beta''}{c^2} = 0$$

gekennzeichnet sind, da außerdem für die Cosinus ihrer Zwischenwinkel die Relationen

$$\beta\gamma + \beta'\gamma' + \beta''\gamma'' = \lambda, \quad \gamma\alpha + \gamma'\alpha' + \gamma''\alpha'' = \mu, \quad \alpha\beta + \alpha'\beta' + \alpha''\beta'' = \nu$$

bestehen, so drücken sich die Verwandlungen, die die beiden Formen

$$x^2/a^2 + y^2/b^2 + z^2/c^2 \quad \text{und} \quad x^2 + y^2 + z^2$$

infolge der Transformation erfahren, durch die beiden Gleichungen

$$x^2/a^2 + y^2/b^2 + z^2/c^2 = X^2/A^2 + Y^2/B^2 + Z^2/C^2,$$
$$x^2 + y^2 + z^2 = X^2 + Y^2 + Z^2 + 2\lambda YZ + 2\mu ZX + 2\nu XY$$

aus, wo

$$\frac{1}{A^2} = \frac{\alpha^2}{a^2} + \frac{\alpha'^2}{b^2} + \frac{\alpha''^2}{c^2},\ \frac{1}{B^2} = \frac{\beta^2}{a^2} + \frac{\beta'^2}{b^2} + \frac{\beta''^2}{c^2},\ \frac{1}{C^2} = \frac{\gamma^2}{a^2} + \frac{\gamma'^2}{b^2} + \frac{\gamma''^2}{c^2}$$

ist.

Auf Grund dieser Verwandlungsformeln geht daher die Form

$$f = x^2/a^2 + y^2/b^2 + z^2/c^2 - (x^2 + y^2 + z^2)/p$$

oder

$$f = \left(\frac{1}{a^2} - \frac{1}{p}\right) x^2 + \left(\frac{1}{b^2} - \frac{1}{p}\right) y^2 + \left(\frac{1}{c^2} - \frac{1}{p}\right) z^2,$$

in welcher p einen Parameter bedeutet, durch die Transformation in die Form

$$F = \frac{X^2}{A^2} + \frac{Y^2}{B^2} + \frac{Z^2}{C^2} - \frac{1}{p}\cdot(X^2 + Y^2 + Z^2 + 2\lambda YZ + 2\mu ZX + 2\nu XY)$$

oder

$$F = \left(\frac{1}{A^2} - \frac{1}{p}\right) X^2 + \left(\frac{1}{B^2} - \frac{1}{p}\right) Y^2 + \left(\frac{1}{C^2} - \frac{1}{p}\right) Z^2 - \frac{2\lambda}{p} YZ - \frac{2\mu}{p} ZX - \frac{2\nu}{p} XY$$

über.

Denken wir uns für den Augenblick x, y, z wie auch X, Y, Z als homogene Ebenenkoordinaten, so stellt die Gleichung $f = 0$ wie auch $F = 0$ einen Kegelschnitt dar. Dieser Kegelschnitt artet für gewisse Werte des Parameters in ein Geradenpaar aus, für jeden Wert p nämlich, für den die Koeffizientendeterminante (Diskriminante) von f wie auch von F verschwindet. Diese Determinante ist

bei f $$\delta = \left(\frac{1}{a^2} - \frac{1}{p}\right)\left(\frac{1}{b^2} - \frac{1}{p}\right)\left(\frac{1}{c^2} - \frac{1}{p}\right),$$

bei F $$\Delta = \left(\frac{1}{A^2} - \frac{1}{p}\right)\left(\frac{1}{B^2} - \frac{1}{p}\right)\left(\frac{1}{C^2} - \frac{1}{p}\right) - \frac{2\lambda\mu\nu}{p^3}$$
$$- \left(\frac{1}{A^2} - \frac{1}{p}\right)\frac{\lambda^2}{p^2} - \left(\frac{1}{B^2} - \frac{1}{p}\right)\frac{\mu^2}{p^2} - \left(\frac{1}{C^2} - \frac{1}{p}\right)\frac{\nu^2}{p^3}.$$

Nach dem Gesagten müssen die Gleichungen $\delta = 0$ und $\Delta = 0$ (für die Unbekannte p) dieselben Wurzeln p haben.

Nun schreibt sich die Gleichung $\Delta = 0$ in geordneter Form: (K)

$$p^3 - (A^2 + B^2 + C^2)\,p^2 + (B^2C^2\Lambda^2 + C^2A^2\mathsf{M}^2 + A^2B^2\mathsf{N}^2)\,p - A^2B^2C^2O = 0,$$

wobei
$$O = \begin{vmatrix} 1 & \nu & \mu \\ \nu & 1 & \lambda \\ \mu & \lambda & 1 \end{vmatrix} = 1 - \lambda^2 - \mu^2 - \nu^2 + 2\,\lambda\mu\nu$$

die Determinante der drei Cosinus λ, μ, ν ist, und da die kubische Gleichung (K) dieselben Wurzeln wie die Gleichung $\delta = 0$, nämlich die drei Wurzeln $p = a^2$, $p = b^2$, $p = c^2$, haben soll, so müssen auf Grund der Koeffizienten-Wurzel-Beziehungen die drei Formeln

$$(1) \qquad A^2 + B^2 + C^2 = a^2 + b^2 + c^2,$$

$$(2) \qquad B^2C^2\Lambda^2 + C^2A^2\mathsf{M}^2 + A^2B^2\mathsf{N}^2 = b^2c^2 + c^2a^2 + a^2b^2,$$

$$(3) \qquad A^2B^2C^2O = a^2b^2c^2$$

gelten.

Diese drei Formeln sind die gewünschten Beziehungen zwischen den drei konjugierten Halbmessern A, B, C.

Sie lassen sich leicht in Worte fassen. Die erste lautet:

Die Summe der Quadrate von drei konjugierten Halbmessern ist konstant (also gleich der Summe der Halbachsenquadrate). Was die nächsteinfache, die dritte Formel, anbetrifft, so weiß man, daß die Cosinusdeterminante O das Inhaltsquadrat des Einheitsspats darstellt, dessen Kanten (mit der gemeinsamen Länge 1) die Zwischenwinkelcosinus λ, μ, ν haben. Die linke Seite von (3) ist demnach das Inhaltsquadrat des aus den drei konjugierten Halbmessern konstruierten Spats, und (3) bedeutet:

Alle aus drei konjugierten Halbmessern konstruierten Spate haben denselben Inhalt (den Inhalt abc).

Und Formel (2) sagt aus:

Die Inhaltsquadrate der Seitenflächen eines aus drei konjugierten Halbmessern konstruierten Spats haben eine konstante Summe (die Summe 2 $[b^2c^2 + c^2a^2 + a^2b^2]$).

Die genannten drei Gesetze liefern sofort die Lösung der gestellten Aufgabe:

Die Quadrate der gesuchten Halbachsen des Ellipsoids sind die drei Wurzeln der kubischen Gleichung (K).

10. Auf einer vorgelegten Astroide ist ein Punkt durch seine Koordinaten gegeben; die Schnittpunkte der durch diesen Punkt laufenden Astroidentangente mit der Astroide zu bestimmen.

Lösung: Wählen wir den Umkreisradius der Astrois als Längeneinheit, so heißt die Gleichung der Kurve in Parameterdarstellung

$$x = \cos^3 t, \qquad y = \sin^3 t.$$

Ist ferner der gegebene Astroidenpunkt P durch den Parameterwert λ gekennzeichnet, so lautet die Gleichung der durch P laufenden Astroidentangente $\mathfrak{T}$

$$x/a + y/b = 1 \qquad \text{mit} \quad a = \cos\lambda, \qquad b = \sin\lambda.$$

Ein durch den Parameterwert t bestimmter Schnittpunkt S der Tangente $\mathfrak{T}$ mit der Astrois befriedigt also die Gleichung

$$u^3/a + v^3/b = 1 \qquad \text{mit} \quad u = \cos t, \qquad v = \sin t.$$

Durch Elimination von v aus den beiden Gleichungen

$$u^3/a + v^3/b = 1 \qquad \text{und} \qquad u^2 + v^2 = 1$$

entsteht für die Unbekannte u die bikubische Gleichung

$$u^6 - 3\,a^2u^4 - 2\,ab^2u^3 + 3\,a^2u^2 - a^4 = 0.$$

Da $\mathfrak{T}$ die Astrois an der Stelle P in zwei unendlich benachbarten Punkten trifft, muß diese Gleichung die Doppelwurzel a besitzen, mithin ihre linke Seite durch $(u - a)^2$ ohne Rest teilbar sein. Die Division ergibt in der Tat

$$u^6 - 3\,a^2u^4 - 2\,ab^2u^3 + 3\,a^2u^2 - a^4 = (u - a)^2\,[u^4 + 2\,au^3 - 2\,au - a^2].$$

Die gesuchten Schnittpunkte von Tangente und Astrois ergeben sich also durch Lösung der biquadratischen Gleichung

$$u^4 + 2\,au^3 - 2\,au - a^2 = 0.$$

Zusatz. Die gefundene biquadratische Gleichung besitzt für jedes reelle nichtverschwindende a zwei reelle und zwei komplexe Wurzeln.

Beweis. Bei positivem a setze man $\sqrt{a} = \alpha$, $u : \alpha = \xi$ und bekommt die Legendresche biquadratische Gleichung (§ 25)

$$\xi^4 + 2\,\alpha\xi^3 - (2/\alpha)\,\xi - 1 = 0.$$

Nun ist (vgl. § 25) $\qquad [(\alpha - 1/\alpha)\,/\,2]^{2/3} - [(\alpha + 1/\alpha)/2]^{2/3} > \iota,$

da diese Ungleichung auf $\qquad (a - 1)^{2/3} - (a + 1)^{2/3} > -\sqrt[3]{4\,a}$

oder $\qquad \sqrt[3]{a^2 - 2\,a + 1} + \sqrt[3]{4\,a} > \sqrt[3]{a^2 + 2\,a + 1}$

hinauskommt, was aber wegen der bei positivem p und q gültigen Ungleichung

$\sqrt[3]{p} + \sqrt[3]{q} > \sqrt[3]{p + q} \qquad$ richtig ist.

Folglich hat unsere biquadratische Gleichung zwei reelle und zwei komplexe Wurzeln.

Bei negativem a setze man $u = -\xi$ und $a = -\alpha$ und erhält

$\xi^4 + 2\,\alpha\xi^3 - (2/\alpha)\,\xi - 1 = 0, \qquad$ welche Gleichung aber, wie soeben erkannt wurde, zwei reelle und zwei komplexe Wurzeln besitzt. Die obige biquadratische Gleichung

$$u^4 + 2\,au^3 - 2\,au - a^2 = 0$$

hat demnach in jedem Falle $(a \neq 0)$ zwei reelle und zwei komplexe Wurzeln. Bedeuten u_1 und u_2 die beiden reellen Wurzeln, so schneidet unsere Tangente die Astrois in den beiden reellen Punkten, deren Parameterwerte t_1 und t_2 durch $\cos t_1 = u_1$ und $\cos t_2 = u_2$ bestimmt werden.

§ 32. Extremaufgaben

1. Welche Form muß eine zylindrische Münze haben, damit sie sich am langsamsten abnutzt?

In geometrischer Fassung lautet diese Aufgabe:

Welcher von allen inhaltsgleichen Zylindern hat die kleinste Oberfläche?

Lösung: Sind r der Radius, h die Höhe, V das Volumen und O die Oberfläche des Zylinders, so gelten die Formeln $\qquad V = \pi r^2 h \quad$ und $\quad O = 2\pi\,(r^2 + rh).$

Es kommt demnach darauf an, den Ausdruck

$U = r^2 + rh$ bei konstantem $r^2 h$, etwa $r^2 h = k^3$,

zu einem Minimum zu machen.

Durch Elimination von h entsteht die in r kubische Gleichung

$$r^3 - Ur + k^3 = 0.$$

Sie hat sicher eine negative Wurzel. Da sie außerdem eine positive Wurzel haben muß, darf ihre Diskriminante θ nicht negativ sein. Letztere ist

$$\theta = 4\,U^3 - 27\,k^6.$$

Aus $\theta \geqq 0$ folgt $U \geqq 3\,k^2 : \sqrt[3]{4}.$

Daher ist der kleinste Wert, den U erreichen kann, $U = U_{\min} = 3\,k^2 : \sqrt[3]{4}.$ Für diesen U-Wert verschwindet die Diskriminante, und die kubische Gleichung besitzt die positive Doppelwurzel $r = \sqrt{U:3} = k : \sqrt[3]{2}.$ Zu diesem Radius gehört, der Formel $r^2 h = k^3$ gemäß, die Höhe $h = 2k : \sqrt[3]{2}.$ Folglich: Von allen inhaltsgleichen Zylindern hat der quadratische ($h = 2\,r$) die kleinste Oberfläche.

Und die Münze, die sich am langsamsten abnutzt, müßte die Form eines quadratischen Zylinders haben!

2. In einen gegebenen Kegel den größten Zylinder einzubeschreiben.

Lösung: Bedeutet r den Kegelhalbmesser, h die Kegelhöhe, x den Radius, y die Höhe, V den Inhalt eines dem Kegel einbeschriebenen Zylinders, so gilt die Forderung $V = \pi x^2 y \longrightarrow \max,$

die Bedingungsgleichung $x/r + y/h = 1.$

Es handelt sich sonach darum, die Funktion $V = (\pi h/r)\,x^2\,(r - x)$ oder einfacher das Produkt $p = x^2\,(r - x)$ zu einem Maximum zu machen.

Da die kubische Gleichung $x^3 - r\,x^2 + p = 0$

stets eine negative Wurzel aufweist, darf sie keine komplexen Wurzeln haben, darf also ihre Diskriminante θ nicht negativ sein. Deshalb muß

$\theta = p\,(4\,r^3 - 27\,p) \geqq 0$ oder $p \leqq 4\,r^3/27$

sein. Folglich ist $V_{\max} = 4\,\pi\,r^2\,h/27.$

Zu diesem p-Werte, also verschwindendem θ, gehört die reduzierte (Doppel-) Wurzel $3\,x - r = \sqrt{i} = r$, so daß $x = 2\,r/3$ und damit $y = h/3$ wird.

Von allen einem gegebenen Kegel einbeschriebenen Zylindern ist der der größte, der drittel so hoch wie der Kegel ist. Der Inhalt dieses Maximalzylinders macht $^4/_9$ des Kegelinhalts aus.

3. Um eine gegebene Halbkugel den kleinsten Kegel zu beschreiben.

Lösung: Der Radius der Halbkugel diene als Längeneinheit, der Radius eines der Halbkugel umschriebenen Kegels sei r, die Höhe h, so daß die Bedingungsgleichung

$$1/r^2 + 1/h^2 = 1$$

gilt. (Im rechtwinkligen Dreieck ist das reziproke Höhenquadrat gleich der Summe der reziproken Kathetenquadrate.)
Bei unserer Aufgabe handelt es sich darum, das Produkt $P = r^2 h$ zu einem Minimum zu machen.
Durch Elimination von r aus unsern beiden Gleichungen entsteht für h die kubische Gleichung $h^3 - Ph^2 + P = 0$
mit der Diskriminante $\theta = 4\,P^2\,(P^2 - 27/4)$.
Da nun bei negativem θ die kubische Gleichung nur eine Realwurzel hat und diese, wie der Anblick der Gleichung lehrt, negativ ist, was dem notwendig positiven Werte von h widerstreitet, so muß $\theta \geqq 0$, mithin $P^2 \geqq 27/4$ oder $P \geqq 3\sqrt{3}/2$ sein.
Das kleinstmögliche P ist sonach $P_{\min} = 3\sqrt{3}/2$. Die zugehörige einzige positive (Doppel-) Wurzel der kubischen Gleichung folgt aus $3\,h - P = P$ zu $h = \sqrt{3}$. Ihr entspricht der Kegelradius $r = \sqrt{3:2}$.
Ergebnis: Von allen einer Halbkugel umbeschriebenen Kegeln hat der den kleinsten Inhalt, dessen Höhe sich zur Breite verhält wie die Quadratseite zur Quadratdiagonale. Der Inhalt dieses kleinsten Kegels macht $3\sqrt{3}/4$ des Halbkugelinhalts aus.

4. Balken größter Tragkraft: Aus einem zylindrischen Baumstamm den Balken größter Tragkraft zu schneiden.
Lösung: Wählt man die Tragkraft eines Balkens, dessen Breite und Höhe der Längeneinheit gleichen, als Einheit der Tragkraft, so ist die Tragkraft eines Balkens von der Breite x und Höhe y $T = xy^2$.
Entstammt dieser Balken einem zylindrischen Baumstamm vom Durchmesser d, so gilt außerdem die Gleichung $x^2 + y^2 = d^2$.
Daher stellt die Formel $T = x\,(d^2 - x^2)$
die Tragkraft eines aus dem Baumstamm geschnittenen Balkens von der Breite x dar.
Wir betrachten die gewonnene Formel als kubische Gleichung für x:

$$x^3 - d^2 x + T = 0.$$

Diese hat stets eine negative Wurzel. Soll sie also auch noch eine positive Wurzel x besitzen, so muß ihre Diskriminante θ positiv oder null sein. Aus $\theta = 4\,d^6 - 27\,T^2$ folgt sonach, daß $T^2 \leqq 4\,d^6/27$ sein muß.
Der größtmögliche Wert von T ist daher $T = T_{\max} = 2\,d^3 : \sqrt{27}$.
Er entsteht beim Verschwinden der Diskriminante, und die einzige positive Wurzel der kubischen Gleichung ist dann die Doppelwurzel $x = d : \sqrt{3}$.
Zu diesem Werte von x gehört $y = d\sqrt{2} : \sqrt{3}$. Folglich:
Der tragkräftigste Balken ist der, bei dem sich die Breite zur Höhe verhält wie die Quadratseite zur Quadratdiagonale.
Seine Tragkraft ist $T = xy^2 = 2\,d^3/27$
in Übereinstimmung mit dem obigen Werte für $T_{\max}$.

5. Welches von allen einem Kreise umschriebenen gleichschenkligen Dreiecken hat die kürzesten Schenkel?
Lösung: Wir wählen den Kreisradius als Längeneinheit und den Tangens t des halben Basiswinkels φ eines beliebigen Umdreiecks als Argument. Dann

ist die Halbbasis $1 : t$ und der Schenkel

$$s = (1/t) : \cos 2\varphi = (1/t) : (1 - t^2) / (1 + t^2) = (1 + t^2) / [t(1 - t^2)].$$

Wir schreiben diese Abhängigkeit als kubische Gleichung für t:

$$st^3 + t^2 - st + 1 = 0.$$

Wie man sofort erkennt, hat diese Gleichung eine negative Wurzel. Da sie aber auch eine positive Wurzel (nämlich das obige t) besitzen muß, darf ihre Diskriminante θ nicht negativ sein.

Nun ist $\theta = 4(s^4 - 11 s^2 - 1) = 4(s^2 - \lambda)(s^2 - \mu)$

mit $\lambda = \left(11 + 5\sqrt{5}\right)/2, \quad \mu = \left(11 - 5\sqrt{5}\right)/2,$

so daß θ nur positiv ausfällt für s-Werte die außerhalb des Intervalls (μ, λ) liegen. Da μ negativ ist, muß $s^2 \geqq \lambda$ sein.

Der kürzest mögliche Schenkel ist daher

$$s = s_{\min} = \sqrt{\lambda} = \sqrt{\left(11 + 5\sqrt{5}\right)/2} = 3{,}332,$$

während beim gleichseitigen Dreieck, dem man vermutungsweise die kürzesten Schenkel zusprechen möchte, $s = 2\sqrt{3} = \sqrt{12} = 3{,}464$ ist.

Für das Schenkelminimum verschwindet die Diskriminante, und die (positive) Doppelwurzel unserer kubischen Gleichung wird (§ 10) $t = \sqrt{\sqrt{5} - 2}$ *).

Das gibt $\cos 2\varphi = (1 - t^2) / (1 + t^2) = \left(\sqrt{5} - 1\right)/2$ und für den Basiswinkel des gleichschenkligen Dreiecks den Wert $2\varphi = 51^0 50'$ $(-{}^1/_3{}')$.

6. In eine gegebene Kugel einen Kegel von möglichst großem Inhalt zu beschreiben.

Lösung: Wir wählen den Kugelhalbmesser als Längeneinheit und nennen den Halbmesser eines der Kugel einbeschriebenen Kegels ϱ, den Abstand der Kegelbasis vom Kugelzentrum σ und den Kegelinhalt V. Dann gelten die beiden Formeln $\varrho^2 + \sigma^2 = 1$ und $V = (\pi/3)\, \varrho^2 (1 + \sigma)$.

Es handelt sich darum, den Ausdruck $\varphi = \varrho^2 (1 + \sigma) = (1 - \sigma^2)(1 + \sigma)$ durch geeignete Wahl von σ möglichst groß zu gestalten.

Wir schreiben die Beziehung zwischen σ und φ

$$\sigma^3 + \sigma^2 - \sigma + (\varphi - 1) = 0$$

und betrachten sie als kubische Gleichung in σ.

Da ihre linke Seite für sehr große negative Werte von σ negativ, für $\sigma = -1$ dagegen positiv ($= \varphi$) wird, so hat die Gleichung nach dem Zwischenwertsatz sicher eine negative Wurzel. Da sie außerdem eine positive Wurzel σ haben muß, so muß ihre Diskriminante θ positiv oder null sein.

Nun ist $\theta = 32\varphi - 27\varphi^2 = \varphi(32 - 27\varphi)$.

Aus $\theta \geqq 0$ folgt $\varphi \leqq 32/27$.

Der größtmögliche φ-Wert ist demnach $\varphi = \varphi_{\max} = 32/27$.

Für ihn verschwindet die Diskriminante, und die kubische Gleichung hat die positive Doppelwurzel $\sigma = 1/3$.

*) Aus dem Gleichungspaar $3st^2 + 2t - s = 0, \quad t^2 - 2st + 3 = 0$ ergibt sich $t^2 = (s^2 - 3)/(1 + 3s^2) = \sqrt{5} - 2$.

Zu diesem σ-Werte gehört die Kegelhöhe $h = 4/3$, der Kegelradius $\varrho = (2/3)\sqrt{2}$ und die Kegelseite $s = (2/3)\sqrt{6}$. Für den Inhalt findet sich $V = V_{max} = (\pi/3)\,\varrho^2 h = 32\,\pi/81 = (\pi/3)\,\varphi_{max}$ in Übereinstimmung mit dem obigen.

Ergebnis: Von allen Inkegeln einer Kugel hat derjenige den größten Inhalt, der $^2/_3$ so hoch wie die Kugel ist. Dieser Maximalinhalt macht $^8/_{27}$ des Kugelinhalts aus.

Schreiben wir $h = \varrho\sqrt{2}$, $s = \varrho\sqrt{3}$, so können wir auch sagen:

Von allen Inkegeln einer Kugel hat derjenige den größten Inhalt, bei dem sich die Quadrate von Radius, Höhe und Seite wie 1 zu 2 zu 3 verhalten.

7. In eine vorgelegte Kugel einen Kegel von möglichst großer Oberfläche zu beschreiben.

Lösung: Wir wählen den Kugeldurchmesser als Längeneinheit und nennen den Cosinus bzw. Sinus der Neigung der Seite eines der Kugel einbeschriebenen Kegels gegen die Kegelbasis x bzw. y. Dann ist die Kegelseite y, der Kegelradius xy und die Kegeloberfläche $F = \pi x^2 y^2 + \pi x y^2$,

so daß es darauf ankommt, den Ausdruck $f = (x + x^2)\,y^2 = (x + x^2)(1 - x^2)$

durch Wahl des Arguments x zu einem Maximum zu machen.

Wie eine einfache geometrische Überlegung zeigt, steigt die Schaukurve der Funktion $f = (x + x^2)(1 - x^2)$,

aus dem negativen Unendlichen kommend, bis zur Stelle $x = -1$, an welcher sie, die x-Achse berührend, ein Maximum bildet, fällt dann im Intervalle $(-1, 0)$ bis zu einem Minimum herab, um dann wieder emporzusteigen und die x-Achse im Ursprung zu durchsetzen. Im Intervalle $(0, 1)$ steigt sie zunächst weiter bis zu dem von uns gesuchten Maximum M und senkt sich dann wieder, um bei $x = 1$ erneut die x-Achse zu schneiden. Von hier fällt sie dauernd bis ins negativ Unendliche.

Wir haben lediglich auf echt gebrochene x zu achten.

Die im Intervall $(0, 1)$ verlaufende Schaukurve zeigt — was auch mit einer Überlegung über die der Kugel eingezeichneten Kegel übereinstimmt —, daß zu jedem positiven unterhalb M gelegenen f-Werte zwei verschiedene Argumentwerte x gehören, die bei sukzessive wachsendem f einander immer näher kommen, um für $f = M$ zusammenfallen. Das heißt aber: Die biquadratische Gleichung $x^4 + x^3 - x^2 - x + M = 0$

hat eine echt gebrochene positive Doppelwurzel.

Nun bedeutet das Vorhandensein einer Doppelwurzel das Verschwinden der Gleichungsdiskriminante Θ. Diese hat den Wert

$$\Theta = 256\,M^3 - 107\,M^2 - 32\,M = 256\,M\,(M - A)\,(M - B)$$

mit $A = \left(107 + 51\sqrt{17}\right)/512, \qquad B = \left(107 - 51\sqrt{17}\right)/512.$

Da sie verschwinden soll, zugleich aber M positiv sein soll, so folgt

$$M = A = \left(107 + 51\sqrt{17}\right)/512.$$

Dies ist also der größte Wert, den f erreichen kann. Die größtmögliche Kegeloberfläche ist das πfache davon.

Die zugehörige Doppelwurzel x bestimmt sich aus $4x^3 + 3x^2 - 2x - 1 = 0$

zu
$$x = \left(1 + \sqrt{17}\right)/8.$$

Dieses x ist also der Cosinus des Winkels, den die Seite des gesuchten Kegels mit der Kegelbasis bildet.

8. Extremale Schließungsdreiecke

Das größte und kleinste aller Dreiecke zu bestimmen, die gleichzeitig dem einem von zwei gegebenen exzentrischen Kreisen eingeschrieben, dem andern umgeschrieben sind*).

Lösung: Wir nennen die gegebenen Kreise $\mathfrak{U}$ und $\mathfrak{J}$, ihre Zentra U und J, ihre Radien r und ϱ, ihre Zentrale e. Zwischen r, ϱ und e besteht dann

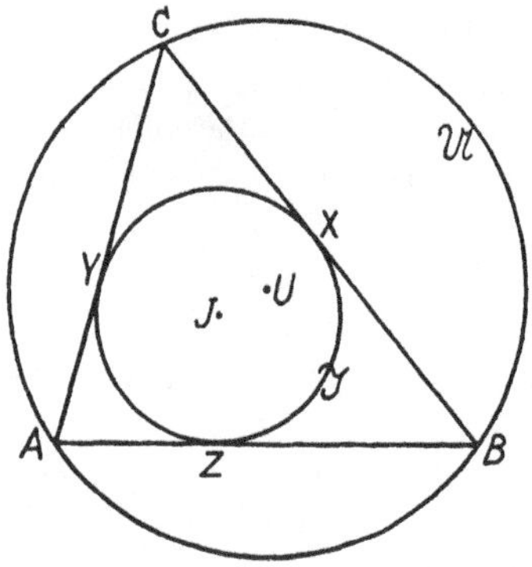

Eulers Relation
$$2r\varrho = r^2 - e^2.$$

ABC sei ein beliebiges Indreieck von $\mathfrak{U}$, dessen Seiten $\mathfrak{J}$ in X, Y, Z berühren und durch die Berührungspunkte in die Stücke

$$BX = y, \quad CX = z;$$
$$CY = z, \quad AY = x;$$
$$AZ = x, \quad BZ = y$$

zerfallen.

Es handelt sich darum, das Dreieck ABC so zu wählen, daß sein Inhalt Δ ein Extrem — Maximum bzw. Minimum — wird. Da Δ mit dem Halbumfang $3p$ des Dreiecks durch die Beziehung

(1)
$$\Delta = 3\varrho p$$

verknüpft ist, kommt es nur darauf an, die Größe p zu einem Extrem zu machen. Nun ist einerseits $3p = x + y + z$;

anderseits folgt aus $\sin ACB = \sin\gamma = 2\sin(\gamma/2)\cos(\gamma/2)$

oder $c/(2r) = 2 \cdot (\varrho/w) \cdot (z/w)$, wo $w = \sqrt{\varrho^2 + z^2}$ die Strecke CJ bedeutet,

$$x + y = c = 4r\varrho z/(\varrho^2 + z^2).$$

Demnach wird

(2)
$$3p = x + y + z = z + 4r\varrho z/(\varrho^2 + z^2),$$

womit der Halbumfang $3p$ als rationale Funktion der einen Variablen z (Tangente von C an den Inkreis) dargestellt ist.

Es kommt darauf an, z so zu finden, daß p ein Extrem wird.

Gleichung (2) schreibt sich

(3)
$$z^3 - 3pz^2 + (4r\varrho + \varrho^2)z - 3\varrho^2 p = 0$$

und wird dadurch zu einer kubischen Gleichung. Die Wurzeln dieser kubischen Gleichung — in der wir die drei Größen r, ϱ, p gegeben denken — sind die drei Inkreistangenten x, y, z.

---

*) Dreiecke, die gleichzeitig einem Kreise (Kegelschnitt) einbeschrieben, einem andern Kreise (Kegelschnitt) umbeschrieben sind, heißen Schließungsdreiecke.

Da die kubische Gleichung drei reelle Wurzeln hat, kann ihre Diskriminante

$$\theta = -4\,\varrho^2\,[81\,p^4 - 18\,(2\,r^2 + 10\,r\varrho - \varrho^2)\,p^2 + \varrho\,(4\,r + \varrho)^3]$$

nicht negativ sein. Daher gilt die Bedingung

$$\theta \geqq 0$$

oder, $9\,p^2 = \xi$, $2\,r^2 + 10\,r\varrho - \varrho^2 = \alpha$, $\varrho\,(4\,r + \varrho)^3 = \beta$ gesetzt,

(4) $$\xi^2 - 2\,\alpha\xi + \beta \leqq 0.$$

Die Koeffizienten α und β des hier auftretenden quadratischen Ausdrucks

$$\eta = \xi^2 - 2\,\alpha\xi + \beta$$

sind Eulers Relation zufolge

$$\alpha = 2\,r^2 + 5\,(r^2 - e^2) - (r^2 - e^2)^2/(4\,r^2) = (27\,r^2 - 18\,r^2e^2 - e^4)\,/\,(4\,r^2),$$

$$\beta = 2\,r\,\varrho\,(8\,r^2 + 2r\,\varrho)^3\,/\,16\,r^4 = (r^2 - e^2)\,(9\,r^2 - e^2)^3/16\,r^4$$
$$= (3\,r - e)^3\,(3\,r + e)^3\,(r + e)\,(r - e)\,/\,16\,r^4.$$

Setzen wir also

$$\mu = (3\,r - e)^3\,(r + e)\,/\,(4\,r^2) = (27\,r^4 - 18\,r^2e^2 + 8\,re^3 - e^4)\,/\,(4\,r^2),$$
$$\nu = (3\,r + e)^3\,(r - e)\,/\,(4\,r^2) = (27\,r^4 - 18\,r^2e^2 - 8\,re^3 - e^4)\,/\,(4\,r^2),$$

so haben wir $\mu + \nu = (27\,r^2 - 18\,r^2e^2 - e^4)\,/\,(2\,r^2) = 2\,\alpha$

und (ohne weiteres) $\mu\nu = \beta$.

μ und ν sind daher die Wurzeln von η, so daß $\eta = (\xi - \mu)\,(\xi - \nu)$ ist.
Damit Bedingung (4) erfüllt bleibt, muß $\nu \leqq \xi \leqq \mu$ sein.
μ ist also der größte, ν der kleinste Wert, den ξ erreichen kann.
Nun ist laut (1) $\Delta = 3\,p\varrho$, mithin $\Delta^2 = \varrho^2\,\xi$.

Daher ist $\varrho^2\,\mu$ das maximale, $\varrho^2\,\nu$ das minimale Inhaltsquadrat.
Diese Ergebnisse führen zu einer einfachen geometrischen Interpretation:
Wir zeichnen den durch J laufenden Durchmesser EF des Kreises $\mathfrak{U}$, wobei J zwischen U und F liegen möge, sowie die beiden ausgezeichneten Schließungsdreiecke EMM' und FNN', die dem Kreise $\mathfrak{J}$ um-, dem Kreise $\mathfrak{U}$ einbeschrieben sind, deren Seiten MM' und NN' auf dem Durchmesser EF senkrecht stehen und den Kreis $\mathfrak{J}$ in H bzw. K berühren. Man bestätigt dann leicht die Relationen

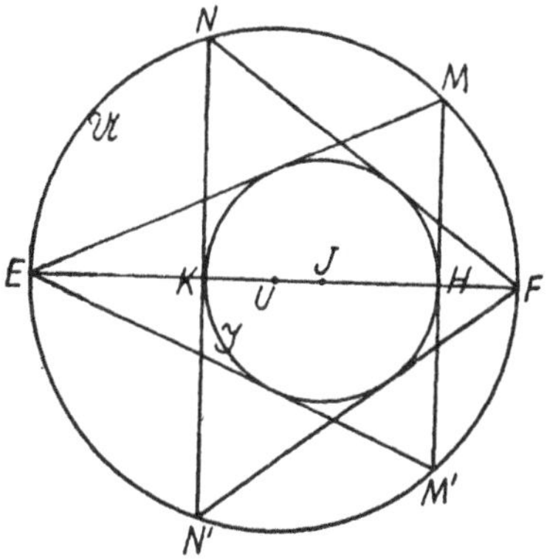

$$\left\{\begin{array}{l} EH = r + \varrho + e \\ HF = r - \varrho - e \end{array}\right\} \quad \text{und} \quad \left\{\begin{array}{l} FK = r + \varrho - e \\ KE = r - \varrho + e \end{array}\right\},$$

so daß $$HM^2 = HE \cdot HF = (r + \varrho + e)\,(r - \varrho - e)$$

und $$KN^2 = KE \cdot KF = (r + \varrho - e)\,(r - \varrho + e)$$ wird.

Damit ergeben sich für die Inhaltsquadrate $\mathfrak{M}$ und $\mathfrak{N}$ der beiden ausgezeichneten Dreiecke die Formeln

$$\mathfrak{M} = HM^2 \cdot HE^2 = (r + \varrho + e)^3\,(r - \varrho - e),$$
$$\mathfrak{N} = KN^2 \cdot KF^2 = (r + \varrho - e)^3\,(r - \varrho + e),$$

die auf Grund der Eulerschen Relation in

$$\mathfrak{M} = (3\,r^2 + 2\,re - e^2)^3\,(r^2 - 2\,re + e^2) : 16\,r^4,$$
$$\mathfrak{N} = (3\,r^2 - 2\,re - e^2)^3\,(r^2 + 2\,re + e^2) : 16\,r^4$$

oder wegen der Faktorenzerlegungen

$$3\,r^2 \pm 2\,re - e^2 = (3\,r \mp e)\,(r \pm e), \qquad r^2 \mp 2\,re + e^2 = (r \mp e)^2$$

in $\mathfrak{M} = (3\,r - e)^3\,(r + e)\,(r^2 - e^2)^2 : 16\,r^4$, $\mathfrak{N} = (3\,r + e)^3\,(r - e)\,(r^2 - e^2)^2 : 16\,r^4$ übergehen. Mit erneuter Hinzunahme der Eulerschen Relation wird hieraus

$$\mathfrak{M} = (3\,r - e)^3\,(r + e)\,\varrho^2 : 4\,r^2 = \varrho^2\mu,$$
$$\mathfrak{N} = (3\,r + e)^3\,(r - e)\,\varrho^2 : 4\,r^2 = \varrho^2\nu.$$

Folglich:

Von allen Schließungsdreiecken (Umindreiecken) ABC hat das ausgezeichnete Dreieck EMM' den größten, das andere ausgezeichnete Dreieck FNN' den kleinsten Inhalt.

ZWEITER ABSCHNITT: ANWENDUNGEN AUF DIE LÖSUNGEN PHYSIKALISCHER AUFGABEN

§ 33. Mechanische Aufgaben

1. Aufgabe von Euler: Eine runde glatte, $2\,l$ cm lange, G kg schwere Stange stützt sich einerseits auf eine feste waagrechte Achse, anderseits, und zwar mit ihrem unteren Ende, gegen eine der Achse parallele von dieser e cm entfernte lotrechte Wand, während ihr oberes Ende eine L kg schwere Last trägt. Welchen Winkel bildet die Stange in der Gleichgewichtslage mit dem Horizont?

(Euler, Mémoires de l'Académie de Berlin, 1751.)

Lösung: Wir nennen das untere Stangenende A, das obere B, den Mittelpunkt und zugleich Schwerpunkt der Stange S, den auf der Achse liegenden Unterstützungspunkt U, den Cosinus und Sinus des Winkels φ, den die Stange in ihrer Gleichgewichtslage mit dem Horizont bildet, o und i, den Abstand des unteren Endes von U x, den waagrecht wirkenden Druck der Wand gegen die Stange W und den normal zur Stange wirkenden Druck der Achse N. Auf die Stange wirken im ganzen vier Kräfte: G in S, L in B, W in A und N in U.

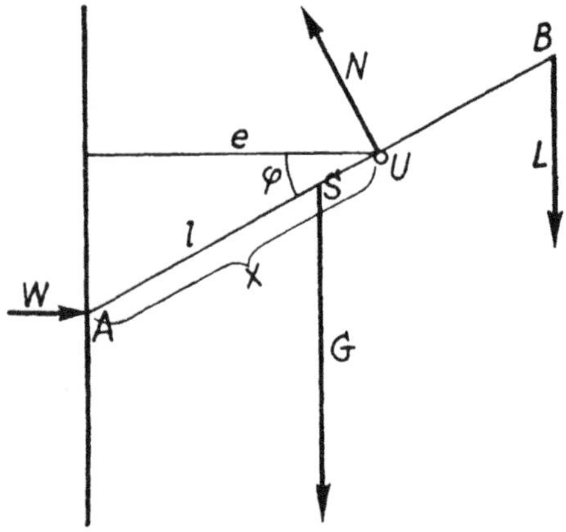

Nach dem Komponenten- und Momentensatze halten sie die Stange im Gleichgewicht, wenn erstens die Waagrechtkomponente, zweitens die Lotrechtkomponente, drittens das Moment des Kraftgefüges verschwindet.

Für die Waagrecht- und Lotrechtkomponente finden sich die Werte $W - Ni$ und $G + L - No$, so daß der Komponentensatz die beiden Gleichgewichtsbedingungen

$$Ni = W \quad \text{und} \quad No = G + L \quad \text{liefert.}$$

Zur Momentbestimmung wählen wir U als Momentenpunkt (Drehpunkt), so daß nur die drei Kräfte G, L und W nichtverschwindende Momente besitzen. Da die Arme dieser Kräfte $(x - l)o$, $(2l - x)o$ und xi sind, haben die (Dreh-) Momente die Werte $G(x - l)o$, $L(2l - x)o$ und Wxi, und die Momentenbedingung lautet

$$L(2l - x)o = G(x - l)o + Wxi.$$

Aus den aufgestellten drei Gleichgewichtsbedingungen folgt, unter Benutzung der Abkürzungen $L + G = \mathfrak{k}$, $2L + G = \mathfrak{K}$,

$$i : o = W : \mathfrak{k} \quad \text{und} \quad i : o = (l\mathfrak{K} - \mathfrak{k}x) : Wx$$

und hieraus durch Multiplikation $i^2 : o^2 = l\mathfrak{K} : \mathfrak{k}x - 1.$

Weil $i^2 : o^2 = \mathrm{tg}^2\varphi = (x^2 - e^2) : e^2 = x^2 : e^2 - 1$ ist, wird $x^3 = le^2\mathfrak{K} : \mathfrak{k}$.

Der Cosinus $o\,(= e : x)$ der gesuchten Horizontalneigung bestimmt sich also durch die kubische Gleichung

$$o^3 = (e/l) \cdot (L + G) / (2L + G).$$

2. Eine hohle Halbkugel vom Gewicht G steht mit ihrem abgeschliffenen Rande auf einer glatten waagrechten Platte. Durch eine kleine obere Öffnung wird eine Flüssigkeit von der Dichte D eingegossen. Bei welchem Niveau hebt der Flüssigkeitsdruck die Halbkugel hoch?

Lösung: Der gesuchte Abstand des Niveaus von der Platte sei h.

Wir ermitteln den Flüssigkeitsdruck p auf die unendlich schmale um x oberhalb der Platte, um y unterhalb des Niveaus liegende Kugelzone von der Breite σ. Er ist $p = 2\pi ry\sigma D$,

wo r den Zonenradius bedeutet. Für uns kommt nur seine Vertikalkomponente v in Betracht, die wir erhalten, wenn wir p mit dem Cosinus der Horizontalneigung ν der Zone multiplizieren. Da dieser den Wert $\varrho : \sigma$ hat, unter ϱ die Horizontalprojektion von σ verstanden, so wird $v = 2\pi r\varrho yD$.

Nun hat der Tangens von ν einerseits den Wert $\xi : \varrho$, wo ξ die Vertikalprojektion von σ ist, anderseits den Wert $r : x$. Durch Gleichsetzung dieser Werte folgt $r\varrho = x\xi$ und hieraus $v = 2\pi xy\xi D$.

Der Vertikaldruck der Flüssigkeit auf die Halbkugelwand ist die über alle beteiligten unendlich schmalen Zonen erstreckte Summe $V = \Sigma v = 2\pi D \cdot \Sigma xy\xi$.

Der gesamte Vertikaldruck der Flüssigkeit auf die Halbkugelwand ist die über alle beteiligten unendlich schmalen Zonen erstreckte Summe

$$V = \Sigma v = 2\pi D \cdot \Sigma xy\xi.$$

Der hier rechts auftretende Faktor $\Sigma xy\xi$ ist (wegen $x + y = h$) das Integral

$$\int_0^h x(h - x)\,dx$$

und hat daher den Wert $h^3/6$.

So wird $V = \pi D h^3/3.$

Die Hebung der Halbkugel erfolgt, wenn V den Betrag G zu überschreiten beginnt, d. h. in dem Augenblicke, wo

$$V = G$$

oder $$\pi D h^3/3 = G$$ wird.

Die gesuchte Höhe h bestimmt sich durch die kubische Gleichung

$$h^3 = 3\,G : \pi D.$$

3. Ein Holzwürfel von der Dichte d schwimmt, nur mit einer Ecke eintauchend, in einer Flüssigkeit von der Dichte D; wie tief taucht er ein?

Lösung: Die Kantenlänge des Würfels sei k, das Stück, welches sich von jeder der drei eintauchenden Kanten in der Flüssigkeit befindet, sei x, die Eintauchtiefe t. Das Gewicht des Würfels ist $k^3 d$, das des Verdrangs $x^3\,D/6$. Folglich ergibt sich für x die kubische Gleichung $x^3\,D/6 = k^3\,d$.

Für das sechsfache Verdrangvolumen erhalten wir die beiden Ausdrücke x^3 und $x^2\sqrt{3}\,t$, so daß $x = t\sqrt{3}$ ist.

Folglich bestimmt sich t aus der kubischen Gleichung $D\sqrt{3}\,t^3 = 2\,k^3\,d$

zu $$t = k\sqrt[3]{2\,d/D\sqrt{3}}.$$

4. Die Gleichgewichtslagen eines geraden dreiseitigen Prismas zu bestimmen, das mit horizontal verlaufenden Kanten in einer Flüssigkeit schwimmt.

Gegeben sind die Seiten a, b, c des Prismenquerschnitts ABC und die spezifischen Gewichte s und f des Prismas und der Flüssigkeit.

Lösung: Der tiefste Punkt des lotrecht stehenden durch die Kantenmitten laufenden Querschnitts ABC sei C, und die Flüssigkeitsoberfläche schneide die Seiten CA und CB in $\mathfrak{A}$ und $\mathfrak{B}$, so daß es darauf ankommt, die unbekannten Abschnitte

$$C\mathfrak{A} = x \qquad \text{und} \qquad C\mathfrak{B} = y$$

zu finden.

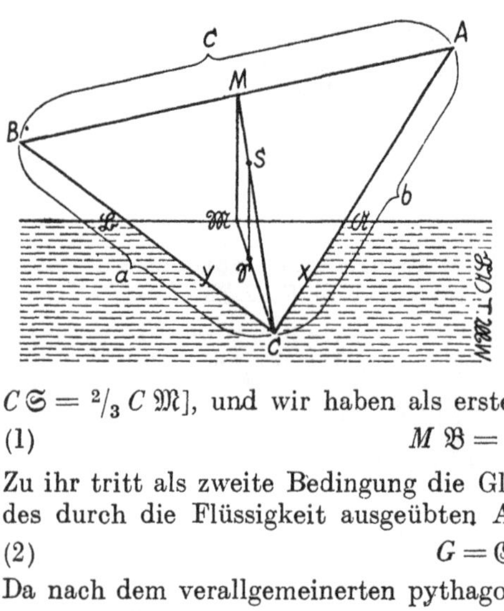

Da der Schwerpunkt S des Prismas und der Schwerpunkt $\mathfrak{S}$ des eingetauchten Teils lotrecht übereinander liegen, so liegen auch der Mittelpunkt M der Seite AB und die Mitte $\mathfrak{M}$ der Strecke $\mathfrak{A}\mathfrak{B}$ lotrecht übereinander [wegen $CS = {}^2/_3\,CM$, $C\mathfrak{S} = {}^2/_3\,C\mathfrak{M}$], und wir haben als erste Gleichgewichtsbedingung

(1) $$M\mathfrak{B} = M\mathfrak{A}.$$

Zu ihr tritt als zweite Bedingung die Gleichheit des Prismengewichts G und des durch die Flüssigkeit ausgeübten Auftriebs $\mathfrak{G}$:

(2) $$G = \mathfrak{G}.$$

Da nach dem verallgemeinerten pythagoreischen Satze

$$M\mathfrak{A}^2 = MC^2 + x^2 - 2\,p\,x, \qquad M\mathfrak{B}^2 = MC^2 + y^2 - 2\,q\,y$$

ist, wo p und q die bekannten Projektionen des Seitenhalbierers CM auf die Seiten b und a bedeuten, so verwandelt sich (1) in

$$\text{(I)} \qquad x^2 - 2\,px = y^2 - 2\,qy.$$

Da ferner die Gewichte G und $\mathfrak{G}$ des Prismas und des Verdrangs $1/2\;lab \sin\gamma\cdot s$ und $1/2\;lxy \sin\gamma\cdot f$ sind, unter γ den Winkel ACB, unter l die Länge der Prismenkanten verstanden, so verwandelt sich (2) in

$$\text{(II)} \qquad fxy = abs.$$

Die Gleichungen (I) und (II) bestimmen die unbekannten Abschnitte x und y. Wir setzen die Konstante $abs:f$ gleich k und substituieren $y = k:x$ in (I). Das gibt für die Unbekannte x die biquadratische Gleichung

$$x^4 - 2\,px^3 + 2\,kqx - k^2 = 0.$$

5. Wie tief sinkt ein Elbkahn von bekannten Abmessungen und bekanntem Gesamtgewicht im Wasser ein?

Die auf der Elbe und Moldau verwandten Holzkähne haben im wesentlichen folgende Gestalt. Den Hauptbestandteil bildet der Rumpf, ein Quader

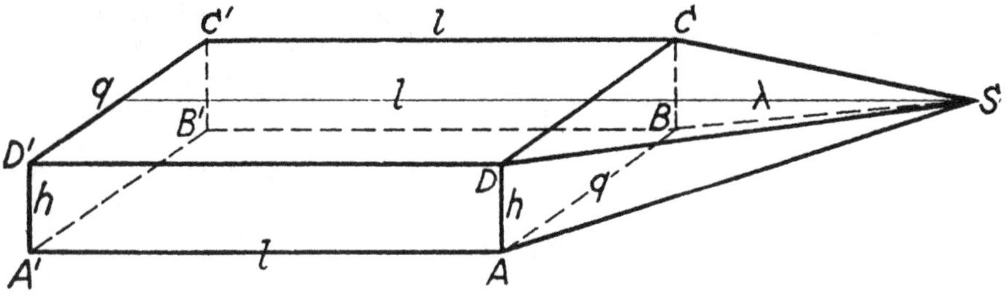

$ABCDA'B'C'D'$ mit der waagrechten Längserstreckung $AA' = BB' = CC' = DD' = l$, der waagrechten Quererstreckung $AB = CD = A'B' = C'D' = q$ und der lotrechten Höhe $AD = BC = A'D' = B'C' = h$. An die Endflächen $ABCD$ und $A'B'C'D'$ sind die sog. Schnäbel $ABCDS$ und $A'B'C'D'S'$ angesetzt, die man sich folgendermaßen entstanden denken kann. Man verlängert die Längsmittellinie des Decks beiderseits um die „Schnabellänge" λ und verbindet die Endpunkte S und S' der Verlängerungen mit sämtlichen Randpunkten der Endflächen $ABCD$ bzw. $A'B'C'D'$, so daß jeder Schnabel eine vierseitige Pyramide mit lotrecht liegender Basis und einer waagrechten Seitenfläche bildet.

Gegeben sind l, q, h, λ und das Gesamtgewicht G des belasteten Kahns; gesucht ist die Eintauchtiefe x.

Lösung: Der eintauchende Teil des Bootes besteht aus einem quaderförmigen Mittelstück vom Volumen $v = lqx$ und zwei gleichen Endstücken, die den Schnäbeln angehören. Jedes Endstück ist ein schief abgeschnittenes dreiseitiges Prisma mit drei zu den Seitenwänden des Rumpfes normalen Längskanten q, q und y, dessen Querschnitt Q ein rechtwinkliges Dreieck mit lotrechter Kathete x und waagrechter, der Bootsachse paralleler Kathete z. Die Unbekannten y und z findet man leicht (Strahlensatz) aus den Proportionen

$$y : q = (h - x) : h, \qquad z : \lambda = x : h.$$

Das Volumen eines Endstücks ist daher

$$\varphi = Q \cdot (q + q + y)/3 = xz\,(2\,q + y)/6 = (q\lambda/h^2)\,x^2\,(3\,h - x)/6.$$

Damit wird das Verdrangvolumen

$$V = v + 2\,\varphi = lqx + q\lambda\,x^2\,(3\,h - x)/3h^2.$$

Durch Gleichsetzung des Auftriebs VD (wo D die Wasserdichte bedeutet) und des Gewichts G entsteht für die gesuchte Eintauchtiefe x die kubische Gleichung $$x^3 - 3\,hx^2 - 3\,h^2\,(l/\lambda)\,x + 3\,(h^2/q\lambda)\,(G/D) = 0.$$

Beispiel: Hat ein Elbkahn die Abmessungen

$$l = 15{,}2, \qquad q = 3{,}8, \qquad \lambda = 3{,}8, \qquad h = 1{,}3$$

Meter, und wiegt er unbelastet $G = 6183$ kg, so wird (mit $D = 1000$) die kubische Gleichung $$x^3 - 3{,}9\,x^2 - 20{,}28\,x + 2{,}171 = 0$$

und ihre hierhergehörige Wurzel $x = 0{,}105$.

Der Kahn sinkt 10,5 cm ein.

6. Die Eintauchtiefe eines schwimmenden Pontons zu bestimmen. Ein Ponton ist ein Körper, der von einer waagrechten rechteckigen Deckfläche $ABCD$, einer waagrechten rechteckigen Grundfläche $abcd$ und den vier trapezförmigen, schräg abwärts laufenden, sich nach unten verjüngenden Seitenflächen $ABab$, $BCbc$, $CDcd$, $DAda$ begrenzt wird. Deckfläche und Grundfläche liegen so, daß die Verbindungsstrecke ihrer Mittelpunkte, die zugleich die Höhe h des Pontons darstellt, lotrecht verläuft, und daß die Längskante L der Deckfläche der Längskante l der Grundfläche, ebenso die Querkante Q der Deckfläche der Querkante q der Grundfläche parallel läuft.

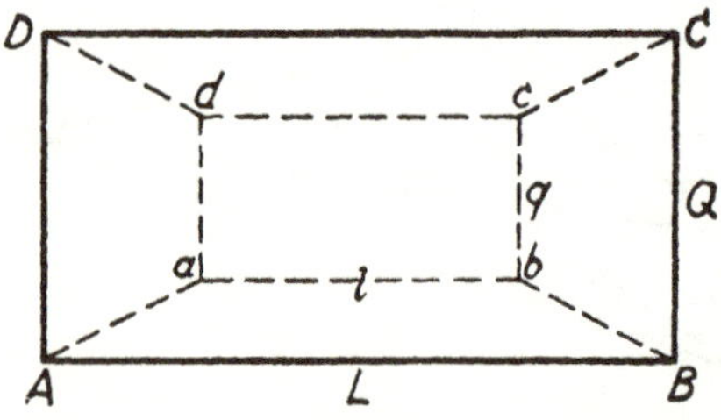

Gegeben sind die Pontondimensionen h, L, l, Q, q sowie das Gesamtgewicht G des belasteten Pontons und die Dichte D der Flüssigkeit, in welcher er schwimmt; gesucht ist die Eintauchtiefe x.

Lösung: Wir benötigen zunächst die Formel für das Pontonvolumen V. Wir finden sie, indem wir den Ponton durch die Diagonalebene $ABcd$ in die beiden dreiseitigen schief abgeschnittenen Prismen $ABabcd$ (mit den Längskanten $AB = L$, $ab = l$, $dc = l$ und dem Querschnitt $qh/2$ und $ABCDcd$ (mit den Längskanten $AB = L$, $DC = L$, $dc = l$ und dem Querschnitt $Qh/2$ zerlegen. Da der Inhalt eines schiefabgeschnittenen dreiseitigen Prismas gleich dem Produkt aus seinem Querschnitt und den arithmetischen Mittel seiner drei Längskanten ist, so hat das erste unserer Prismen den Inhalt $qh\,(L + 2\,l)/6$, das zweite den Inhalt $Qh\,(2\,L + l)/6$, und der Pontoninhalt wird $$V = h\,[Q\,(2\,L + l) + q\,(2\,l + L)]/6.$$

Der von dem schwimmenden Ponton bewirkte Verdrang ist ein Ponton mit der Grundfläche $abcd$ und Deckfläche $\mathfrak{A}\,\mathfrak{B}\,\mathfrak{C}\,\mathfrak{D}$, der oberen Längskante $\mathfrak{L} = \mathfrak{A}\,\mathfrak{B}$ und Querkante $\mathfrak{Q} = \mathfrak{A}\,\mathfrak{D}$ und der Höhe x. Zur Ermittlung seines Volumens $\mathfrak{V}$ benötigen wir $\mathfrak{L}$ und $\mathfrak{Q}$. Nach dem Teilverhältnissatze sind diese Größen $$\mathfrak{L} = [Lx + l\,(h - x)]/h \quad \text{und} \quad \mathfrak{Q} = [Qx + q\,(h - x)]/h,$$

und da $$\mathfrak{V} = x\,[\mathfrak{Q}\,(2\,\mathfrak{L} + l) + q\,(2\,l + \mathfrak{L})]/6$$

ist, erhalten wir für das Verdrangvolumen die Formel

$$\mathfrak{V} = (\lambda\varkappa/3\,h^2)\,x^3 + [(l\varkappa + q\lambda)/2\,h]\,x^2 + lqx \quad \text{mit} \quad \lambda = L - l, \quad \varkappa = Q - q.$$

Da nun der Auftrieb $\mathfrak{V}D$ dem Gesamtgewicht G gleich sein muß, ergibt sich für die gesuchte Eintauchtiefe x die kubische Gleichung

$$\lambda\varkappa x^3 + 1{,}5\,h\,(l\varkappa + q\lambda)\,x^2 + 3\,h^2 lqx - 3\,h^2 G/D = 0.$$

Beispiel: Die zum Transport der Röhren für die Menaibrücken bestimmten Eisenpontons hatten folgende Dimensionen in engl. Fuß (′)

$$L = 98, \quad Q = 31, \quad l = 93, \quad q = 26, \quad h = 8{,}75.$$

Wie tief sinkt ein solcher Ponton unbelastet im Wasser ein, wenn die Wandstärke zu 0,03′ und die Dichte des Eisens zu 7,5 angenommen wird?

7. Aufgabe von Bossut: Die Gleichgewichtslage eines schwimmenden Zylinders zu bestimmen, dessen Querschnitt ein gerader Parabelabschnitt ist und dessen Schwerpunkt nicht auf der Parabelachse liegt.

Bekannt sind die Länge l, das Gewicht G und der Schwerpunkt S des Zylinders, die Dichte d der Flüssigkeit und der Parameter $2\,p$ der Parabel.

Lösung: Wir achten lediglich auf den durch den Schwerpunkt S laufenden Querschnitt. Die gesuchte Gleichgewichtslage ist vollständig durch die Ordinate y seines tiefsten eintauchenden Punktes T bestimmt, wobei wir die Parabelgleichung in der gewöhnlichen Form $y^2 = 2\,px$ voraussetzen. Die Neigung ν der Parabelachse gegen den Horizont folgt nämlich sofort aus der bekannten Formel $\operatorname{tg}\nu = p : y$ für die Parabelsteigung.

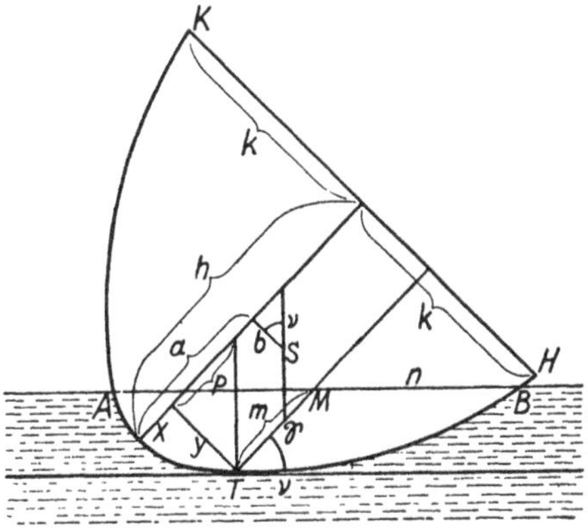

Wir nennen die Koordinaten des Zylinderschwerpunkts a und b, den Sinus der Neigung ν i, den Schwerpunkt des Verdrangs $\mathfrak{S}$, die Strecke, in welcher das Flüssigkeitsniveau den Zylinderquerschnitt durchsetzt, $2\,n$, die von T nach der Mitte M dieser Strecke führende, der Parabelachse parallele Strecke m, so daß auf Grund der Parabelgleichung für den Durchmesser $T\,M$ und die durch T laufende dem Niveau parallele Tangente als Achsen die Gleichung $n^2 = 2\,pm : i^2$ gilt.

Das Gleichgewicht wird durch zwei Bedingungen gekennzeichnet:

1. Der Auftrieb ist gleich dem Zylindergewicht.
2. Die Verbindungslinie der Schwerpunkte S und $\mathfrak{S}$ läuft lotrecht.

Da das durch das Flüssigkeitsniveau von unserem Querschnitt abgeschnittene schiefe Parabelsegment den Inhalt $4\,m\,n\,i/3$ ($^2/_3$ Grundlinie mal Höhe) hat, so ist der Auftrieb C (das Verdranggewicht) $4\,m\,n\,l\,i\,d/3$, und die erste Bedingung schreibt sich

$$4\,m\,n\,l\,i\,d/3 = G$$

oder wegen der obigen Gleichung $n^2\,i^2 = 2\,pm$

$$m^3 = 9\,G^2 : 32\,p\,l^2\,d^2,$$

so daß wir m als bekannt ansehen dürfen.

Auf Grund der zweiten Bedingung schneiden die Lotrechten durch T und S auf der Parabelachse ein Stück von der Länge $T\mathfrak{S} = 3\,m/5$ aus [der Schwerpunkt eines schiefen Parabelabschnitts, in unserem Falle des durch die Strecke $2\,n$ abgeschnittenen Segments liegt in $^2/_5$ der Segmenthöhe]. Nun besteht die vom Parabelscheitel und dem Schnittpunkt von $\mathfrak{S}S$ mit der Parabelachse begrenzte Strecke einerseits aus den drei Stücken: der Abszisse x des Punktes T, der Subnormale p des Punktes T und dem obenerwähnten Stück $3\,m/5$, anderseits aus den beiden Stücken a und $b \operatorname{tg} \nu = bp : y$. Mithin gilt die Gleichung
$$x + p + 3\,m/5 = a + bp/y.$$
Hier ersetzen wir $p + 3\,m/5 - a$ durch die Abkürzung c, x durch $y^2 : 2\,p$ und bekommen für die Unbekannte y die kubische Gleichung

$$y^3 + 2\,pcy - 2\,bp^2 = 0.$$

8. Wie hoch steht das Wasser in einer kegelstumpfförmigen Taucherglocke von bekannten Abmessungen, wenn die Glocke auf dem m Meter tiefen Meeresboden steht?

Der untere Radius des Kegelstumpfs sei r, der obere ϱ, die Höhe des Stumpfes h der atmosphärische Druck a Meter Wasser ($a = 10{,}333$).

Lösung: Die gesuchte Höhe des Wassers in der Glocke sei x. Das in der Glocke befindliche Wasser bildet einen Kegelstumpf mit den Radien r und y, wobei nach dem Teilverhältnissatze

$$y = r - \alpha x \qquad \text{mit} \qquad \alpha = (r - \varrho) : h \qquad \text{ist.}$$

Nun füllt die in der Glocke befindliche Luft über dem Meere den Raum $\pi h\,(r^2 + r\varrho + \varrho^2) : 3$, unter dem Meere den Raum $\pi\,(h - x)\,(\varrho^2 + \varrho y + y^2) : 3$, besitzt über dem Meere den Druck a, unter dem Meere den Druck $a + m - x$. Daher ist nach Boyles Gesetz

$$ah\,(r^2 + r\varrho + \varrho^2) = (a + m - x)\,(h - x)\,(\varrho^2 + \varrho y + y^2).$$

Ersetzen wir hier die Ausdrücke $ah\,(r^2 + r\varrho + \varrho^2)$ und $a + m$ durch A und b sowie y durch den obigen Wert, so ergibt sich für die gesuchte Wasserhöhe x die biquadratische Gleichung

$$(b - x)\,(h - x)\,(\Gamma - \alpha\beta x + \alpha^2 x^2) = A,$$

mit $\Gamma = r^2 + r\varrho + \varrho^2, \qquad \beta = 2\,r + \varrho.$

Beispiel: Bei einer im Hafen von Cherbourg benutzten Glocke war $r = 0{,}8805$, $\varrho = 0{,}8075$, $h = 1{,}594$, $m = 15$ Meter, $\alpha = 0{,}045797$.

Die biquadratische Gleichung wird

$$x^4 - 83{,}0137\,x^3 + 2570{,}26235\,x^2 - 29720{,}9482\,x + 24387{,}6673 = 0,$$

ihre hierhergehörige Wurzel $\qquad x = 0{,}8866.$

9. Grahampendel: Wieviel Quecksilber muß man in das Gefäß eines Grahampendels gießen, damit das Pendel Sekunden schwingt?

Ein Grahampendel ist ein an waagrechter Aufhängeachse $\mathfrak{a}$ hängendes Pendel, das aus einer Aufhängestange und einem daran befestigten zylindrischen, teilweise mit Quecksilber gefüllten Gefäße besteht, dessen Achse die Verlängerung der Stange bildet. Die Menge des Quecksilbers ist so bemessen, daß das Pendel ungefähr Sekunden schlägt.

Von einem solchen Pendel sind bekannt die Masse m, die Entfernung s ihres Schwerpunkts von $\mathfrak{a}$, die reduzierte Pendellänge l, der Innenradius ϱ des Gefäßes, die Dichte D des Quecksilbers und der Abstand a der Quecksilberoberfläche (im Ruhezustande) von $\mathfrak{a}$. Außerdem ist die Länge L des Sekundenpendels für den Beobachtungsort gegeben.

Lösung: Die gesuchte Menge μ des hinzuzugießenden Quecksilbers bildet im Gefäß einen niedrigen Quecksilberzylinder $\mathfrak{z}$ vom Halbmesser ϱ und von der Höhe $2(a - \sigma)$, wo σ den Abstand seines Schwerpunkts von $\mathfrak{a}$ bedeutet. Der Trägheitsradius $\varkappa$ von $\mathfrak{z}$ für eine durch seinen Schwerpunkt laufende, zu $\mathfrak{a}$ parallele Achse ist mit Radius und Höhe durch die leicht abzuleitende Relation $\varkappa^2 = (1/4)\,\varrho^2 + (1/3)\,(a - \sigma)^2$ verbunden.

Für das neue Pendel haben wir nun die Formel

$$L = [mls + \mu\,(\sigma^2 + \varkappa^2)]\,/\,(ms + \mu\sigma),$$

insofern der Zähler der rechten Seite das Trägheitsmoment des Pendels für $\mathfrak{a}$ ist, der Nenner dem Produkt aus der Gesamtmasse $m + \mu$ und dem Abstand ihres Schwerpunkts von $\mathfrak{a}$ gleicht.

In ihr ersetzen wir zunächst $\varkappa^2$ durch den angegebenen Wert. Die Formel enthält dann außer μ nur noch die Unbekannte σ. Um auch diese aus ihr zu entfernen, bedenken wir, daß die Masse von $\mathfrak{z}$ den Wert $\mu = 2\,\pi\varrho^2\,(a - \sigma)\,D$ hat, daß also σ durch den Ausdruck $\sigma = a - \mu/\alpha$ mit $\alpha = 2\,\pi\varrho^2 D$ ersetzt werden kann.

Durch Ausführung der Substitution entsteht für die gesuchte Unbekannte μ die kubische Gleichung $\mu^3 + A\mu^2 + B\mu + C = 0$

mit $A = (3/2)\,\pi\varrho^2\,(L - 2\,a)\,D,\quad B = (3/4)\,\pi^2\varrho^4\,(\varrho^2 + 4\,a\,[a - L])\,D^2$

$$C = 3\,\pi^2\,\varrho^4\,(l - L)\,s\,m\,D^2.$$

10. Hauptträgheitsmomente

Die Hauptträgheitsmomente und Hauptträgheitsachsen eines gegebenen Körpers für einen gegebenen Punkt zu bestimmen, wenn beide für den Schwerpunkt des Körpers bekannt sind.

Lösung: Es gibt bekanntlich zweierlei Trägheitsmomente: das auf eine Gerade — Trägheitsachse — bezogene Eulersche Trägheitsmoment, das meist kurz nur „Trägheitsmoment" genannt wird, und das auf eine Ebene — Trägheitsebene — bezogene Binetsche Trägheitsmoment. Werden die Punkte des Körpers durch ein rechtwinkliges Koordinatensystem xyz bestimmt, und bedeuten x, y, z die Koordinaten des beliebigen Massenpunktes m, so sind die auf die drei Koordinatenebenen yz, zx, xy bezogenen Binetmomente

$$\mathfrak{a} = \Sigma m x^2 = \int x^2 dM, \quad \mathfrak{b} = \Sigma m y^2 = \int y^2 dM, \quad \mathfrak{c} = \Sigma m z^2 = \int z^2 dM,$$

die auf die drei Koordinatenachsen bezogenen Eulermomente

$$\mathfrak{A} = \Sigma m\,(y^2 + z^2), \quad \mathfrak{B} = \Sigma m\,(z^2 + x^2), \quad \mathfrak{C} = \Sigma m\,(x^2 + y^2),$$

wobei die Summation über alle Massenpunkte m (die Integration über alle Massenelemente dM) des Körpers zu erstrecken ist. Letztere stehen mit den ersteren in den einfachen Beziehungen

$$\mathfrak{A} = \mathfrak{b} + \mathfrak{c}, \quad \mathfrak{B} = \mathfrak{c} + \mathfrak{a}, \quad \mathfrak{C} = \mathfrak{a} + \mathfrak{b}.$$

Einfacher sind ersichtlich die Binetmomente, die wir deshalb im folgenden benutzen.

Eine weitere kleine Vereinfachung ergibt sich durch Einführung der spezifischen Momente, d. h. der durch die Körpermasse M geteilten Trägheitsmomente.

Bei unserer Aufgabe sind demnach als gegeben vorauszusetzen:

1. die drei Hauptträgheitsachsen x, y, z für den Schwerpunkt S des Körpers sowie die auf die Koordinatenebenen yz, zx, xy-bezogenen Binetschen (Hauptträgheits-) Momente a, b, c,

2. die auf das ausgezeichnete xyz-Koordinatensystem bezogenen Koordinaten p, q, r des vorgelegten Punktes O.

Um das spezifische Binetsche Trägheitsmoment Θ für eine beliebige durch den Punkt O laufende Ebene E auszuwerten, legen wir zunächst ein beliebiges rechtwinkliges Koordinatensystem XYZ mit dem Ursprung O zugrunde. In diesem System hat die Ebene E die Gleichung

$$\lambda X + \mu Y + \nu Z = 0,$$

wenn λ, μ, ν ihre Stellungscosinus (die Richtungscosinus der Ebenennormale) bedeuten. Zugleich stellt der Ausdruck $\lambda X + \mu Y + \nu Z = T$ den Abstand des beliebigen Körpermassenpunktes m mit den Koordinaten X, Y, Z von der Ebene E dar.

Das spezifische Trägheitsmoment für E ist dann

$$\Theta = (1/M)\, \Sigma m T^2 = (1/M)\, \Sigma m\, (\lambda X + \mu Y + \nu Z)^2,$$

so daß wir mit Einführung der drei spezifischen Binetmomente

$$A = (1/M)\, \Sigma m X^2, \qquad B = (1/M)\, \Sigma m Y^2, \qquad C = (1/M)\, \Sigma m Z^2$$

und der drei spezifischen Deviationsmomente

$$\mathsf{A} = (1/M)\, \Sigma m YZ, \qquad \mathsf{B} = (1/M)\, \Sigma m ZX, \qquad \Gamma = (1/M)\, \Sigma m XY$$

die fundamentale Formel

$$\Theta = A\lambda^2 + B\mu^2 + C\nu^2 + 2\,\mathsf{A}\mu\nu + 2\,\mathsf{B}\nu\lambda + 2\,\Gamma\lambda\mu$$

erhalten, durch welche das spezifische Trägheitsmoment Θ für eine beliebige durch O laufende Ebene als Funktion ihrer Stellung (λ, μ, ν) dargestellt wird Die geometrische Darstellung dieser Abhängigkeit erfolgt bekanntlich durch das sog. (Binetsche) Trägheitsellipsoid. Man trägt von O aus auf dem Lot der in ihrer Stellung variierenden Ebene E eine Strecke R ab, die der reziproke Wert der Quadratwurzel aus dem Moment Θ ist, so daß der Endpunkt P dieser Strecke die Koordinaten

$$X = R\lambda, \qquad Y = R\mu, \qquad Z = R\nu$$

hat und wegen $\qquad \Theta R^2 = 1$

die Relation $\qquad A X^2 + B Y^2 + C Z^2 + 2\,\mathsf{A}\, YZ + 2\,\mathsf{B}\, ZX + 2\,\Gamma XY = 1$

besteht.

Der durch diese Relation definierte Ort der Punkte P ist das zum Punkte O gehörige Trägheitsellipsoid, und die Hauptachsen dieses Ellipsoids sind die drei gesuchten Hauptträgheitsachsen.

Bedeutet jetzt speziell P den Endpunkt einer der drei Hauptträgheitsachsen, so gelten einerseits für die Koordinaten X, Y, Z von P die drei Gleichungen

$$X = R\lambda, \qquad Y = R\mu, \qquad Z = R\nu,$$

wo nun $1 : R^2$ das spezifische Binetmoment Θ für die zu OP normale Ebene ist. Anderseits erhalten wir für die Richtungscosinus λ, μ, ν von OP, da diese zugleich die Stellungscosinus der in P an das Ellipsoid gelegten Tangentialebene sind, die Proportion

$$(A X + \Gamma Y + \mathsf{B} Z)/\lambda = (\Gamma X + B Y + \mathsf{A} Z)/\mu = (\mathsf{B} X + \mathsf{A} Y + C Z)\,\nu.$$

Aus den beiden gewonnenen Gleichungstripeln folgt sofort

$$(A\lambda + \Gamma\mu + \mathsf{B}\nu)/\lambda = (\Gamma\lambda + B\mu + \mathsf{A}\nu)/\mu = (\mathsf{B}\lambda + \mathsf{A}\mu + C\nu)/\nu$$

und hieraus noch der gemeinsame Wert dieser drei Brüche zu

$$\frac{\lambda(A\lambda + \Gamma\mu + \mathsf{B}\nu) + \mu(\Gamma\lambda + B\mu + \mathsf{A}\nu) + \nu(\mathsf{B}\lambda + \mathsf{A}\mu + C\nu)}{\lambda\lambda + \mu\mu + \nu\nu}$$

$$= A\lambda^2 + B\mu^2 + C\nu^2 + 2\,\mathsf{A}\mu\nu + 2\,\mathsf{B}\nu\lambda + 2\,\Gamma\lambda\mu = \Theta.$$

(Es ist ja $\lambda^2 + \mu^2 + \nu^2 = 1$.)

Mithin gilt das Gleichungstripel

$$\left\{\begin{array}{l} A\lambda + \Gamma\mu + \mathsf{B}\nu = \Theta\lambda \\ \Gamma\lambda + B\mu + \mathsf{A}\nu = \Theta\mu \\ \mathsf{B}\lambda + \mathsf{A}\mu + C\nu = \Theta\nu \end{array}\right\}$$

bzw. das Homogensystem

(1) $$\left\{\begin{array}{rcrcrl} (A-\Theta)\lambda & + & \Gamma\mu & + & \mathsf{B}\nu & = 0 \\ \Gamma\lambda & + & (B-\Theta)\mu & + & \mathsf{A}\nu & = 0 \\ \mathsf{B}\lambda & + & \mathsf{A}\mu & + & (C-\Theta)\nu & = 0 \end{array}\right\}.$$

Da die drei Größen λ, μ, ν wegen $\lambda^2 + \mu^2 + \nu^2 = 1$ nicht alle zugleich verschwinden können, so verschwindet nach Bezonts Satz die Systemdeterminante:

(2) $$\begin{vmatrix} A-\Theta & \Gamma & \mathsf{B} \\ \Gamma & B-\Theta & \mathsf{A} \\ \mathsf{B} & \mathsf{A} & C-\Theta \end{vmatrix} = 0.$$

Unser Problem führt also auf eine kubische Gleichung für die gesuchten Hauptträgheitsmomente Θ. In ausführlicher Schreibung hat sie die Form

(3) $$\Theta^3 - H\Theta^2 + K\Theta - L = 0$$

mit $$\left\{\begin{array}{l} H = A + B + C \\ K = BC + CA + AB - \mathsf{A}^2 - \mathsf{B}^2 - \Gamma^2 \\ L = ABC + 2\,\mathsf{A}\mathsf{B}\Gamma - A\mathsf{A}^2 - B\mathsf{B}^2 - C\Gamma^2 \end{array}\right\}.$$

Um sie zu vereinfachen, wählen wir die bis jetzt willkürlichen Koordinatenachsen X, Y, Z den durch S laufenden Achsen x, y, z parallel. Dann gelten die Transformationsgleichungen

$$x = p + X, \qquad y = q + Y, \qquad z = r + Z,$$

so daß wir z. B. für die Momente A und A die Gleichungen

$$MA = \Sigma m X^2 = \Sigma m(x-p)^2 = \Sigma m x^2 + p^2\,\Sigma m - 2\,p\Sigma m x,$$

$$M\mathsf{A} = \Sigma m YZ = \Sigma m(y-q)\,(z-r) = \Sigma m yz + qr\,\Sigma m - q\,\Sigma m z - r\Sigma m y$$

erhalten. Da aber S der Schwerpunkt ist, verschwinden die Summen $\Sigma m x$, $\Sigma m y$, $\Sigma m z$. Außerdem ist $\Sigma m x^2 = Ma$, $\Sigma m = M$ und $\Sigma m yz$ (als auf die Hauptebene yz bezogenes Deviationsmoment) gleich Null. So wird ganz einfach $$A = a + p^2 \quad \text{und} \quad \mathsf{A} = qr.$$

Für die anderen vier Momente wird ebenso

$$B = b + q^2, \qquad \mathsf{B} = rp, \qquad C = c + r^2, \qquad \Gamma = pq.$$

Mit Hilfe dieser Werte erhalten wir für die Koeffizienten von (3)

$$\left\{\begin{array}{l} H = a + b + c + p^2 + q^2 + r^2 \\ K = bc + ca + ab + a(q^2 + r^2) + b(r^2 + p^2) + c(p^2 + q^2) \\ L = abc + bcp^2 + caq^2 + abr^2 \end{array}\right\}.$$

Substituieren wir diese Werte in (3) und ordnen nach p^2, q^2, r^2, so bekommen wir

$$\left\{\begin{array}{l} \Theta^3 - (a + b + c)\Theta^2 + (bc + ca + ab)\Theta - abc \\ -[\Theta^2 - (b + c)\Theta + bc]\,p^2 \\ -[\Theta^2 - (c + a)\Theta + ca]\,q^2 \\ -[\Theta^2 - (a + b)\Theta + ab]\,r^2 \end{array}\right\} = 0$$

oder

$$(\Theta - a)(\Theta - b)(\Theta - c) = (\Theta - b)(\Theta - c)p^2 + (\Theta - c)(\Theta - a)q^2 + (\Theta - a)(\Theta - b)r^2$$

oder endlich einfach

$$p^2/(\Theta - a) + q^2/(\Theta - b) + r^2/(\Theta - c) = 1. \tag{4}$$

Diese kubische Gleichung liefert die gesuchten drei Hauptmomente Θ. Zu jedem Hauptmoment liefert sodann das Homogensystem (1) die Stellung (λ, μ, ν) der zugehörigen Hauptebene bzw. die Richtungscosinus λ, μ, ν der entsprechenden Hauptträgheitsachse.

11. Einen Punkt zu bestimmen, in dem die drei Hauptträgheitsmomente eines gegebenen Körpers vorgelegte Werte besitzen.

Lösung: Im Zusammenhang mit der vorausgehenden Aufgabe verwenden wir wieder Binetsche Trägheitsmomente (die auf Grund der dort gemachten Angabe leicht aus den Eulerschen erhalten bzw. in Eulersche übergeführt werden können). Bedeuten a, b, c die bekannten spezifischen Hauptmomente für den Körperschwerpunkt, α, β, γ die vorgelegten spezifischen Momente, x, y, z die Koordinaten des gesuchten Punktes in dem System, dessen Achsen die Hauptträgheitsachsen für den Schwerpunkt sind, so gelten die drei Gleichungen

$$\left\{\begin{array}{l} x^2/(\alpha - a) + y^2/(\alpha - b) + z^2/(\alpha - c) = 1 \\ x^2/(\beta - a) + y^2/(\beta - b) + z^2/(\beta - c) = 1 \\ x^2/(\gamma - a) + y^2/(\gamma - b) + z^2/(\gamma - c) = 1 \end{array}\right\}.$$

Um sie nach den Unbekannten x, y, z bequem auszulösen, setzen wir $\alpha - a$ bzw. $\beta - a$ bzw. $\gamma - a$ gleich u und erhalten

$$x^2/u + y^2/(u + a - b) + z^2/(u + a - c) = 1.$$

Offensichtlich hat diese Gleichung — als kubische Gleichung für die „Unbekannte" u aufgefaßt — die drei Wurzeln $\alpha - a$, $\beta - a$, $\gamma - a$.

Schreiben wir die Gleichung in der üblichen Weise: $u^3 - Pu^2 + Qu - R = 0$, so hat das Freiglied R den Wert $R = (a - b)(a - c)\,x^2$.

Anderseits ist es auch das Produkt der Wurzeln: $R = (\alpha - a)(\beta - a)(\gamma - a)$.

Daher ergibt sich $(a - b)(a - c)\,x^2 = (\alpha - a)(\beta - a)(\gamma - a)$.

Durch zyklische Vertauschung entstehen hieraus die entsprechenden Formeln für y^2 und z^2.

Ergebnis:

Die Koordinaten des gesuchten Punktes bestimmen sich aus

$$x^2 = \frac{(\alpha - a)(\beta - a)(\gamma - a)}{(b - a)(c - a)}, \quad y^2 = \frac{(\alpha - b)(\beta - b)(\gamma - b)}{(c - b)(a - b)}, \quad z^2 = \frac{(\alpha - c)(\beta - c)(\gamma - c)}{(a - c)(b - c)}.$$

Wenn die rechten Seiten dieser Formeln positiv ausfallen, existieren im ganzen acht Punkte, für welche die Hauptmomente die vorgelegten Werte α, β, γ besitzen.

12. In welchem Punkte einer homogenen Halbkugel befindet sich ein Massenpunkt unter der Einwirkung der nach dem Gravitationsgesetz von den Massenteilchen der Halbkugel auf ihn ausgeübten Anziehungskräfte im Gleichgewicht?

Lösung: Die Halbkugel, deren Begrenzungskreis waagerecht liege, habe den Halbmesser h und das Zentrum Z. Der Halbkreis mit dem waagrechten Durchmesser $A\,Z\,B$ und dem Scheitel S stelle einen Aufriß der Halbkugel dar.

Der gesuchte Punkt liegt an einer um den unbekannten Betrag e von Z entfernten Stelle O des Halbmessers ZS. Die Halbkugel zerfällt durch die waagerechte, den Punkt O durchsetzende, den Aufrißhalbkreis in M und N schneidende Ebene in einen oberen Teil I und einen unteren II derart, daß sich die Anziehungen von I und II auf O aufheben.

Um diese Anziehungen zu berechnen, zerlegen wir I wie II in unendlich viele Kreisscheiben von der unendlich geringen Dicke dx. Ist x der Abstand einer solchen Scheibe von O, y der Scheibenradius, so hat die Masse der Scheibe den Wert $D\pi y^2 dx$, wo D die Materialdichte bedeutet.

Die Anziehung dieser Scheibe auf O ist daher gleichbedeutend mit der Anziehung einer Kreisfläche vom Halbmesser y, die mit der Massendichte $\Delta = D dx$ belegt ist. Nach einem bekannten Satze von Gauß ist aber die zur Fläche normale Komponente der Anziehung einer mit Masse von der konstanten Dichte Δ belegten Fläche auf einen Außenpunkt (in dem die Masseneinheit konzentriert zu denken ist) das $\Gamma\Delta$fache der scheinbaren Größe der Fläche in dem Außenpunkte, wo Γ die Gravitationskonstante bedeutet.

Da nun die scheinbare Größe unserer Kreisscheibe in O $2\pi\,[1 - x/w]$ ist, wo $w = \sqrt{x^2 + y^2}$ den Abstand des Scheibenrandes von O darstellt, so ist die Anziehung unserer Scheibe in O $2\pi\,\Gamma\Delta\,[1 - x/w]\,dx$ oder kürzer

$$[1 - x/w]\,dx,$$

wenn man $2\pi\Gamma\Delta$ Krafteinheiten als neue Krafteinheit einführt.

In diesen neuen Krafteinheiten sind sonach die Anziehungen von I und II

auf O $$A_1 = \int_0^k [1 - (x/w)]\,dx \quad \text{und} \quad A_2 = \int_0^e [1 - (x/w)]\,dx,$$

wobei $k = h - e$ den Abstand des Punktes S von O bedeutet.

Wir schreiben $$A_1 = k - \int_0^k x\,dx/w, \qquad A_2 = e - \int_0^e x\,dx/w$$

und führen w als neue Integrationsvariable ein.

Um w durch x auszudrücken, benötigen wir den Abstand $g = h + e$ des Punktes O vom Spiegelbild des Scheitels S in $A\,B$ sowie die Strecke $O\,M = m$, so daß $m^2 = kg$ ist.

Nun wird für eine Scheibe von I bzw. II

$$y^2 = (k - x)\,(g + x), \qquad y^2 = (k + x)\,(g - x),$$

also (wegen $kg = m^2$, $g - k = 2e$)

$w^2 = m^2 - 2ex$, $w\,dw = -e\,dx$, $w^2 = m^2 + 2ex$, $w\,dw = +e\,dx$

$x = (m^2 - w^2)/(2e)$, $x = (w^2 - m^2)/(2e)$,

$$A_1 = k - \int_k^m \frac{m^2 - w^2}{2e^2}\,dw, \qquad A_2 = e - \int_l^m \frac{m^2 - w^2}{2e^2}\,dw,$$

wo im rechten Integral l die Strecke OA bedeutet.

Der Massenpunkt O ist im Gleichgewicht, wenn sich die beiden Anziehungen aufheben, d. h. wenn $A_1 = A_2$ ist.

Das gibt die Relation $$k - e = \int_k^l \frac{m^2 - w^2}{2e^2}\,dw.$$

Das rechts stehende Integral hat den Wert $[m^2(l-k) - (l^3 - k^3)/3] : 2e^2$.
Wir erhalten mithin die Formel $6e^2(h - 2e) = 3m^2(l-k) - (l^3 - k^3)$,
die weiter durch die Substitutionen $m^2 = h^2 - e^2$, $l^2 = h^2 + e^2$
auf $h^3 - 4e^3 = (h^2 - 2e^2)\,l$ führt.
Hieraus folgt dann durch Quadrierung $12e^4 - 8h^3e + 3h^4 = 0$
oder, wenn man als Unbekannte u den Quotienten $u = e : h$ nimmt,

$$\mathbf{12u^4 - 8u + 3 = 0.}$$

Durch diese biquadratische Gleichung wird das Problem gelöst!
Die Gleichung hat nur zwei reelle, und zwar positive Wurzeln. Die größere von ihnen liegt oberhalb 1/2, kommt also nicht in Frage. Die kleinere löst die Aufgabe; sie ist nahezu $u = 3/7$, genauer: $u = 0{,}423$.

Der gesuchte Punkt liegt um das 0,423fache des Halbmessers vom Zentrum entfernt.

13. Fontanas Problem

Vom höchsten Punkte einer glatten Böschung, deren Querschnitt die Form eines Ellipsenquadranten mit lotrechter Hauptachse hat, rollt eine kleine Kugel reibungslos herab. An welcher Stelle springt sie von der Böschung ab?

Diese höchst interessante Aufgabe stammt von dem Italiener Fontana (Memorie della Società Italiana, 1782).

Lösung: Die Bahnkurve der Kugel ist der Quadrant der Ellipse $b^2x^2 + a^2y^2 = a^2b^2$, deren Haupthalbachse $OS = a$ vom Ellipsenzentrum O lotrecht nach oben läuft. Die Bewegung beginne in einem etwas unterhalb des Scheitels S gelegenen Punkte A, dessen Abszisse $x = x_0$ sei.

Bedeutet m die Masse der Kugel, R die Reaktion der Böschung gegen die Kugel im Punkte $P(x, y)$, so lauten die Bewegungsgleichungen der Kugel

$$m\ddot{x} = -gm + R \cdot b^2 x/W, \qquad m\ddot{y} = R \cdot a^2 y/W,$$

wo $W^2 = a^4y^2 + b^4x^2$ ist. (Die echten Brüche $b^2x : W$ und $a^2y : W$ sind der Cosinus und Sinus des Winkels, den die zur Ellipse in P normale Kraft R mit der Ellipsenhauptachse bildet.)

Durch Addition der mit $\dot{x}$ und $\dot{y}$ multiplizierten Bewegungsgleichungen ergibt sich $m(\dot{x}\ddot{x} + \dot{y}\ddot{y}) = -gm\dot{x}$ oder $v\dot{v} = -g\dot{x}$, wo $v = \sqrt{\dot{x}^2 + \dot{y}^2}$ die Bahngeschwindigkeit der Kugel bedeutet. Hieraus folgt (etwa durch Integration) $v^2 = 2\,g\,(x_0 - x)$,

eine bekannte Formel, die sich auch ohne weiteres aus dem Energieprinzip ergibt.

Wir berechnen jetzt die Reaktion R. Zunächst bestimmen wir die bahnnormale Beschleunigungskomponente (Normalbeschleunigung) n der Kugel im Punkte P; sie hat den Wert

$$n = \ddot{x} \cdot (b^2 x/W) + \ddot{y} \cdot (a^2 y/W) = -g\,(b^2 x/W) + (R/m).$$

Da aber die Normalbeschleunigung als Zentralbeschleunigung für den zu P gehörigen Krümmungskreis der Ellipse aufgefaßt werden kann, so ist

$$-n = v^2 : \varrho, \qquad \text{wo} \qquad \varrho = W^3 : a^4\,b^4$$

den Krümmungsradius der Ellipse im Punkte P bedeutet.

Aus den für n gefundenen Gleichungen folgt $R = m\,[g\,(b^2 x/W) - (v^2/\varrho)]$.

Nun hüpft die Kugel von der Böschung ab, wenn die Reaktion R verschwindet. Demnach erhalten wir für unser Problem die Gleichung $g\,b^2\,x/W = v^2/\varrho$, d. h. mit Benutzung der für v^2 und ϱ angegebenen Werte $2\,a^4 b^2 (x_0 - x) = W^2 x$. oder, wenn wir W^2 durch seinen Wert

$$W^2 = b^4\,x^2 + a^4 y^2 = a^4\,b^2 - b^2\,e^2\,x^2 \qquad (e^2 = a^2 - b^2)$$

ersetzen,

$$2\,(x_0 - x) = x\,[1 - (e^2/a^4)\,x^2].$$

Das Fontanasche Problem führt also auf eine kubische Gleichung.

Wir wählen zweckmäßig a als Längeneinheit und benutzen die Formzahl $\varepsilon = e : a$ der Ellipse. Unsere Gleichung erhält dann die einfache Gestalt

$$\varepsilon^2 x^3 - 3\,x + 2\,x_0 = 0.$$

Da die linke Seite dieser Gleichung für $x = 0$ positiv, für $x = 1$ (wegen des nahezu der Einheit gleichen x_0) negativ ausfällt, so besitzt die Gleichung nur eine positive echt gebrochene Wurzel x. Diese bestimmt die Stelle P, wo die Kugel die Böschung verläßt.

§ 34. Optische Aufgaben

Über der Mitte einer kreisförmigen Tischplatte vom Halbmesser r hängt eine Hängelampe; wie weit muß man sie herunterziehen, damit der Tischrand möglichst hell beleuchtet ist?

Lösung: Wir nennen den Abstand der Lampe von der Tischmitte u, vom Tischrande w, so daß die pythagoreische Gleichung $w^2 - u^2 = r^2$

besteht. Da die Helligkeit einer von einer Lichtquelle beleuchteten Fläche dem Quadrat des Abstandes der Fläche von der Quelle indirekt, dem Sinus der Neigung der die Fläche treffenden Lichtstrahlen gegen die Fläche direkt proportional ist, so kommt es darauf an, den Ausdruck $f = (u/w) : w^2 = u/w^3$ zu einem Maximum zu machen.

Nun ist das Quadrat F von f gleich $(w^2 - r^2) : w^6$ oder, wenn wir auch noch die Quadrate R und W von r und w einführen, $F = 1/W^2 - R/W^3$. Damit haben wir für W die kubische Gleichung

$$F\,W^3 - W + R = 0.$$

Da sie sicher eine negative Wurzel besitzt, außerdem unser obiges w^2 als positive Wurzel haben muß, so kann ihre Diskriminante θ nicht negativ sein. Aus $\theta = F\,(4 - 27\,F R^2) \geqq 0$ folgt $F \leqq 4 : 27\,R^2$.

Das Maximum von F ist daher $4 : 27\,R^2$. Für diesen Wert von F verschwindet θ, und die Gleichung hat die positive Doppelwurzel $W = 1 : \sqrt{3\,F} = 1{,}5\,R$. Hieraus folgt $w = r\sqrt{1{,}5}$ und $u = r : \sqrt{2}$.

Die Höhe der Lampe über dem Tische muß etwa $^7/_{10}$ des Tischradius betragen.

Brechung des Lichts

An welcher Stelle durchsetzt das Licht die ebene Grenzfläche zweier durchsichtiger Medien *I* und *II*, wenn es von einem gegebenen Punkte *A* in *I* zu einem gegebenen Punkte *B* in *II* eilt?

Der Brechungsexponent für den Lichtübergang von I nach II ist n (> 1), die Abstände der Punkte A und B von der Grenzfläche sind h und k, die Projektion von AB auf die Grenzfläche ist $2\,e$.

Lösung: Die Projektionen von A und B auf die Grenzfläche seien A' und B', der Mittelpunkt von $A'B'$ heiße M, der gesuchte Abstand des zwischen M und B' gelegenen Durchgangspunktes O von M sei x.

Nach dem Brechungsgesetz ist $\sin\alpha = n\sin\beta$, wo α den Einfalls-, β den Brechungswinkel bedeutet. Hier ist

$$\sin\alpha = \sin OAA' = (e + x)\,/\sqrt{(e + x)^2 + h^2},$$
$$\sin\beta = \sin OBB' = (e - x)\,/\sqrt{(e - x)^2 + k^2},$$

so daß wir für x die Bedingung

$$(e + x)\,/\sqrt{(e + x)^2 + h^2} = n\,(e - x)\,/\sqrt{(e - x)^2 + k^2}$$

erhalten. Durch Rationalisierung entsteht hieraus für die Unbekannte x die biquadratische Gleichung

$$\nu\,x^4 - (2\,\nu\,e^2 - n^2 h^2 + k^2)\,x^2 - 2\,e\,(n^2 h^2 + k^2)\,x + e^2\,(n^2 h^2 - k^2 + \nu\,e^2) = 0$$

mit $\nu = n^2 - 1$.

§ 35. Kopplung elektrischer Schwingungskreise

Ein elektrischer Schwingungskreis, wie ihn beistehende Skizze veranschaulicht, enthält bekanntlich einen Leiter vom Ohmschen Widerstande (Wirkwiderstand) R Ohm, eine Spule von der Induktivität L Henry (gewöhnlich verkörpert die Spule allein sowohl den Widerstand R als auch die Induktivität L) und einen Kondensator von der Kapazität C Farad.

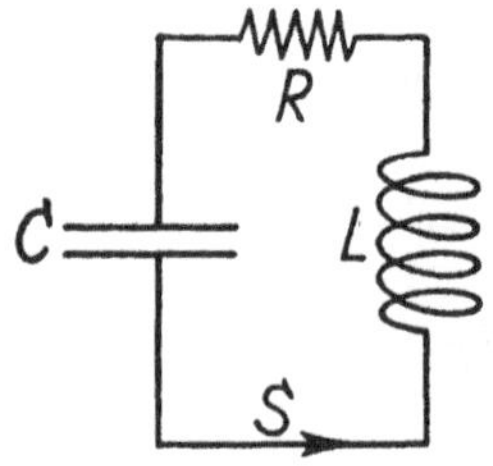

Ein solcher Schwingungskreis vermag bei nicht zu hohem Widerstand, um es genau zu sagen, bei unterhalb des sog. Grenzwiderstandes $R_0 = 2\sqrt{L : C}$ liegendem Widerstande R elektrische Schwingungen auszuführen. Man erzeugt sie beispielsweise, indem man den Kreis öffnet, dem Kondensator eine gewisse Ladung erteilt und dann den Kreis wieder schließt. Die Entladung des Kondensators erfolgt dann in Gestalt elektrischer Schwingungen. Wir setzen bei den im folgenden betrachteten Schwingungskreisen die Bedingung $R < R_0$ für das Zustandekommen von Schwingungen als erfüllt voraus.

Wir betrachten zunächst den idealen Fall, wo der Ohmsche Widerstand als verschwindend klein angenommen werden kann. In diesem Idealfalle wird der Ablauf der Schwingungen durch die einfache Sinusformel $U = G \sin(Ht + A)$ beschrieben, welche die in Volt gemessene Kondensatorspannung U als Funktion der Zeit t darstellt. In dieser Formel bedeutet G die konstante Schwingungsamplitude, A die Anfangsphase der Schwingungen und H die durch die Thomsonsche Formel $CLH^2 = 1$

bestimmte Häufigkeit oder Frequenz, d. h. die in 2π Sekunden erfolgende Anzahl der Schwingungen. Die Schwingungsdauer oder Periode P steht mit H in der einfachen Beziehung $HP = 2\pi$.

Im allgemeinen Falle (wo also R nicht vernachlässigt werden kann, jedoch seine obere Grenze R_0 nicht erreicht) wird der Schwingungsverlauf durch die Formel

$$U = G\, e^{-Dt} \sin(Kt + A) \tag{I}$$

beschrieben, welche wieder die Kondensatorspannung U als Funktion der Zeit t darstellt. In dieser Schwingungsgleichung bedeutet G die Maximalamplitude der Schwingungen,

$D = R : 2L$ die sog. Dämpfung, K die durch die Formel $K = \sqrt{H^2 - D^2}$ bestimmte Kreisfrequenz oder kurz Frequenz, d. h. die Anzahl der in 2π sec erfolgenden Schwingungen, wobei H wieder durch die Formel $CLH^2 = 1$ definiert ist und als Häufigkeit oder Idealfrequenz bezeichnet werden soll, Idealfrequenz deshalb, weil bei verschwindend geringem Widerstande R die durch R verkleinerte wirkliche Frequenz K der idealen H gleichkommt.

Die Formel für K lehrt, daß Schwingungen nur stattfinden können, wenn die Bedingung $D < H$ oder $D : H < 1$

erfüllt ist, welche Bedingung natürlich nichts anderes als eine neue Schreibweise der obigen Voraussetzung $R < R_0$

darstellt. Demgemäß nehmen wir für die im folgenden betrachteten Schwingungskreise an, daß der Bruch Dämpfung : Häufigkeit stets echt ist.

Die gewöhnliche Art, die Schwingungsformel $U = G\, e^{-Dt} \sin(Kt + A)$ herzuleiten, ist folgende:

Von der im Augenblicke t herrschenden Kondensatorspannung U hängt der im Kreise fließende Strom S (Amp.) durch die Kondensatorgleichung

$S = C\dot{U}$ ab, in welcher $\dot{U}$ den Anstieg der Spannung U bedeutet (Anstieg = Ableitung nach der Zeit).

Die im Kreise herrschende (dem Kreise aufgedrückte) E.M.K. E hat das Gleichgewicht zu halten

1. der Ohmspannung $O = RS$,
2. der induktiven Spannung $J = L\dot{S}$,
3. der Kondensatorspannung U,

so daß die Gleichgewichtsbedingung

$$O + J + U = E$$

lautet.

Bei dem Kreise aufgedrückter E.M.K. E finden erzwungene Schwingungen statt. Wir betrachten hier zunächst nur freie Schwingungen oder Eigenschwingungen (wie sie etwa durch Entladung des zuvor geladenen Kondensators entstehen), bei denen keine aufgedrückte E.M.K. vorhanden ist, die Schwingungsgleichung also einfacher

$$O + J + U = 0$$

lautet. Ersetzen wir hier O durch RS, J durch $L\dot{S}$, so wird

$$RS + L\dot{S} + U = 0,$$

und wenn man die Kondensatorgleichung $S = C\,\dot{U}$ hinzunimmt,

$$C\,L\,\ddot{U} + C\,R\,\dot{U} + U = 0 \qquad \text{oder}$$

(II) $$\boldsymbol{\ddot{U} + 2\,D\,\dot{U} + H^2\,U = 0}$$

mit $$D = R:2\,L, \qquad C\,L\,H^2 = 1.$$

Auch diese Gleichung — eine lineare Differentialgleichung zweiter Ordnung — wird (wie Gleichung (I)) als Schwingungsgleichung bezeichnet.

Um sie zu lösen, versuchen wir, U [nach Euler] als Exponentialfunktion der Zeit darzustellen:

$$U = A\,e^{Ft},$$

wo A und F unbekannte Konstanten sind. Die Substitution dieses Ansatzes in (II) liefert für den Exponenten F die charakteristische Gleichung

$$F^2 + 2\,DF + H^2 = 0.$$

Das gibt für F zwei mögliche — konjugierte komplexe — Werte:

$$F = -D + Ki \qquad \text{und} \qquad \bar{F} = -D - Ki,$$

wo i die imaginäre Einheit bedeutet. Unsere Differentialgleichung hat sonach die beiden Partikularlösungen $\qquad e^{Ft} \qquad$ und $\qquad e^{\bar{F}t}$

und damit die Allgemeine Lösung

$$U = A\,e^{Ft} + B\,e^{\bar{F}t},$$

wo A und B willkürliche Konstanten bedeuten.

Denken wir die Schwingungen in der oben angegebenen Weise erzeugt, so gelten folgende Anfangsbedingungen:

Die Spannung U im Augenblicke O, wo der Entladungsvorgang beginnt, ist die dem Kondensator aufgedrückte Ladespannung U_0, so daß

$$U_0 = A + B.$$

Da der Strom $S = C\,\dot{U}$ ist, so wird $\qquad S = C\,A\,F\,e^{Ft} + C\,B\,\bar{F}\,e^{\bar{F}t},$

und da der Strom im Augenblicke 0 den Wert 0 hat, so wird noch

$$AF + B\bar{F} = 0.$$

Die beiden für A und B gefundenen Gleichungen liefern

$$A = -\bar{F}\,U_0 : 2\,Ki, \qquad B = F\,U_0 : 2\,Ki.$$

Setzen wir diese Werte oben ein, so ergibt sich [gemäß den Eulerschen Relationen $2\cos x = e^{ix} + e^{-ix}$, $\quad 2\,i\sin x = e^{ix} - e^{-ix}$]

$$K\,U = U_0\,[D\sin Kt + K\cos Kt]\,e^{-Dt}$$

oder, wenn man den Hilfswinkel A

nach den Forderungen $\qquad D = H\cos\mathsf{A}, \qquad K = H\sin\mathsf{A} \qquad$ einführt,

$$U = G e^{-Dt}\sin(Kt + \mathsf{A}) \qquad \text{mit} \qquad G = (H/K)\,U_0,$$

womit die Richtigkeit der Schwingungsgleichung (I) dargetan ist.

Kopplung zweier Schwingungskreise

Nach diesen einleitenden Bemerkungen betrachten wir zwei elektrische Schwingungskreise $\mathfrak{C}$ und $\mathfrak{c}$ mit den Ohmwiderständen R und r, den Induktivitäten L und l, den Kapazitäten C und c, den Häufigkeiten H und h, den Kreisfrequenzen K und k, den Dämpfungen D und d, den „Perioden" P und p, so daß die Formeln

$$D = R : 2L, \qquad d = r : 2l, \qquad CLH^2 = 1, \qquad clh^2 = 1,$$
$$H^2 = K^2 + D^2, \qquad h^2 = k^2 + d^2, \qquad HP = 2\pi, \qquad hp = 2\pi$$

gelten.

Diese Kreise werden nun derart miteinander gekoppelt, daß (vgl. Fig.) ihre Spulen einander benachbart sind, so daß jeder Kreis, falls ein Strom in ihm fließt, im andern Kreise eine E.M.K. induziert: der Kreis $\mathfrak{C}$, in dem der Strom S fließe, im Kreise $\mathfrak{c}$ die E.M.K. $M\dot{S}$, der Kreis $\mathfrak{c}$, in dem der Strom s fließe, im Kreise $\mathfrak{C}$ die E.M.K. $M\dot{s}$, wo M der Koeffizient der gegenseitigen Induktion der beiden Spulen ist. Sind also U und u die Kondensatorspannungen in $\mathfrak{C}$ und $\mathfrak{c}$, so gelten die beiden Gleichungen

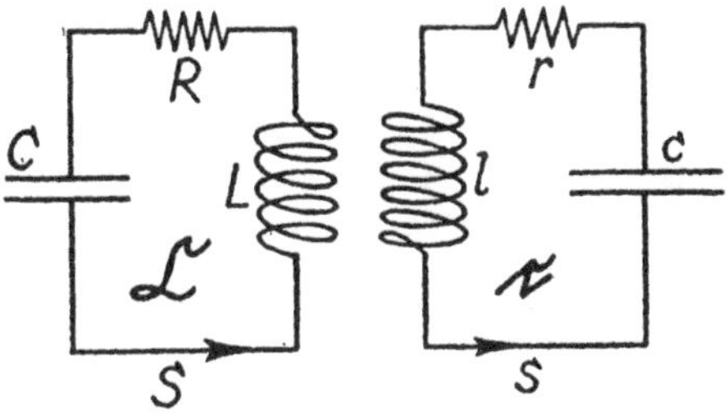

$$RS + L\dot{S} + U = M\dot{s} \qquad \text{und} \qquad rs + l\dot{s} + u = M\dot{S}$$

mit
$$S = C\dot{U}, \qquad s = c\dot{u}.$$

Durch Ableitung nach der Zeit nehmen diese Gleichung die Form

$$\begin{Bmatrix} \ddot{S} + 2D\dot{S} + H^2 S = (M/L)\ddot{s} \\ \ddot{s} + 2d\dot{s} + h^2 s = (M/l)\ddot{S} \end{Bmatrix}$$

an.

Dieses Paar simultaner linearer Differentialgleichungen zweiter Ordnung kennzeichnet die Ströme in zwei gekoppelten elektrischen Schwingungskreisen. Um die Gleichungen zu lösen, versuchen wir wieder den Eulerschen Ansatz

$$S = Ae^{Ft}, \qquad s = ae^{Ft},$$

wo A, a, F unbekannte Konstanten bedeuten. Die Substitution dieser Ansätze in den Differentialgleichungen liefert für die im Exponenten stehende Unbekannte F die Bedingungen

$$A(F^2 + 2DF + H^2) = a(M/L)F^2,$$
$$a(F^2 + 2dF + h^2) = A(M/l)F^2.$$

Um die Unbekannten A und a aus ihnen zu eliminieren, multiplizieren wir die Gleichungen miteinander und bekommen die

Charakteristische Gleichung

$$(F^2 + 2DF + H^2)(F^2 + 2dF + h^2) = \mu^2 F^4,$$

wo
$$\mu = M/\sqrt{Ll}$$

der sog. Kopplungskoeffizient ist. Durch Einführung des sog. Streukoeffizienten $\quad N = \nu^2 = 1 - \mu^2$

der beiden Spulen und Ordnen erhält sie die Normalform:

$$NF^4 + 2(D + d)F^3 + (H^2 + h^2 + 4Dd)F^2 + 2(H^2 d + h^2 D)F + H^2 h^2 = 0.$$

Unser Kopplungsproblem führt also auf eine biquadratische Gleichung. Es kommt darauf an, diese biquadratische Gleichung zu lösen.
Zu dem Zwecke bezeichnen wir die vier Wurzeln der Gleichung mit

$$\left\{\begin{array}{ll} \alpha = -\mathfrak{D} + \mathfrak{K} i, & \beta = -\mathfrak{d} + \mathfrak{k} i \\ \bar{\alpha} = -\mathfrak{D} - \mathfrak{K} i, & \bar{\beta} = -\mathfrak{d} - \mathfrak{k} i \end{array}\right\},$$

wobei im Falle eines etwaigen Realwurzelpaares α, $\bar{\alpha}$ bzw. β, $\bar{\beta}$ die Größen $\mathfrak{K}$ bzw. $\mathfrak{k}$ rein imaginär gedacht werden.
Der Vietasche Wurzelsatz liefert für die vier Unbekannten

$$\mathfrak{D}, \qquad \mathfrak{H} = \sqrt{\mathfrak{K}^2 + \mathfrak{D}^2}, \qquad \mathfrak{d}, \qquad \mathfrak{h} = \sqrt{\mathfrak{k}^2 + \mathfrak{d}^2}$$

die vier Gleichungen

$$\left\{\begin{aligned} \mathfrak{D} + \mathfrak{d} &= (D + d)/N \\ \mathfrak{H}^2 + \mathfrak{h}^2 + 4\,\mathfrak{D}\,\mathfrak{d} &= (H^2 + h^2 + 4\,D\,d)/N \\ \mathfrak{H}^2\mathfrak{d} + \mathfrak{h}^2\mathfrak{D} &= (H^2 d + h^2 D)/N \\ \mathfrak{H}^2\mathfrak{h}^2 &= H^2 h^2/N \end{aligned}\right\}.$$

Hier teilen wir jede der drei ersten Gleichungen durch die vierte und führen gleichzeitig statt der „Häufigkeiten" $\mathfrak{H}$, $\mathfrak{h}$, H, h die mit ihnen durch die Formeln

$$\mathfrak{H}\mathfrak{P} = 2\pi, \qquad \mathfrak{h}\mathfrak{p} = 2\pi, \qquad H P = 2\pi, \qquad h p = 2\pi$$

verknüpften „Perioden" $\mathfrak{P}$, $\mathfrak{p}$, P, p ein. Das gibt

(1) $$(\mathfrak{D} + \mathfrak{d})\,\mathfrak{P}^2\mathfrak{p}^2 = (D + d)\,P^2 p^2,$$

(2) $$\mathfrak{P}^2 + \mathfrak{p}^2 = Z = P^2 + p^2 + \zeta \quad \text{mit} \quad \zeta = [(Dd - N\mathfrak{D}\mathfrak{d})/\pi^2]\,P^2 p^2,$$

(3) $$\mathfrak{D}\,\mathfrak{P}^2 + \mathfrak{d}\,\mathfrak{p}^2 = D P^2 + d p^2,$$

(4) $$\mathfrak{P}^2\mathfrak{p}^2 = N\,\mathfrak{P}^2\mathfrak{p}^2,$$

ein System von vier Gleichungen mit den vier Unbekannten

$$\mathfrak{D}, \qquad \mathfrak{d}, \qquad \mathfrak{P}, \qquad \mathfrak{p}$$

und der Hilfsunbekannte ζ.
Hier ergibt sich zunächst aus (2) und (4)

$$2\mathfrak{P} = \sqrt{Z + 2\nu P p} + \sqrt{Z - 2\nu P p}, \qquad 2\mathfrak{p} = \sqrt{Z + 2\nu P p} - \sqrt{Z - 2\nu P p}.$$

Darauf finden wir aus (1) und (3) für $N\mathfrak{D}$ und $N\mathfrak{d}$ die Werte

$$N\mathfrak{D} = \frac{D + d}{2} - \frac{Z\,\dfrac{D + d}{2} - N\,(D\,P^2 + d\,p^2)}{W},$$

$$N\mathfrak{d} = \frac{D + d}{2} + \frac{Z\,\dfrac{D + d}{2} - N\,(D\,P^2 + d\,p^2)}{W}$$

mit $\quad W^2 = Z^2 - 4\,N P^2 p^2.$

Wenn also noch die Hilfsunbekannte ζ gefunden werden kann, sind die vier Unbekannten $\mathfrak{D}$, $\mathfrak{d}$, $\mathfrak{P}$, $\mathfrak{p}$ ermittelt.
Die Bestimmungsgleichung für ζ ergibt sich folgendermaßen.
Zunächst findet man

$$W^2 N\mathfrak{D}\,\mathfrak{d} = Dd\,(P^2 - p^2)^2 + \mu^2\,(D P^2 + d p^2)^2 + (D + d)\,(D P^2 + d p^2)\,\zeta.$$

Weiter ist $\qquad W^2 Dd = Dd\,(P^2 + p^2 + \zeta)^2 - 4\,NDd\,P^2 p^2.$

Die Subtraktion dieser beiden Gleichungen liefert links $W^2\pi^2\zeta : P^2 p^2$, rechts ein quadratisches Polynom in ζ mit bekannten Koeffizienten. Setzt man gleich und ordnet, so entsteht für ζ die kubische Gleichung

$$\begin{aligned} &\pi^2\zeta^3 + [2\,\pi^2 (P^2 + p^2) - Dd\,P^2p^2]\,\zeta^2 \\ &+ [\pi^2 (P^2 - p^2)^2 + 4\,\pi^2\mu^2 P^2p^2 + (D - d)\,(D\,P^2 - d\,p^2)\,P^2p^2]\,\zeta \\ &+ \mu^2 (D\,P^2 - d\,p^2)^2 P^2p^2 = 0. \end{aligned}$$

Durch Einführung der Echtbrüche

$$E = D : H, \qquad e = d : h$$

und Benutzung der Relationen $\qquad D\,P = 2\,\pi E, \qquad d\,p = 2\,\pi e$

läßt sich aus ihr die Größe π^2 noch entfernen, und wir bekommen folgende

kubische Resolvente:

$$\left.\begin{aligned} &\zeta^3 + 2\,(P^2 + p^2 - 2\,E e P p)\,\zeta^2 \\ &+ [(P^2 - p^2)^2 + 4\,\mu^2 P^2p^2 + 4\,(E^2 + e^2)\,P^2p^2 - 4\,E e P p\,(P^2 + p^2)]\,\zeta \\ &+ 4\,\mu^2 (E\,P - e p)^2\,P^2p^2 \end{aligned}\right\} = 0.$$

Die Koeffizienten der kubischen Resolvente sind alle drei positiv.

Beim Freigliede sieht man das sofort, beim Koeffizienten des quadratischen Gliedes erkennt man es an der Schreibung $2\,[(P - p)^2 + 2\,(1 - E e)\,P p]$, wobei der Inhalt von [ ] aus zwei positiven Stücken besteht, beim Koeffizienten von ζ aus der Schreibung

$$\begin{aligned} &[(P^2 - p^2)^2 - 4\,(P - p)^2 P p] + 4\,(E - e)^2 P^2 p^2 \\ &\qquad + 4\,(1 - E e)\,(P - p)^2\,P p + 4\,\mu^2 P^2 p^2, \end{aligned}$$

bei welcher alle vier Addenden positiv sind [die eckige Klammer, weil gleich $(P - p)^4$].

Die kubische Resolvente hat also nur negative Realwurzeln.

Die Hilfsunbekannte ζ ist daher negativ. Für ihren entgegengesetzten Wert $(-\zeta)$ läßt sich leicht eine obere Schranke angeben:

Es ist $\qquad -\pi^2\zeta = \mathfrak{D}\mathfrak{d}\,\mathfrak{P}^2\mathfrak{p}^2 - Dd\,P^2\,p^2.$

Man hat aber $\qquad \mathfrak{D}\mathfrak{d}\,\mathfrak{P}^2\mathfrak{p}^2 < (\mathfrak{D}\,\mathfrak{P}^2 + \mathfrak{d}\mathfrak{p}^2)^2/4,$

und da die rechte Seite dieser Ungleichung laut (3) $(D\,P^2 + d\,p^2)^2 : 4$ ist,

so ist $\qquad -\pi^2\,\zeta < [(D\,P^2 + d\,p^2)^2/4] - D\,P^2 \cdot d\,p^2$

oder $\qquad -\pi^2\,\zeta < [(D\,P^2 - d\,p^2)/2]^2.$

Die Hilfsunbekannte ζ liegt sonach zwischen den Schranken

$$0 \quad \text{und} \quad -(D\,P^2 - d\,p^2)^2 : 4\,\pi^2.$$

Wir denken uns ζ berechnet und mit seiner Hilfe die „Dämpfungen" $\mathfrak{D}$ und $\mathfrak{d}$ und „Perioden" $\mathfrak{P}$ und $\mathfrak{p}$ (nach den obigen Formeln) ermittelt. Darauf ermitteln wir die Häufigkeiten $\mathfrak{H}$ und $\mathfrak{h}$ nach den Formeln

$$\mathfrak{H}\,\mathfrak{P} = 2\,\pi \qquad \text{und} \qquad \mathfrak{h}\,\mathfrak{p} = 2\,\pi$$

und endlich die „Frequenzen" $\mathfrak{K}$ und $\mathfrak{k}$ gemäß den Formeln

$$\mathfrak{K}^2 + \mathfrak{D}^2 = \mathfrak{H}^2 \qquad \text{und} \qquad \mathfrak{k}^2 + \mathfrak{d}^2 = \mathfrak{h}^2,$$

wobei wir voraussetzen wollen, daß $\mathfrak{K}$ und $\mathfrak{k}$ reell ausfallen, daß also α und $\overline{\alpha}$, ebenso auch β und $\overline{\beta}$ konjugiertkomplex sind.

Nachdem die Wurzeln $\alpha, \overline{\alpha}, \beta, \overline{\beta}$ der biquadratischen charakteristischen Gleichung gefunden sind, ist es leicht, die allgemeine Lösung unseres Differentialgleichungspaares anzugeben. Sie lautet

$$\left\{\begin{aligned} S &= A\,e^{\alpha t} + \overline{A}\,e^{\overline{\alpha} t} + B\,e^{\beta t} + \overline{B}\,e^{\overline{\beta} t} \\ s &= a\,e^{\alpha t} + \overline{a}\,e^{\overline{\alpha} t} + b\,e^{\beta t} + \overline{b}\,e^{\overline{\beta} t} \end{aligned}\right\}$$

wo die acht Koeffizienten $A, \overline{A}, B, \overline{B}$; $a, \overline{a}, b, \overline{b}$, von zwei Einschränkungen abgesehen, willkürliche Konstanten sind. Die eine Einschränkung drückt sich im Gleichungspaare

$$\left\{\begin{aligned} A\,(\alpha^2 + 2\,D\alpha + H^2) &= a\,(M/L)\,\alpha^2 \\ a\,(\alpha^2 + 2\,d\alpha + h^2) &= A\,(M/l)\,\alpha^2 \end{aligned}\right\}$$

aus, welches zeigt, daß das Verhältnis $A : a$ durch α bestimmt ist. Ebenso ist das Verhältnis $\overline{A} : \overline{a}$ bzw. $B : b$, bzw. $\overline{B} : \overline{b}$ durch ¯ bzw. β bzw. $\overline{\beta}$ festgelegt. Die andere Einschränkung drückt sich dadurch aus, daß jedes der vier Paare $(A, \overline{A})$, $(B, \overline{B})$, $(a, \overline{a})$, $(b, \overline{b})$ aus konjugiertkomplexen Zahlen bestehen muß, damit die Ströme S und s reell ausfallen.

Wir haben nun z. B., wie man leicht feststellt,

$$S = e^{-\mathfrak{D} t}\,[(A + \overline{A}) \cos \mathfrak{K} t + i\,(A - \overline{A}) \sin \mathfrak{K} t] + e^{-\mathfrak{d} t}\,[(B + \overline{B}) \cos \mathfrak{k} t + i\,(B - \overline{B}) \sin \mathfrak{k} t]$$

oder, wenn $\mathfrak{A}$ und $\mathfrak{a}$ zwei durch die Bedingungen

$$A + \overline{A} = G \sin \mathfrak{A},\quad i(A - \overline{A}) = G \cos \mathfrak{A};\quad B + \overline{B} = g \sin \mathfrak{a},\quad i(B - \overline{B}) = g \cos \mathfrak{a}$$

fixierte Hilfswinkel, G und g zwei neue Konstanten sind,

$$\boldsymbol{S = G\,e^{-\mathfrak{D} t} \sin(\mathfrak{K} t + \mathfrak{A}) + g\,e^{-\mathfrak{d} t} \sin(\mathfrak{k} t + \mathfrak{a})}.$$

Der Ausdruck für s ist genau so gebaut mit denselben Frequenzen $\mathfrak{K}$ und $\mathfrak{k}$ und denselben Dämpfungen $\mathfrak{D}$ und $\mathfrak{d}$, jedoch im allgemeinen anderen Konstanten $G, g, \mathfrak{A}, \mathfrak{a}$.

Beide Ströme sind doppeltperiodisch, und zwar mit denselben Perioden und denselben Kreisfrequenzen sowie auch mit denselben Dämpfungen.

DRITTER ABSCHNITT: DIE ACHSENGLEICHUNG (DAS ACHSENPROBLEM DER ZENTRISCHEN FLÄCHEN 2. GRADES)

§ 36. Orthogonale Substitutionen

Wenn wir zu einem vorgelegten dreiachsigen orthogonalen Koordinatensystem $x\,y\,z$ ein neues Orthogonalsystem $X\,Y\,Z$ mit demselben Ursprung annehmen, dessen Achsen, auf das Ausgangssystem bezogen, etwa die folgenden Richtungscosinustripel haben:

X-Achse: a, a', a'', Y-Achse: b, b', b'', Z-Achse: c, c', c'',

so besteht bekanntlich zwischen den alten Koordinaten x, y, z und neuen Koordinaten X, Y, Z eines Punktes P die durch das Schema

	x	y	z
X	a	a'	a''
Y	b	b'	b''
Z	c	c'	c''

ausgedrückte Beziehung, die man also entweder

$$(1)\qquad \left\{\begin{array}{l} x = a\ X + b\ Y + c\ Z \\ y = a'\ X + b'\ Y + c'\ Z \\ z = a''\ X + b''Y + c''\ Z \end{array}\right\}$$

oder

$$(2)\qquad \left\{\begin{array}{l} X = a\,x + a'\,y + a''\,z \\ Y = b\,x + b'\,y + b''\,z \\ Z = c\,x + c'\,y + c''\,z \end{array}\right\}$$

schreiben kann.

Man nennt jedes der beiden Gleichungstripel (1) und (2) wegen der Orthogonalität je zweier Koordinatenachsen ein und desselben Koordinatensystems eine orthogonale Substitution oder orthogonale Transformation und jede der beiden Transformationen die Umkehrung der andern.

Dabei gelten (nach den beiden aus der Raumgeometrie bekannten fundamentalen Cosinusrelationen) für die neun Substitutionskoeffizienten

$$\left\{\begin{array}{ccc} a & b & c \\ a' & b' & c' \\ a'' & b'' & c'' \end{array}\right\}$$

die beiden Gleichungssextupel

$$(\mathrm{I})\qquad \left\{\begin{array}{ll} a^2 + b^2 + c^2 = 1 & a'a'' + b'b'' + c'c'' = 0 \\ a'^2 + b'^2 + c'^2 = 1 & a''a + b''b + c''c = 0 \\ a''^2 + b''^2 + c''^2 = 1 & aa' + bb' + cc' = 0 \end{array}\right\}$$

und

$$(\mathrm{II})\qquad \left\{\begin{array}{ll} a^2 + a'^2 + a''^2 = 1 & bc + b'c' + b''c'' = 0 \\ b^2 + b'^2 + b''^2 = 1 & ca + c'a' + c''a'' = 0 \\ c^2 + c'^2 + c''^2 = 1 & ab + a'b' + a''b'' = 0 \end{array}\right\}.$$

Dabei ist ferner beachtlich die ungemeine Einfachheit der Auflösung von (1) nach X, Y, Z sowie von (2) nach x, y, z:

Die Koeffizientenzeilen der Umkehrung einer Orthogonalsubstitution sind die in waagrechter Anordnung geschriebenen Koeffizientenspalten der Ausgangstransformation.

Will man die Orthogonaltransformation rein arithmetisch definieren, so dienen dazu die Gleichungssextupel (I) und (II):

Eine Transformation

$$\left\{\begin{array}{l} x = a\ X + bY + c\ Z \\ y = a'\ X + b'Y + c'\ Z \\ z = a''X + b''Y + c''Z \end{array}\right\}$$

von alten Variablen x, y, z zu neuen X, Y, Z heißt orthogonal, wenn die neun Transformationskoeffizienten a bis c'' die beiden Gleichungssextupel (I) und (II) befriedigen.

Hierbei ist aber zu beachten, daß man mit einem der beiden Sextupel auskommt. Es gilt nämlich der Satz:

Aus jedem der beiden Gleichungssextupel (I) und (II) folgt das andere.

Der Beweis ergibt sich unmittelbar durch Rückkehr zu der obigen geometrischen Deutung der Substitutionskoeffizienten. Doch möge hier der Abrundung wegen noch ein arithmetrischer Beweis folgen.

Es seien also die 6 Gleichungen (I) erfüllt, und es soll gezeigt werden, daß dann auch die 6 Gleichungen (II) gelten.
Wir fassen beispielsweise a, b, c als „Unbekannte“ des Gleichungssystems

$$\left\{\begin{array}{l} a \cdot a + b \cdot b + c \cdot c = 1 \\ a' \cdot a + b' \cdot b + c' \cdot c = 0 \\ a'' \cdot a + b'' \cdot b + c'' \cdot c = 0 \end{array}\right\}$$

auf, wobei dann die vor den 9 Malzeichen stehenden Größen die „bekannten“ Koeffizienten des Systems bilden.
Wir achten zunächst auf die Determinante

$$\Delta = \begin{vmatrix} a & b & c \\ a' & b' & c' \\ a'' & b'' & c'' \end{vmatrix}$$

dieser Koeffizienten. Ihr Quadrat

$$\Delta^2 = \begin{vmatrix} a & b & c \\ a' & b' & c' \\ a'' & b'' & c'' \end{vmatrix} \cdot \begin{vmatrix} a & b & c \\ a' & b' & c' \\ a'' & b'' & c'' \end{vmatrix}$$

ergibt sich nach dem Determinantenmultiplikationssatze — bei zeilenweiser Multiplikation — auf Grund der 6 Gleichungen (I) zu

$$\Delta^2 = \begin{vmatrix} 1 & 0 & 0 \\ 0 & 1 & 0 \\ 0 & 0 & 1 \end{vmatrix} = 1,$$

so daß also Δ den von Null verschiedenen Wert ± 1 hat.
Um unser Gleichungssystem nach den „Unbekannten“ a, b, c aufzulösen, führen wir die in üblicher Weise mit großen Buchstaben bezeichneten Adjunkten A bis C'' der Elemente a bis c'' der Determinante Δ ein und addieren 1⁰ die mit A, A', A'', 2⁰ die mit B, B', B'' und 3⁰ die mit C, C', C'' multiplizierten Zeilen unseres Gleichungssystems. Das gibt nach bekannten Determinantenregeln

$$\Delta a = A, \qquad \Delta b = B, \qquad \Delta c = C.$$

Behandelt man die beiden Gleichungssysteme

$$\left\{\begin{array}{l} a \cdot a' + b \cdot b' + c \cdot c' = 0 \\ a' \cdot a' + b' \cdot b' + c' \cdot c' = 1 \\ a'' \cdot a' + b'' \cdot b' + c'' \cdot c' = 0 \end{array}\right\} \text{ und } \left\{\begin{array}{l} a \cdot a'' + b \cdot b'' + c \cdot c'' = 0 \\ a' \cdot a'' + b' \cdot b'' + c' \cdot c'' = 0 \\ a'' \cdot a'' + b'' \cdot b'' + c'' \cdot c'' = 1 \end{array}\right\},$$

deren Koeffizientendeterminanten ebenfalls gleich Δ sind, in derselben Weise, so entstehen geradeso die Relationen

$$\Delta a' = A', \qquad \Delta b' = B', \qquad \Delta c' = C'$$

und

$$\Delta a'' = A'', \qquad \Delta b'' = B'', \qquad \Delta c'' = C''.$$

Um nun z. B. die erste der Gleichungen (II) zu bekommen, braucht man die gefundenen 3 Gleichungen

$$\Delta a = A, \qquad \Delta a' = A', \qquad \Delta a'' = A''$$

nur mit den Faktoren a, a', a'' zu behaften und dann zu addieren. Das gibt

$$\Delta\,(a^2 + a'^2 + a''^2) = A a + A' a' + A'' a'' = \Delta$$

oder

$$a^2 + a'^2 + a''^2 = 1.$$

Um etwa die fünfte Gleichung von (II) zu bekommen, addieren wir die mit den Faktoren a, a', a'' behafteten Gleichungen

$$\Delta c = C, \qquad \Delta c' = C', \qquad \Delta c'' = C''$$

und erhalten $\Delta(ca + c'a' + c''a'') = Ca + C'a' + C''a'' = 0$
oder

$$ca + c'a' + c''a'' = 0 \qquad \text{usw.}$$

Alle 6 Gleichungen von (II) sind sonach erfüllt.
Die arithmetische Definition der Orthogonaltransformation läßt sich in bequemer Weise auch wie folgt geben:
Die Substitution

$$\text{(1')} \qquad \left\{\begin{aligned} x &= a\ X + b\ Y + c\ Z \\ y &= a'\ X + b'\ Y + c'\ Z \\ z &= a''X + b''Y + c''Z \end{aligned}\right\}$$

heißt **orthogonal**, wenn die Normen der beiden Variablentripel x, y, z und X, Y, Z identisch gleich sind, d. h. wenn identisch

$$x^2 + y^2 + z^2 = X^2 + Y^2 + Z^2$$

ist.
Daß diese Definition mit der obigen übereinstimmt, erkennt man folgendermaßen:

Aus
$$X^2 + Y^2 + Z^2 \equiv (aX + bY + cZ)^2 + (a'X + b'Y + c'Z)^2 + (a''X + b''Y + c''Z)^2$$

ergibt sich durch Ausrechnung der rechten Seite, Zusammenfassung der Glieder mit X^2, Y^2, Z^2, YZ, ZX, XY und beiderseitigen Vergleich das Gleichungssextupel

$$\text{(II)} \qquad \left\{\begin{aligned} a^2 + a'^2 + a''^2 &= 1 \qquad & bc + b'c' + b''c'' &= 0 \\ b^2 + b'^2 + b''^2 &= 1 & ca + c'a' + c''a'' &= 0 \\ c^2 + c'^2 + c''^2 &= 1 & ab + a'b' + a''b'' &= 0 \end{aligned}\right\}.$$

Darauf ergibt sich weiter durch Addition der zuerst mit a, a', a'', dann mit b, b', b'' und schließlich mit c, c', c'' multiplizierten Gleichungen (1')

$$\text{(2')} \qquad \left\{\begin{aligned} X &= ax + a'y + a''z \\ Y &= bx + b'y + b''z \\ Z &= cx + c'y + c''z \end{aligned}\right\}.$$

Wendet man noch auf dieses Gleichungstripel und die Definitionsgleichung die obige Schlußweise an, so entsteht ebenso das Gleichungssextupel

$$\text{(I)} \qquad \left\{\begin{aligned} a^2 + b^2 + c^2 &= 1 \qquad & a'a'' + b'b'' + c'c'' &= 0 \\ a'^2 + b'^2 + c'^2 &= 1 & a''a + b''b + c''c &= 0 \\ a''^2 + b''^2 + c''^2 &= 1 & aa' + bb' + cc' &= 0 \end{aligned}\right\}.$$

Damit ist gezeigt, daß die Identität

$$x^2 + y^2 + z^2 \equiv X^2 + Y^2 + Z^2$$

auf das Bestehen der beiden Gleichungssextupel (I) und (II) führt: Die Substitution (1') bzw. (2') ist orthogonal.

Es braucht kaum noch gesagt zu werden, daß man auch definieren kann: **Eine Substitution heißt orthogonal**, wenn die Koeffizientenmatrix ihrer Umkehrung die Transponierte der Koeffizientenmatrix der Ausgangssubstitution ist, d. h. eben, wenn aus

$$\left\{\begin{aligned} x &= a\ X + b\ Y + c\ Z \\ y &= a'\ X + b'\ Y + c'\ Z \\ z &= a''X + b''Y + c''Z \end{aligned}\right\} \qquad \left\{\begin{aligned} X &= ax + a'y + a''z \\ Y &= bx + b'y + b''z \\ Z &= cx + c'y + c''z \end{aligned}\right\} \qquad \text{folgt.}$$

§ 37. Das Achsenproblem der zentrischen Flächen 2. Grades

Fundamentalaufgabe

Die Achsen einer zentrischen Quadrik zu bestimmen, deren auf ein rechtwinkliges Koordinatensystem $x\,y\,z$ bezogene Gleichung

$$f \equiv a x^2 + b y^2 + c z^2 + 2\alpha y z + 2\beta z x + 2\gamma x y = \text{const}$$

lautet.

Lösung: Wir führen ein neues Orthogonalsystem $X\,Y\,Z$ mit demselben Ursprung ein, dessen Achsen die (einstweilen noch unbekannten) Richtungen der Quadrikachsen haben und versuchen, f vermöge der Orthogonalsubstitution

$$\left\{\begin{array}{l} x = \lambda X + \mu Y + \nu Z \\ y = \lambda' X + \mu' Y + \nu' Z \\ z = \lambda'' X + \mu'' Y + \nu'' Z \end{array}\right\}$$

auf die Form $F = p X^2 + q Y^2 + r Z^2$

zu bringen. Hierbei wird dann

die X-Achse durch ihre Richtungscosinus λ, λ' λ'',
„ Y- „ „ „ „ μ, μ', μ'',
„ Z- „ „ „ „ ν, ν', ν''

bestimmt, und es handelt sich darum, die neun Richtungscosinus λ bis ν'' und die drei Koeffizienten p, q, r zu ermitteln.

Wir schreiben

$$\begin{aligned} f = {} & x[ax + \gamma y + \beta z] + y[\gamma x + b y + \alpha z] + z[\beta x + \alpha y + cz] = \\ & (\lambda X + \mu Y + \nu Z)\,[(a\lambda + \gamma\lambda' + \beta\lambda'')\,X + (a\mu + \gamma\mu' + \beta\mu'')\,Y \\ & \qquad + (a\nu + \gamma\nu' + \beta\nu'')\,Z] + \\ & (\lambda' X + \mu' Y + \nu' Z)\,[(\gamma\lambda + b\lambda' + \alpha\lambda'')\,X + (\gamma\mu + b\mu' + \alpha\mu'')\,Y \\ & \qquad + (\gamma\nu + b\nu' + \alpha\nu'')\,Z] + \\ & (\lambda'' X + \mu'' Y + \nu'' Z)\,[(\beta\lambda + \alpha\lambda' + c\lambda'')\,X + (\beta\mu + \alpha\mu' + c\mu'')\,Y \\ & \qquad + (\beta\nu + \alpha\nu' + c\nu'')\,Z]. \end{aligned}$$

Um die gewünschte Form F zu bekommen, versuchen wir den Ansatz

$$\left\{\begin{array}{lll} a\lambda + \gamma\lambda' + \beta\lambda'' = p\lambda & a\mu + \gamma\mu' + \beta\mu'' = q\mu & a\nu + \gamma\nu' + \beta\nu'' = r\nu \\ \gamma\lambda + b\lambda' + \alpha\lambda'' = p\lambda' & \gamma\mu + b\mu' + \alpha\mu'' = q\mu' & \gamma\nu + b\nu' + \alpha\nu'' = r\nu' \\ \beta\lambda + \alpha\lambda' + c\lambda'' = p\lambda'' & \beta\mu + \alpha\mu' + c\mu'' = q\mu'' & \beta\nu + \alpha\nu' + c\nu'' = r\nu'' \end{array}\right\}$$

zu befriedigen. Wenn das nämlich gelingt, wird

$$f = \left\{\begin{array}{l} (\lambda X + \mu Y + \nu Z)\ [p\lambda X + q\mu Y + r\nu Z] + \\ (\lambda' X + \mu' Y + \nu' Z)\ [p\lambda' X + q\mu' Y + r\nu' Z] + \\ (\lambda'' X + \mu'' Y + \nu'' Z)\ [p\lambda'' X + q\mu'' Y + r\nu'' Z] \end{array}\right\} =$$

$$\left\{\begin{array}{l} p\,[\lambda^2 + \lambda'^2 + \lambda''^2]\,X^2 + q\,[\mu^2 + \mu'^2 + \mu''^2]\,Y^2 + r\,[\nu^2 + \nu'^2 + \nu''^2]\,Z^2 + \\ \quad r\,(\mu\nu + \mu'\nu' + \mu''\nu'')\,YZ + q\,(\nu\mu + \nu'\mu' + \nu''\mu'')\,ZY + \\ \quad p\,(\nu\lambda + \nu'\lambda' + \nu''\lambda'')\,ZX + r\,(\lambda\nu + \lambda'\nu' + \lambda''\nu'')\,XZ + \\ \quad q\,(\lambda\mu + \lambda'\mu' + \lambda''\mu'')\,XY + p\,(\mu\lambda + \mu'\lambda' + \mu''\lambda'')\,YX \end{array}\right\}.$$

Den Eigenschaften der Orthogonalsubstitution zufolge haben aber die eckigen Klammern des letzten Ausdrucks alle den Wert 1, die runden alle den Wert 0, und es wird tatsächlich

$$f = F = p X^2 + q Y^2 + r Z^2.$$

Es fragt sich also, ob die neun Ansatzbedingungen zu befriedigen sind.

Wir schreiben sie in Gestalt linearer homogener Gleichungstripel für die Unbekanntentripel $(\lambda, \lambda', \lambda'')$, (μ, μ', μ'') und (ν, ν', ν''):

$$(1)\qquad \left\{\begin{array}{l}(a-p)\,\lambda + \gamma\lambda' + \beta\lambda'' = 0\\ \gamma\lambda + (b-p)\,\lambda' + \alpha\lambda'' = 0\\ \beta\lambda + \alpha\lambda' + (c-p)\lambda'' = 0\end{array}\right\},$$

$$(2)\qquad \left\{\begin{array}{l}(a-q)\,\mu + \gamma\mu' + \beta\mu'' = 0\\ \gamma\mu + (b-q)\mu' + \alpha\mu'' = 0\\ \beta\mu + \alpha\mu' + (c-q)\mu'' = 0\end{array}\right\},$$

$$(3)\qquad \left\{\begin{array}{l}(a-r)\,\nu + \gamma\nu' + \beta\nu'' = 0\\ \gamma\nu + (b-r)\,\nu' + \alpha\nu'' = 0\\ \beta\nu + \alpha\nu' + (c-r)\nu'' = 0\end{array}\right\}.$$

Jedes dieser drei Gleichungstripel besitzt nur dann eine eigentliche Lösung*), wenn seine Determinante verschwindet. Für das erste Tripel ergibt sich daher die Bedingung

$$\begin{vmatrix} a-p & \gamma & \beta \\ \gamma & b-p & \alpha \\ \beta & \alpha & c-p \end{vmatrix} = 0,$$

für das zweite

$$\begin{vmatrix} a-q & \gamma & \beta \\ \gamma & b-q & \alpha \\ \beta & \alpha & c-q \end{vmatrix} = 0$$

und für das dritte die Bedingung

$$\begin{vmatrix} a-r & \gamma & \beta \\ \gamma & b-r & \alpha \\ \beta & \alpha & c-r \end{vmatrix} = 0.$$

Diese drei Bedingungen lassen sich durch eine einzige ersetzen:

Die gesuchten Koeffizienten p, q, r sind die drei Wurzeln der kubischen Gleichung

$$(4)\qquad \begin{vmatrix} a-t & \gamma & \beta \\ \gamma & b-t & \alpha \\ \beta & \alpha & c-t \end{vmatrix} = 0.$$

Wir nennen diese kubische Gleichung die Achsengleichung, da die reziproken Werte ihrer Wurzeln — von dem konstanten Faktor const abgesehen — die Halbachsenquadrate unserer Fläche sind.

Unsere Hauptaufgabe besteht demnach in der Bestimmung der Wurzeln der Achsengleichung.

Dabei handelt es sich vor allem um den Nachweis, daß alle drei Wurzeln reell sind, insofern komplexe Wurzeln für unser geometrisches Problem unbrauchbar sind.

Nachdem die Wurzeln der Achsengleichung gefunden sind, muß weiter gezeigt werden, daß auf Grund ihrer Eigenschaften die Lösungen der drei Gleichungssysteme (1), (2), (3) die Koeffizienten einer Orthogonalsubstitution liefern.

Wir sehen: Im Mittelpunkte des Achsenproblems der zentrischen Flächen zweiten Grades steht die kubische Gleichung (4), die Achsengleichung. Wir widmen ihrer Behandlung die nächsten Paragraphen.

*) Eine Lösung eines Gleichungssystems mit mehreren Unbekannten heißt eigentlich, wenn nicht sämtliche Unbekannten verschwinden.

§ 38. Die Achsengleichung

Wir beweisen zunächst den

Satz:

Alle Wurzeln der Achsengleichung

$$\begin{vmatrix} a-t & \gamma & \beta \\ \beta & b-t & \alpha \\ \gamma & \alpha & c-t \end{vmatrix} = 0$$

sind reell.

Angenommen, p und $q = \bar{p}$ seien zwei konjugiertkomplexe Wurzeln der Achsengleichung. Man bestimme eine eigentliche Lösung $\lambda, \lambda', \lambda''$ des Homogensystems

$$\left\{\begin{array}{r} (a-p)\lambda + \gamma\lambda' + \beta\lambda'' = 0 \\ \gamma\lambda' + (b-p)\lambda' + \alpha\lambda'' = 0 \\ \beta\lambda' + \alpha\lambda' + (c-p)\lambda'' = 0 \end{array}\right\}.$$

Dann stellt das System der drei zu $\lambda, \lambda', \lambda''$ konjugierten Größen $\mu = \bar{\lambda}$, $\mu' = \overline{\lambda'}$, $\mu'' = \overline{\lambda''}$ eine eigentliche Lösung des Homogensystems

$$\left\{\begin{array}{r} (a-q)\mu + \gamma\mu' + \beta\mu'' = 0 \\ \gamma\mu + (b-q)\mu' + \alpha\mu'' = 0 \\ \beta\mu + \alpha\mu' + (c-q)\mu'' = 0 \end{array}\right\}$$

dar.

Man schreibe diese beiden Gleichungstripel

$$\left\{\begin{array}{l} a\lambda + \gamma\lambda' + \beta\lambda'' = p\lambda \\ \gamma\lambda + b\lambda' + \alpha\lambda'' = p\lambda' \\ \beta\lambda + \alpha\lambda' + c\lambda'' = p\lambda'' \end{array}\right\}, \qquad \left\{\begin{array}{l} a\mu + \gamma\mu' + \beta\mu'' = q\mu \\ \gamma\mu + b\mu' + \alpha\mu'' = q\mu' \\ \beta\mu + \alpha\mu' + c\mu'' = q\mu'' \end{array}\right\},$$

multipliziere die erste, zweite, dritte Gleichung des ersten bzw. zweiten Tripels mit μ, μ', μ'' bzw. $\lambda, \lambda', \lambda''$ und bilde durch Addition der drei neuen Gleichungen jedes Tripels die Ausdrücke

$$p(\lambda\mu + \lambda'\mu' + \lambda''\mu'') \qquad \text{und} \qquad q(\mu\lambda + \mu'\lambda' + \mu''\lambda'').$$

Jeder von ihnen erscheint dabei als ein Aggregat von neun Produkten (z. B. $a\lambda\mu$, $\gamma\lambda'\mu$, $\gamma\lambda\mu'$ usw.), die aber bis auf die Reihenfolge dieser Produkte übereinstimmen*). Daher ist

$$pK = qK \qquad \text{mit} \qquad K = \lambda\mu + \lambda'\mu' + \lambda''\mu''.$$

Da nun $\lambda, \lambda', \lambda''$ nicht alle drei verschwinden, mithin

$$\lambda\mu + \lambda'\mu' + \lambda''\mu'' = \lambda\bar{\lambda} + \lambda'\overline{\lambda'} + \lambda''\overline{\lambda''} = |\lambda|^2 + |\lambda'|^2 + |\lambda''|^2$$

von Null verschieden ist, läßt sich die erhaltene Gleichung durch K teilen, und es wird $\qquad p = q, \quad q \cdot e \cdot a.$

Folglich muß die Annahme komplexer Wurzeln verworfen werden; die Achsengleichung hat nur reelle Wurzeln.

---

*) Es liegt das an der Symmetrie der Determinante

$$\begin{vmatrix} a & \gamma & \beta \\ \gamma & b & \alpha \\ \beta & \alpha & c \end{vmatrix}.$$

Um über die Verteilung der drei Wurzeln p, q, r auf der t-Achse eine Vorstellung zu bekommen, legen wir uns ein Protokoll des kubischen Polynoms

$$\Phi(t) = \begin{vmatrix} a-t & \gamma & \beta \\ \gamma & b-t & \alpha \\ \beta & \alpha & c-t \end{vmatrix}$$

an. Der bequemeren Schreibung wegen benutzen wir die Abkürzungen

$$a - t = u, \qquad b - t = v, \qquad c - t = w$$

und haben
$$\Phi(t) = \begin{vmatrix} u & \gamma & \beta \\ \gamma & v & \alpha \\ \beta & \alpha & w \end{vmatrix} = uvw + 2\alpha\beta\gamma - \alpha^2 u - \beta^2 v - \gamma^2 w$$

oder auch beispielsweise $\quad \Phi(t) = w\varphi(t) - \psi(t)$

mit $\quad \varphi(t) = uv - \gamma^2, \qquad \psi(t) = \alpha^2 u + \beta^2 v - 2\alpha\beta\gamma.$

Wir nehmen die beiden Wurzeln der quadratischen Gleichung $\varphi(t) = 0$, ausführlich: $\quad t^2 - (a + b)\,t + ab - \gamma^2 = 0$

zu Hilfe. Da die Diskriminante dieser Gleichung, $(a - b)^2 + 4\gamma^2$, nichtnegativ ist, sind diese Hilfswurzeln reell. Wir nennen die größere G, die kleinere g und erkennen aus den Gleichungen

$$(a - G)(b - G) = \gamma^2, \qquad (a - g)(b - g) = \gamma^2,$$

daß G oberhalb, g unterhalb jedes der beiden Werte a, b liegt.

Wir nennen die positiven oder doch wenigstens nichtnegativen Größen $a - g$, $b - g$, $G - a$, $G - b$ bzw. h, k, H, K und haben

$$hk = \gamma^2, \qquad HK = \gamma^2, \qquad \varphi(g) = 0, \qquad \varphi(G) = 0,$$

$$\psi(g) = \alpha^2 h + \beta^2 k - 2\alpha\beta\gamma = (\alpha\sqrt{h} \mp \beta\sqrt{k})^2,$$
$$\psi(G) = -\alpha^2 H - \gamma^2 K - 2\alpha\beta\gamma = -(\alpha\sqrt{H} \pm \beta\sqrt{K})^2,$$
$$\Phi(g) = -\psi(g), \qquad \Phi(G) = -\psi(G),$$

wobei in den Klammerausdrücken das obere oder untere Vorzeichen gilt, je nachdem γ positiv oder negativ ist.

Damit entsteht das Protokoll

t	$\Phi(t)$
$-\infty$	$+\infty$
g	$-(\alpha\sqrt{h} \mp \beta\sqrt{k})^2$
G	$+(\alpha\sqrt{H} \pm \beta\sqrt{K})^2$
$+\infty$	$-\infty$

Wir entnehmen ihm, daß die drei Wurzeln p, q, r bzw. in den Intervallen $(-\infty, g)$, (g, G) und $(G, +\infty)$ liegen.

Besondere Beachtung verlangt der Fall der Doppelwurzel. Ehe wir ihn jedoch behandeln, zeigen wir, daß die Achsengleichung keine Tripelwurzel haben kann [wenigstens dann nicht, wenn die vorgelegte Quadrikgleichung nicht in der trivialen Form $x^2 + y^2 + z^2 = \text{const}$ erscheint].

Ausführlich geschrieben lautet die Achsengleichung

$$t^3 - (a + b + c)\,t^2 + (bc + ca + ab - \alpha^2 - \beta^2 - \gamma^2)\,t$$
$$- (abc + 2\alpha\beta\gamma - a\alpha^2 - b\beta^2 - c\gamma^2) = 0.$$

Hätte diese Gleichung eine dreifache Wurzel: $p = q = r$, so wäre wegen

$$p + q + r = a + b + c \text{ und } qr + rp + pq = bc + ca + ab - \alpha^2 - \beta^2 - \gamma^2$$
$$(a + b + c)^2 = 3\,(bc + ca + ab - \alpha^2 - \beta^2 - \gamma^2)$$

oder $\quad a^2 + b^2 + c^2 - bc - ca - ab = -3(\alpha^2 + \beta^2 + \gamma^2)$

oder $\quad (b-c)^2 + (c-a)^2 + (a-b)^2 = -6(\alpha^2 + \beta^2 + \gamma^2)$.

Die letzte Gleichung kann aber nur bestehen, wenn

$$a = b = c \qquad \text{und} \qquad \alpha = \beta = \gamma = 0$$

ist. Dann hieße die Quadrikgleichung $\quad x^2 + y^2 + z^2 = \text{const}$, und unsere Fragestellung (am Anfange von § 36) würde sinnlos.

Betrachtung der Doppelwurzel

Es sei jetzt $p = q$ eine Doppelwurzel der Achsengleichung und die dritte Wurzel r also entweder größer oder kleiner als p. Im ersten Falle berührt die Schaukurve der Funktion $\Phi(t)$ an der Stelle $t = p$ die t-Achse und schneidet sie später an der Stelle $t = r$; im zweiten Falle schneidet die Schaukurve zuerst bei $t = r$ die t-Achse, um sie später an der Stelle $t = p$ zu berühren.

Wir behaupten: Im ersten Falle ist die Doppelwurzel $p = g$, im zweiten $p = G$.

Zunächst ist klar, daß g oder G eine Wurzel der Achsengleichung sein muß. Wären nämlich $\Phi(g) = -\psi(g)$ und $\Phi(G) = -\psi(G)$ beide von Null verschieden, so hätte die Achsengleichung laut Protokoll drei verschiedene Wurzeln.

Weiter zeigt dann ein Blick auf den Verlauf unserer Schaukurve, daß im ersten Falle $\boldsymbol{g} = p$, im zweiten $\boldsymbol{G} = p$ sein muß.

Erster Fall. $g = p$.

Aus $\psi(g) = 0$ folgt $\alpha\sqrt{h} = \pm\beta\sqrt{k} \qquad$ oder $\qquad \alpha^2 h = \beta^2 k$,

wo wir uns nun h und k zweckmäßig als die Differenzen $a - p$ und $b - p$ vorstellen.

Hätten wir als Hilfsfunktionen statt der obigen φ und ψ

$$\varphi(t) = vw - \alpha^2, \qquad \psi(t) = \beta^2 v + \gamma^2 w - 2\alpha\beta\gamma$$

gewählt, so würden wir in derselben Weise die Gleichung

$$\beta^2 k = \gamma^2 l \qquad \text{mit} \qquad l = c - p$$

bekommen haben. Und mit

$$\varphi(t) = wu - \beta^2, \qquad \psi(t) = \gamma^2 w + \alpha^2 u - 2\alpha\beta\gamma$$

die Gleichung $\qquad \gamma^2 l = \alpha^2 h$.

Zweiter Fall. $G = p$.

Hier folgt aus $\psi(G) = 0 \qquad \sqrt{H} = \mp\beta\sqrt{K} \qquad$ oder $\qquad \alpha^2 H = \beta^2 K$

mit $H = p - a$, $\quad K = p - b$.

Wie oben gelten auch die ähnlichen Relationen

$\beta^2 K = \gamma^2 L \qquad$ und $\qquad \gamma^2 L = \alpha^2 H \qquad$ mit $L = p - c$.

Unsere Betrachtung lehrt:

Hat die Achsengleichung die Doppelwurzel p, so ist

$$\alpha^2\mathfrak{a} = \beta^2\mathfrak{b} = \gamma^2\mathfrak{c} \qquad \text{mit} \qquad \mathfrak{a} = a - p,\ \mathfrak{b} = b - p,\ \mathfrak{c} = c - p.$$

Und da sich $\psi(g) = 0$ bzw. $\psi(G) = 0$ ausführlich

$$\alpha^2 h + \beta^2 k = 2\alpha\beta\gamma \qquad \text{bzw.} \qquad \alpha^2 H + \beta^2 K = -2\alpha\beta\gamma$$

schreibt, so folgt noch, daß jedes der drei gleichen Produkte $\alpha^2\mathfrak{a}$, $\beta^2\mathfrak{b}$, $\gamma^2\mathfrak{c}$ den Wert $\alpha\beta\gamma$ hat. Damit erhält unser Ergebnis die Form

(1) $$\alpha^2\,\mathfrak{a} = \beta^2\,\mathfrak{b} = \gamma^2\,\mathfrak{c} = \alpha\,\beta\,\gamma,$$

wobei $\mathfrak{a} = a - p,\quad \mathfrak{b} = b - p,\quad \mathfrak{c} = c - p$ ist.

Außer (1) haben wir noch zwei weitere Bedingungen für die Doppelwurzel p: Einmal natürlich die Bedingung $\Phi(p) = 0$, ausführlich

$$\mathfrak{a}\,\mathfrak{b}\,\mathfrak{c} + 2\,\alpha\,\beta\,\gamma - \alpha^2\,\mathfrak{a} - \beta^2\,\mathfrak{b} - \gamma^2\,\mathfrak{c} = 0,$$

die aber auf Grund von (1) die einfache Form

(2) $$\mathfrak{a}\,\mathfrak{b}\,\mathfrak{c} = \alpha\,\beta\,\gamma$$

annimmt.

Dann noch die bekannte Bedingung $\Phi'(p) = 0$

für eine Doppelwurzel p eines Polynoms $\Phi(t)$.

Da $\Phi'(t) = \alpha^2 + \beta^2 + \gamma^2 - vw - wu - uv,$

mithin $-\Phi'(p) = (\mathfrak{b}\,\mathfrak{c} - \alpha^2) + (\mathfrak{c}\,\mathfrak{a} - \beta^2) + (\mathfrak{a}\,\mathfrak{b} - \gamma^2)$

ist, so nimmt diese Bedingung die Form

(3) $$\mathfrak{A} + \mathfrak{B} + \mathfrak{C} = 0$$

an, wo $\mathfrak{A} = \mathfrak{b}\,\mathfrak{c} - \alpha^2,\quad \mathfrak{B} = \mathfrak{c}\,\mathfrak{a} - \beta^2,\quad \mathfrak{C} = \mathfrak{a}\,\mathfrak{b} - \gamma^2$

die drei Hauptminoren der Determinante $\Delta = \begin{vmatrix} \mathfrak{a} & \gamma & \beta \\ \gamma & \mathfrak{b} & \alpha \\ \beta & \alpha & \mathfrak{c} \end{vmatrix}$ sind.

Wir wollen die gefundenen Bedingungen (1), (2), (3) noch zweckmäßig zusammenfassen.

Wir dürfen dabei mindestens zwei der Hauptdiagonalelemente $\mathfrak{a}$, $\mathfrak{b}$, $\mathfrak{c}$ als von Null verschieden voraussetzen. Wäre nämlich zugleich $\mathfrak{a} = 0$ und $\mathfrak{b} = 0$,

so wäre $\mathfrak{A} = -\alpha^2,\quad \mathfrak{B} = -\beta^2,\quad \mathfrak{C} = -\gamma^2,$

und aus (3) würde $\alpha = \beta = \gamma = 0$ folgen, welcher Fall von vornherein aber ausgeschieden war.

Sei also etwa $\mathfrak{a} \neq 0$ und $\mathfrak{b} \neq 0$.

Dann folgt aus $\mathfrak{a}\,\mathfrak{b}\,\mathfrak{c} - \mathfrak{a}\,\alpha^2 = 0$ und $\mathfrak{a}\,\mathfrak{b}\,\mathfrak{c} - \mathfrak{b}\beta^2 = 0$

$\mathfrak{a}\,\mathfrak{A} = 0$ und $\mathfrak{b}\,\mathfrak{B} = 0$

und hieraus $\mathfrak{A} = 0$ und $\mathfrak{B} = 0$,

sodann weiter aus (3) $\mathfrak{C} = 0$.

Demgemäß verschwinden alle drei Hauptminoren von Δ.

Betrachten wir die drei Nebenminoren

$$\mathsf{A} = \beta\,\gamma - \mathfrak{a}\alpha,\qquad \mathsf{B} = \gamma\,\alpha - \mathfrak{b}\beta,\qquad \Gamma = \alpha\,\beta - \mathfrak{c}\gamma!$$

Zwei Fälle sind zu unterscheiden: $\mathfrak{c} \neq 0$ und $\mathfrak{c} = 0$.

Im ersten Falle ist wegen (2) $\alpha\,\beta\,\gamma$ von Null verschieden, so daß aus

$$\alpha\mathsf{A} = 0,\qquad \beta\mathsf{B} = 0,\qquad \gamma\Gamma = 0$$

$$\mathsf{A} = 0,\qquad \mathsf{B} = 0,\qquad \Gamma = 0$$ folgt.

Im zweiten Falle ist ($\mathfrak{a}\mathfrak{b}\mathfrak{c}$ und folglich) $\alpha\beta\gamma = 0$, mithin wegen $\mathfrak{a}\alpha^2 = 0$ und $\mathfrak{b}\beta^2 = 0$ sowohl α als auch β gleich Null und wieder

$$\mathsf{A} = 0,\qquad \mathsf{B} = 0,\qquad \Gamma = 0.$$

Demnach lautet unsere **Zusammenfassung**: Hat die Achsengleichung eine Doppelwurzel p, so verschwinden alle zweireihigen Minoren der Determinante

$$\begin{vmatrix} a-p & \gamma & \beta \\ \gamma & b-p & \alpha \\ \beta & \alpha & c-p \end{vmatrix}.$$

Daß umgekehrt beim Verschwinden aller zweireihigen Minoren dieser Determinante die Achsengleichung die Doppelwurzel p besitzt, ist leicht zu sehen. Sonach gilt folgender

Doppelwurzelsatz:

Die Achsengleichung

$$\begin{vmatrix} a-t & \gamma & \beta \\ \gamma & b-t & \alpha \\ \beta & \alpha & c-t \end{vmatrix} = 0$$

hat dann und nur dann eine Doppelwurzel p, wenn alle zweireihigen Minoren der Determinante

$$\begin{vmatrix} a-p & \gamma & \beta \\ \gamma & b-p & \alpha \\ \beta & \alpha & c-p \end{vmatrix}$$

verschwinden.

Der vorstehende Beweis dieses Doppelwurzelsatzes stammt von Cauchy.

§ 39. Sylvesters Realitätsbeweis

Der englische Mathematiker Sylvester hat die Realität der Achsengleichungswurzeln auf folgendem einfachen Wege bewiesen.

Er schreibt die Achsengleichung

(1) $$t\,(t^2 + Q) = Pt^2 + R$$

mit

$$P = a + b + c, \qquad Q = bc + ca + ab - \alpha^2 - \beta^2 - \gamma^2,$$
$$R = abc + 2\,\alpha\beta\gamma - a\alpha^2 - b\beta^2 - c\gamma^2.$$

Diese Gleichung quadriert er, um eine Gleichung zu bekommen, die nur Potenzen von $$T = t^2$$ enthält. Das gibt

(2) $$T^3 - \mathfrak{P}\,T^2 + \mathfrak{Q}\,T - \mathfrak{R} = 0$$

mit $$\mathfrak{P} = P^2 - 2\,Q, \qquad \mathfrak{Q} = Q^2 - 2\,PR, \qquad \mathfrak{R} = R^2.$$

Die Koeffizienten $\mathfrak{P}, \mathfrak{Q}, \mathfrak{R}$ der entstandenen kubischen Gleichung für $\mathfrak{T}$ sind positive Größen.

Für $\mathfrak{R}$ ist das selbstverständlich. Auch für $\mathfrak{P}$ ergibt es sich sofort, da

$$\mathfrak{P} = a^2 + b^2 + c^2 + \alpha^2 + \beta^2 + \gamma^2 + \alpha^2 + \beta^2 + \gamma^2$$

wird.

Was endlich $\mathfrak{Q}$ anbetrifft, so zeigt die einfache Ausrechnung, daß sich 18 der dabei auftretenden Doppelprodukte wegheben, und die Zusammenfassung der übrigen Posten zu je drei ein vollständiges Quadrat bildenden Gliedern ergibt

$$\mathfrak{Q} = A^2 + B^2 + C^2 + \mathsf{A}^2 + \mathsf{B}^2 + \Gamma^2 + \mathsf{A}^2 + \mathsf{B}^2 + \Gamma^2,$$

wobei $A, B, C, \mathsf{A}, \mathsf{B}, \Gamma$ die Adjunkten der Elemente $a, b, c, \alpha, \beta, \gamma$ in der

Determinante $$\begin{vmatrix} a & \gamma & \beta \\ \gamma & b & \alpha \\ \beta & \alpha & c \end{vmatrix}$$ sind.

(Also $A = bc - \alpha^2, \quad B = ca - \beta^2, \quad C = ab - \gamma^2$
$\mathbf{A} = \beta\gamma - a\alpha, \quad \mathbf{B} = \gamma\alpha - b\beta, \quad \Gamma = \alpha\beta - c\gamma.$)

Wir brauchen, wie wir sehen werden, lediglich zu zeigen, daß (1) keine reinimaginäre Wurzel haben kann.

Dieser Nachweis ist aber äußerst leicht. Wäre nämlich $t = i\mathfrak{r}$ (mit $i^2 = -1$ und reellem $\mathfrak{r}$) eine reinimaginäre Wurzel von (1), so wäre $T = t^2 = -\mathfrak{r}^2$ und (2) schriebe sich

$$-\mathfrak{r}^6 - \mathfrak{P}\mathfrak{r}^4 - \mathfrak{Q}\mathfrak{r}^2 - \mathfrak{R} = 0,$$

was aber unmöglich ist, da die linke Seite dieser Gleichung eine negative Größe darstellt.

Die Achsengleichung

$$\begin{vmatrix} a - t & \gamma & \beta \\ \gamma & b - t & \alpha \\ \beta & \alpha & c - t \end{vmatrix} = 0$$

kann aber auch keine komplexe Wurzel

$$t = r + i\mathfrak{r}$$

mit reellem r und $\mathfrak{r}$ haben. Denn dann hätte die Achsengleichung

$$\begin{vmatrix} \mathfrak{a} - \mathfrak{t} & \gamma & \beta \\ \gamma & \mathfrak{b} - \mathfrak{t} & \alpha \\ \beta & \alpha & \mathfrak{c} - \mathfrak{t} \end{vmatrix} = 0,$$

in welcher $\mathfrak{a} = a - r$, $\mathfrak{b} = b - r$, $\mathfrak{c} = c - r$ ist, die rein imaginäre Wurzel $\mathfrak{t} = i\mathfrak{r}$, was nach obigem nicht sein kann.

Damit ist der Beweis der Unmöglichkeit komplexer Achsengleichungswurzeln erbracht.

§ 40. Der Beweis von Kummer

Im 26. Bande des Crelleschen Journals hat der deutsche Mathematiker E. E. Kummer in seiner Abhandlung „Bemerkungen über die kubische Gleichung, durch welche die Hauptachsen der Flächen zweiten Grades bestimmt werden", die Realität der Achsengleichungswurzeln dadurch gezeigt, daß er die Positivität der Achsengleichungsdiskriminante nachwies.

Der Kummersche Beweis verläuft im wesentlichen folgendermaßen:

Aus der Schreibung
$$\begin{vmatrix} a - x & \gamma & \beta \\ \gamma & b - x & \alpha \\ \beta & \alpha & c - x \end{vmatrix} = 0$$

der Achsengleichung erkennt man sofort: wenn man jede der drei Größen a, b, c um denselben Wert vermehrt, so vermehrt sich auch jede der drei Wurzeln x um diesen Wert. Da nun in der Diskriminante nur die drei Wurzeldifferenzen auftreten, so kann man folgern, daß die Diskriminante, was a, b, c anbetrifft, nur von den Differenzen

$$b - c = \mathfrak{a}, \qquad c - a = \mathfrak{b}, \qquad a - b = \mathfrak{c}$$

abhängt (die durch die Relation $\mathfrak{a} + \mathfrak{b} + \mathfrak{c} = 0$ miteinander verbunden sind). Wir werden diese Abhängigkeit näher dartun.

Um dabei bequemes Schreiben und gute Übersicht zu haben, verabreden wir, daß ein von irgendwelchen Größen der Folge

$$a, b, c; \qquad \mathfrak{a}, \mathfrak{b}, \mathfrak{c}; \qquad \alpha, \beta, \gamma$$

abhängiger Ausdruck mit übergesetztem Querstrich die Summe der drei Ausdrücke bedeuten soll, die aus dem hingeschriebenen Ausdruck durch zyklische Vertauschung der a, b, c, der $\mathfrak{a}, \mathfrak{b}, \mathfrak{c}$ und der α, β, γ entstehen. So ist beispielsweise

$$\overline{ab + \mathfrak{c}\alpha} = ab + \mathfrak{c}\alpha + bc + \mathfrak{a}\beta + ca + \mathfrak{b}\gamma.$$

Nun heißt die Achsengleichung in der Normalform

$$x^3 - Px^2 + Qx - R = 0$$

mit $\quad P = \overline{a}, \quad Q = \overline{bc - \alpha^2}, \quad R = abc + 2\alpha\beta\gamma - \overline{a\alpha^2}.$

Ihre Diskriminante ist daher

$$\theta = 18\,PQR + P^2Q^2 - 27\,R^2 - 4\,Q^3 - 4\,RP^3.$$

Wir setzen zunächst

$$p = a + b + c, \qquad q = bc + ca + ab, \qquad r = abc$$

also $\quad P = p, \quad Q = q - \overline{\alpha^2}, \quad R = r + 2\alpha\beta\gamma - \overline{a\alpha^2}$

und bekommen

$$\theta = \left\{ \begin{array}{l} 18\,p\,(q - \overline{\alpha^2})\,(r + 2\,\alpha\beta\gamma - \overline{a\alpha^2}) + p^2\,(q - \overline{\alpha^2})^2 - 27\,(r + 2\,\alpha\beta\gamma - \overline{a\alpha^2})^2 \\ \qquad - 4\,(q - \overline{\alpha^2})^3 - 4\,p^3\,(r + 2\,\alpha\beta\gamma - \overline{a\alpha^2}) \end{array} \right\}.$$

Diesen Ausdruck entwickeln wir nach Potenzen von α, β, γ und erhalten

$$\theta = \left\{ \begin{array}{l} \quad [18\,pqr + p^2q^2 - 27\,r^2 - 4\,q^3 - 4\,rp^3] \\ + 2\,\overline{[6\,q^2 - p^2q - 2\,ap^3 - 9\,apq - 9\,pr + 27\,ar]\,\alpha^2} \\ + 4\,[9\,pq - 2\,p^3 - 27\,r]\,\alpha\beta\gamma \\ + 36\,\overline{[3\,a - p]\,\alpha^3\beta\gamma} \\ + 2\,\overline{[p^2 - 12\,q - 27\,bc + 9\,bp + 9\,cp]\,\beta^2\gamma^2} \\ + \overline{[p^2 - 12\,q - 27\,a^2 + 18\,ap]\,\alpha^4} \\ + 4\,\overline{\alpha^2}^3 - 108\,\alpha^2\beta^2\gamma^2 \end{array} \right\}.$$

Hierauf beseitigen wir auf Grund der Formeln

$$a = c - \mathfrak{b} \qquad \text{und} \qquad b = c + \mathfrak{a}$$

die Größen a und b, nur c beibehaltend, und ersetzen demgemäß p, q, r durch

$$p = 3\,c + \mathfrak{a} - \mathfrak{b}, \quad q = 3\,c^2 + 2\,c\,(\mathfrak{a} - \mathfrak{b}) - \mathfrak{a}\mathfrak{b}, \quad r = c^3 + c^2\,(\mathfrak{a} - \mathfrak{b}) - c\mathfrak{a}\mathfrak{b}.$$

Dadurch erhalten wir für die Koeffizienten der Potenzentwicklung folgende Werte:

Was zunächst das Freiglied der Entwicklung $p^2q^2 + 18\,pqr - 27\,r^2 - 4\,q^3 - 4\,rp^3$ anbetrifft, so hat es als Diskriminante der kubischen Gleichung $x^3 - px^2 + qx - r$ mit den Wurzeln a, b, c den Wert $\mathfrak{a}^2\mathfrak{b}^2\mathfrak{c}^2$.

Die übrigen Koeffizienten sind:

Koeffizient von	
$2\,\alpha^2$	$\mathfrak{b}\mathfrak{c}\,(\mathfrak{a}^2 + 2\,\mathfrak{b}\mathfrak{c})$
$4\,\alpha\beta\gamma$	$(\mathfrak{a} - \mathfrak{b})\,(\mathfrak{b} - \mathfrak{c})\,(\mathfrak{c} - \mathfrak{a})$
$36\,\alpha^3\beta\gamma$	$\mathfrak{c} - \mathfrak{b}$
$2\,\beta^2\gamma^2$	$10\,\mathfrak{a}^2 - \mathfrak{b}\mathfrak{c}$
α^4	$\mathfrak{a}^2 + 8\,\mathfrak{b}\mathfrak{c}$

wozu dann noch die durch zyklische Vertauschung sich ergebenden andern Koeffizienten kommen, z. B. $\mathfrak{a} - \mathfrak{c}$ als Koeffizient von $36\,\beta^3\gamma\alpha$.

Unsere Voraussage hat sich bestätigt: in jeder eckigen Klammer sind die Glieder mit c, c^2, c^3 fortgefallen!

Als Resultat haben wir folgende Schreibung der Diskriminante:

$$\theta = \left\{ \begin{aligned} &\mathfrak{a}^2\mathfrak{b}^2\mathfrak{c}^2 + 2\,\overline{\mathfrak{b}\mathfrak{c}\,(\mathfrak{a}^2 + 2\,\mathfrak{b}\mathfrak{c})\,\alpha^2} + 4\,(\mathfrak{b} - \mathfrak{c})\,(\mathfrak{c} - \mathfrak{a})\,(\mathfrak{a} - \mathfrak{b})\,\alpha\beta\gamma \\ &\quad + \overline{(\mathfrak{a}^2 + 8\,\mathfrak{b}\mathfrak{c})\,\alpha^4} + 2\,\overline{(10\,\mathfrak{a}^2 - \mathfrak{b}\mathfrak{c})\,\beta^2\gamma^2} \\ &\quad - 36\,\alpha\beta\gamma\,\overline{(\mathfrak{b} - \mathfrak{c})\,\alpha^2} + 4\,\overline{\alpha^2}^3 - 108\,\alpha^2\beta^2\gamma^2 \end{aligned} \right\},$$

in welcher sie als Polynom der sechs Größen

$$\mathfrak{a} = b - c, \quad \mathfrak{b} = c - a, \quad \mathfrak{c} = a - b; \quad \alpha, \quad \beta, \quad \gamma$$

erscheint.

Der gefundene Ausdruck läßt sich nun, wie Kummer bemerkt hat — eine erstaunliche Leistung! — als Summe von sieben Quadraten darstellen:

$$\theta = \left\{ \begin{aligned} &\quad \overline{15\,(\mathfrak{a}\,\beta\gamma + \alpha\,[\beta^2 - \gamma^2])^2} \\ &+ \overline{(2\,\mathfrak{b}\mathfrak{c}\,\alpha + [\mathfrak{c} - \mathfrak{b}]\,\beta\gamma + \alpha\,[2\,\alpha^2 - \beta^2 - \gamma^2])^2} \\ &+ (\mathfrak{a}\mathfrak{b}\mathfrak{c} + \overline{\mathfrak{a}\,\alpha^2})^2 \end{aligned} \right\},$$

in ausführlicher Schreibung:

Formel von Kummer:

$$\theta = \left\{ \begin{aligned} &\quad 15\,(\mathfrak{a}\,\beta\gamma + \alpha\,[\beta^2 - \gamma^2])^2 \\ &+ 15\,(\mathfrak{b}\,\gamma\alpha + \beta\,[\gamma^2 - \alpha^2])^2 \\ &+ 15\,(\mathfrak{c}\,\alpha\beta + \gamma\,[\alpha^2 - \beta^2])^2 \\ &+ (2\,\mathfrak{b}\,\mathfrak{c}\,\alpha + [\mathfrak{c} - \mathfrak{b}]\,\beta\gamma + \alpha\,[2\,\alpha^2 - \beta^2 - \gamma^2])^2 \\ &+ (2\,\mathfrak{c}\,\mathfrak{a}\,\beta + [\mathfrak{a} - \mathfrak{c}]\,\gamma\alpha + \beta\,[2\,\beta^2 - \gamma^2 - \alpha^2])^2 \\ &+ (2\,\mathfrak{a}\,\mathfrak{b}\,\gamma + [\mathfrak{b} - \mathfrak{a}]\,\alpha\beta + \gamma\,[2\,\gamma^2 - \alpha^2 - \beta^2])^2 \\ &+ (\mathfrak{a}\,\mathfrak{b}\,\mathfrak{c} + \mathfrak{a}\,\alpha^2 + \mathfrak{b}\,\beta^2 + \mathfrak{c}\,\gamma^2)^2 \end{aligned} \right\}.$$

Dieser Formel zufolge kann die Diskriminante der Achsengleichung nie negativ werden.

Die Achsengleichung hat daher (bei reellen Koeffizienten) stets drei reelle Wurzeln.

§ 41. Der Beweis von Weierstraß

Auch Weierstraß hat sich mit der Achsengleichung beschäftigt; er hat das Problem jedoch gleich in voller Allgemeinheit, nämlich unter der Annahme von beliebig vielen Variablen behandelt. Dementsprechend werde die Aufgabe jetzt folgendermaßen formuliert:

Eine gegebene reelle quadratische Form von n Argumenten $x_1, x_2, \ldots, x_n$:

$$f = \Sigma\, a_{rs}\, x_r\, x_s, \quad (\text{mit } a_{rs} = a_{sr})$$

wo die Summationszeiger r und s unabhängig voneinander alle Werte von 1 bis n durchlaufen, durch eine reelle Substitution

$$x_\nu = k_{\nu 1}\, y_1 + k_{\nu 2}\, y_2 + \ldots + k_{\nu n}\, y_n \qquad (\nu = 1, 2, \ldots, n)$$

in eine Summe von Quadraten

$$\lambda_1\, y_1^2 + \lambda_2\, y_2^2 + \ldots + \lambda_n\, y_n^2$$

zu transformieren.

Lösung: Ersetzen wir die Argumente x auf Grund der Substitution, so bekommen wir für das Verschwinden der rechteckigen Glieder $y_\mu y_\nu$ $(\mu \neq \nu)$

die Bedingung $$\sum_{r,s}^{1,n} a_{rs} k_{r\mu} k_{s\nu} = 0$$

oder auch $$k_{1\mu}\varphi_1 + k_{2\mu}\varphi_2 + \ldots + k_{n\mu}\varphi_n = 0$$

mit $$\varphi_r = a_{r1}k_{1\nu} + a_{r2}k_{2\nu} + \ldots + a_{rn}k_{n\nu}.$$

Schreiben wir sie für $\mu = 1, 2, \ldots, n$ auf, so entsteht das vollständige Homogensystem

$$\begin{cases} k_{11}\varphi_1 + k_{21}\varphi_2 + \ldots + k_{n1}\varphi_n = 0, \\ k_{12}\varphi_1 + k_{22}\varphi_2 + \ldots + k_{n2}\varphi_n = 0, \\ \dots\dots\dots\dots\dots\dots \\ k_{1n}\varphi_1 + k_{2n}\varphi_2 + \ldots + k_{nn}\varphi_n = 0 \end{cases}$$

für die n Unbekannten $\varphi_1, \varphi_2, \ldots, \varphi_n$.

Nun lautet eine Bedingung für Orthogonalität der Substitution

$$(1) \qquad k_{1\mu}k_{1\nu} + k_{2\mu}k_{2\nu} + \ldots + k_{n\mu}k_{n\nu} = 0 \qquad (\mu \neq \nu).$$

Auch in ihr setzen wir $\mu = 1, 2, \ldots, n$ und bekommen das neue vollständige Homogensystem

$$\begin{cases} k_{11}k_{1\nu} + k_{21}k_{2\nu} + \ldots + k_{n1}k_{n\nu} = 0, \\ k_{12}k_{1\nu} + k_{22}k_{2\nu} + \ldots + k_{n2}k_{n\nu} = 0, \\ \dots\dots\dots\dots\dots\dots \\ k_{1n}k_{1\nu} + k_{2n}k_{2\nu} + \ldots + k_{nn}k_{n\nu} = 0 \end{cases}$$

für die Unbekannten $k_{1\nu}, k_{2\nu}, \ldots, k_{n\nu}$.

Da die beiden Systeme dieselbe nicht verschwindende Determinante $|k_{11}k_{22}\ldots k_{nn}| = \pm 1$ haben, so ist das Verhältnis der Unbekannten bestimmt. Daher gilt die Proportion $\varphi_1/k_{1\nu} = \varphi_2/k_{2\nu} = \ldots = \varphi_n/k_{n\nu}$.

Wir setzen den gemeinsamen Wert dieser n Brüche gleich λ und erhalten die n Gleichungen $\varphi_1 = \lambda k_{1\nu}, \quad \varphi_2 = \lambda k_{2\nu}, \quad \ldots, \quad \varphi_n = \lambda k_{n\nu}$

oder mit Rücksicht auf die Werte der φ

$$(H) \qquad \begin{cases} (a_{11} - \lambda)\, k_{1\nu} + a_{12}k_{2\nu} + \ldots + a_{1n}k_{n\nu} = 0, \\ a_{21}k_{1\nu} + (a_{22} - \lambda)\, k_{2\nu} + \ldots + a_{2n}k_{n\nu} = 0, \\ \dots\dots\dots\dots\dots\dots\dots\dots \\ a_{n1}k_{1\nu} + a_{n2}k_{2\nu} + \ldots + (a_{nn} - \lambda)\, k_{n\nu} = 0. \end{cases}$$

Auch dies ist ein vollständiges Homogensystem für die n Unbekannten $k_{1\nu}, k_{2\nu}, \ldots, k_{n\nu}$. Soll es eine eigentliche Lösung besitzen, so muß nach Bézouts Satz die Systemdeterminante verschwinden:

$$(S) \qquad \Delta = \begin{vmatrix} a_{11} - \lambda & a_{12} & \ldots & a_{1n} \\ a_{21} & a_{22} - \lambda & \ldots & a_{2n} \\ \dots & \dots & \dots & \dots \\ a_{n1} & a_{n2} & \ldots & a_{nn} - \lambda \end{vmatrix} = 0.$$

Dies ist eine Gleichung n^{ten} Grades für die Unbekannte λ. Sie hat n Wurzeln $\lambda_1, \lambda_2, \ldots, \lambda_n$. Substituiert man eine von ihnen, λ_ν, in (1), so bekommt man durch Auflösung des Homogensystems (H) das Verhältnis der Unbekannten $k_{1\nu}, k_{2\nu}, \ldots, k_{n\nu}$. Zur endgültigen Festlegung dieser Unbekannten dient dann die — noch nicht berücksichtigte — Orthogonalitätsbedingung

$$(2) \qquad k^2 + k^2 + \ldots + k^2 = 1$$

Für den Koeffizienten des quadratischen Gliedes y_ν^2 in der transformierten Form ergibt sich jetzt (ähnlich wie oben für den Koeffizienten von $y_\mu y_\nu$)

$$\sum_{r,s}^{1,n} a_{rs} k_{r\nu} k_{s\nu} = \sum_{r}^{1,n} k_{r\nu} \varphi_r = \sum_{r}^{1,n} k_{r\nu} \lambda_\nu k_{r\nu} = \lambda_\nu \sum_{r}^{1,n} k_{r\nu}^2 = \lambda_\nu,$$

so daß $\quad f = \lambda_1 y_1^2 + \lambda_2 y_2^2 + \ldots + \lambda_n y_n^2 \quad$ wird.

Die Gleichung (S) wird Säkulargleichung genannt, weil sie zuerst bei der Untersuchung der säkularen Störungen der Planeten aufgetreten ist (Laplace, Histoire de l'Académie des Sciences, 1772).

Satz von Cauchy:

Die Säkulargleichung hat nur reelle Wurzeln.

Beweis: Angenommen, (S) hätte eine komplexe Wurzel $\lambda = p + iq$. Dann ist auch $\bar{\lambda} = p - iq$ eine Wurzel von (S). Hat dann das System (H) für λ die Lösung $k_1, k_2, \ldots, k_n$, so hat es für $\bar{\lambda}$ die Lösung $\bar{k}_1, \bar{k}_2, \ldots, \bar{k}_n$, und wir haben die beiden Systeme

$$\begin{cases} a_{11} k_1 + a_{12} k_2 + \ldots + a_{1n} k_n = k_1 \lambda, \\ a_{21} k_1 + a_{22} k_2 + \ldots + a_{2n} k_n = k_2 \lambda, \\ \ldots\ldots\ldots\ldots\ldots\ldots\ldots \\ a_{n1} k_1 + a_{n2} k_2 + \ldots + a_{nn} k_n = k_n \lambda \end{cases}$$

und

$$\begin{cases} a_{11} \bar{k}_1 + a_{12} \bar{k}_2 + \ldots + a_{1n} \bar{k}_n = \bar{k}_1 \bar{\lambda}, \\ a_{21} \bar{k}_1 + a_{22} \bar{k}_2 + \ldots + a_{2n} \bar{k}_n = \bar{k}_2 \bar{\lambda}, \\ \ldots\ldots\ldots\ldots\ldots\ldots\ldots \\ a_{n1} \bar{k}_1 + a_{n2} \bar{k}_2 + \ldots + a_{nn} \bar{k}_n = \bar{k}_n \bar{\lambda}. \end{cases}$$

Wir multiplizieren die Gleichungen des ersten mit $\bar{k}_1, \bar{k}_2, \ldots, \bar{k}_n$, die des zweiten mit $k_1, k_2, \ldots, k_n$ und addieren die aus jedem System entstehenden Gleichungen. Das gibt zwei Gleichungen, deren linke Seiten (wegen der Gleichheit der Teilsummen $a_{rs} k_s \cdot \bar{k}_r + a_{sr} k_r \cdot \bar{k}_s$ und $a_{rs} \bar{k}_s \cdot k_r + a_{sr} \bar{k}_r \cdot k_s$ übereinstimmen. Folglich stimmen auch die rechten Seiten überein:

$$\lambda (k_1 \bar{k}_1 + k_2 \bar{k}_2 + \ldots + k_n \bar{k}_n) = \bar{\lambda} (\bar{k}_1 k_1 + \bar{k}_2 k_2 + \ldots + \bar{k}_n k_n).$$

Hieraus folgt die sinnlose Gleichung $\lambda = \bar{\lambda}$. Mithin ist unsere Annahme falsch. Keine Wurzel der Säkulargleichung kann komplex sein.

Dagegen können mehrfache Wurzeln auftreten. Über ihre Vielfachheit erteilt Auskunft der

Satz von Weierstraß:

λ ist dann und nur dann eine e-fache Wurzel der Säkulargleichung $\Delta = 0$, wenn die Determinante Δ den Rang $n - e$ hat.

Beweis: Wir schreiben statt $-\lambda$ zunächst x und bekommen die Säkulargleichung in der Gestalt

$$F(x) = \begin{vmatrix} a_{11} + x & a_{12} & \ldots & a_{1n} \\ a_{21} & a_{22} + x & \ldots & a_{2n} \\ \ldots & \ldots & \ldots & \ldots \\ a_{n1} & a_{n2} & \ldots & a_{nn} + x \end{vmatrix} = 0.$$

Die Gleichung $F(x) = 0$ hat bekanntlich eine e-fache Wurzel x, wenn alle Ableitungen des Polynoms $F(x)$ von der 0ten bis zur e^{ten} (ausschließlich) an der Stelle x verschwinden.

Wir bilden diese Ableitungen. Nach der Regel über die Ableitung einer Determinante finden wir

$$F'(x) = F_1 + F_2 + \dots + F_n,$$

wo F_ν der $(n-1)$-reihige Hauptminor von F ist, in dem das Element $a_{\nu\nu} + x$ fehlt.

Durch Anwendung derselben Regel auf die $(n-1)$-reihigen Determinanten der rechten Seite der gefundenen Gleichung findet sich

$$F''(x) = \Sigma F_{rs},$$

wo F_{rs} der Hauptminor von F ist, in dem die Elemente $a_{rr} + x$ und $a_{ss} + x$ fehlen, und wo das Zeigerpaar rs alle Zweiterklassevariationen ohne Wiederholung der n Elemente $1, 2, \dots, n$ durchläuft.

Durch Ableitung der neuen Gleichung folgt ebenso

$$F'''(x) = \Sigma F_{rst},$$

wo F_{rst} der Hauptminor von F ist, in dem die Elemente $a_{rr} + x$, $a_{ss} + x$, $a_{tt} + x$ fehlen, und wo das Zeigertripel rst alle Dritterklassevariationen ohne Wiederholung der n Elemente $1, 2, \dots, n$ durchläuft. Usw.

Es sei nun etwa x eine dreifache Wurzel. Dann ist

$$F(x = 0, \qquad F'(x) = 0, \qquad F''(x) = 0, \qquad F'''(x) \neq 0.$$

Nach dem Hauptminorensatze kann in einer symmetrischen Determinante χ^{ten} Ranges die Summe der χ-reihigen Hauptminoren nicht verschwinden. Da nun

$$F'(x) = \Sigma F_r = 0$$

ist, kann der Rang χ der Determinante $F(x)$ nicht $n-1$ sein.

Da ferner

$$F''(x) = \Sigma F_{rs} = 0$$

ist, kann χ nicht gleich $n-2$ sein.

Der Rang χ kann aber auch nicht kleiner als $n-3$ sein. Ist nämlich $\chi < n-3$, so verschwinden alle $(n-3)$-reihigen Minoren, insonderheit alle $(n-3)$-reihigen Hauptminoren. Dann verschwindet auch die Summe dieser Hauptminoren und damit

$$\Sigma F_{rst} = F'''(x),$$

was jedoch nicht sein kann, da $F'''(x)$ als von Null verschieden vorausgesetzt wurde. Daher bleibt als einzige Möglichkeit

$$\chi = n - 3$$

übrig, womit Weierstraß' Satz bewiesen ist.

Sind die Wurzeln der Säkulargleichung untereinander verschieden, so bestimmt jede von ihnen — unter Zuhilfenahme von (1) und (2) — eine Serie von k-Werten, die Wurzel λ_ν etwa die Serie $k_{1\nu}, k_{2\nu}, \dots, k_{n\nu}$. Daß die n so entstehenden Serien die Koeffizienten der gesuchten Orthogonaltransformation liefern, folgt ähnlich wie oben bei der Betrachtung zweier komplexer Wurzeln λ und $\overline{\lambda}$. Wir schreiben statt $\lambda_\nu, \lambda_\mu, k_{r\nu}, k_{r\mu}$ bzw. $\lambda, \overline{\lambda}, k_r, \overline{k}_r$ und erhalten dieselbe Endgleichung wie dort. Aus dieser folgt wegen $\overline{\lambda} \neq \lambda$ die Orthogonalitätsbedingung

$$k_1\overline{k}_1 + k_2\overline{k}_2 + \dots + k_n\overline{k}_n = 0 \qquad \text{oder} \qquad k_{1\nu}k_{1\mu} + k_{2\nu}k_{2\mu} + \dots + k_{n\nu}k_{n\mu} = 0.$$

Etwas anders liegt die Sache, wenn die Säkulargleichung mehrfache Wurzeln hat. Ist λ eine e-fache Wurzel — entstanden zu denken durch das Zusammenfallen von e einfachen Wurzeln —, so ist der Rang χ von Δ, d. h. zugleich der

Rang der Matrix von (H) $n - e$. Nach Rouché-Capellis Satz*) sind dann e von den Unbekannten $k_{1\nu}, k_{2\nu}, \ldots, k_{n\nu}$ frei, willkürlich wählbar; die andern χ, gebundenen, Unbekannten sind Linearkomposita der freien Unbekannten mit bekannten Koeffizienten. Setzen wir die freien Unbekannten unbestimmt an: gleich $p_1, p_2, \ldots, p_e$, so sind die gebundenen etwa

$$p_s = g_1^s p_1 + g_2^s p_2 + \cdots + g_e^s p_e \qquad (s = e+1,\ e+2,\ \ldots,\ n).$$

Ein anderer Ansatz $q_1, q_2, \ldots, q_e$ liefert dann die gebundenen Unbekannten

$$q_s = g_1^s q_1 + g_2^s q_2 + \cdots + g_e^s q_e.$$

Ein dritter Ansatz sei $r_1, r_2, \ldots, r_e$ usw., bis wir e Ansätze zusammen haben.

Diesmal muß das Erfülltsein sämtlicher Orthogonalitätsbedingungen erst noch durch die $e(e+1)/2$ Forderungen

$$p_1 q_1 + p_2 q_2 + \cdots + p_n q_n = 0, \qquad p_1^2 + p_2^2 + \cdots + p_n^2 = 1, \ \ldots$$

erzwungen werden. Die Anzahl, $e \cdot (e+1)/2$, dieser Bestimmungsgleichungen ist um $e(e-1)/2$ niedriger als die Anzahl, e^2, der freien Unbekannten $p, q, r, \ldots$

Bei e-facher Wurzel λ der Säkulargleichung sind $e(e-1)/2$ der unbekannten Koeffizienten k willkürlich wählbar.

§ 42. Achsenbestimmung der zentrischen Quadrik

Um die Achsen der zentrischen Quadrik

$$f - ax^2 + by^2 + cz^2 + 2\alpha yz + 2\beta zx + 2\gamma xy = \text{const}$$

nach Betrag und Richtung bestimmen zu können, müssen wir noch auseinandersetzen, wie sich auf Grund der Eigenschaften der Achsengleichung die neun Koeffizienten λ bis ν'' der Orthogonalsubstitution

$$O: \left\{\begin{aligned} x &= \lambda X + \mu Y + \nu Z \\ y &= \lambda' X + \mu' Y + \nu' Z \\ z &= \lambda'' X + \mu'' Y + \nu'' Z \end{aligned}\right\}$$

ermitteln lassen, die die Form

$$f = ax^2 + by^2 + cz^2 + 2\alpha yz + 2\beta zx + 2\gamma xy$$

in die nur Variablenquadrate aufweisende Form

$$F = pX^2 + qY^2 + rZ^2$$

überführt.

Dabei unterscheiden wir zwei Fälle:

I. Die Achsengleichung hat nur ungleiche Wurzeln.

II. Die Achsengleichung besitzt eine Doppelwurzel.

I.

Zur Gewinnung des ersten Koeffiziententripels $(\lambda, \lambda', \lambda'')$ dient das Homogensystem

$$(1) \qquad \left\{\begin{aligned} (a-p)\xi + \gamma\xi' + \beta\xi'' &= 0 \\ \gamma\xi + (b-p)\xi' + \alpha\xi'' &= 0 \\ \beta\xi + \alpha\xi' + (c-p)\xi'' &= 0 \end{aligned}\right\}.$$

*) Dörrie, „Determinanten“, § 13.

Wir bestimmen eine eigentliche Lösung (ξ, ξ', ξ'') dieses Systems und die nicht verschwindende Quadratwurzel $\varrho = \sqrt{\xi^2 + \xi'^2 + \xi''^2}$. Dann wählen wir

$$\lambda = \xi : \varrho, \qquad \lambda' = \xi' : \varrho, \qquad \lambda'' = \xi'' : \varrho.$$

Um μ, μ', μ'' zu bekommen, bestimmen wir ebenso eine eigentliche Lösung (η, η', η'') des Homogensystems

$$(2) \qquad \left\{\begin{aligned} (a-q)\,\eta + \gamma\eta' + \beta\eta'' &= 0 \\ \gamma\eta + (b-q)\,\eta' + \alpha\eta'' &= 0 \\ \beta\eta + \alpha\eta' + (c-q)\,\eta'' &= 0 \end{aligned}\right\}$$

nebst der Quadratwurzel $\sigma = \sqrt{\eta^2 + \eta'^2 + \eta''^2}$ und erhalten

$$\mu = \eta : \sigma, \qquad \mu' = \eta' : \sigma, \qquad \mu'' = \eta'' : \sigma.$$

Und ähnlich wird

$$\nu = \zeta : \tau, \qquad \nu' = \zeta' : \tau, \qquad \nu'' = \zeta'' : \tau,$$

wobei (ζ, ζ', ζ'') eine eigentliche Lösung des Systems

$$(3) \qquad \left\{\begin{aligned} (a-r)\,\zeta + \gamma\zeta' + \beta\zeta'' &= 0 \\ \gamma\zeta + (b-r)\,\zeta' + \alpha\zeta'' &= 0 \\ \beta\zeta + \alpha\zeta' + (c-r)\,\zeta'' &= 0 \end{aligned}\right\}$$

und τ die Quadratwurzel $\sqrt{\zeta^2 + \zeta'^2 + \zeta''^2}$ bedeutet.

Damit sind drei Richtungscosinustripel festgelegt:

$$(\lambda, \lambda', \lambda''), \qquad (\mu, \mu', \mu''), \qquad (\nu, \nu', \nu'').$$

Von ihnen muß gezeigt werden, daß die durch sie bestimmten Richtungen Λ, M, N zu je zweien orthogonal sind.

Nehmen wir z. B. Λ und M! Wie behandeln die beiden Gleichungstripel

$$\left\{\begin{aligned} a\lambda + \gamma\lambda' + \beta\lambda'' &= p\lambda \\ \gamma\lambda + b\lambda' + \alpha\lambda'' &= p\lambda' \\ \beta\lambda + \alpha\lambda' + c\lambda'' &= p\lambda'' \end{aligned}\right\} \quad \text{und} \quad \left\{\begin{aligned} a\mu + \gamma\mu' + \beta\mu'' &= q\mu \\ \gamma\mu + b\mu' + \alpha\mu'' &= q\mu' \\ \beta\mu + \alpha\mu' + c\mu'' &= q\mu'' \end{aligned}\right\}$$

wie in § 41 und finden wie dort

$$pK = qK \qquad \text{mit} \qquad K = \lambda\mu + \lambda'\mu' + \lambda''\mu''.$$

Aus $p \neq q$ folgt nun $K = 0$ oder

$$\lambda\mu + \lambda'\mu' + \lambda''\mu'' = 0.$$

Diese Relation bedeutet aber, daß die Richtungen Λ und M orthogonal sind.

Genau so zeigt man die Orthogonalität von M und N sowie von N und Λ. Damit sind die neun gefundenen Koeffizienten λ bis ν'' als Koeffizienten der f in F überführenden Orthogonalsubstitution O erkannt.

Zugleich sieht man ein, daß im Doppelwurzelfalle diese Schlußweise wegen der Gleichheit von p und q nicht durchführbar ist.

II.

Es sei wieder $p = q$ und $r \neq p$.

Wir ermitteln eine eigentliche Lösung (ξ, ξ', ξ'') der Gleichung

$$(a-p)\,\xi + \gamma\xi' + \beta\xi'' = 0.$$

Wegen des Verschwindens sämlicher zweireihigen Minoren der Determinante

$$\begin{vmatrix} a-p & \gamma & \beta \\ \gamma & b-p & \alpha \\ \beta & \alpha & c-p \end{vmatrix}$$

sind dann die beiden andern Gleichungen

$$\begin{aligned}\gamma\xi + (b-p)\,\xi' + \quad \alpha\xi'' &= 0,\\ \beta\xi + \quad \alpha\xi' + (c-p)\,\xi'' &= 0\end{aligned}$$

des Tripels (1) von selbst erfüllt.

Wir setzen wieder $\sqrt{\xi^2+\xi'^2+\xi''^2}=\varrho$ und wählen

$$\lambda = \xi:\varrho, \qquad \lambda' = \xi':\varrho, \qquad \lambda'' = \xi'':\varrho.$$

Darauf ermitteln wir eine eigentliche Lösung (η, η', η'') des Gleichungspaares

$$\left\{\begin{aligned}(a-q)\,\eta + \gamma\eta' + \beta\eta'' &= 0\\ \lambda\eta + \lambda'\eta' + \lambda''\eta'' &= 0\end{aligned}\right\},$$

für welche (s. o.) auch die beiden letzten Gleichungen

$$\gamma\eta + (b-q)\,\eta' + \quad \alpha\eta'' = 0$$

und

$$\beta\eta + \quad \alpha\eta' + (c-q)\,\eta'' = 0$$

des Tripels (2) von selbst erfüllt sind, setzen $\sqrt{\eta^2+\eta'^2+\eta''^2}=\sigma$ und wählen

$$\mu = \eta:\sigma, \qquad \mu' = \eta':\sigma, \qquad \mu'' = \eta'':\sigma.$$

Das dritte Cosinustripel (ν, ν', ν'') endlich bestimmt sich wie in I.

Man übersieht sofort, daß die drei gefundenen Richtungscosinustripel

$$(\lambda, \lambda', \lambda''), \qquad (\mu, \mu', \mu''), \qquad (\nu, \nu', \nu'')$$

wieder die Orthogonalitätsbedingungen

$$\mu\nu + \mu'\nu' + \mu''\nu'' = 0, \quad \nu\lambda + \nu'\lambda' + \nu''\lambda'' = 0, \quad \lambda\mu + \lambda'\mu' + \lambda''\mu'' = 0$$

erfüllen. Die durch diese Richtungscosinustripel gekennzeichneten Richtungen Λ, M, N sind paarweise orthogonal. Die durch die neun Koeffizienten λ bis ν'' bestimmte Orthogonalsubstitution O verwandelt f in F.

Das Endergebnis unserer Betrachtungen bildet der

Fundamentalsatz:

Die Gleichung der Quadrik

$$\boldsymbol{a x^2 + b y^2 + c z^2 + 2\alpha y z + 2\beta z x + 2\gamma x y = \text{const}}$$

im Koordinatensystem X, Y, Z, dessen Achsen die Flächenachsen sind, lautet

$$\boldsymbol{p X^2 + q Y^2 + r Z^2 = \text{const.}}$$

Dabei sind die Achsenkoeffizienten p, q, r die Wurzeln der Achsengleichung

$$\begin{vmatrix} a-t & \gamma & \beta \\ \gamma & b-t & \alpha \\ \beta & \alpha & c-t \end{vmatrix} = 0.$$

Die Richtungen der Flächenachsen sind durch die drei Richtungscosinustripel $(\lambda, \lambda', \lambda'')$, (μ, μ', μ'') und (ν, ν', ν'') gekennzeichnet, die vermöge der Achsengleichungswurzeln p, q, r aus den Homogensystemen (1), (2), (3) bestimmt werden.

§ 43. Der Gedanke von Boole

Ein beachtliches Verfahren zur Bestimmung der Achsen der zentrischen Quadrik

$$f \equiv a_{11}x^2 + a_{22}y^2 + a_{33}z^2 + 2\,a_{23}yz + 2\,a_{31}zx + 2\,a_{12}xy = \text{const}$$

hat der Engländer Boole angegeben (Cambridge Mathematical Journal, Bd. III).

Die Gleichung der Fläche beziehe sich auf ein beliebiges schiefwinkliges Koordinatensystem xyz. Ihre Transformation auf das Koordinatensystem

XYZ, dessen Achsen die Flächenachsen sind, wird auch hier durch eine Linearsubstitution von der Form

$$\left\{\begin{aligned} x &= \lambda\ X + \mu\ Y + \nu\ Z \\ y &= \lambda'\ X + \mu'\ Y + \nu'\ Z \\ z &= \lambda''X + \mu''Y + \nu''Z \end{aligned}\right\}$$

bewirkt. Diese Substitution führt die Form f in

$$F = pX^2 + qY^2 + rZ^2$$

über, und wie im § 37 handelt es sich darum, die unbekannten Koeffizienten p, q, r zu ermitteln.

Da sich der Abstand $\mathfrak{r}$ des Punktes $P(x, y, z)$ bzw. (X, Y, Z) vom gemeinsamen Ursprung der beiden Koordinatensysteme durch die Formeln

$$\mathfrak{r}^2 = k_{11}x^2 + k_{22}y^2 + k_{33}z^2 + 2k_{23}yz + 2k_{31}zx + 2k_{12}xy,$$
$$\mathfrak{r}^2 = X^2 + Y^2 + Z^2$$

bestimmt, wo $k_{\mu\nu}$ das Skalarprodukt der beiden auf der μ^{en} und ν^{ten} Koordinatenachse des Systems xyz liegenden Einheitsvektoren ist (m. a. W. $k_{11} = k_{22} = k_{33} = 1$ und k_{23}, k_{31}, k_{12} der Cosinus des Winkels ist, den bzw. die y-Achse mit der z-Achse, die z-Achse mit der x-Achse, die x-Achse mit der y-Achse bildet), so geht die Form

$$\varphi = k_{11}x^2 + k_{22}y^2 + k_{33}z^2 + 2k_{23}yz + 2k_{31}zx + 2k_{12}xy$$

durch obige Substitution in die Form

$$\Phi = X^2 + Y^2 + Z^2$$

über.

Daraufhin geht weiter die Form $\qquad f - t\varphi,$

wo t einen beliebigen konstanten Parameter bedeutet, durch die Substitution in $\qquad F - t\Phi \qquad$ über:

$$f - t\varphi = F - t\Phi,$$

ausführlich:

$$c_{11}x^2 + c_{22}y^2 + c_{33}z^2 + 2c_{23}yz + 2c_{31}zx + 2c_{12}xy$$
$$= (p-t)X^2 + (q-t)Y^2 + (r-t)Z^2,$$

wobei $c_{\mu\nu} = a_{\mu\nu} - tk_{\mu\nu}$ ist.

Nun gibt es drei Werte des Parameters t, für welche die Form $F - t\Phi$ als Produkt zweier Linearfaktoren erscheint, nämlich die Werte

$$t = p,\ t = q, t = r\ [\text{für } t = r \text{ ist z. B. } F - t\Phi = (p-r)X^2 + (q-r)Y^2$$
$$= (\sqrt{p-r}X + \sqrt{r-q}\,Y)(\sqrt{p-r}X - \sqrt{r-q}\,Y)].$$

Für diese drei t-Werte muß sich also auch die Form $f - t\varphi$ als Produkt von Linearfaktoren darstellen lassen.

Nun, die Form $c_{11}x^2 + c_{22}y^2 + c_{33}z^2 + 2c_{23}yz + 2c_{31}zx + 2c_{12}xy$ läßt sich dann und nur dann in ein Produkt von Linearfaktoren verwandeln,

wenn die Determinante $\qquad \Delta = \begin{vmatrix} c_{11} & c_{12} & c_{13} \\ c_{21} & c_{22} & c_{23} \\ c_{31} & c_{32} & c_{33} \end{vmatrix}$

ihrer Koeffizienten (d. h. ihre sog. Diskriminante) verschwindet.

Die gesuchten Koeffizienten p, q, r bestimmen sich daher als Wurzeln der Gleichung $\Delta = 0$ für t, d. h. als Wurzeln der Gleichung

$$\begin{vmatrix} a_{11} - k_{11}t & a_{12} - k_{12}t & a_{13} - k_{13}t \\ a_{21} - k_{21}t & a_{22} - k_{22}t & a_{23} - k_{23}t \\ a_{31} - k_{31}t & a_{32} - k_{32}t & a_{33} - k_{33}t \end{vmatrix} = 0.$$

Diese **kubische Gleichung** ist die Achsengleichung bei beliebigem Ausgangskoordinatensystem. Wir erkennen, daß sie bei einem rechtwinkligen Ausgangssystem $(k_{11} = k_{22} = k_{33} = 1; \quad k_{23} = k_{31} = k_{12} = 0)$ in die Achsengleichung von § 38 übergeht.

Auch die Achsenrichtungen lassen sich durch Booles Verfahren ermitteln.

Für $t = r$ z. B. lassen sich die Formen $f - t\varphi$ und $F - t\Phi$ als Produkte von Linearfaktoren u und v einerseits, $\sqrt{p-r}\,X + \sqrt{r-q}\,Y$ und $\sqrt{p-r}\,X - \sqrt{r-q}\,Y$ anderseits darstellen, so daß etwa

$$hu = \sqrt{p-r}\,X + \sqrt{r-q}\,Y, \qquad kv = \sqrt{p-r}\,X - \sqrt{r-q}\,Y$$

ist, wo h und k zwei zunächst noch unbekannte reziproke Konstanten sind. Hieraus folgt

$$2\sqrt{p-r}\,X = hu + kv, \qquad 2\sqrt{r-q}\,Y = hu - kv.$$

Daher haben die YZ-Ebene ($X = 0$) und ZX-Ebene ($Y = 0$) im alten System die Gleichungen $hu + kv = 0$ und $hu - kv = 0$.

Stellt man für diese beiden Ebenen die Orthogonalitätsbedingung auf, so erhält man eine Gleichung, die die Unbekannten h und k liefert, womit dann die Gleichungen der YZ-Ebene und ZX-Ebene im alten System bekannt werden. Mit diesen beiden Ebenen haben wir (im Hinblick auf den bekannten Ursprung) auch die dritte Koordinatenebene des neuen Systems, die XY-Ebene und mit den Koordinatenebenen auch die Koordinatenachsen X, Y, Z, d. h. die Richtungen der gesuchten Flächenachsen.

§ 44. Die homogene Deformation

Werden die auf ein orthogonales Koordinatensystem $x\,y\,z$ bezogenen Punkte eines Körpers oder einer räumlichen Figur aus ihrer Lage verschoben derart, daß ein Punkt $P(x, y, z)$ in die durch die Abbildungsvorschrift

$$\left\{\begin{aligned} x' &= a\,x + b\,y + c\,z \\ y' &= a'\,x + b'\,y + c'\,z \\ z' &= a''x + b''y + c''z \end{aligned}\right\}$$

bestimmte neue Lage $P'(x', y', z')$ gerät, wobei die Koeffizientendeterminante

$$\delta = \begin{vmatrix} a & b & c \\ a' & b' & c' \\ a'' & b'' & c'' \end{vmatrix}$$

als von Null verschieden vorausgesetzt wird, so heißt die so definierte Abbildung eine **homogene Deformation**.

Für diese Abbildung gilt folgender

Fundamentalsatz:

Jede homogene Deformation läßt sich aus einer Dehnung und einer Drehung zusammensetzen.

Der **Beweis** beruht vorwiegend auf der zu einer gewissen quadratischen Form

$$f = Ax^2 + By^2 + Cz^2 + 2\mathsf{A}yz + 2\mathsf{B}zx + 2\Gamma xy$$

gehörigen **Achsengleichung**.

Hier handelt es sich um die Form f, deren Koeffizienten folgendermaßen aus den Koeffizienten der Abbildungsvorschrift entstehen:

$$\left\{\begin{array}{ll} A = a^2 + a'^2 + a''^2 & \mathsf{A} = bc + b'c' + b''c'' \\ B = b^2 + b'^2 + b''^2 & \mathsf{B} = ca + c'a' + c''a'' \\ C = c^2 + c'^2 + c''^2 & \Gamma = ab + a'b' + a''b'' \end{array}\right\}.$$

Wir verwandeln die so definierte Form f vermöge der Orthogonalsubstitution

	$\mathfrak{x}$	$\mathfrak{y}$	$\mathfrak{z}$
x	l	m	n
y	l'	m'	n'
z	l''	m''	n''

mit dem Modul

$$\begin{vmatrix} l & m & n \\ l' & m' & n' \\ l'' & m'' & n'' \end{vmatrix} = 1$$

in die rein quadratische Form

$$f = \mathfrak{p}\,\mathfrak{x}^2 + \mathfrak{q}\mathfrak{y}^2 + \mathfrak{r}\mathfrak{z}^2.$$

Dabei bleibt also der Punkt $P(x, y, z)$ an Ort und Stelle, wird lediglich auf ein neues Orthogonalsystem $\mathfrak{x}\,\mathfrak{y}\,\mathfrak{z}$ mit den Richtungscosinustripeln (l, l', l'') der $\mathfrak{x}$-Achse, (m, m', m'') der $\mathfrak{y}$-Achse und (n, n', n'') der $\mathfrak{z}$-Achse bezogen und nimmt in diesem den Namen $P(\mathfrak{x}, \mathfrak{y}, \mathfrak{z})$ an.

Aus § 37 wissen wir, daß die Bestimmung der neun Substitutionskoeffizienten l bis n'' auf die kubische Gleichung — Achsengleichung —

$$\begin{vmatrix} A - T & \Gamma & \mathsf{B} \\ \Gamma & B - T & \mathsf{A} \\ \mathsf{B} & \mathsf{A} & C - T \end{vmatrix} = 0,$$

ausführlich geschrieben:

$$T^3 - (A + B + C)\,T^2 + [(BC - \mathsf{A}^2) + (CA - \mathsf{B}^2) + (AB - \Gamma^2)]\,T - \Delta = 0$$

mit
$$\Delta = \begin{vmatrix} A & \Gamma & \mathsf{B} \\ \Gamma & B & \mathsf{A} \\ \mathsf{B} & \mathsf{A} & C \end{vmatrix} = \begin{vmatrix} a & b & c \\ a' & b' & c' \\ a'' & b'' & c'' \end{vmatrix}^2 = \delta^2$$

zurückgeht.

Wir wissen auch (§§ 38—41), daß diese kubische Gleichung nur reelle Wurzeln hat.

Die hier vorliegende Achsengleichung hat sogar nur **positive** Wurzeln:

$$\mathfrak{p} = p^2, \qquad \mathfrak{q} = q^2, \qquad \mathfrak{r} = r^2,$$

wo nun p, q, r reelle Größen darstellen, deren Vorzeichen weiter unten passend fixiert werden.

In der Tat: 1° der Ausdruck $A + B + C$ ist, wie sein Anblick lehrt, positiv, 2° die eckige Klammer ist positiv, da jede der drei in ihr auftretenden runden Klammern positiv ist [z. B. ist nach Lagranges Formel

$$\begin{aligned} BC - \mathsf{A}^2 &= (b^2 + b'^2 + b''^2)(c^2 + c'^2 + c''^2) - (bc + b'c' + b''c'')^2 \\ &= (b'c'' - c'b'')^2 + (b''c - c''b)^2 + (bc' - cb')^2], \end{aligned}$$

3° $\varDelta$ ist als Quadrat von δ positiv. Daher fällt die linke Seite unserer kubischen Gleichung für jedes negative T negativ aus und kann sonach nicht verschwinden.

Nach Auswertung der Wurzeln $\mathfrak{p}$, $\mathfrak{q}$, $\mathfrak{r}$ erfolgt bekanntlich (§ 42) die Bestimmung der neun Substitutionskoeffizienten l bis n'' durch die drei Homogensysteme

$$\left\{\begin{array}{r} (A-\mathfrak{p})\,l + \Gamma l' + \mathsf{B}\,l'' = 0 \\ \Gamma l + (B-\mathfrak{p})\,l' + \mathsf{A}\,l'' = 0 \\ \mathsf{B}\,l + \mathsf{A}\,l' + (C-\mathfrak{p})\,l'' = 0 \end{array}\right\},$$

$$\left\{\begin{array}{r} (A-\mathfrak{q})\,m + \Gamma m' + \mathsf{B}\,m'' = 0 \\ \Gamma m + (B-\mathfrak{q})\,m' + \mathsf{A}\,m'' = 0 \\ \mathsf{B}\,m + \mathsf{A}\,m' + (C-\mathfrak{q})\,m'' = 0 \end{array}\right\},$$

$$\left\{\begin{array}{r} (A-\mathfrak{r})\,n + \Gamma n' + \mathsf{B}\,n'' = 0 \\ \Gamma n + (B-\mathfrak{r})\,n' + \mathsf{A}\,n'' = 0 \\ \mathsf{B}\,n + \mathsf{A}\,n' + (C-\mathfrak{r})\,n'' = 0 \end{array}\right\}$$

oder, wie wir auch schreiben können,

$$\left\{\begin{array}{l} A\,l + \Gamma l' + l''\,\mathsf{B} = \mathfrak{p}\,l \\ \Gamma l + B\,l' + l''\,\mathsf{A} = \mathfrak{p}\,l' \\ \mathsf{B}\,l + \mathsf{A}\,l' + l''\,C = \mathfrak{p}\,l'' \end{array}\right\}, \qquad \left\{\begin{array}{l} A\,m + \Gamma m' + \mathsf{B}\,m'' = \mathfrak{q}\,m \\ \Gamma m + B\,m' + \mathsf{A}\,m'' = \mathfrak{q}\,m' \\ \mathsf{B}\,m + \mathsf{A}\,m' + C\,m'' = \mathfrak{q}\,m'' \end{array}\right\},$$

$$\left\{\begin{array}{l} A\,n + \Gamma n' + \mathsf{B}\,n'' = \mathfrak{r}\,n \\ \Gamma n + B\,n' + \mathsf{A}\,n'' = \mathfrak{r}\,n' \\ \mathsf{B}\,n + \mathsf{A}\,n' + C\,n'' = \mathfrak{r}\,n'' \end{array}\right\}.$$

Die Dehnung

Nunmehr unterwerfen wir unsern Körper einer Dehnung, indem wir, alle Körperpunkte auf das $\mathfrak{x}\,\mathfrak{y}\,\mathfrak{z}$-System beziehend, den Punkt $P\,(\mathfrak{x}, \mathfrak{y}, \mathfrak{z})$ nach der Dehnungsvorschrift

$$\mathfrak{X} = p\,\mathfrak{x}, \quad \mathfrak{Y} = q\,\mathfrak{y}, \quad \mathfrak{Z} = r\,\mathfrak{z}$$

in den Bildpunkt $\mathfrak{P}\,(\mathfrak{X}, \mathfrak{Y}, \mathfrak{Z})$ überführen.

Die Drehung

Auf die Dehnung lassen wir nun die Drehung des Körpers um den gemeinsamen Ursprung unserer Koordinatensysteme aus dem $\mathfrak{x}\,\mathfrak{y}\,\mathfrak{z}$-System — oder besser $\mathfrak{X}\,\mathfrak{Y}\,\mathfrak{Z}$-System — in ein neues ursprungsgleiches Orthogonalsystem $\xi\,\eta\,\zeta$ folgen, dessen Achsen durch die sogleich anzugebenden auf das alte $x\,y\,z$-System bezogenen Richtungscosinustripel $(\lambda, \lambda', \lambda'')$, (μ, μ', μ''), (ν, ν', ν'') festgelegt werden. Diese neun Richtungscosinus werden durch das folgende

System von neun Mischgrößen:

$$\lambda = (a\,l + b\,l' + c\,l'')/p, \qquad \lambda' = (a'\,l + b'\,l' + c'\,l'')/p,$$
$$\lambda'' = (a''\,l + b''\,l' + c''\,l'')/p$$
$$\mu = (am + bm' + cm'')/q, \qquad \mu' = (a'm + b'm' + c'm'')/q,$$
$$\mu'' = (a''m + b''m' + c''m'')/q,$$
$$\nu = (an + bn' + cn'')/r, \qquad \nu' = (a'n + b'n' + c'n'')/r,$$
$$\nu'' = (a''n + b''n' + c''n'')/r$$

definiert, wobei nun auch die Vorzeichen der Dehnungskoeffizienten so fixiert werden, daß die Cosinusdeterminante

$$\begin{vmatrix} \lambda & \lambda' & \lambda'' \\ \mu & \mu' & \mu'' \\ \nu & \nu' & \nu'' \end{vmatrix} = \begin{vmatrix} a & b & c \\ a' & b' & c' \\ a'' & b'' & c'' \end{vmatrix} \cdot \begin{vmatrix} l & l' & l'' \\ m & m' & m'' \\ n & n' & n'' \end{vmatrix} : p\,q\,r = \delta : p\,q\,r = 1$$

wird, daß m. a. W. das Produkt pqr der Dehnungskoeffizienten den Wert δ hat. Daß die drei Mischgrößentripel $(\lambda, \lambda', \lambda'')$, (μ, μ', μ''), (ν, ν', ν'') Richtungscosinustripel sind, die ein Orthogonalsystem $\xi\,\eta\,\zeta$ bestimmen, ergibt sich leicht wie folgt.

Es ist z. B. $(\lambda^2 + \lambda'^2 + \lambda''^2)\,p^2 =$

$$(a l + b l' + c l'')^2 + (a' l + b' l' + c' l'')^2 + (a'' l + b'' l' + c'' l'')^2$$
$$= A l^2 + B l'^2 + C l''^2 + 2\,\mathsf{A}\, l' l'' + 2\,\mathsf{B}\, l'' l + 2\,\Gamma\, l l' =$$
$$(A l + \Gamma l' + \mathsf{B} l'')\, l + (\Gamma l + B l' + \mathsf{A} l'')\, l' + (\mathsf{B} l + \mathsf{A} l' + C l'')\, l''$$
$$= p^2 l l + p^2 l' l' + p^2 l'' l'' = p^2,$$

mithin $$\lambda^2 + \lambda'^2 + \lambda''^2 = 1.$$

Ebenso findet man

$$\mu^2 + \mu'^2 + \mu''^2 = 1 \qquad \text{und} \qquad \nu^2 + \nu'^2 + \nu''^2 = 1.$$

Ferner ist z. B.

$$(\lambda\mu + \lambda'\mu' + \lambda''\mu'')\,pq = (a l + b l' + c l'')\,(a m + b m' + c m'')$$
$$+ (a' l + b' l' + c' l'')(a' m + b' m' + c' m'') + (a'' l + b'' l' + c'' l'')(a'' m + b'' m' + c'' m'')$$
$$= A l m + B l' m' + C l'' m'' + \mathsf{A}\,(l' m'' + m' l'') + \mathsf{B}\,(m l'' + m'' l) + \Gamma\,(l m' + m l')$$
$$= (A l + \Gamma l' + \mathsf{B} l'')\, m + (\Gamma l + B l' + \mathsf{A} l'')\, m' + (\mathsf{B} l + \mathsf{A} l' + C l'')\, m''$$
$$= p^2 l m + p^2 l' m' + p^2 l'' m'' = p^2\,(l m + l' m' + l'' m'') = 0,$$

mithin $$\lambda\mu + \lambda'\mu' + \lambda''\mu'' = 0.$$

Ebenso findet sich

$$\mu\nu + \mu'\nu' + \mu''\nu'' = 0 \qquad \text{und} \qquad \nu\lambda + \nu'\lambda' + \nu''\lambda'' = 0.$$

Die neun Mischgrößen sind sonach, wie behauptet wurde, die Koeffizienten einer Orthogonalsubstitution.

Nun zu unserer Drehung!

Wir drehen den aus den Punkten $\mathfrak{P}\,(\mathfrak{X}, \mathfrak{Y}, \mathfrak{Z})$ bestehenden Körper um den Ursprung in das neue System $\xi\,\eta\,\zeta$, so daß $\mathfrak{P}$ in den Punkt $\Pi\,(\xi, \eta, \zeta)$ übergeht, wobei demnach

$$\xi = \mathfrak{X}, \qquad \eta = \mathfrak{Y}, \qquad \zeta = \mathfrak{Z}$$

ist, und ermitteln die Koordinaten X, Y, Z des Punktes Π im alten System $x\,y\,z$. Aus dem Transformationsschema

	ξ	η	ζ
X	λ	μ	ν
Y	λ'	μ'	ν'
Z	λ''	μ''	ν''

folgt sofort

$$X = \lambda\xi + \mu\eta + \nu\zeta, \qquad Y = \lambda'\xi + \mu'\eta + \nu'\zeta, \qquad Z = \lambda''\xi + \mu''\eta + \nu''\zeta.$$

Hier setzen wir für die neun Mischgrößen λ bis ν'' ihre Werte ein und schreiben zugleich statt ξ, η, ζ $p\mathfrak{x}$, $q\mathfrak{y}$, $r\mathfrak{z}$. Das gibt

$$X = (al + bl' + cl'')\,\mathfrak{x} + (am + bm' + cm'')\,\mathfrak{y} + (an + bn' + cn'')\,\mathfrak{z},$$
$$Y = (a'l + b'l' + c'l'')\,\mathfrak{x} + (a'm + b'm' + c'm'')\,\mathfrak{y} + (a'n + b'n' + c'n'')\,\mathfrak{z},$$
$$Z = (a''l + b''l' + c''l'')\,\mathfrak{x} + (a''m + b''m' + c''m'')\,\mathfrak{y} + (a''n + b''n' + c''n'')\,\mathfrak{z}$$

oder

$$\left\{\begin{array}{l} X = a\;(l\mathfrak{x} + m\mathfrak{y} + n\mathfrak{z}) + b\;[l'\mathfrak{x} + m'\mathfrak{y} + n'\mathfrak{z}] + c\;\{l''\mathfrak{x} + m''\mathfrak{y} + n''\mathfrak{z}\} \\ Y = a'\;(l\mathfrak{x} + m\mathfrak{y} + n\mathfrak{z}) + b'\;[l'\mathfrak{x} + m'\mathfrak{y} + n'\mathfrak{z}] + c'\;\{l''\mathfrak{x} + m''\mathfrak{y} + n''\mathfrak{z}\} \\ Z = a''\;(l\mathfrak{x} + m\mathfrak{y} + n\mathfrak{z}) + b''\;[l'\mathfrak{x} + m'\mathfrak{y} + n'\mathfrak{z}] + c''\;\{l''\mathfrak{x} + m''\mathfrak{y} + n''\mathfrak{z}\} \end{array}\right\},$$

oder endlich, da die runde, eckige, geschweifte Klammer bzw. x, y, z darstellt,

$$\left\{\begin{array}{l} X = a\;x + b\;y + c\;z \\ Y = a'\;x + b'\;y + c'\;z \\ Z = a''x + b''y + c''z \end{array}\right\}.$$

Der Punkt (X, Y, Z) des alten Koordinatensystems $(x\,y\,z)$ ist daher nichts anderes als der Bildpunkt $P'\,(x', y', z')$ dieses Systems, in den der Objektpunkt $P\,(x, y, z)$ durch die Homogendeformation übergeführt werden sollte. Die Homogendeformation läßt sich also als Aufeinanderfolge der beiden oben gekennzeichneten Abbildungen:

Dehnung und Drehung

auffassen, was zu beweisen war.

VIERTER ABSCHNITT: DIE LAMÉ-GLEICHUNG

§ 45. Die vier Schnittpunkte zweier Kegelschnitte

Um die Schnittpunkte zweier Kegelschnitte $\mathfrak{K}$ und $\mathfrak{K}'$ mit den Gleichungen

$$f \equiv a\,x^2 + b\,y^2 + 2\gamma\,xy + 2\beta\,x + 2\alpha\,y + c = 0,$$
$$f' \equiv a'x^2 + b'y^2 + 2\gamma'xy + 2\beta'x + 2\alpha'y + c' = 0$$

zu bestimmen, schreiben wir ihre Gleichungen in der Form

(1) $$\mathfrak{a}\,x^2 + \mathfrak{b}\,x + \mathfrak{c} = 0$$

(2) $$\mathfrak{a}'x^2 + \mathfrak{b}'x + \mathfrak{c}' = 0$$

mit $$\left\{\begin{array}{lll} \mathfrak{a} = a, & \mathfrak{b} = 2(\gamma\,y + \beta), & \mathfrak{c} = b\,y^2 + 2\alpha\,y + c \\ \mathfrak{a}' = a', & \mathfrak{b}' = 2(\gamma' y + \beta'), & \mathfrak{c}' = b'y^2 + 2\alpha' y + c' \end{array}\right\}.$$

Bedeutet jetzt (x, y) einen Schnittpunkt der beiden Kegelschnitte, so gelten die beiden in x quadratischen Gleichungen (1) und (2) gleichzeitig, bilden also die Determinanten

$$\mathfrak{A} = \mathfrak{b}\mathfrak{c}' - \mathfrak{c}\mathfrak{b}', \qquad \mathfrak{B} = \mathfrak{c}\mathfrak{a}' - \mathfrak{a}\mathfrak{c}', \qquad \mathfrak{C} = \mathfrak{a}\mathfrak{b}' - \mathfrak{b}\mathfrak{a}'$$

eine stetige Proportion: $\mathfrak{A} : \mathfrak{B} = \mathfrak{B} : \mathfrak{C}$.

Die durch diese Proportion dargestellte in y biquadratische Gleichung

$$\mathfrak{B}^2 = \mathfrak{A}\mathfrak{C},$$

ausführlich:

$$[(b\,a' - a\,b')\,y^2 + 2(\alpha\,a' - a\alpha')\,y + (c\,a' - a\,c')]^2 =$$
$$4\,[(\gamma b' - b\gamma')\,y^3 + (2\gamma\alpha' - 2\alpha\gamma' + \beta b' - b\beta')\,y^2$$
$$+ (\gamma c' - c\gamma' + 2\beta\alpha' - 2\alpha\beta')\,y + (\beta c' - c\beta')]\,[(a\gamma' - \gamma a')\,y + (a\beta' - \beta a')]$$

liefert die gesuchte Schnittpunktsordinate y, jede Seite der stetigen Proportion die zugehörige Schnittpunktsabszisse x. Da die Gleichung für y vier Wurzeln hat, so ergeben sich vier Schnittpunkte, die allerdings nicht alle vier reell zu sein brauchen, insofern jede komplexe Wurzel der biquadratischen Gleichung auf einen imaginären Schnittpunkt führt. Wir haben den

Satz:

Zwei Kegelschnitte schneiden sich in vier Punkten:

$$A(x_1, y_1),\quad B(x_2, y_2),\quad C(x_3, y_3),\quad D(x_4, y_4),$$

von denen allerdings unter Umständen A und B konjugiert imaginär, vielleicht sogar auch noch C und D konjugiert imaginär sein können.

Wir erörtern die durch diesen Satz angedeuteten verschiedenen Möglichkeiten etwas näher. Dabei setzen wir zunächst die vier Schnittpunkte A, B, C, D als von einander verschieden voraus.

Da sich die Verbindungslinien von je zwei der vier Schnittpunkte auf drei Weisen zu Sekantenpaaren zusammenfassen lassen:

I. (AB, CD), II. (AC, BD), III. (AD, BC),

so sind drei Fälle zu unterscheiden:

I. Alle vier Schnittpunkte sind reell.
II. Alle vier Schnittpunkte sind imaginär.
III. Zwei Schnittpunkte, A und B, sind reell, die beiden andern, C und D, imaginär.

Im Falle I sind alle drei Sekantenpaare reell.

Im Falle II ist ein Sekantenpaar (AB, CD), reell; die andern beiden Paare, (AC, BD), und (AD, BC) bestehen je aus zwei konjugiert imaginären Geraden.

Im Falle III ist ein Sekantenpaar (AB, CD), reell; die andern beiden Paare (AC, BD) und (AD, BC) bestehen je aus zwei nichtkonjugiert imaginären Geraden.

Im Falle II — A und B konjugiert imaginär, ebenso C und D — besteht nämlich das Paar (AB, CD) aus der reellen, die konjugiert imaginären Punkte A und B verbindenden Sekante AB und der reellen, die konjugiert imaginären Punkte C und D verbindenden Sekante CD, während jedes der beiden andern Paare aus zwei konjugiert imaginären Geraden besteht, das Paar (AC, BD) z. B. aus den beiden konjugiert imaginären Geraden AC und BD. [Wäre AC reell, so müßte der Schnittpunkt A dieser (reellen) Geraden mit der reellen Geraden AB reell sein, während A doch imaginär ist.]

Im Falle III — A und B reell, C und D konjugiert imaginär — besteht das Sekantenpaar (AB, CD) aus der reellen Geraden AB und der die konjugiert imaginären Punkte C und D verbindenden gleichfalls reellen Geraden CD, während jedes der andern beiden Paare aus zwei nichtkonjugiert imaginären Geraden besteht. [Beim Paare (AC, BD) z. B. können die Geraden AC und BD nicht konjugiert imaginär sein, da zwei konjugiert imaginäre Gerade nur durch einen einzigen reellen Punkt, ihren Schnittpunkt, laufen, während doch AC durch den reellen Punkt A und BD durch den davon verschiedenen reellen Punkt B läuft.]

Nunmehr betrachten wir auch die (vier) Ausnahmefälle, wo die vier Schnittpunkte (A, B, C, D) nicht alle voneinander verschieden sind.

1. Die Punkte A und B fallen zusammen, die Punkte C und D nicht.

Die Punkte A und B sind dann notwendig reell, und die Kegelschnitte haben eine gemeinsame durch den Punkt $A \equiv B$ laufende Tangente. Das erste der drei Sekantenpaare: (AB, CD) besteht aus dieser Tangente und der reellen Sekante CD; die beiden andern Paare (AC, BD) und (AD, BC) bilden nur ein einziges aus zwei zusammenfallenden Paaren (es ist $AC \equiv BC$ und $BD \equiv AD$) bestehendes Paar, welches aus zwei reellen oder konjugiert imaginären Sekanten besteht, je nachdem die Punkte C und D reell oder konjugiert imaginär sind.

2. Die Punkte A und C fallen zusammen, desgleichen die Punkte B und D.

Hier sind A und B entweder reell oder konjugiert imaginär.
Das zweite Sekantenpaar, (AC, BD), besteht dann aus den beiden reellen oder konjugiert imaginären den Kegelschnitten gemeinsamen Tangenten durch A und B, während das erste und dritte Paar, (AB, CD) und (AD, BC), mit der als Doppelsekante fungierenden Berührungssehne $AB \equiv CD \equiv AD \equiv CB$ zusammenfallen.

3. Die drei Punkte A, B, C fallen zusammen, der vierte D liegt abseits.

In diesem Falle — man stelle sich z. B. eine Ellipse mit ihrem durch die drei unendlich benachbarten Ellipsenpunkte A, B, C laufenden Krümmungskreise vor — findet im Punkte $A \equiv B \equiv C$ Oskulation der beiden Kegelschnitte statt; alle drei Sekantenpaare fallen zusammen, insofern jedes von ihnen aus der gemeinsamen Tangente durch A und der Sekante AD besteht.

4. Alle vier Punkte A, B, C, D fallen zusammen. (Beispiel: Ellipse und ihr durch einen Scheitel laufenden Krümmungskreis.)

Alle drei Sekantenpaare fallen mit der als Doppelgerade fungierenden den Kegelschnitten gemeinsamen Tangente durch A zusammen.

§ 46. Die Lamé-Gleichung

Im vorigen Paragraphen sahen wir, daß die Ermittlung der Schnittpunkte zweier Kegelschnitte $\mathfrak{K}$ und $\mathfrak{K}'$ auf die Lösung einer biquadratischen Gleichung hinauskommt. Der französische Mathematiker Lamé hat in seinem 1818 zu Paris erschienenen „Examen des différentes Méthodes employées pour résondre les Problèmes de Géométrie“ gezeigt, daß diese Schnittpunktsbestimmung direkt auf die Lösung einer kubischen Gleichung zurückgeführt werden kann.
Sind wieder

$$f \equiv a x^2 + b y^2 + 2\gamma xy + 2\beta x + 2\alpha y + c = 0$$

und

$$f' \equiv a' x^2 + b' y^2 + 2\gamma' xy + 2\beta' x + 2\alpha' y + c' = 0$$

die Gleichungen der beiden vorgelegten Kegelschnitte $\mathfrak{K}$ und $\mathfrak{K}'$, so wird bekanntlich jeder durch ihre vier Schnittpunkte A, B, C, D laufende Kegelschnitt $\mathfrak{K}''$ durch die Gleichung

$$f + \lambda f' = 0$$

dargestellt, in welcher λ einen geeigneten Parameterwert bedeutet.

Die Gesamtheit der unendlich vielen Kegelschnitte $f + \lambda f' = 0$ bildet ein sog. Kegelschnittbüschel.

Nun befinden sich nach den Betrachtungen des vorigen Paragraphen unter den Kegelschnitten $\mathfrak{K}''$ drei als Zerfallskegelschnitte des Büschels bezeichnete Geradenpaare (AB, CD), (AC, BD) und (AD, BC). Demgemäß gibt es genau drei Werte des Parameters λ, für den die Gleichung $f + \lambda f' = 0$ ein Geradenpaar darstellt. Es kann also nicht wundernehmen, daß die Ermittlung dieser Geradenpaare auf eine kubische Gleichung hinauskommt.

Um λ so zu bestimmen, daß die Gleichung $f + \lambda f' = 0$ ein Geradenpaar bedeutet, schreiben wir zunächst

$$f + \lambda f' = f'' = a'' x^2 + b'' y^2 + 2\gamma'' xy + 2\beta'' x + 2\alpha'' y + c''$$

mit
$$\left\{\begin{matrix} a'' = a + \lambda a' & \alpha'' = \alpha + \lambda\alpha' \\ b'' = b + \lambda b' & \beta'' = \beta + \lambda\beta' \\ c'' = c + \lambda c' & \gamma'' = \gamma + \lambda\gamma' \end{matrix}\right\}$$

und erinnern uns daran, daß der Kegelschnitt

$$f'' = 0$$

dann und nur dann ein Geradenpaar darstellt, wenn seine (Koeffizienten-) Determinante

$$\Delta'' = \begin{vmatrix} a'' & \gamma'' & \beta'' \\ \gamma'' & b'' & \alpha'' \\ \beta'' & \alpha'' & c'' \end{vmatrix} = \begin{vmatrix} a + \lambda a' & \gamma + \lambda\gamma' & \beta + \lambda\beta' \\ \gamma + \lambda\gamma' & b + \lambda b' & \alpha + \lambda\alpha' \\ \beta + \lambda\beta' & \alpha + \lambda\alpha' & c + \lambda c' \end{vmatrix}$$

(welche Determinante bekanntlich auch als Diskriminante der Form

$$f'' = a'' x^2 + b'' y^2 + c'' z^2 + 2\alpha'' yz + 2\beta'' zx + 2\gamma'' xy$$

bezeichnet wird) verschwindet.

Entwickeln wir die rechts stehende Determinante nach Potenzen von λ, so bekommen wir

$$\Delta'' = \Delta + \Theta\lambda + \Theta'\lambda^2 + \Delta'\lambda^3,$$

wobei
$$\Delta = \begin{vmatrix} a & \gamma & \beta \\ \gamma & b & \alpha \\ \beta & \alpha & c \end{vmatrix} = abc + 2\alpha\beta\gamma - a\alpha^2 - b\beta^2 - c\gamma^2$$

und
$$\Delta' = \begin{vmatrix} a' & \gamma' & \beta' \\ \gamma' & b' & \alpha' \\ \beta' & \alpha' & c' \end{vmatrix} = a'b'c' + 2\alpha'\beta'\gamma' - a'\alpha'^2 - b'\beta'^2 - c'\gamma'^2$$

die Determinanten oder, wie man meist sagt, Diskriminanten der beiden vorgelegten Kegelschnitte sind und

$$\Theta = Aa' + Bb' + Cc' + 2\mathsf{A}\alpha' + 2\mathsf{B}\beta' + 2\Gamma\gamma'$$

und

$$\Theta' = A'a + B'b + C'c + 2\mathsf{A}'\alpha + 2\mathsf{B}'\beta + 2\Gamma'\gamma$$

zwei Ausdrücke sind, die durch multiplikative Kombination der Minoren*) von Δ mit den Elementen von Δ' bzw. der Minoren*) von Δ' mit den Ele-

*) A ist z. B. die Adjunkte von a, Γ die von γ in Δ, ebenso B' die Adjunkte von b', B' die von β' in Δ'.

menten von Δ entstehen, die sich übrigens auch wie folgt in Determinantenform schreiben lassen:

$$\Theta = \begin{vmatrix} a' & \gamma & \beta \\ \gamma' & b & \alpha \\ \beta' & \alpha & c \end{vmatrix} + \begin{vmatrix} a & \gamma' & \beta \\ \gamma & b' & \alpha \\ \beta & \alpha' & c \end{vmatrix} + \begin{vmatrix} a & \gamma & \beta' \\ \gamma & b & \alpha' \\ \beta & \alpha & c' \end{vmatrix},$$

$$\Theta' = \begin{vmatrix} a & \gamma' & \beta' \\ \gamma & b' & \alpha' \\ \beta & \alpha' & c' \end{vmatrix} + \begin{vmatrix} a' & \gamma & \beta' \\ \gamma' & b & \alpha' \\ \beta' & \alpha & c' \end{vmatrix} + \begin{vmatrix} a' & \gamma' & \beta \\ \gamma' & b' & \alpha \\ \beta' & \alpha' & c \end{vmatrix}.$$

Unser erstes Ergebnis lautet:

Die Wurzeln λ der kubischen Gleichung

$$\Delta + \Theta\lambda + \Theta'\lambda^2 + \Delta'\lambda^3 = 0$$

— im folgenden Lamégleichung der Kegelschnitte $f = 0$ und $f' = 0$ genannt — liefern die drei Geradenpaare oder Zerfallskegelschnitte des Kegelschnittbüschels

$$f'' \equiv f + \lambda f' = 0.$$

Wir sehen leicht ein:

Einer reellen Wurzel λ der Lamégleichung $f'' = 0$ entspricht ein Geradenpaar, das aus zwei konjugiertimaginären oder zwei reellen Geraden besteht, je nachdem die Charakteristik*) $\chi'' = \gamma''^2 - a''b''$ von f'' negativ ausfällt oder nicht.

Einer komplexen Wurzel der Lamégleichung entspricht ein Geradenpaar, das aus zwei nichtkonjugiert imaginären Geraden besteht.

[Wäre das der komplexen Wurzel $\lambda = p + iq$ $(q \neq 0)$ entsprechende Geradenpaar

$$a''x^2 + b''y^2 + 2\gamma''xy + 2\beta''x + 2\alpha''y + c'' = 0$$

aus reellen oder aus konjugiertimaginären Geraden zusammengesetzt, so müßten seine Koeffizienten reellen Zahlen $\bar{a}$, $\bar{b}$, $\bar{\gamma}$, $\bar{\beta}$, $\bar{\alpha}$, $\bar{c}$ proportional sein, müßten also die sechs Verhältnisse

$$a'' : \bar{a}, \qquad b'' : \bar{b}, \qquad c'' : \bar{c}, \qquad \alpha'' : \bar{\alpha}, \qquad \beta'' : \bar{\beta}, \qquad \gamma'' : \bar{\gamma}$$

ein und denselben Wert $P + iQ$ haben. Aus z. B. $a + \lambda a' = (P + iQ)\,\bar{a}$

oder $$a + pa' + iqa' = P\bar{a} + iQ\bar{a}$$

würde aber $$a + pa' = P\bar{a} \qquad \text{und} \qquad qa' = Q\bar{a}$$

und hieraus $$Qa = (Pq - Qp)\,a'$$

folgen. Ebenso hätte man

$$qb = (Pq - Qp)\,b', \qquad qc = (Pq - Qp)\,c', \qquad q\alpha = (Pq - Qp)\,\alpha', \ldots$$

Demnach wären die Koeffizienten von f denen von f' proportional, d. h. die beiden Kegelschnitte $f = 0$ und $f' = 0$ wären in Wahrheit nur einer, ein Fall, der keinen Sinn hat.]

Unter Heranziehung der Überlegungen des vorigen Paragraphen ergibt sich weiter:

Die Kegelschnitte $\mathfrak{K}$ und $\mathfrak{K}'$ haben nur reelle oder nur imaginäre Schnittpunkte, wenn alle drei Wurzeln der Lamégleichung reell und verschieden sind; die Schnittpunkte sind reell, wenn die den Wurzeln entsprechenden Charakteristiken χ'' alle drei

---

*) So genannt, weil dieser Ausdruck über den Charakter des Kegelschnitts $f'' = 0$ entscheidet. (Ein Kegelschnitt ist Ellipse, Parabel oder Hyperbel, je nachdem die Charakteristik negativ, null oder positiv ist.)

nichtnegativ sind, sie sind imaginär, wenn nur eine der drei Charakteristiken nichtnegativ ist.

Die Kegelschnitte $\mathfrak{K}$ und $\mathfrak{K}'$ haben zwei reelle und zwei imaginäre Schnittpunkte, wenn nur eine Wurzel der Lamégleichung reell ist.

Nach Ermittlung der Wurzeln λ, μ, ν der Lamégleichung ist die Bestimmung der vier Schnittpunkte nur mehr ein lineares Problem: Die Gleichung $f + \lambda f' = 0$ liefert zwei Gerade: λ_1 und λ_2, die Gleichung $f + \mu f' = 0$ zwei weitere Gerade: μ_1 und μ_2. Die vier Schnittpunkte (λ_1, μ_1), (λ_1, μ_2), (λ_2, μ_1), (λ_2, μ_2) sind die gesuchten Schnittpunkte der beiden Kegelschnitte.

Berührung der beiden Kegelschnitte findet statt, wenn die Lamégleichung eine Doppel- oder Tripelwurzel besitzt. Im Falle der Doppelwurzel ist die Berührung von erster Ordnung mit der Maßgabe, daß nur eine Berührung vorhanden ist, wenn die Doppelwurzel ein Paar verschiedener Geraden liefert, daß dagegen zwei Berührungen statthaben, wenn die Doppelwurzel ein Paar zusammenfallender Geraden (die Berührungssehne) liefert.

Im Falle der Dreifachwurzel haben die beiden Kegelschnitte drei (oder vier) aufeinanderfolgende Punkte gemeinsam [Berührung zweiter (oder dritter) Ordnung, Oskulation].

§ 47. Die Koeffizienten der Lamé-Gleichung als Invarianten

Bei Benutzung homogener Koordinaten x, y, z — etwa homogener kartesischer Koordinaten oder trimetrischer Koordinaten (Dreieckskoordinaten) — schreiben sich die Gleichungen der Kegelschnitte $\mathfrak{K}$ und $\mathfrak{K}'$ übersichtlicher:

$$f = ax^2 + by^2 + cz^2 + 2\alpha yz + 2\beta zx + 2\gamma xy = 0,$$
$$f' = a'x^2 + b'y^2 + c'z^2 + 2\alpha' yz + 2\beta' zx + 2\gamma' xy = 0,$$

aber sonst ändert sich an den Betrachtungen des vorigen Paragraphen nichts. So bleibt es z. B. bei dem Satze:

Der Kegelschnitt $f + \lambda f' = 0$ zerfällt in ein Geradenpaar, wenn λ Wurzel der Lamégleichung

$$\text{(I)} \qquad \Delta'\lambda^3 + \Theta'\lambda^2 + \Theta\lambda + \Delta = 0$$

der Kegelschnitte $\mathfrak{K}$ und $\mathfrak{K}'$ ist, wobei Δ, Θ, Θ', Δ' die dort angegebenen Werte haben.

Wir wollen jetzt untersuchen, welche Änderung die Lamégleichungskoeffizienten beim Übergang zu einem neuen Koordinatensystem x, y, z erfahren.

Wie wir auch die neuen Koordinaten x_1, y_1, z_1 wählen mögen, sie lassen sich als Linearkomposita

$$\left\{\begin{aligned} x_1 &= hx + h'y + h''z \\ y_1 &= kx + k'y + k''z \\ z_1 &= lx + l'y + l''z \end{aligned}\right\}$$

(mit konstanten Koeffizienten h, k, l, ...) der alten Koordinaten darstellen, wobei die Koeffizientendeterminante

$$m = \begin{vmatrix} h & h' & h'' \\ k & k' & k'' \\ l & l' & l'' \end{vmatrix}$$

nicht verschwindet.

Der Übergang vollzieht sich demnach in jedem Falle durch eine Transformation von der Form

$$(T)\qquad \begin{Bmatrix} x = H\ x_1 + K\ y_1 + L\ z_1 \\ y = H'\ x_1 + K'\ y_1 + L'\ z_1 \\ z = H''x_1 + K''y_1 + L''z_1 \end{Bmatrix}.$$

Dabei bedeuten die großen Buchstaben die durch m geteilten Adjunkten der durch die gleichnamigen kleinen Buchstaben bezeichneten Elemente der Determinante m, und die Determinante oder, wie man besser sagt, der Modul

$$M = \begin{vmatrix} H & K & L \\ H' & K' & L' \\ H'' & K'' & L'' \end{vmatrix}$$

der Transformation ist der reziproke Wert von m.

Die Transformation T stellt also die allgemeinste lineare Transformation dar, durch welche der Übergang von alten Koordinaten x, y, z zu beliebigen neuen x_1, y_1, z_1 vermittelt wird.

Durch die Transformation T verwandeln sich die Formen f und f' in

$$f_1 = a_1\, x_1^2 + b_1\, y_1^2 + c_1\, z_1^2 + 2\,\alpha_1\, y_1 z_1 + 2\,\beta_1\, z_1 x_1 + 2\,\gamma_1\, x_1 y_1$$

und

$$f_1' = a_1' x_1^2 + b_1' y_1^2 + c_1' z_1^2 + 2\,\alpha_1' y_1 z_1 + 2\,\beta_1' z_1 x_1 + 2\,\gamma_1' x_1 y_1,$$

und die Gleichungen der Kegelschnitte $\mathfrak{K}$ und $\mathfrak{K}'$ im neuen Koordinatensystem (x_1, y_1, z_1) werden

$$f_1 = 0 \qquad \text{und} \qquad f_1' = 0.$$

Die zu diesem Gleichungspaar gehörige Lamégleichung — wir nennen sie die transformierte Lamégleichung — heißt dann

$$(\text{II})\qquad \Delta_1'\lambda^3 + \Theta_1'\lambda^2 + \Theta_1\lambda + \Delta_1 = 0,$$

wo die neuen Koeffizienten die Werte

$$\Delta_1 = \begin{vmatrix} a_1 & \gamma_1 & \beta_1 \\ \gamma_1 & b_1 & \alpha_1 \\ \beta_1 & \alpha_1 & c_1 \end{vmatrix}, \qquad \Delta_1' = \begin{vmatrix} a_1' & \gamma_1' & \beta_1' \\ \gamma_1' & b_1' & \alpha_1' \\ \beta_1' & \alpha_1' & c_1' \end{vmatrix},$$

$$\Theta_1 = A_1 a_1' + B_1 b_1' + C_1 c_1' + 2\,\mathsf{A}_1\alpha_1' + 2\,\mathsf{B}_1\beta_1' + 2\,\Gamma_1\gamma_1',$$

$$\Theta_1' = A_1' a_1 + B_1' b_1 + C_1' c_1 + 2\,\mathsf{A}_1'\alpha_1 + 2\,\mathsf{B}_1'\beta_1 + 2\,\Gamma_1'\gamma_1$$

haben.

Da die Wurzeln von (II) die Werte λ sind, für welche der Kegelschnitt $f_1 + \lambda f_1' = 0$ (d. h. der Kegelschnitt $f + \lambda f' = 0$) in ein Geradenpaar zerfällt, so müssen die Wurzeln von (II) mit denen von (I) übereinstimmen. Daher gilt die Proportion

$$\Delta_1 : \Theta_1 : \Theta_1' : \Delta_1' = \Delta : \Theta : \Theta' : \Delta'.$$

Um den gemeinsamen Wert der vier Verhältnisse $\Delta_1 : \Delta$, $\Theta_1 : \Theta$, $\Theta_1' : \Theta'$, $\Delta_1' : \Delta'$ zu bestimmen, bedenken wir, daß Δ eine Invariante der Form f vom Index 2 und ebenso Δ' eine Invariante der Form f' vom Index 2 ist, derart, daß

$$\Delta_1 = M^2 \cdot \Delta \qquad \text{und} \qquad \Delta_1' = M^2 \cdot \Delta'$$

ist. Der gesuchte gemeinsame Wert ist daher das Quadrat des Transformationsmoduls M. Demnach haben wir die vier Formeln

$$\Delta_1 = M^2 \cdot \Delta, \qquad \Theta_1 = M^2 \cdot \Theta, \qquad \Theta_1' = M^2 \cdot \Theta', \qquad \Delta_1' = M^2 \cdot \Delta'.$$

Ergebnis:

Bei Transformation der Gleichungen eines Kegelschnittpaares auf ein neues Koordinatensystem ändert sich die Lamégleichung nicht; genauer gesagt: die Koeffizienten der neuen Lamégleichung sind denen der alten proportional, die Proportionalitätskonstante ist das Quadrat des Transformationsmoduls.

Korollar:

Durch Koordinatentransformation ändern sich die Wurzeln der Lamegleichung nicht.

In anderer Ausdrucksweise:

Satz von der Invarianz der Lamégleichungskoeffizienten:

Das Freiglied Δ der Lamégleichung ist eine Invariante der Form f, der Koeffizient Δ' des kubischen Gliedes eine Invariante der Form f', die Zwischenkoeffizienten Θ und Θ' sind Simultaninvarianten der beiden Formen f und f'.

Alle vier Invarianten haben den Index 2.

Aus diesem Satze folgt noch:

Eine homogene Relation (mit numerischen Koeffizienten) zwischen Lamégleichungskoeffizienten erfährt bei einer Koordinatentransformation keine Änderung!

Ist z. B. $\Theta'^2 = 4\,\Theta\Delta'$, so ist auch für die transformierte Lamégleichung $\Theta_1'^2 = 4\,\Theta_1\Delta_1'$.

Eine derartige Relation bedeutet also eine Eigenschaft der beiden Kegelschnitte, die von der Wahl des Koordinatensystems unabhängig ist.

Zusatz. Schreibt man, unter k und k' zwei beliebige Konstanten verstanden, die Gleichungen der beiden Kegelschnitte $\mathfrak{K}$ und $\mathfrak{K}'$

$$kf = 0, \qquad k'f' = 0,$$

so werden die Koeffizienten der zugehörigen Lamégleichung statt wie oben

$$\Delta', \qquad \Theta', \qquad \Theta, \qquad \Delta:$$

$$k'^3\Delta', \qquad k'^2k\Theta', \qquad k^2k'\Theta, \qquad k^3\Delta,$$

und die Wurzeln der damit gebildeten Lamégleichung sind das $\varkappa$-fache der Wurzeln von (I), wo $\varkappa$ den Bruch $k:k'$ bedeutet.

§ 48. Schließungsdreiecke

Wir betrachten die Figur, die aus einem Dreieck ABC, einem ihm umbeschriebenen Kegelschnitt $\mathfrak{K}$ und einem ihm einbeschriebenen Kegelschnitt $\mathfrak{K}'$ besteht.

Als Koordinaten eines Punktes wählen wir zweckmäßig die Abstände u, v, w des Punktes von den Seiten BC, CA, AB des Dreiecks — Dreieckskoordinaten —, so daß die Seiten BC, CA, AB die Gleichungen

$$u = 0, \qquad v = 0, \qquad w = 0$$

haben.

Die Gleichungen der beiden Kegelschnitte $\mathfrak{K}$ und $\mathfrak{K}'$ haben dann die Gestalt

$$f \equiv 2\,\alpha vw + 2\,\beta wu + 2\,\gamma uv = 0,$$
$$f' \equiv p^2u^2 + q^2v^2 + r^2w^2 - 2\,qrvw - 2\,rpwu - 2\,pquv = 0,$$

wo $\alpha, \beta, \gamma, p, q, r$ geeignete Konstanten sind.

Beweis: Die Gleichung des Kegelschnitts $\mathfrak{K}$ laute

$$f \equiv au^2 + bv^2 + cw^2 + 2\,\alpha vw + 2\,\beta wu + 2\,\gamma uv = 0.$$

Da $\mathfrak{K}$ z. B. durch den Punkt A mit den Koordinaten $u_0 \neq 0$, $v_0 = 0$, $w_0 = 0$ läuft, so ist
$$f_0 = a u_0^2 = 0$$
und folglich $a = 0$. In derselben Weise zeigt man das Verschwinden von b und c, so daß $f \equiv 2\alpha v w + 2\beta w u + 2\gamma u v$ ist.

Zum Beweise des zweiten Teils unserer Behauptung betrachten wir den Schnitt des Kegelschnitts
$$f' \equiv p^2u^2 + q^2v^2 + r^2w^2 - 2qrvw - 2rpwu - 2pquv = 0$$
mit der Seite $u = 0$. Für ihn ist
$$q^2v^2 + r^2w^2 - 2qrvw = 0$$
oder
$$(qv - rw)^2 = 0, \quad \text{d. h.} \quad qv = rw.$$
Der Kegelschnitt $f' = 0$ hat daher mit der Seite $u = 0$ nur den einen Punkt S gemeinsam, in welchem die Gerade $qv = rw$ die Seite BC schneidet. Wir betrachten den Kegelschnitt in der Umgebung des Punktes S. Da sich die Kegelschnittsgleichung
$$4\,qv \cdot rw = (qv + rw - pu)^2$$
schreiben läßt, wird
$$2\sqrt{qv \cdot rw} = qv + rw - pu$$
oder
$$pu = qv + rw - 2\sqrt{qv \cdot rw},$$
so daß
$$pu = (\sqrt{qv} - \sqrt{rw})^2 \quad \text{oder} \quad pu = -(\sqrt{-qv} + \sqrt{-rw})^2$$
ist, je nachdem qv und rw beide positiv oder beide negativ sind.

Folglich hat u in den Kegelschnittpunkten der Umgebung von S ein und dasselbe Vorzeichen; d. h. die Kegelschnittpunkte der Umgebung von S liegen alle auf derselben Seite der Geraden $u = 0$. Die Dreiecksseite BC ist daher eine Tangente des Kegelschnitts $f' = 0$.

Genau so zeigt man, daß auch die andern beiden Dreiecksseiten den Kegelschnitt $f' = 0$ tangieren.

Die allgemeinste Gleichung eines dem Dreieck ABC einbeschriebenen Kegelschnitts hat daher die obige Form $f' = 0$.

Wir dürfen demnach die obigen Gleichungen $f = 0$ und $f' = 0$ als Gleichungen der beiden Kegelschnitte $\mathfrak{K}$ und $\mathfrak{K}'$ annehmen.

Wir stellen jetzt die zu $\mathfrak{K}$ und $\mathfrak{K}'$ gehörige Lamégleichung auf:
$$\Delta'\lambda^3 + \Theta'\lambda^2 + \Theta\lambda + \Delta = 0.$$
Ihre Koeffizienten sind
$$\Delta = \begin{vmatrix} 0 & \gamma & \beta \\ \gamma & 0 & \alpha \\ \beta & \alpha & 0 \end{vmatrix} = 2\alpha\beta\gamma, \qquad \Delta' = \begin{vmatrix} p^2 & -pq & -rp \\ -pq & q^2 & -qr \\ -rp & -qr & r^2 \end{vmatrix} = -4p^2q^2r^2,$$
$$\Theta = -s^2, \qquad \Theta' = 4pqrs \qquad \text{mit} \qquad s = \alpha p + \beta q + \gamma r.$$
Wir erkennen:

Zwischen den Koeffizienten Θ, Θ' und Δ' der Lamégleichung besteht die Relation
$$\Theta'^2 = 4\,\Theta\Delta'.$$
Wir zeigen jetzt umgekehrt, daß beim Bestehen der Relation $\Theta'^2 = 4\,\Theta\Delta'$ zwischen den Koeffizienten Θ, Θ', Δ' der Lamégleichung
$$\Delta'\lambda^3 + \Theta'\lambda^2 + \Theta\lambda + \Delta = 0$$
zweier Kegelschnitte $\mathfrak{K}$ und $\mathfrak{K}'$ ein Dreieck ABC existiert, welches $\mathfrak{K}$ eingeschrieben, $\mathfrak{K}'$ umbeschrieben ist, ja, daß sogar unendliche viele solcher Dreiecke existieren.

Wir nehmen auf $\mathfrak{K}$ einen beliebigen Punkt A an und legen von A aus an $\mathfrak{K}'$ eine Tangente, die $\mathfrak{K}$ in B treffen möge. Darauf legen wir von A die (zweite) Tangente an $\mathfrak{K}'$ und bringen sie in C mit der zweiten von B an $\mathfrak{K}'$ laufenden Tangente zum Schnitt.

Wir wählen das Dreieck ABC als Koordinatendreieck, so daß wie oben die Seiten BC, CA, AB die Gleichungen $u = 0$, $v = 0$, $w = 0$ haben.

Die Gleichung des Kegelschnitts $\mathfrak{K}'$ sei wieder

$$f' = p^2u^2 + q^2v^2 + r^2w^2 - 2\,qrvw - 2\,rpwu - 2\,pquv = 0,$$

die von $\mathfrak{K}$ sei

$$f = au^2 + bv^2 + cw^2 + 2\,\alpha vw + 2\,\beta wu + 2\,\gamma uv = 0.$$

Da $\mathfrak{K}$ durch den Punkt A mit den Koordinaten $u_0 \neq 0$, $v = 0$, $w = 0$ läuft, ist $f_0 = a{u_0}^2 = 0$ und damit $a = 0$. Genau so ergibt sich $b = 0$. Die Gleichung von $\mathfrak{K}$ lautet also einfacher

$$f = cw^2 + 2\,\alpha vw + 2\,\beta wu + 2\,\gamma uv = 0.$$

Wieder bestimmen wir die Koeffizienten der Lamégleichung

$$\Delta'\lambda^3 + \Theta'\lambda^2 + \Theta\lambda + \Delta = 0$$

der beiden Kegelschnitte $f = 0$ und $f' = 0$.

Wir erhalten

$$\Delta = \begin{vmatrix} 0 & \gamma & \beta \\ \gamma & 0 & \alpha \\ \beta & \alpha & c \end{vmatrix} = 2\,\alpha\beta\gamma - c\gamma^2, \qquad \Delta' = -4\,p^2q^2r^2,$$

$$\Theta = -s^2 + 2\,c\gamma pq, \qquad \Theta' = 4\,pqrs \qquad \text{mit} \quad s = \alpha p + \beta q + \gamma r.$$

Wir setzen nun voraus, daß die Koeffizienten Θ, Θ', Δ' die Bedingung

$$\Theta'^2 = 4\,\Theta\,\Delta'$$

befriedigen.

Das gibt $$16\,p^2\,q^2\,r^2\,s^2 = 16\,p^2\,q^2\,r^2\,s^2 - 32\,p^3\,q^3\,r^2\gamma\,c$$

oder $$p^3\,q^3\,r^2\gamma\,c = 0.$$

Da wir unsere Kegelschnitte stillschweigend als eigentliche voraussetzen, kann keiner der vier Koeffizienten p, q, r, γ verschwinden. Folglich resultiert aus unserer letzten Gleichung

$$c = 0.$$

Der Kegelschnitt $\mathfrak{K}$ hat daher die Gleichung

$$f = 2\,\alpha vw + 2\,\beta wu + 2\,\gamma uv = 0$$

und ist damit dem Dreieck ABC umbeschrieben.

Wenn wir also von einem beliebigen Punkte A des Kegelschnitts $\mathfrak{K}$ eine Tangente an $\mathfrak{K}'$ ziehen, die $\mathfrak{K}$ in B schneidet, sodann weiter eine neue Tangente von B an $\mathfrak{K}'$ legen, die $\mathfrak{K}$ in C trifft, und schließlich von C eine neue Tangente an $\mathfrak{K}'$ ziehen, so trifft diese — bei Bestehen der Bedingungsgleichung

$$\Theta'^2 = 4\,\Theta\Delta'$$

den Kegelschnitt $\mathfrak{K}$ im Ausgangspunkte A. Der aus den drei konstruierten Sehnen von $\mathfrak{K}$, Tangenten von $\mathfrak{K}'$ bestehende Streckenzug ist geschlossen, bildet ein sog. Schließungsdreieck $A\,B\,C$.

Das Ergebnis unserer Betrachtung ist folgender elegante

Schließungssatz:

Die notwendige und hinreichende Bedingung für die Existenz unendlich vieler Dreiecke — Schließungsdreiecke —, die einem Kegelschnitt $\mathfrak{K}$ einbeschrieben, einem andern

Kegelschnitt $\mathfrak{K}'$ umbeschrieben sind, ist die Beziehung

$$\Theta'^2 = 4\,\Theta\,\Delta' \quad \textbf{(Schließungsbedingung)}$$

zwischen den Koeffizienten Θ, Θ', Δ' der Lamégleichung

$$\Delta'\lambda^3 + \Theta'\lambda^2 + \Theta\lambda + \Delta = 0$$

der beiden Kegelschnitte.

Beispiele:

1. Das bekannteste Schließungsdreieck ist das Dreieck $A\,B\,C$ mit Umkreis $\mathfrak{U}$ und Inkreis $\mathfrak{J}$.

Sind

$$f = x^2 + y^2 - r^2 = 0 \qquad \text{und} \qquad f' = (x - e)^2 + y^2 - \varrho^2 = 0$$

die Gleichungen von $\mathfrak{U}$ und $\mathfrak{J}$, so sind die Koeffizienten der zugehörigen Lamégleichung

$$\Delta = -r^2, \quad \Theta = e^2 - 2\,r^2 - \varrho^2, \quad \Theta' = e^2 - r^2 - 2\,\varrho^2, \quad \Delta' = -\varrho^2,$$

und unsere Bedingung wird $\qquad (e^2 - r^2 - 2\,\varrho^2)^2 = 4\,(2\,r^2 + \varrho^2 - e^2)\,\varrho^2$

oder $\qquad e^4 + r^4 - 2\,e^2r^2 = 4\,r^2\varrho^2$

oder $\qquad \boldsymbol{r^2 - e^2 = 2\,r\,\varrho}.$

Dies ist **Eulers Relation für die Zentrale e von Umkreis und Inkreis eines Dreiecks, zugleich die Bedingung, daß zwei Kreise mit den Radien r und ϱ und der Zentrale e unendlich viele Schließungsdreiecke besitzen.**

2. Unter welcher Bedingung besitzen zwei konzentrische und koaxiale Ellipsen Schließungsdreiecke?

Sind

$$f \equiv b^2x^2 + a^2y^2 - a^2b^2 = 0 \qquad \text{und} \qquad f' \equiv b'^2x^2 + a'^2y^2 - a'^2b'^2 = 0$$

die Ellipsengleichungen, so sind die Koeffizienten der zugehörigen Lamégleichung

$$\Delta = -a^4b^4, \qquad \Theta = -a^2b^2\,(a^2b'^2 + b^2a'^2 + a'^2b'^2),$$
$$\Theta' = -a'^2b'^2\,(a^2b'^2 + b^2a'^2 + a^2b^2), \qquad \Delta' = -a'^4b'^4$$

und die Schließungsbedingung $\qquad \Theta'^2 = 4\,\Theta\Delta'$

geht über in $\qquad p^4 + q^4 + r^4 = 2\,q^2r^2 + 2\,r^2p^2 + 2\,p^2q^2$

mit $\qquad p = ab', \quad q = ba', \quad r = ab.$

Zufolge der bekannten Identität

$$2\,q^2r^2 + 2\,r^2p^2 + 2\,p^2q^2 - p^4 - q^4 - r^4 = (p + q + r)\,(q + r - p)\,(r + p - q)\,(p + q - r)$$

schreibt sich diese Bedingung

$$(q + r - p)\,(r + p - q)\,(p + q - r) = 0.$$

Die beiden Ellipsen besitzen also Schließungsdreiecke, wenn eins der drei Produkte ab', ba', ab gleich der Summe der beiden andern ist.

§ 49. Berührung zweier Kegelschnitte

Aufgabe 1. Unter welcher Bedingung berühren die Kegelschnitte

$$f \equiv a\,x^2 + b\,y^2 + c\,z^2 + 2\alpha\,yz + 2\beta\,zx + 2\gamma\,xy = 0,$$
$$f' \equiv a'x^2 + b'y^2 + c'z^2 + 2\alpha'yz + 2\beta'zx + 2\gamma'xy = 0$$

einander?

Lösung: Die beiden Kegelschnitte berühren einander, wenn von ihren vier Schnittpunkten A, B, C, D zwei, etwa A und B zusammenfallen; d. h. aber, wenn von den drei Geradenpaaren des durch die beiden Kegelschnitte bestimmten Kegelschnittbüschels zwei:

$$(AC,\ BD) \quad \text{und} \quad (AD,\ BC)$$

zusammenfallen; d. h. also schließlich dann, wenn die Lamégleichung

$$\Delta + \Theta\lambda + \Theta'\lambda^2 + \Delta'\lambda^3 = 0$$

der beiden Kegelschnitte eine Doppelwurzel hat.

Diese kubische Gleichung besitzt aber nur dann eine Doppelwurzel, wenn ihre Diskriminante

$$\theta = 18\,\Delta\,\Delta'\,\Theta\Theta' + \Theta^2\Theta'^2 - 27\,\Delta^2\Delta'^2 - 4\,\Delta\Theta'^3 - 4\,\Delta'\Theta^3$$

verschwindet.

Ergebnis:

Zwei Kegelschnitte berühren einander, wenn die Koeffizienten $\Delta, \Theta, \Theta', \Delta'$ ihrer Lamégleichung die Bedingung

$$18\,\Delta\,\Delta'\,\Theta\,\Theta' + \Theta^2\,\Theta'^2 = 27\,\Delta^2\,\Delta'^2 + 4\,\Delta\,\Theta'^3 + 4\,\Delta'\,\Theta^3$$

erfüllen.

Zusatz. Ist einer der beiden Kegelschnitte, etwa $f = 0$, ein Geradenpaar, so ist $\Delta = 0$ (was für die Lamégleichung das Vorhandensein einer verschwindenden Wurzel bedeutet). Unsere Berührungsbedingung wird dann einfach

$$\Theta'^2 = 4\,\Theta\Delta'.$$

Diese einfache Relation ist also die **Bedingung dafür, daß der Kegelschnitt $f' = 0$ eine der beiden Geraden des Geradenpaares $f = 0$ berührt.**

Aufgabe 2: Einen Kegelschnitt zu bestimmen, der durch vier gegebene Punkte läuft und einen gegebenen Kegelschnitt berührt.

Lösung: Der gegebene Kegelschnitt habe die Gleichung

$$f \equiv ax^2 + by^2 + cz^2 + 2\,\alpha yz + 2\,\beta zx + 2\,\gamma xy = 0,$$

ein geeignet ausgewählter, durch die vier gegebenen Punkte laufender Kegelschnitt die Gleichung

$$f_0 \equiv a_0x^2 + b_0y^2 + c_0z^2 + 2\,\alpha_0yz + 2\,\beta_0zx + 2\,\gamma_0xy = 0.$$

Dann ist die Gleichung des gesuchten Kegelschnitts von der Form

$$f' \equiv f + kf_0 \equiv a'x^2 + b'y^2 + c'z^2 + 2\,\alpha'yz + 2\,\beta'zx + 2\,\gamma'xy = 0$$

mit
$$\left\{\begin{matrix} a' = a + ka_0, & b' = b + kb_0, & c' = c + kc_0 \\ \alpha' = \alpha + k\alpha_0, & \beta' = \beta + k\beta_0, & \gamma' = \gamma + k\gamma_0 \end{matrix}\right\},$$

wo k eine zunächst noch beliebige Konstante bedeutet (insofern die erste der gestellten Bedingungen durch diese Form erfüllt ist).

Um auch die zweite Bedingung — Berührung der Kegelschnitte $f = 0$ und $f' = 0$ — zu befriedigen, muß noch die Bedingungsgleichung

$$18\,\Delta\Delta'\Theta\Theta' + \Theta^2\Theta'^2 = 27\,\Delta^2\,\Delta'^2 + 4\,\Delta\,\Theta'^3 + 4\,\Delta'\,\Theta^3$$

erfüllt werden.

Da diese in den unbekannten Koeffizienten $a', b', c', \alpha', \beta', \gamma'$ vom sechsten Grade ist, so ist die Bedingungsgleichung eine Gleichung sechsten Grades für den unbekannten Parameterwert k.

Den sechs Wurzeln dieser Gleichung entsprechend hat unsere Aufgabe im allgemeinen sechs Lösungen.

§ 50 Harmonische Kegelschnitte

Zwei Kegelschnitte heißen harmonisch, wenn der eine dem andern entweder harmonisch einbeschrieben oder harmonisch umbeschrieben ist.

Dabei heißt ein Kegelschnitt einem andern harmonisch einbeschrieben oder harmonisch umbeschrieben, je nachdem er einem Polardreieck dieses andern einbeschrieben oder unbeschrieben ist.

Im engsten Zusammenhange mit dieser Definition steht der (weiter unten bewiesene) Satz „Ist ein Kegelschnitt einem zweiten harmonisch einbeschrieben, so ist dieser zweite dem ersten harmonisch umbeschrieben".

Wir schicken der folgenden Betrachtung über harmonische Kegelschnitte einen Hilfssatz aus der analytischen Geometrie der Kegelschnitte voraus.

Lemma. Die Gleichung eines Kegelschnitts in bezug auf ein Polardreieck mit den Seiten $x = 0$, $y = 0$, $z = 0$ lautet

$$ax^2 + by^2 + cz^2 = 0,$$

wo a, b, c gewisse Konstanten sind.

Beweis: Die Gleichung des Kegelschnitts heiße

$$f \equiv ax^2 + by^2 + cz^2 + 2\alpha yz + 2\beta zx + 2\gamma xy = 0.$$

Dann hat die Polare des Punktes (x_0, y_0, z_0) bekanntlich die Gleichung

$$x_0 u + y_0 v + z_0 w = 0,$$

wo u, v, w die Halbableitungen von f nach x, y, z sind:

$$u = ax + \gamma y + \beta z, \qquad v = \gamma x + by + \alpha z, \qquad w = \beta x + \alpha y + cz.$$

Mithin hat die Dreiecksecke mit den Koordinaten $x_0 \neq 0$, $y_0 = 0$, $z_0 = 0$ die Polare $u = 0$, und da die Seite $x = 0$ diese Polare sein soll, so müssen die Koeffizienten γ und β verschwinden. Ähnlich weist man das Verschwinden der Koeffizienten γ und α nach. Damit ist dann $\alpha = \beta = \gamma = 0$ und das Lemma bewiesen.

Es seien nunmehr zwei harmonische Kegelschnitte $\mathfrak{K}$ und $\mathfrak{K}'$ vorgelegt, und zwar sei $\mathfrak{K}$ dem Polardreieck ABC von $\mathfrak{K}'$ einbeschrieben. Wir wählen dieses Dreieck als Koordinatendreieck. Die Gleichungen von $\mathfrak{K}$ und $\mathfrak{K}'$ haben dann die Form

$$f \equiv p^2x^2 + q^2y^2 + r^2z^2 - 2qryz - 2rpzx - 2pqxy = 0,$$
$$f' \equiv ax^2 + by^2 + cz^2 = 0.$$

Die Koeffizienten der zugehörigen Lamégleichung werden

$$\Delta = -4p^2q^2r^2, \qquad \Theta = 0, \qquad \Theta' = p^2bc + q^2ca + r^2ab, \qquad \Delta' = abc,$$

so daß $\Theta = 0$ wird.

Umgekehrt sei jetzt bei zwei Kegelschnitten $\mathfrak{K}$ und $\mathfrak{K}'$ die Bedingung $\Theta = 0$ erfüllt.

Wir zeichnen eine beliebige Tangente an $\mathfrak{K}$ und ihren Pol C in bezug auf $\mathfrak{K}'$. Dann legen wir von C die beiden Tangenten an $\mathfrak{K}$ und nennen ihre Schnittpunkte mit der Ausgangstangente A und B.

Wählen wir dann ABC als Koordinatendreieck, so haben die Gleichungen der beiden Kegelschnitte $\mathfrak{K}$ und $\mathfrak{K}'$ die Form

$$f \equiv p^2x^2 + q^2y^2 + r^2z^2 - 2qryz - 2rpzx - 2pqxy = 0$$
$$f' \equiv ax^2 + by^2 + cz^2 + 2\gamma xy = 0.$$

[Man setze die Gleichung für $\mathfrak{K}'$ zunächst ganz allgemein an:

$$f' \equiv a x^2 + b y^2 + c z^2 + 2 \alpha y z + 2 \beta z x + 2 \gamma x y = 0.$$

Dann heißt die Gleichung der Polare des Punktes C ($x_0 = 0$, $y_0 = 0$, $z_0 \neq 0$) $z_0 w = 0$ (mit $w = \beta x + \alpha y + c z$) oder $w = 0$. Und da dies die Gleichung von AB, d. h. die Gleichung $z = 0$ sein muß, folgt $\beta = 0$ und $\alpha = 0$.]

Der Koeffizient Θ der zugehörigen Lamégleichung wird $\Theta = 2 p q r^2 \gamma$.

Da aber Θ verschwindet und bei einem eigentlichen Kegelschnitt $\mathfrak{K}$ keiner der Koeffizienten p, q, r verschwinden darf, so wird $\gamma = 0$, und der Kegelschnitt $\mathfrak{K}'$ hat die Gleichung $a x^2 + b y^2 + c z^2 = 0$,
ist sonach dem Dreieck ABC konjugiert.

Der Kegelschnitt $\mathfrak{K}$ ist also einem Polardreieck ABC von $\mathfrak{K}'$ einbeschrieben, ist m. a. W. dem Kegelschnitt $\mathfrak{K}'$ harmonisch einbeschrieben.

Wir setzen jetzt voraus, daß $\mathfrak{K}'$ dem Kegelschnitt $\mathfrak{K}$ harmonisch umbeschrieben, d. h. einem Polardreieck ABC von $\mathfrak{K}$ umbeschrieben ist.

Die Gleichungen von $\mathfrak{K}$ und $\mathfrak{K}'$ sind dann

$$f \equiv a x^2 + b y^2 + c z^2 = 0, \qquad f' \equiv 2 \alpha y z + 2 \beta z x + 2 \gamma x y = 0,$$

wobei wieder das Polardreieck als Koordinatendreieck dient.

Auch hier ergibt sich für den Koeffizient Θ der Lamégleichung der Wert Null.

Umgekehrt sei wiederum bei den Kegelschnitten $\mathfrak{K}$ und $\mathfrak{K}'$ die Bedingung $\Theta = 0$ erfüllt.

Wir nehmen auf $\mathfrak{K}'$ irgendeinen Punkt C an und bestimmen die Schnittpunkte A und B der Polare von C für $\mathfrak{K}$ mit $\mathfrak{K}'$. Wählen wir ABC als Koordinatendreieck, so sind die Gleichungen von $\mathfrak{K}$ und $\mathfrak{K}'$

$$f \equiv a x^2 + b y^2 + c z^2 + 2 k x y = 0, \qquad f' = 2 \alpha y z + 2 \beta z x + 2 \gamma x y = 0,$$

und für den Koeffizient Θ der zugehörigen Lamégleichung ergibt sich der Wert

$$\Theta = -c k \gamma.$$

Aus den Bedingungen $\Theta = 0$, $c \neq 0, \gamma \neq 0$ folgt $k = 0$. Der Kegelschnitt $\mathfrak{K}$ hat daher die Gleichung $a x^2 + b y^2 + c z^2 = 0$,

ist sonach dem Dreieck ABC konjugiert. Der Kegelschnitt $\mathfrak{K}'$ ist einem Polardreieck ABC von $\mathfrak{K}$ umbeschrieben, ist m. a. W. dem Kegelschnitt $\mathfrak{K}$ harmonisch umbeschrieben.

Die Zusammenfassung unserer Ergebnisse liefert den

Satz von den harmonischen Kegelschnitten:

Das Verschwinden der Simultaninvariante (des Zwischenkoeffizienten) Θ der Lamégleichung zweier Kegelschnitte $\mathfrak{K}$ und $\mathfrak{K}'$ bildet die nötige und hinreichende Bedingung, daß ein Dreieck existiert, dem $\mathfrak{K}$ einbeschrieben und $\mathfrak{K}'$ konjugiert ist, sowie daß ein Dreieck existiert, dem $\mathfrak{K}'$ umbeschrieben und $\mathfrak{K}$ konjugiert ist. Existiert ein solches Dreieck, so existieren unendlich viele.

Durch Vertauschung von $\mathfrak{K}$ mit $\mathfrak{K}'$ entsteht das

Analogon:

Das Verschwinden des Koeffizienten Θ' der Lamégleichung der beiden Kegelschnitte $\mathfrak{K}$ und $\mathfrak{K}'$ bildet die nötige und hinreichende Bedingung, daß ein Dreieck existiert, dem $\mathfrak{K}$ umbeschrieben und $\mathfrak{K}'$ konjugiert ist, sowie daß ein Dreieck existiert, welchem $\mathfrak{K}'$ einbeschrieben und $\mathfrak{K}$ konjugiert ist. Die Existenz eines Dreiecks zieht die Existenz unendlich vieler nach sich.

Zugleich erkennen wir die Richtigkeit des am Anfange unserer Betrachtung zitierten

Satzes:

Ist ein Kegelschnitt einem andern Kegelschnitt harmonisch einbeschrieben, so ist dieser andere dem ersten harmonisch umbeschrieben.

Zur Unterstützung des Gedächtnisses merke man noch: Diejenige der beiden Simultaninvarianten

$$\Theta = A a' + B b' + C c' + 2\,\mathsf{A}\alpha' + 2\,\mathsf{B}\beta' + 2\,\Gamma\gamma',$$
$$\Theta' = A' a + B' b + C' c + 2\,\mathsf{A}'\alpha + 2\,\mathsf{B}'\beta + 2\,\Gamma'\gamma,$$

die für zwei harmonische Kegelschnitte $\mathfrak{K}$ und $\mathfrak{K}'$ verschwindet, enthält die Koeffizienten der Tangentialgleichung*) des einbeschriebenen Kegelschnitts.

§ 51. Kegelschnittlote

Die Lamégleichung kann zur Lösung des folgenden wichtigen Problems verwandt werden:

Von einem gegebenen Punkte auf eine vorgelegte Ellipse oder Hyperbel ein Lot zu fällen.

Wir lösen die Aufgabe nur für die Ellipse, da die Lösung für die Hyperbel ganz ähnlich verläuft.

Wir wählen die Ellipsenachsen als Koordinatenachsen, so daß die Mittelpunktsgleichung der Ellipse

$$b^2 x^2 + a^2 y^2 = a^2 b^2$$

heißt, wo a und b die Ellipsenhalbachsen sind.

Der gegebene Punkt heiße $P(\xi, \eta)$, der Fußpunkt des von P auf die Ellipse gefällten Lotes $F(x, y)$.

Da wir für die Steigung des Lotes die beiden Werte $a^2 y : b^2 x$ und $(y - \eta) : (x - \xi)$ haben, gilt die Gleichung $a^2 y : b^2 x = (y - \eta) : (x - \xi)$

oder

$$e^2 xy + b^2 \eta x - a^2 \xi y = 0,$$

worin, wie üblich, e die lineare Exzentrizität der Ellipse bedeutet.

Der gesuchte Fußpunkt des Lotes liegt daher — wenn wir unter x, y jetzt laufende Koordinaten verstehen — auf der Hyperbel

$$e^2 xy + b^2 \eta x - a^2 \xi y = 0.$$

Der Lotfußpunkt ist also Schnittpunkt der beiden Kegelschnitte

$$f \equiv B x^2 + A y^2 + C = 0 \quad \text{und} \quad f' \equiv 2\,E xy - 2\,A \xi y + 2\,B \eta x = 0,$$

wo $A = a^2$, $B = b^2$, $E = e^2$, $C = -a^2 b^2$ ist.

Wir bestimmen die Koeffizienten Δ, Θ, Θ', Δ' der zugehörigen Lamégleichung:

$$\Delta = \begin{vmatrix} B & 0 & 0 \\ 0 & A & 0 \\ 0 & 0 & C \end{vmatrix} = A\,B\,C,$$

$$\Delta' = \begin{vmatrix} 0 & E & B\eta \\ E & 0 & -A\xi \\ B\eta & -A\xi & 0 \end{vmatrix} = -2\,A\,B\,E\,\xi\,\eta,$$

---

*) Die Tangentialgleichung des Kegelschnitts

$$a\,x^2 + b\,y^2 + c\,z^2 + 2\,\alpha\,y\,z + 2\,\beta\,z\,x + 2\,\gamma\,x\,y = 0$$

heißt $A\,\xi^2 + B\,\eta^2 + C\,\zeta^2 + 2\,\mathsf{A}\,\eta\,\zeta + 2\,\mathsf{B}\,\zeta\,\xi + 2\,\Gamma\,\xi\,\eta = 0$,

wo ξ, η, ζ die Tangentialkoordinaten sind.

$$\Theta = \begin{vmatrix} 0 & 0 & 0 \\ E & A & 0 \\ B\eta & 0 & C \end{vmatrix} + \begin{vmatrix} B & E & 0 \\ 0 & 0 & 0 \\ 0 & -A\xi & C \end{vmatrix} + \begin{vmatrix} B & 0 & B\eta \\ 0 & A & -A\xi \\ 0 & 0 & 0 \end{vmatrix} = 0,$$

$$\Theta' = \begin{vmatrix} B & E & B\eta \\ 0 & 0 & -A\xi \\ 0 & -A\xi & 0 \end{vmatrix} + \begin{vmatrix} 0 & 0 & B\eta \\ E & A & -A\xi \\ B\eta & 0 & 0 \end{vmatrix} + \begin{vmatrix} 0 & E & 0 \\ E & 0 & 0 \\ B\eta & -A\xi & C \end{vmatrix} =$$

$$= -A^2B\xi^2 - AB^2\eta^2 - CE^2.$$

Die Lamégleichung

$$\Delta + \Theta\lambda + \Theta'\lambda^2 + \Delta'\lambda^3 = 0$$

nimmt daher die Form an

$$\mathfrak{a}\lambda^3 + \mathfrak{b}\lambda^2 + \mathfrak{c}\lambda + \mathfrak{d} = 0$$

mit

$$\mathfrak{a} = 2E\xi\eta, \qquad \mathfrak{b} = A\xi^2 + B\eta^2 - E^2, \qquad \mathfrak{c} = 0, \qquad \mathfrak{d} = AB.$$

Ihre Diskriminante θ hat den Wert

$$\theta = -4\,\mathfrak{d}\,[\mathfrak{b}^3 + 27\,ABE^2\xi^2\eta^2].$$

Die Lamégleichung hat also drei, zwei oder eine reelle Wurzel, je nachdem die eckige Klammer negativ, null oder positiv ausfällt, d. h. je nachdem

$$(A\xi^2 + B\eta^2 - E^2)^3 \lesseqgtr -27\,ABE^2\,\xi^2\,\eta^2$$

ist.

Wir setzen zur Erzielung besserer Übersichtlichkeit

$$e^2 : a = \alpha, \qquad e^2 : b = \beta, \qquad \xi : \alpha = p, \qquad \eta : \beta = q$$

und haben einfacher

$$(p^2 + q^2 - 1)^3 \lesseqgtr -27\,p^2\,q^2$$

oder

$$p^2 + q^2 - 1 \lesseqgtr -3\,p^{2/3}\,q^{2/3}.$$

Um die gefundene Ungleichung zu vereinfachen, schreiben wir sie

$$P^3 + Q^3 - 1 + 3\,PQ \lesseqgtr 0 \qquad \text{mit} \quad P = p^{2/3},\ Q = q^{2/3}$$

und beachten, daß der Quotient $(a^3 + b^3 + c^3 - 3\,abc)/(a + b + c)$ (weil gleich $a^2 + b^2 + c^2 - bc - ca - ab = \{[b-c]^2 + [c-a]^2 + [a-b]^2\} : 2$) bei reellen a, b, c stets positiv ist, mithin sein Zähler und Nenner dasselbe Vorzeichen haben.

Unsere Ungleichung schreibt sich demgemäß einfacher

$$P + Q - 1 \lesseqgtr 0$$

oder

$$p^{2/3} + q^{2/3} \lesseqgtr 1$$

oder endlich

$$(\xi/\alpha)^{2/3} + (\eta/\beta)^{2/3} \lesseqgtr 1.$$

Nun haben die beiden Kegelschnitte $f = 0$ und $f' = 0$, da die Hyperbel $f' = 0$ durch das Zentrum der Ellipse $f = 0$ läuft, stets mindestens zwei reelle Schnittpunkte, so daß der Fall von vier imaginären Schnittpunkten hier nicht vorkommen kann. Wir können daher sagen:

Die beiden Kegelschnitte $f = 0$ und $f' = 0$ haben vier, drei oder zwei reelle Punkte gemeinsam, je nachdem

$$(\xi/\alpha)^{2/3} + (\eta/\beta)^{2/3} \lesseqgtr 1$$

ausfällt.

Nun stellt — bei laufenden Koordinaten ξ, η — die Gleichung

$$(\xi/\alpha)^{2/3} + (\eta/\beta)^{2/3} = 1$$

eine Kurve dar, die als Evolute der Ellipse $f = 0$ bekannt ist. Und ein Punkt (ξ, η) liegt innerhalb oder außerhalb der Evolute, je nachdem der Ausdruck $(\xi/\alpha)^{2/3} + (\eta/\beta)^{2/3}$ ein echter oder unechter Bruch ist.

Damit spricht sich dann unser Ergebnis folgendermaßen aus:

Von einem Punkte (ξ, η) lassen sich vier, drei oder zwei Lote auf die Ellipse

$$(x^2/a^2) + (y^2/b^2) = 1$$

fällen, je nachdem der Punkt innerhalb, auf oder außerhalb der Ellipsenevolute

$$(\xi/\alpha)^{2/3} + (\eta/\beta)^{2/3} = 1$$

liegt.

(Vgl. § 31, Aufgabe 2.)

§ 52. Krümmung der Kegelschnitte

Aufgabe 1.

Die Krümmung der Ellipse $x^2/a^2 + y^2/b^2 = 1$ im Ellipsenpunkte (x, y) zu bestimmen.

Lösung: Der Krümmungskreis der Ellipse

$$f \equiv b^2x^2 + a^2y^2 - a^2b^2 = 0$$

im Ellipsenpunkte (x, y) hat die Gleichung

$$f' \equiv (x - \xi)^2 + (y - \eta)^2 - \varrho^2 = 0,$$

wo ϱ den gesuchten Krümmungshalbmesser, ξ und η die Koordinaten des Krümmungskreiszentrums bedeuten.

Die Lamégleichung der beiden Kegelschnitte $f = 0$ und $f' = 0$ lautet

$$\Delta'\lambda^3 + \Theta'\lambda^2 + \Theta\lambda + \Delta = 0,$$

wo die Koeffizienten folgende Werte haben:

$$\Delta = -a^4b^4, \qquad \Theta = a^2b^2(\pi - c^2) \quad \text{mit} \begin{Bmatrix} \pi = \xi^2 + \eta^2 - \varrho^2 \\ c^2 = a^2 + b^2 \end{Bmatrix}$$

$$\Theta' = \Pi - c^2\varrho^2, \qquad \Delta' = -\varrho^2 \quad \text{mit } \Pi = b^2\xi^2 + a^2\eta^2 - a^2b^2.$$

Wegen der im gemeinsamen Berührungspunkte (x, y) der beiden Kurven stattfindenden Oskulation fallen hier von den vier Schnittpunkten A, B, C, D der beiden Kegelschnitte drei zusammen:

$$A \equiv B \equiv C.$$

Die drei Zerfallskegelschnitte (Geradenpaare) koinzidieren, und die Lamégleichung besitzt daraufhin eine Tripelwurzel.

Die Bedingung für eine solche lautet

$$3\,\Delta'/\Theta' = \Theta'/\Theta = \Theta/3\,\Delta,$$

so daß wir die beiden Formeln

$$\Theta^2 = 3\,\Delta\Theta' \qquad \text{und} \qquad \Theta'^2 = 3\,\Theta\Delta'$$

oder (wegen $\Theta\Theta' = 9\,\Delta\Delta'$)

$$\Theta^3 = 27\,\Delta^2\Delta' \qquad \text{und} \qquad \Theta'^3 = 27\,\Delta\Delta'^2$$

haben.

Die beiden letzten Gleichungen erhalten im Hinblick auf die obigen Koeffizientenwerte die Form

(1) $\pi - c^2 = -3\sqrt[3]{a^2 b^2 \varrho^2}$, (2) $\Pi - c^2\varrho^2 = -3\sqrt[3]{a^4 b^4 \varrho^4}$.

Wir verwenden zur Berechnung von ϱ etwa die zweite dieser Relationen.

Da die Richtungscosinus der vom Punkte (x, y) zum Krümmungszentrum (ξ, η) zielenden Ellipsennormale $-b^2x : W$ und $-a^2y : W$ sind, wo W den Betrag der Quadratwurzel $\sqrt{b^4x^2 + a^4y^2}$ bedeutet, so gelten die Gleichungen

$$\xi = x - (b^2x/W)\,\varrho, \qquad \eta = y - (a^2y/W)\,\varrho.$$

Diese Werte setzen wir in (2) ein und erhalten

$$-2W + (Z/W^2)\,\varrho - c^2\varrho = -3\sqrt[3]{a^4b^4\varrho} \qquad \text{mit} \qquad Z = b^6x^2 + a^6y^2$$

oder (nach Vereinfachung durch die Gleichung $c^2W^2 - Z = a^4b^4$)

$$2W^3 + a^4b^4\varrho = 3W^2\sqrt[3]{a^4b^4\varrho},$$

sichtlich eine kubische Gleichung für die Unbekannte $\zeta = \sqrt[3]{a^4b^4\varrho}$.

Wir schreiben sie $\zeta^3 = 3W^2\zeta - 2W^3$,

stellen fest, daß ihre Diskriminante verschwindet, und daß ihre positive Wurzel (Doppelwurzel) $\zeta = W$ ist.

Ergebnis.

Der Krümmungsradius der Ellipse $(x^2/a^2) + (y^2/b^2) = 1$
im Ellipsenpunkte (x, y) hat die Länge

$$\rho = W^3/(a^4 b^4) \qquad \textbf{mit} \quad W^2 = a^4 y^2 + b^4 x^2.$$

Der gefundene Wert läßt sich schreiben

$$\rho = n^3 : p^2$$

wo n die zum Punkte (x, y) gehörige Ellipsennormale und p den Halbparameter der Ellipse bedeutet.

Aufgabe 2. Den Krümmungsradius einer Parabel zu bestimmen.

Lösung: Die Parabel habe die Gleichung

$$f = y^2 - 2px = 0,$$

der sie oskulierende Krümmungskreis die Gleichung

$$f' = (x - \xi)^2 + (y - \eta)^2 - \varrho^2 = 0.$$

Die Koeffizienten der zugehörigen Lamégleichung lauten

$$\Delta = -p^2, \qquad \Theta = -p\,(2\xi + p), \qquad \Theta' = \eta^2 - 2p\xi - \varrho^2, \qquad \Delta' = -\varrho^2.$$

Wie oben sind die Oskulationsbedingungen, die algebraisch im Vorhandensein einer Tripelwurzel der Lamégleichung ihren Ausdruck finden,

$$\Theta^3 = 27\,\Delta^2\Delta' \qquad \text{und} \qquad \Theta'^3 = 27\,\Delta\Delta'^2,$$

d. h. mit den obigen Koeffizientenwerten

$$p\,(2\xi + p) = 3\sqrt[3]{p^4\varrho^2} \qquad \text{und} \qquad \eta^2 - 2p\xi - \varrho^2 = 3\sqrt[3]{p^2\varrho^4}.$$

Zur Bestimmung von ϱ genügt die erste:

$$2\xi + p = 3\sqrt[3]{p\varrho^2}.$$

Bedenkt man, daß wegen der Orthogonalität der durch den Oskulationspunkt (x, y) laufenden Tangente und Normale der Parabel $\xi - x = \varrho \cdot p/n$

ist, wo $n = \sqrt{p^2 + y^2}$ die zum Berührungspunkt gehörige Normale bedeutet, so erhalten wir für ϱ die kubische Gleichung

$$2[x + (p/n)\varrho] + p = 3\sqrt{p\varrho^2}$$

oder (wegen $y^2 = 2px$) $\qquad n^3 + 2p^2\varrho = 3pn\sqrt[3]{p\varrho^2}$.

Durch die Einführung der neuen Unbekannte $\qquad \sigma = \sqrt[3]{p^2\varrho : n^3}$

verwandelt sie sich in die einfache Gleichung $\qquad 2\sigma^3 + 1 = 3\sigma^2$,

welcher man die Wurzel $\sigma = 1$ sofort ansieht. Daher wird $\varrho = n^3 : p^2$.

Ergebnis:

Der Krümmungsradius einer Parabel in einem beliebigen Parabelpunkte wird gefunden, indem man den Kubus der zu diesem Punkte gehörigen Normale durch das Quadrat des Halbparameters der Parabel teilt.

FÜNFTER ABSCHNITT: ANWENDUNGEN DER KUBISCHEN GLEICHUNGEN AUF KURVEN DRITTER ORDNUNG

§ 53. Tangenten und Asymptoten

Die Gleichung einer Kurve dritter Ordnung oder, wie wir bequemer sagen wollen, einer Kubik in rechtwinkligen kartesischen Koordinaten x, y hat die Gestalt $\qquad \Phi \equiv \Phi(x, y) \equiv f + F + \mathfrak{F} + \mathfrak{C} = 0$,

worin $\mathfrak{C}$ eine Konstante und bzw. $\mathfrak{F}$, F, f ein homogenes Polynom in x und y vom ersten, zweiten, dritten Grade ist, etwa:

$\mathfrak{F} = \mathfrak{A}x + \mathfrak{B}y, \qquad F = Ax^2 + Bxy + Cy^2, \qquad f = ax^3 + bx^2y + cxy^2 + dy^3.$

Wir lösen zuerst die Aufgabe:

Die Durchschnittspunkte einer gegebenen Geraden $\mathfrak{g}$ mit der Kubik $\mathfrak{K}$ zu finden.

Als Gleichung der Geraden benutzen wir zweckmäßig die Parameterform

$$\xi = x + \lambda\varrho, \qquad \eta = y + \mu\varrho,$$

wobei $O(x, y)$ ein beliebig herausgegriffener, aber dann festgehaltener Punkt von $\mathfrak{g}$ ist, ξ und η die laufenden Koordinaten eines auf $\mathfrak{g}$ beweglichen Punktes M bedeuten, λ und μ die Richtungscosinus der Geraden sind und ϱ den variablen (vorzeichenbehafteten) Abstand des Mobils M vom Punkte O, wie wir auch sagen, den Parameter, darstellt.

Der Punkt $M(\xi, \eta)$ liegt zugleich auf der Kubik, wenn die Gleichung $\Phi(\xi, \eta) = 0$ befriedigt ist.

Durch Einsetzen der angegebenen Werte für ξ und η in Φ ergibt sich

$$\Phi(\xi, \eta) = \Phi(x + \lambda\varrho, y + \mu\varrho),$$

und, wenn wir nach fallenden Potenzen von ϱ ordnen, die für ϱ kubische Gleichung

(1) $$\varphi\varrho^3 + \psi\varrho^2 + \chi\varrho + \Phi = 0,$$

deren Koeffizienten φ, ψ, χ, Φ die Werte

$$\varphi = \varphi(\lambda, \mu) = a\lambda^3 + b\lambda^2\mu + c\lambda\mu^2 + d\mu^3,$$

$$\psi = 1/2\,(\Phi_{11}\lambda^2 + 2\Phi_{12}\lambda\mu + \Phi_{22}\mu^2), \qquad \chi = \Phi_1\lambda + \Phi_2\mu, \qquad \Phi = \Phi(x, y)$$

haben, wo

$$\Phi_1 = \Phi_1(x, y) = 3\,ax^2 + 2\,bxy + cy^2 + 2\,Ax + By + \mathfrak{A},$$

und

$$\Phi_2 = \Phi_2(x, y) = bx^2 + 2\,cxy + 3\,dy^2 + Bx + 2\,Cy + \mathfrak{B},$$

die Ableitungen von Φ nach x und y,

$$\Phi_{11} = 6\,ax + 2\,by + 2\,A, \qquad \Phi_{22} = 2\,cx + 6\,dy + 2\,C,$$

$$\Phi_{12} = 2\,bx + 2\,cy + B, \qquad \Phi_{21} = 2\,bx + 2\,cy + B = \Phi_{12}$$

die Zweitableitungen von Φ nach x und y sind.

Die Tatsache, daß die Gleichung für den unbekannten Abstand ϱ des Schnittpunkts M der Geraden $\mathfrak{g}$ mit der Kubik $\mathfrak{K}$ vom dritten Grade ist, bedeutet geometrisch:

Eine Gerade schneidet eine Kubik im allgemeinen in drei Punkten, jedoch nie in mehr als drei Punkten.

Die Kubiktangente

Wir suchen die Bedingung, unter der die Gerade $\mathfrak{g}$ die Kubik im Punkte O berührt.

Dazu ist zunächst erforderlich, daß einer der drei Schnittpunkte M der Punkt O ist, d. h. daß unsere kubische Gleichung die Wurzel Null besitzen muß. Letzteres ist der Fall, wenn das Freiglied Φ verschwindet. Die Bedingung $\Phi = \Phi(x, y) = 0$ war aber zu erwarten, da sie ja aussagt, daß der Punkt $O(x, y)$ auf $\mathfrak{K}$ liegt.

Die Gleichung (1) reduziert sich also auf

$$\varphi\varrho^3 + \psi\varrho^2 + \chi\varrho = 0.$$

Sie hat außer Null noch zwei Wurzeln, und da eine Tangente eine Gerade ist, die mit der Kurve zwei unendlich benachbarte Punkte gemeinsam hat, muß noch ein zweiter der drei Schnittpunkte M mit O zusammenfallen, muß unsere kubische Gleichung Null als Doppelwurzel haben, muß m. a. W. auch der Koeffizient χ des Lineargliedes verschwinden.

Diese zweite Bedingung schreibt sich

$$\Phi_1\lambda + \Phi_2\mu = 0.$$

Bedeutet nun (ξ, η) einen beliebigen Punkt der durch den Kubikpunkt $O(x, y)$ laufenden Tangente, so sind die Relativkoordinaten $\xi - x$ und $\eta - y$ dieses Punktes den Richtungscosinus λ und μ proportional. Folglich wird

$$\Phi_1(\xi - x) + \Phi_2(\eta - y) = 0,$$

und dies ist die **Gleichung der durch den Kubikpunkt (x, y) gehenden Tangente in laufenden Koordinaten ξ, η.**

Sie kann auf eine noch bequemere Form gebracht werden durch Einführung homogener Koordinaten, etwa homogener kartesischer Koordinaten (oder auch trimetrischer Koordinaten) x, y, z bzw. ξ, η, ζ.

In diesen Koordinaten schreibt sich die Gleichung der Kubik

$$\Phi(x, y, z) \equiv \left\{ \begin{array}{l} a_1 x^2 x + a_2 x^2 y + a_3 x^2 z \\ + b_1 y^2 x + b_2 y^2 y + b_3 y^2 z \\ + c_1 z^2 x + c_2 z^2 y + c_3 z^2 z \\ + d x y z \end{array} \right\} = 0$$

und wegen der leicht zu bestätigenden Eulerschen Relation

$$\Phi_1 x + \Phi_2 y + \Phi_3 z = 3\Phi$$

wird das in unserer Tangentengleichung vorkommende Aggregat $\Phi_1 x + \Phi_2 y$ gleich $3\Phi - \Phi_3 z = -\Phi_3 z$, und **die Gleichung der durch den Kubikpunkt $O(x, y, z)$ laufenden Tangente lautet**

$$\Phi_1 \xi + \Phi_2 \eta + \Phi_3 \zeta = 0,$$

wobei Φ_1, Φ_2, Φ_3 natürlich die Ableitungen von $\Phi(x, y, z)$ nach x, y, z sind.

Tangenten im Unendlichen (Asymptoten).

Unsere nächste Aufgabe lautet:

Die Asymptoten einer vorgelegten Kubik zu bestimmen.

Eine Asymptote einer Kurve ist bekanntlich eine Gerade, welche die Kurve im Unendlichen berührt.

Damit unsere Gerade $\mathfrak{g}$ mit der Kubik im Unendlichen zwei Punkte gemeinsam hat, ist erforderlich und hinreichend, daß die kubische Gleichung (1) zwei unendlich große Wurzeln hat. Dies ist aber der Fall, wenn die beiden Koeffizienten φ und ψ von (1) verschwinden (wie man sofort durch Einführung der kubischen Gleichung $\Phi\sigma^3 + \chi\sigma^2 + \psi\sigma + \varphi = 0$ für den reziproken Wert $\sigma = 1 : \varrho$ von ϱ erkennt, insofern diese Gleichung die Doppelwurzel Null haben muß).

Die erste der beiden gefundenen Bedingungen $\varphi = 0$ oder

(2) $$a\lambda^3 + b\lambda^2\mu + c\lambda\mu^2 + d\mu^3 = 0$$

lehrt, daß eine Kubik genau drei Asymptoten hat, deren Steigungen $\mathfrak{S} = \mu : \lambda$ durch die kubische Gleichung (2) bestimmt werden.

Die zweite Bedingung $\psi = 0$ oder

(3) $$\lambda^2 \Phi_{11} + 2\lambda\mu\Phi_{12} + \mu^2\Phi_{22} = 0,$$

in welcher (λ, μ) eins der drei durch (2) bestimmten Wertepaare bedeutet, ist eine lineare Relation für die Koordinaten x und y des auf der Asymptote $\mathfrak{g}$ liegenden, sonst aber beliebigen Punktes O. Daher ist (3) die Gleichung einer der drei Asymptoten.

Ergebnis:

Die Kubik $\mathfrak{K}$ hat drei Asymptoten. Ihre Steigungen $\mathfrak{S}$ bestimmen sich durch die kubische Gleichung

$$a + b\mathfrak{S} + c\mathfrak{S}^2 + d\mathfrak{S}^3 = 0.$$

Die Gleichung der zur Steigung $\mathfrak{S}$ gehörigen Asymptote lautet

$$\Phi_{11} + 2\mathfrak{S}\Phi_{12} + \mathfrak{S}^2\Phi_{22} = 0.$$

Beispiel: Die Asymptoten der Kubik

$$\Phi \equiv \left\{ \begin{array}{l} 6x^3 + 11x^2y + 6xy^2 + y^3 \\ + 17x^2 + 11xy + 2y^2 \\ + 12x + 10y + 36 \end{array} \right\} = 0$$

zu ermitteln.

Die kubische Gleichung für die Asymptotensteigung $\mathfrak{S}$ heißt

$$\mathfrak{S}^3 + 6\mathfrak{S}^2 + 11\mathfrak{S} + 6 = 0.$$

Sie hat die Wurzeln -1, -2, -3.

Die Zweitableitungen von Φ sind

$$\Phi_{11} = 36x + 22y + 34, \qquad \Phi_{12} = 22x + 12y + 11, \qquad \Phi_{22} = 12x + 6y + 4.$$

Geht man mit den drei für $\mathfrak{S}$ gefundenen Werten sukzessive in die Gleichung

$$\Phi_{11} + 2\mathfrak{S}\Phi_{12} + \mathfrak{S}^2\Phi_{22} = 0$$

ein, so entstehen die Gleichungen der drei Asymptoten:

$$x + y + 4 = 0, \qquad 2x + y - 3 = 0, \qquad 3x + y + 1 = 0.$$

§ 54. Newtons Sätze

Wie im vorigen Paragraph gezeigt wurde, schneidet eine Gerade $\mathfrak{g}$ (mit der Gleichung $\xi = x + \lambda\varrho$, $\eta = y + \mu\varrho$) die Kubik $\mathfrak{K}$ in drei Punkten, deren Abstände vom Fixpunkt O (x, y) der Geraden die Wurzeln r, s, t der kubischen Gleichung

$$(1) \qquad \varphi\varrho^3 + \psi\varrho^2 + \chi\varrho + \Phi = 0$$

sind. Nennen wir also die drei Schnittpunkte R, S, T, so gelten die Gleichungen

$$OR = r, \qquad OS = s, \qquad OT = t.$$

Da nun das Produkt rst der Wurzeln gleich dem entgegengesetzten Freigliede der normalisierten Gleichung ist, so erhalten wir die Relation $rst = -\Phi : \varphi$, ausführlich:

$$\boldsymbol{OR \cdot OS \cdot OT = -\Phi(x, y) : \varphi(\lambda, \mu).}$$

Dies ist **Newtons Formel.**

Wir wenden sie an auf die Schnittpunkttripel (R, S, T) und (R', S', T') der mit den Richtungscosinus (λ, μ) und (λ', μ') behafteten Schenkel eines in der Ebene der Kubik liegenden starren Winkels mit dem Scheitelpunkt O.

Das gibt die beiden Gleichungen

$$OR \cdot OS \cdot OT = -\Phi(x, y) : \varphi(\lambda, \mu)$$

und

$$OR' \cdot OS' \cdot OT' = -\Phi(x, y) : \varphi(\lambda', \mu').$$

Aus ihnen folgt durch Division

$$(OR \cdot OS \cdot OT) / (OR' \cdot OS' \cdot OT') = \varphi(\lambda', \mu') / \varphi(\lambda, \mu).$$

Denken wir uns nun den Winkel parallel mit sich selbst verschoben, so ändert die rechte Seite der gefundenen Gleichung und folglich auch die linke ihren Wert nicht.

Damit haben wir den

Satz von Newton:

Bewegt sich ein starrer Winkel mit dem Scheitel O parallel zu sich selbst in der Ebene einer Kubik, so bleibt der Quotient

$$\boldsymbol{(OR \cdot OS \cdot OT) / (OR' \cdot OS' \cdot OT')}$$

aus den Abschnittsprodukten, die die Kubik durch ihre Schnittpunkte mit den Winkelschenkeln erzeugt, konstant.

Man kann diesem wichtigen Satze noch eine andere Fassung geben.

O und O' seien zwei feste Punkte der Ebene einer Kubik. Zwei durch O und O' laufende Parallelen mit den gemeinsamen Richtungsocsinus λ und μ mögen die Kubik in den Punkttripeln (R, S, T) und (R', S', T') treffen. Nach Newtons Formel ist dann

$$O R \cdot O S \cdot O T = -\Phi(x, y) : \varphi(\lambda, \mu),$$
$$O' R' \cdot O' S' \cdot O' T' = -\Phi(x', y') : \varphi(\lambda, \mu),$$

wo x, y die Koordinaten von O, x', y' die von O' sind.

Durch Division dieser Gleichungen folgt

$$(O R \cdot O S \cdot O T) / (O' R' \cdot O' S' \cdot O' T') = \Phi(x, y) / \Phi(x', y').$$

Drehen sich jetzt die beiden Parallelen um O und O', so ändert die rechte Seite der gefundenen Gleichung und damit auch die linke ihren Wert nicht, und wir haben den

Satz von Newton:

Rotieren zwei durch die festen Punkte O und O' laufende Parallelen in der Ebene einer Kubik um die Festpunkte, so bleibt der Quotient

$$(O R \cdot O S \cdot O T) / (O' R' \cdot O' S' \cdot O' T')$$

aus den Produkten der Abschnitte, die die Kubik auf den Parallelen erzeugt, konstant.

Der Newtonsche Satz findet sich zuerst in Newtons 1706 erschienenen „Enumeratio linearum tertii ordinis“.

Unsere kubische Gleichung für ϱ gestattet auch die einfache Herleitung des gleichfalls zuerst in der Enumeratio erschienenen Satzes vom konjugierten Durchmesser.

Bekanntlich heißt der Punkt einer Geraden, dessen Abstände von den Punkten einer der Geraden angehörigen Punktgruppe eine verschwindende Summe haben (wobei in entgegengesetzten Richtungen laufende Abstände natürlich entgegengesetzte Vorzeichen bekommen), das Zentrum (auch Zentroid) der Punktgruppe. Dieses Zentrum ist also nichts anderes als der Schwerpunkt der Punktgruppe, wenn man sich alle Punkte der Gruppe mit derselben Masse behaftet denkt.

Weiter heißt das Zentrum der Punktgruppe, die aus den Schnittpunkten der Sekante einer Kurve mit der Kurve besteht, das Zentrum der Sekante.

Wir betrachten nun wieder unsere Kubik $\mathfrak{K}$ sowie eine Schar paralleler Sekanten derselben. Wir wollen zeigen, daß ihre Zentra auf einer Geraden liegen.

Die gemeinsamen Richtungscosinus der parallelen Sekanten seien λ und μ. Wir greifen eine beliebige Sekante $\mathfrak{g}$ der Schar heraus und nennen die Koordinaten ihres Zentrums Z x und y. Die Gleichung dieser Sekante lautet dann wie oben

$$\xi = x + \lambda\varrho, \qquad \eta = y + \mu\varrho,$$

und die Abstände r, s, t ihrer Schnittpunkte R, S, T mit der Kubik sind die Wurzeln der kubischen Gleichung

$$\varphi\varrho^3 + \psi\varrho^2 + \chi\varrho + \Phi = 0.$$

Da hier der Punkt $Z(x, y)$ das Zentrum der Sekante ist, gilt die Relation

$$r + s + t = 0.$$

Anderseits gilt für die Wurzelsumme, der kubischen Gleichung gemäß, die Formel

$$r + s + t = -\psi : \varphi.$$

Mithin wird $\psi : \varphi = 0$ oder, da im allgemeinen φ nicht verschwindet, $\psi = 0$, ausführlich

$$\lambda^2 \Phi_{11} + 2\lambda\mu\Phi_{12} + \mu^2\Phi_{22} = 0.$$

Wegen der Linearität der Zweitableitungen $\Phi_{11}, \Phi_{12}, \Phi_{22}$ ist dies eine lineare Gleichung für die Zentrumskoordinaten x, y. Sie ist die Gleichung der Geraden, die das Zentrum Z beschreibt, wenn sich die Sekante parallel zu sich selbst verschiebt. Folglich gilt

Newtons Durchmessersatz:

Der Ort der Zentra aller parallelen Sekanten einer Kubik ist eine Gerade, „der zur Sekantenrichtung konjugierte Durchmesser".

Bedeuten λ und μ die Richtungscosinus der Sekantenschar, so lautet die Gleichung des konjugierten Durchmessers

$$\lambda^2 \Phi_{11} + 2 \lambda \mu \Phi_{12} + \mu^2 \Phi_{22} = 0$$

(unter $\Phi = 0$ die Gleichung der Kubik verstanden).

§ 55. Der Satz von Cotes

Um den beliebigen festen Punkt $O(x, y)$ der Ebene der Kubik $\mathfrak{K}$ drehe sich die Kubiksekante $\mathfrak{g}$, welche die Kubik jeweils in drei Punkten R, S, T schneidet, so daß die Kubik auf der rotierenden Geraden jeweils die drei Abschnitte

$$OR = r, \qquad OS = s, \qquad OT = t$$

erzeugt, welche die Wurzeln der kubischen Gleichung

$$\varphi \varrho^3 + \psi \varrho^2 + \chi \varrho + \Phi = 0$$

sind, wo die Koeffizienten dieselben Werte wie in § 53 haben.

Wir denken uns in jeder Lage der Drehgeraden auf ihr das harmonische Mittel OM der drei Strecken OR, OS, OT konstruiert und achten auf die Bewegung seines Endpunkts $M(\xi, \eta)$. Das harmonische Mittel von drei auf einer Geraden $\mathfrak{g}$ liegenden, von einem Punkte O ausgehenden Strecken OR, OS, OT ist bekanntlich die auf $\mathfrak{g}$ liegende Strecke OM, welche durch die Relation

$$3/OM = 1/OR + 1/OS + 1/OT$$

definiert wird, ist m. a. W. der Kehrwert des arithmetischen Mittels der Kehrwerte der gegebenen Strecken. Nennen wir das harmonische Mittel m, so ist demnach

$$3/m = 1/r + 1/s + 1/t.$$

Nun hat die rechte Seite dieser Gleichung den Wert $(st + tr + rs) : rst$, d. h. nach den Wurzelkoeffizientenbeziehungen der kubischen Gleichung

$$st + tr + rs = \chi : \varphi, \qquad rst = -\Phi : \varphi$$

den Wert $-\chi : \Phi$.
Daher wird $3 : m = -\chi : \Phi$ oder $\qquad \chi m + 3\Phi = 0.$

Nun ist $\chi = \Phi_1 \lambda + \Phi_2 \mu$, also $\chi m = \Phi_1 \lambda m + \Phi_2 \mu m$. Die Produkte λm und μm sind aber die Relativkoordinaten $\xi - x$ und $\eta - y$ des Punktes M (in bezug auf O). Die gefundene Gleichung für die Koordinaten ξ, η des Punktes M nimmt demnach die Form

$$\Phi_1 (\xi - x) + \Phi_2 (\eta - y) + 3\Phi = 0$$

an. Dies ist aber die Gleichung einer Geraden. Das Mobil M bewegt sich also bei der Rotation der Sekante $\mathfrak{g}$ auf einer geraden Linie.

Die Gleichung dieser geraden Linie läßt sich durch Einführung von Homogenkoordinaten x, y, z bzw. ξ, η, ζ mittels der Eulerschen Relation

$$x\Phi_1 + y\Phi_2 + z\Phi_3 = 3\Phi$$

symmetrischer

$$\Phi_1\xi + \Phi_2\eta + \Phi_3\zeta = 0$$

schreiben.

Als Ergebnis dieser Betrachtung erscheint der

Satz von Cotes:

Rotiert eine Gerade um einen festen Punkt O (x, y) in der Ebene einer Kubik $\Phi = 0$, und bestimmt man für jede ihrer Lagen, wo sie die Kubik in drei Punkten R, S, T schneidet, gemäß der Vorschrift

$$(3/OM) = (1/OR) + (1/OS) + (1/OT)$$

das harmonische Mittel OM der drei Strecken OR, OS, OT, so ist der Ort des Endpunkts M des harmonischen Mittels eine gerade Linie, die sog. Polare, ausführlicher: harmonische Polare des Punktes O.

Die Gleichung der harmonischen Polare lautet in kartesischen Koordinaten

$$\Phi_1(\xi - x) + \Phi_2(\eta - y) + 3\Phi = 0,$$

in Homogenkoordinaten

$$\Phi_1\xi + \Phi_2\eta + \Phi_3\zeta = 0.$$

Dieser wichtige Satz wurde im Jahre 1722 in der „Harmonia mensurarum" des englischen Mathematikers Roger Cotes (1682—1716) veröffentlicht.

§ 56. Der Polarkegelschnitt

Bei dem im vorigen Paragraph erörterten Problem von Cotes handelte es sich um den Ort des Punktes M, für den das erste Einerpolynom der drei Differenzen

$$u = 1/m - 1/r, \qquad v = 1/m - 1/s, \qquad w = 1/m - 1/t$$

einen verschwindenden Wert hat:

$$u + v + w = 0.$$

Dabei bedeuten r, s, t die drei Abstände OR, OS, OT eines vorgelegten Punktes O von den Schnittpunkten R, S, T einer beliebigen durch O laufenden Geraden $\mathfrak{g}$ mit der vorgelegten Kubik $\mathfrak{K}$, $OM = m$ das auf $\mathfrak{g}$ liegende harmonische Mittel von r, s, t.

Nimmt man statt des ersten Einerpolynoms von u, v, w das zweite: $vw + wu + uv$, so entsteht die neue Aufgabe:

Den Ort des Punktes M zu finden, für den das zweite Einerpolynom der Differenzen

$$u = 1/m - 1/r, \qquad v = 1/m - 1/s, \qquad w = 1/m - 1/t$$

verschwindet:

$$vw + wu + uv = 0.$$

Die ausführliche Schreibung dieser Bedingungsgleichung lautet

$$(1) \quad \left(\frac{1}{m} - \frac{1}{s}\right)\left(\frac{1}{m} - \frac{1}{t}\right) + \left(\frac{1}{m} - \frac{1}{t}\right)\left(\frac{1}{m} - \frac{1}{r}\right) + \left(\frac{1}{m} - \frac{1}{r}\right)\left(\frac{1}{m} - \frac{1}{s}\right) = 0.$$

Sie gibt für $1/m$ die quadratische Gleichung

$$3 \cdot (1/m^2) - 2 \cdot [(st + tr + rs) / (rst)] \cdot (1/m) + [(r + s + t) / (rst)] = 0.$$

Nun schneidet eine beliebige durch den vorgelegten Punkt $O(x, y)$ laufende Gerade $\mathfrak{g}$: $\xi = x + \lambda\varrho, \quad \eta = y + \mu\varrho$
die vorgelegte Kubik $\mathfrak{K}$ in den drei Punkten R, S, T, deren Abstände r, s, t von O die Wurzeln der kubischen Gleichung

$$\varphi\varrho^3 + \psi\varrho^2 + \chi\varrho + \Phi = 0$$

sind, deren Koeffizienten die Werte

$$\varphi = a\lambda^3 + b\lambda^2\mu + c\lambda\mu^2 + d\mu^3, \quad \psi = 1/2\,(\Phi_{11}\lambda^2 + 2\,\Phi_{12}\lambda\mu + \Phi_{22}\,\mu^2),$$
$$\chi = \Phi_1\lambda + \Phi_2\mu, \quad \Phi = \Phi(x, y) \text{ haben (§ 53).}$$

Mithin wird

$$(st + tr + rs)/(rst) = -\chi/\Phi \quad \text{und} \quad (r + s + t)/(rst) = \psi/\Phi$$

und unsere quadratische Gleichung verwandelt sich in

$$3 \cdot (1/m^2) + 2\,(\chi/\Phi) \cdot (1/m) + (\psi/\Phi) = 0$$

oder

(2) $$3\,\Phi + 2\,\chi m + \psi m^2 = 0$$

ausführlich:

$$3\,\Phi + 2\,[\Phi_1(\lambda m) + \Phi_2(\mu m)] + $$
$$+ (1/2)\,[\Phi_{11}(\lambda m)^2 + 2\,\Phi_{12}(\lambda m)(\mu m) + \Phi_{22}(\mu m)^2] = 0.$$

Ersetzen wir hier λm und μm durch die Relativkoordinaten $\xi - x$ und $\eta - y$, so entsteht schließlich

(3) $$\begin{aligned} &3\,\Phi + 2\,[\Phi_1(\xi - x) + \Phi_2(\eta - y)] + \\ &+ (1/2)\,[\Phi_{11}(\xi - x)^2 + 2\,\Phi_{12}(\xi - x)(\eta - y) + \Phi_{22}(\eta - y)^2] = 0 \end{aligned}$$

als Gleichung des gesuchten Orts.

Der gesuchte geometrische Ort ist ein Kegelschnitt. Man nennt ihn den Polarkegelschnitt des Punktes O für die Kubik $\mathfrak{K}$.

Zugleich erkennt man:

Der Polarkegelschnitt eines Punktes O enthält dann und nur dann diesen Punkt, wenn O auf der Kubik liegt.

Die Koeffizienten der Polarkegelschnittsgleichung haben, unter Beibehaltung der Bezeichnungen von § 53, die Werte

$$\Phi = \mathfrak{A}x + \mathfrak{B}y + \mathfrak{C} + Ax^2 + Bxy + Cy^2 + ax^3 + bx^2y + cxy^2 + dy^3,$$
$$\Phi_1 = \mathfrak{A} + 2\,Ax + By + 3ax^2 + 2\,bxy + cy^2,$$
$$\Phi_2 = \mathfrak{B} + Bx + 2\,Cy + bx^2 + 2\,cxy + 3\,dy^2,$$
$$\Phi_{11} = 2\,A + 6\,ax + 2\,by, \qquad \Phi_{12} = B + 2\,bx + 2\,cy,$$
$$\Phi_{22} = 2\,C + 2\,cx + 6\,dy.$$

Wählen wir also den Punkt O als Ursprung des Koordinatensystems, so wird

$$\Phi = \mathfrak{C}, \quad \Phi_1 = \mathfrak{A}, \quad \Phi_2 = \mathfrak{B}, \quad \Phi_{11} = 2\,A, \quad \Phi_{12} = B, \quad \Phi_{22} = 2\,C,$$

und die Gleichung des Polarkegelschnitts erhält die einfache Form

$$3\,\mathfrak{C} + 2\,(\mathfrak{A}\xi + \mathfrak{B}\eta) + A\xi^2 + B\xi\eta + C\eta^2 = 0$$

oder, wenn man wieder x, y als laufende Koordinaten verwendet,

$$3\,\mathfrak{C} + 2\,(\mathfrak{A}x + \mathfrak{B}y) + Ax^2 + Bxy + Cy^2 = 0.$$

Nun schreibt man die Gleichung einer Kubik häufig

$$f_0 + f_1 + f_2 + f_3 = 0,$$

wo f_0 das Freiglied ist und f_1, f_2, f_3 die Gliederaggregate erster, zweiter, dritter Dimension bedeuten.

Demnach gilt der

Satz:

Der Polarkegelschnitt des Ursprungs für die Kubik

$$f_0 + f_1 + f_2 + f_3 = 0$$

hat die Gleichung

$$3 f_0 + 2 f_1 + f_2 = 0. \tag{4}$$

Eine andere sehr einfache Form für die Gleichung des Polarkegelschnitts erhalten wir durch Einführung homogener Koordinaten x, y, z bzw. ξ, η, ζ. Ersetzen wir also in (3) überall x und y durch $x : z$ und $y : z$, ξ und η durch $\xi : \zeta$ und $\eta : \zeta$, so entsteht unter Heranziehung der Eulerschen Relationen

$$\Phi_1 x + \Phi_2 y + \Phi_3 z = 3\Phi,$$

$$\Phi_{11} x + \Phi_{12} y + \Phi_{13} z = 2\Phi_1, \qquad \Phi_{21} x + \Phi_{22} y + \Phi_{23} z = 2\Phi_2,$$

$$\Phi_{31} x + \Phi_{32} y + \Phi_{33} z = 2\Phi_3$$

für die homogenen Funktionen Φ, Φ_1, Φ_2, Φ_3 der drei homogenen Koordinaten x, y, z die übersichtlich und symmetrisch gebaute Formel

$$\Phi_{11}\xi^2 + \Phi_{22}\eta^2 + \Phi_{33}\zeta^2 + 2\Phi_{23}\eta\zeta + 2\Phi_{31}\zeta\xi + 2\Phi_{12}\xi\eta = 0$$

als **Gleichung des Polarkegelschnitts in Homogenkoordinaten.**

Zu einer anderen Herleitung dieser Gleichung gelangen wir folgendermaßen. Wir benutzen zur Bestimmung der Schnittpunkte einer Geraden $\mathfrak{g}$ mit der Kubik $\mathfrak{K}$, deren Gleichung in Homogenkoordinaten $\Phi(x, y, z) = 0$ heiße, das Joachimsthalsche Verfahren, welches bekanntlich auf dem Gedanken beruht, daß die Koordinaten (Homogenkoordinaten) X, Y, Z eines beliebigen Punktes P der Verbindungslinie der beiden Punkte $p(x, y, z)$ und $\pi(\xi, \eta, \zeta)$ die Form $\qquad X = kx + \varkappa\xi, \qquad Y = ky + \varkappa\eta, \qquad Z = kz + \varkappa\zeta$

haben, wo k und $\varkappa$ zwei sich zu 1 ergänzende Parameter sind.

Wir legen die Gerade $\mathfrak{g}$ durch die beiden Punkte p und π fest. Für jeden Schnittpunkt $P(X, Y, Z)$ von $\mathfrak{g}$ mit $\mathfrak{K}$ gilt dann die Gleichung

$$\Phi(X, Y, Z) = 0.$$

Substituieren wir hier für X, Y, Z die obigen Werte und ordnen nach fallenden Potenzen von k und steigenden von $\varkappa$, so entsteht die kubische Gleichung

$$Lk^3 + lk^2\varkappa + \lambda k\varkappa^2 + \Lambda\varkappa^3 = 0,$$

wobei die Koeffizienten folgende Werte haben:

$$L = \Phi(x, y, z), \qquad \Lambda = \Phi(\xi, \eta, \zeta), \qquad l = \Phi_1\xi + \Phi_2\eta + \Phi_3\zeta,$$

$$\lambda = (1/2)\,[\Phi_{11}\xi^2 + \Phi_{22}\eta^2 + \Phi_{33}\zeta^2 + 2\Phi_{23}\eta\zeta + 2\Phi_{31}\zeta\xi + 2\Phi_{12}\xi\eta]$$

und Φ_1, Φ_2, Φ_3 die Erstableitungen von $\Phi(x, y, z)$ nach bzw. x, y, z sowie Φ_{11}, Φ_{12}, …, Φ_{33} die Zweitableitungen von $\Phi(x, y, z)$ sind, Φ_{23} z. B. die Ableitung von Φ_2 nach z.

Da diese kubische Gleichung das Verhältnis $\alpha = k : \varkappa$ der Parameterwerte k und $\varkappa$ eines Schnittpunkts von $\mathfrak{g}$ mit $\mathfrak{K}$ bestimmt, nennt man sie passend die Schnittgleichung.

Es sei jetzt $p(x, y, z)$ der vorgelegte Fixpunkt O, $P(X, Y, Z)$ einer der drei Schnittpunkte R, S, T von $\mathfrak{g}$ mit $\mathfrak{K}$,

$$OR = r, \qquad OS = s, \qquad OT = t$$

und $\pi(\xi, \eta, \zeta)$ der auf $\mathfrak{g}$ liegende Punkt M des Ortes, so daß die Ortsbedingung

$$\left(\frac{1}{m}-\frac{1}{s}\right)\left(\frac{1}{m}-\frac{1}{t}\right)+\left(\frac{1}{m}-\frac{1}{t}\right)\left(\frac{1}{m}-\frac{1}{r}\right)+\left(\frac{1}{m}-\frac{1}{r}\right)\left(\frac{1}{m}-\frac{1}{s}\right)=0 \text{ mit } m=OM$$

gilt.

Bedeutet nun α das zum Punkte R gehörige Parameterverhältnis, so ist

$$\alpha = k : \varkappa = (m - r) : r \qquad \text{oder} \qquad 1 : r = (1 + \alpha) : m,$$

mithin

$$1/m - 1/r = -\alpha/m.$$

Ebenso wird

$$1/m - 1/s = -\beta/m \qquad \text{und} \qquad 1/m - 1/t = -\gamma/m,$$

wenn β und γ die zu den Punkten S und T gehörigen Parameterverhältnisse bedeuten.

Damit geht unsere Ortsbedingung in

$$\beta\gamma + \gamma\alpha + \alpha\beta = 0$$

über. Da aber α, β, γ die Wurzeln der kubischen Gleichung

$$Lt^3 + lt^2 + \lambda t + \Lambda = 0$$

sind, verwandelt sich die gefundene Relation in

$$\lambda = 0.$$

Die Gleichung des Polarkegelschnitts des Punktes $O(x, y, z)$ lautet sonach

$$\boldsymbol{\Phi_{11}\,\xi^2 + \Phi_{22}\,\eta^2 + \Phi_{33}\,\zeta^2 + 2\,\Phi_{23}\,\eta\,\zeta + 2\,\Phi_{31}\,\zeta\,\xi + 2\,\Phi_{12}\,\xi\,\eta = 0}$$

Hierin sind ξ, η, ζ beliebige kartesische oder trimetrische homogene Koordinaten.

Aus der quadratischen Gleichung (2) folgen für ihre beiden Wurzeln m und n die beiden Beziehungen

$$[1/m + 1/n]/2 = [1/r + 1/s + 1/t]/3$$

$$\text{und} \quad 1/mn = (1/st + 1/tr + 1/rs)/3.$$

Sie führen auf eine

Zweite Definition des Polarkegelschnitts: Unter dem Polarkegelschnitt eines Punktes O für eine Kubik versteht man den Kegelschnitt mit folgenden zwei Eigenschaften: Heißen die Schnittpunkte einer beliebigen durch O laufenden Geraden mit der Kubik R, S, T, mit dem Kegelschnitt M, N, so ist erstens das harmonische Mittel der beiden Strecken OM und ON gleich dem harmonischen Mittel der drei Strecken OR, OS, OT und zweitens das Produkt der beiden Strecken OM und ON gleich dem harmonischen Mittel der drei Produkte $OS \cdot OT, OT \cdot OR$ und $OR \cdot OS$.

Polarkegelschnitt eines Kubikpunktes.

Liegt im besonderen der Punkt $O(x, y)$ auf der Kubik $\mathfrak{K}$, so erhalten wir seinen Polarkegelschnitt (in bezug auf $\mathfrak{K}$), wenn wir in (2) oder (3) das Freiglied $\Phi = \Phi(x, y)$ verschwinden lassen.

Der Polarkegelschnitt eines Kubikpunktes $O(x, y)$ befriedigt also die Relation

$$\psi m + 2\chi = 0$$

und hat in kartesischen Koordinaten die Gleichung

$$2[\Phi_1(\xi - x) + \Phi_2(\eta - y)] + (1/2)[\Phi_{11}(\xi - x)^2 + 2\Phi_{12}(\xi - x)(\eta - y) + \Phi_{22}(\eta - y)^2] = 0.$$

Wir zeigen jetzt, daß wir zu diesen Gleichungen auch durch die Lösung der folgenden Aufgabe gelangen können.

Aufgabe von Maclaurin:

Auf einer durch den Fixpunkt O (x, y) einer Kubik $\mathfrak{K}$ laufenden, die Kubik (außer in O) in R und S schneidenden Geraden g markiert man zu den drei Punkten O, R, S den vierten harmonischen, zu O konjugierten Punkt M; welchen Ort beschreibt M, wenn die Gerade g um O rotiert?

Lösung: Unsere frühere kubische Gleichung $\varphi\varrho^3 + \psi\varrho^2 + \chi\varrho + \Phi = 0$ hat wegen $\Phi = 0$ eine verschwindende Wurzel und reduziert sich deshalb auf die quadratische Gleichung $\varphi\varrho^2 + \psi\varrho + \chi = 0$
mit den beiden Wurzeln $r = OR$ und $s = OS$.
Der Abstand m des vierten harmonischen Punktes M ist bestimmt durch die Formel $m = 2\,rs\,/\,(r + s)$,
und da aus der quadratischen Gleichung die beiden Relationen

$$r + s = -\psi : \varphi \qquad \text{und} \qquad r \cdot s = \chi : \varphi$$

folgen, so erhalten wir die Ortsbedingung

$$\psi m + 2\,\chi = 0$$

und damit als Gleichung des gesuchten Ortes

$$2\,[\Phi_1\,(\xi - x) + \Phi_2\,(\eta - y)] + (1/2)\,[\Phi_{11}\,(\xi - x)^2 + 2\,\Phi_{12}\,(\xi - x)\,(\eta - y) + \Phi_{22}\,(\eta - y)^2] = 0.$$

Der gesuchte Ort ist also der Polarkegelschnitt des Kubikpunktes O.

Es gilt der **Satz:**

Der Polarkegelschnitt eines Kubikpunktes berührt die Kubik in diesem Punkte.

Beweis: Wählen wir den Kubikpunkt als Koordinatenursprung, und lautet dementsprechend die Kubikgleichung $f_1 + f_2 + f_3 = 0$,
so heißt die Gleichung des Polarkegelschnitts unseres Punktes $2\,f_1 + f_2 = 0$, also die Gleichung seiner durch den Ursprung laufenden Tangente $2\,f_1 = 0$ und die Gleichung der durch den Ursprung gehenden Kubiktangente $f_1 = 0$. Die beiden Tangenten koinzidieren daher.

§ 57. Der Satz von Carnot

In der Ebene der Kubik $\Phi = 0$ liege ein Dreieck, dessen Ecken A, B, C die Koordinaten (L, l), (M, m), (N, n) haben mögen.
Irgendein Punkt P der ersten Dreiecksseite (BC) ist durch sein Teilverhältnis $\lambda = BP : CP$
für die Grundpunkte B und C der Geraden BC bestimmt. Die Koordinaten von P sind beispielsweise

$$(M + \lambda N)\,/\,(1 + \lambda) \qquad \text{und} \qquad (m + \lambda n)\,/\,(1 + \lambda).$$

Wir achten nur auf die Schnittpunkte der Seite BC mit der Kubik.
Für einen solchen Schnittpunkt P gilt dann die Gleichung

$$\Phi\,[(M + \lambda N)\,/\,(1 + \lambda),\ (m + \lambda n)\,/\,(1 + \lambda)] = 0.$$

Führen wir die hierdurch vorgeschriebene Rechnung aus, beseitigen alle Brüche und ordnen etwa nach fallenden Potenzen von λ, so entsteht, wie es sein muß, eine kubische Gleichung für λ, etwa

$$\mathfrak{a}\lambda^3 + \mathfrak{b}\lambda^2 + \mathfrak{c}\lambda + \mathfrak{d} = 0,$$

deren Koeffizienten $\mathfrak{a}$, $\mathfrak{b}$, $\mathfrak{c}$, $\mathfrak{d}$ einfache, leicht angebbare Werte haben. Uns interessieren hier nur der erste und letzte Koeffizient; ihre Werte sind

$$\mathfrak{a} = \Phi(N, n), \qquad \mathfrak{d} = \Phi(M, m).$$

Die kubische Gleichung besitzt drei Wurzeln λ_1, λ_2, λ_3, entsprechend den drei Schnittpunkten P_1, P_2, P_3, welche die Gerade BC mit der Kubik hat. Nun ist einerseits das Produkt der Wurzeln gleich dem entgegengesetzten Freigliede der normalisierten Gleichung:

$$\lambda_1 \lambda_2 \lambda_3 = -\Phi(M, m) : \Phi(N, n),$$

anderseits $\lambda_1 = BP_1/CP_1, \quad \lambda_2 = BP_2/CP_2, \quad \lambda_3 = BP_3/CP_3.$

Folglich gilt die Gleichung

$$(BP_1/CP_1) \cdot (BP_2/CP_2) \cdot (BP_3/CP_3) = -\Phi(M, m) : \Phi(N, n).$$

Genau so entsteht für die drei Schnittpunkte Q_1, Q_2, Q_3 der Seite CA mit der Kubik die Gleichung

$$(CQ_1/AQ_1) \cdot (CQ_2/AQ_2) \cdot (CQ_3/AQ_3) = -\Phi(N, n) : \Phi(L, l)$$

und für die drei Schnittpunkte R_1, R_2, R_3 der Seite AB mit der Kubik die Gleichung

$$(AR_1/BR_1) \cdot (AR_2/BR_2) \cdot (AR_3/BR_3) = -\Phi(L, l) : \Phi(M, m).$$

Die Multiplikation der drei gefundenen Gleichungen ergibt

Carnots Formel:

$$\frac{BP_1}{CP_1} \cdot \frac{BP_2}{CP_2} \cdot \frac{BP_3}{CP_3} \cdot \frac{CQ_1}{AQ_1} \cdot \frac{CQ_2}{AQ_2} \cdot \frac{CQ_3}{AQ_3} \cdot \frac{AR_1}{BR_1} \cdot \frac{AR_2}{BR_2} \cdot \frac{AR_3}{BR_3} = -1.$$

In Worten:

Satz von Carnot:

Die Teilverhältnisse der Schnittpunkte einer Kubik mit den Seiten eines Dreiecks für diese Seiten haben das Produkt – 1.

Der Carnotsche Satz ist nicht auf Dreiecke beschränkt; er läßt sich ohne weiteres auf beliebige geschlossene n-Ecke übertragen und lautet dann:

Die Teilverhältnisse der Schnittpunkte einer Kubik mit den Seiten eines n-Ecks für diese Seiten haben das Produkt $(-1)^n$.

Der Satz wurde im Jahre 1803 in der „Géométrie de position" des französischen Mathematikers Lazare Carnot (1753—1823) veröffentlicht.

Als unmittelbare Anwendung des Carnotschen Satzes diene der Beweis des Satzes:

Eine Kubik kann höchstens drei reelle Inflexionspunkte haben.

Wir zeigen zunächst, daß **drei reelle Inflexionspunkte einer Kubik stets kollinear sind.**

P, Q, R seien die drei Inflexionspunkte. Wir betrachten das Dreieck ABC, dessen Seiten die durch P, Q, R laufenden Kubiktangenten sind und wenden darauf den Carnotschen Satz an. Die drei Schnittpunkte P_1, P_2, P_3 der Seite BC koinzidieren im Punkte P (da die Tangente im Inflexionspunkte

drei unendlich benachbarte Punkte mit der Kurve gemeinsam hat). Ebenso koinzidieren Q_1, Q_2, Q_3 mit Q und R_1, R_2, R_3 mit R. Daher ist nach Carnots Satz
$$(BP/CP)^3 \cdot (CQ/AQ)^3 \cdot (AR/BR)^3 = -1,$$
also
$$(BP/CP) \cdot (CQ/AQ) \cdot (AR/BR) = -1.$$
Diese Gleichung sagt nach dem Satze von Menelaos aber aus, daß die drei Punkte P, Q, R in gerader Linie liegen.

Hätte nun die Kubik mehr als drei reelle Inflexionspunkte, so müßten sie nach dem soeben bewiesenen Kollinearitätssatze alle in einer Geraden liegen. Wie wir aber wissen, kann eine Gerade eine Kubik nicht in mehr als drei Punkten schneiden. Mithin können nicht mehr als drei reelle Inflexionspunkte vorhanden sein.

§ 58. Schnittpunkte zweier Kubiken

Wir befassen uns in diesem Paragraphen mit der Lösung der wichtigen Aufgabe:

Die Schnittpunkte zweier vorgelegter Kubiken zu bestimmen.

Die Gleichungen der beiden Kubiken $\mathfrak{K}$ und $\mathfrak{K}'$ seien
$$\Phi = \Phi(x, y) = \left\{\begin{matrix} a x^3 + b x^2 y + c x y^2 + d y^3 \\ + e x^2 + f x y + g y^2 \\ + h x + k y + l \end{matrix}\right\} = 0$$
und
$$\Phi' = \Phi'(x, y) \equiv \left\{\begin{matrix} a' x^3 + b' x^2 y + c' x y^3 + d' y^3 \\ + e' x^2 + f' x y + g' y^2 \\ + h' x + k' y + l' \end{matrix}\right\} = 0.$$
Wir schreiben beide Gleichungen als kubische Gleichungen für x:

(1) $$\mathfrak{a} x^3 + \mathfrak{b} x^2 + \mathfrak{c} x + \mathfrak{d} = 0$$
und

(2) $$\mathfrak{a}' x^3 + \mathfrak{b}' x^2 + \mathfrak{c}' x + \mathfrak{d}' = 0,$$
wo die Koeffizienten folgende Werte haben:
$$\mathfrak{a} = a, \quad \mathfrak{b} = by + e, \quad \mathfrak{c} = cy^2 + fy + h, \quad \mathfrak{d} = dy^3 + gy^2 + ky + l,$$
$$\mathfrak{a}' = a', \quad \mathfrak{b}' = b'y + e', \quad \mathfrak{c}' = c'y^2 + f'y + h', \quad \mathfrak{d}' = d'y^3 + g'y^2 + k'y + l'.$$
Die sukzessiven Koeffizienten jeder der beiden Gleichungen (1) und (2) sind also Polynome 0., 1., 2., 3. Grades von y.

Für jeden Schnittpunkt (x, y) der beiden Kubiken haben nun die beiden kubischen Gleichungen (1) und (2) die gemeinsame Wurzel x. In § 14 haben wir aber erfahren, daß zwei kubische Gleichungen
$$\mathfrak{a} x^3 + \mathfrak{b} x^2 + \mathfrak{c} x + \mathfrak{d} = 0$$
und
$$\mathfrak{a}' x^3 + \mathfrak{b}' x^2 + \mathfrak{c}' x + \mathfrak{d}' = 0$$
dann und nur dann eine gemeinsame Wurzel haben, wenn ihre Resultante, die symmetrische Determinante
$$\mathfrak{R} = \begin{vmatrix} \mathfrak{A} & \mathfrak{B} & \mathfrak{C} \\ \mathfrak{B} & \mathfrak{C} + \mathfrak{D} & \mathfrak{E} \\ \mathfrak{C} & \mathfrak{E} & \mathfrak{F} \end{vmatrix},$$

verschwindet, wobei die Größen $\mathfrak{A}$ bis $\mathfrak{F}$ folgende Werte haben:

$$\mathfrak{A} = \mathfrak{a}\mathfrak{b}' - \mathfrak{b}\mathfrak{a}', \qquad \mathfrak{B} = \mathfrak{a}\mathfrak{c}' - \mathfrak{c}\mathfrak{a}', \qquad \mathfrak{C} = \mathfrak{a}\mathfrak{d}' - \mathfrak{d}\mathfrak{a}'$$
$$\mathfrak{D} = \mathfrak{b}\mathfrak{c}' - \mathfrak{c}\mathfrak{b}', \qquad \mathfrak{E} = \mathfrak{b}\mathfrak{d}' - \mathfrak{d}\mathfrak{b}', \qquad \mathfrak{F} = \mathfrak{c}\mathfrak{d}' - \mathfrak{d}\mathfrak{c}'.$$

Auch sahen wir dort, daß die gemeinsame Wurzel x im allgemeinen eindeutig erhalten wird, indem man die Adjunkte des ersten Elements einer beliebigen Zeile der Determinante durch die Adjunkte des zweiten Elements dieser Zeile oder auch die Adjunkte des zweiten Elements durch die des dritten Elements teilt.

Nun lehrt der Anblick der Werte für die sechs Größen $\mathfrak{A}$, $\mathfrak{B}$, $\mathfrak{C}$, $\mathfrak{D}$, $\mathfrak{E}$, $\mathfrak{F}$, daß sämtliche Elemente der Determinante $\mathfrak{R}$ Polynome von y sind, und zwar die drei Elemente der ersten Zeile Polynome vom ersten, zweiten, dritten Grade, die drei Elemente der zweiten Zeile Polynome vom zweiten, dritten, vierten Grade und die drei Elemente der dritten Zeile Polynome vom dritten, vierten, fünften Grade.

Hieraus folgt aber, daß sämtliche sechs Glieder der ausgerechneten Determinante Polynome neunten Grades sind.

Die Resultante $\mathfrak{R}$ von (1) und (2) ist sonach ein Polynom neunten Grades in y. Ein solches Polynom hat aber genau neun Nullstellen y_1, y_2, ... bis y_9. Für jede dieser Nullstellen verschwindet $\mathfrak{R}$, und zu jedem y_ν gibt es nach der obigen Vorschrift im allgemeinen genau eine gemeinsame Wurzel x_ν der beiden kubischen Gleichungen (1) und (2).

Demnach gibt es im allgemeinen genau neun Schnittpunkte (x_1, y_1), (x_2, y_2), ... (x_9, y_9) der beiden vorgelegten Kubiken $\mathfrak{K}$ und $\mathfrak{K}'$.

Ergebnis:

Zwei Kubiken schneiden sich im allgemeinen in neun Punkten.

Die algebraische Bestimmung der neun Schnittpunkte erfordert die Lösung einer Gleichung neunten Grades.

Zusatz. Daß es nicht schlicht heißen kann „Zwei Kubiken schneiden sich in neun Punkten" folgt schon aus der einfachen Tatsache, daß sich beispielsweise die beiden Kubiken $\Phi = 0$ und $\Phi' = 0$ mit

$$\Phi = \varphi f \qquad \text{und} \qquad \Phi' = \varphi' f,$$

wo φ und φ' quadratische Funktionen von x und y sind, f eine Linearfunktion von x und y ist, unendlich viele Punkte gemeinsam haben: alle Punkte nämlich, die auf der Geraden $f = 0$ liegen.

§ 59. Der Satz von Hesse

Eine Tangente einer Kurve ist bekanntlich eine Gerade, die zwei unendlich nahe Punkte mit der Kurve gemeinsam hat. Sie wird zur Inflexionstangente oder Wendetangente, wenn sie drei unendlich benachbarte Punkte mit der Kurve gemeinsam hat, und ihr Berührungspunkt heißt in diesem Falle Inflexionspunkt oder Wendepunkt.

Wir stellen uns die Aufgabe, **die Anzahl der Inflexionspunkte einer Kubik zu ermitteln.**

Ist $\Phi(x, y, z) = 0$ die Gleichung der Kubik $\mathfrak{K}$ in Homogenkoordinaten, so bestimmen sich bekanntlich (§ 56) die Schnittpunkte $P(X, Y, Z)$ einer durch die beiden Punkte $p\,(x, y, z)$ und $\pi\,(\xi, \eta, \zeta)$ laufenden Geraden $\mathfrak{g}$ mit der Kubik durch die kubische Gleichung (Schnittgleichung)

$$Lk^3 + lk^2\varkappa + \lambda k\varkappa^2 + \Lambda\varkappa^3 = 0$$

für das Teilverhältnis $\varkappa : k$ des Schnittpunkts P in bezug auf die Punkte p und π bzw. durch die Formeln

$$X = kx + \varkappa y, \qquad Y = ky + \varkappa\eta, \qquad Z = kz + \varkappa\zeta \qquad \text{mit} \quad k + \varkappa = 1.$$

Wir nehmen jetzt den Punkt $p\,(x, y, z)$ auf der Kubik an, während der Punkt $\pi\,(\xi, \eta, \zeta)$ noch beliebig bleibt. Dann verschwindet $L = \Phi\,(x, y, z)$, und die Schnittgleichung erhält die Form

$$lk^2\varkappa + \lambda k\varkappa^2 + \Lambda\varkappa^3 = 0.$$

Sie hat eine Wurzel $\varkappa = 0$ zum Zeichen, daß $\mathfrak{g}$ durch den Kubikpunkt p läuft. Wenn $\mathfrak{g}$ Kubiktangente werden soll, muß ein zweiter Schnittpunkt P von $\mathfrak{g}$ mit $\mathfrak{K}$ auf p fallen, muß m. a. W. die Schnittgleichung die Doppelwurzel Null haben, was der Fall wird, wenn auch l verschwindet:

$$l \equiv \Phi_1\xi + \Phi_2\eta + \Phi_3\zeta = 0.$$

Die Gerade $\mathfrak{g}$ ist also dann und nur dann Kubiktangente, wenn der Punkt $\pi\,(\xi, \eta, \zeta)$ die Gleichung $l = 0$ erfüllt.

Die Gleichung der durch den Kubikpunkt $p\,(x, y, z)$ gehenden Kubiktangente in laufenden Koordinaten ξ, η, ζ lautet

$$\Phi_1\xi + \Phi_2\eta + \Phi_3\zeta = 0.$$

Die Kubiktangente $\mathfrak{g}$ mit der Gleichung $l = 0$ hat nun drei aufeinander folgende Punkte mit der Kubik gemeinsam, wenn auch der dritte Schnittpunkt von $\mathfrak{g}$ mit $\mathfrak{K}$ auf p fällt, d. h. wenn die Schnittgleichung die Tripelwurzel Null hat; und das ist der Fall, wenn der Punkt $\pi\,(\xi, \eta, \zeta)$ auch noch die Bedingung $\lambda = 0$, ausführlich:

$$\Phi_{11}\xi^2 + \Phi_{22}\eta^2 + \Phi_{33}\zeta^2 + 2\Phi_{23}\eta\zeta + 2\Phi_{31}\zeta\xi + 2\Phi_{12}\xi\eta = 0$$

befriedigt.

Die durch diese Gleichung definierte Kurve ist aber der Polarkegelschnitt des Punktes $p\,(x, y, z)$ für die Kubik.

Wenn also der Punkt p ein Inflexionspunkt sein soll, muß der Punkt $\pi\,(\xi, \eta, \zeta)$ dem Polarkegelschnitt des Kubikpunktes p angehören. Für einen Inflexionspunkt p muß mithin der Punkt $\pi\,(\xi, \eta, \zeta)$ erstens auf der Tangente, zweitens auf dem Polarkegelschnitt des Punktes p liegen.

Demnach gehören alle Punkte der durch p laufenden Tangente dem Polarkegelschnitt von p an. Hieraus folgt:

Der Polarkegelschnitt eines Inflexionspunktes ist ein Geradenpaar.

Nun besteht die notwendige und hinreichende Bedingung für den Zerfall des Polarkegelschnitts in ein Geradenpaar im Verschwinden der Determinante

$$H = \begin{vmatrix} \Phi_{11} & \Phi_{12} & \Phi_{13} \\ \Phi_{21} & \Phi_{22} & \Phi_{23} \\ \Phi_{31} & \Phi_{32} & \Phi_{33} \end{vmatrix}.$$

Die hier auftretende Determinante ist, wie man leicht feststellt, ein homogenes Polynom in x, y, z vom dritten Grade. Sie wird nach ihrem Entdecker Otto Hesse Hessedeterminante oder Hessepolynom genannt und, um ihre Abhängigkeit von Φ bzw. von x, y, z anzudeuten, durch $H\Phi$ bzw. $H\,(x, y, z)$, und wenn kein Mißverständnis zu befürchten ist, kurz durch H bezeichnet.

Wir haben daher für unsere Zerfallsbedingung drei Schreibungen:

$$H = 0, \qquad H\Phi = 0, \qquad H(x, y, z) = 0.$$

Die Kurve $H = 0$ ist ein Kubik und wird Hessekubik oder Hessekurve der Ausgangskubik $\mathfrak{K}$ genannt.

Wir haben also gezeigt:

Jeder Inflexionspunkt einer Kubik liegt auf ihrer Hessekurve.

Wir zeigen jetzt umgekehrt:

Jeder Schnittpunkt einer Kubik mit ihrer Hessekurve ist ein Inflexionspunkt der Kubik.

Beweis: $p(x, y, z)$ sei ein Schnittpunkt der Kubik $\Phi = 0$ und ihrer Hessekurve $H = 0$.

Wir achten auf den Polarkegelschnitt

$$2\lambda \equiv \Phi_{11}\xi^2 + \Phi_{22}\eta^2 + \Phi_{33}\zeta^2 + 2\Phi_{23}\eta\zeta + 2\Phi_{31}\zeta\xi + 2\Phi_{12}\xi\eta = 0$$

des Punktes $p(x, y, z)$ (dem der Punkt p angehört).

Wir wissen schon, daß er der Bedingung $H = 0$ zufolge ein Geradenpaar darstellt.

Wir bestimmen die Tangente des Polarkegelschnitts im Punkte (x, y, z). Ihre Gleichung lautet

$$u\xi + v\eta + w\zeta = 0$$

mit

$$u = \Phi_{11}x + \Phi_{12}y + \Phi_{13}z, \; v = \Phi_{21}x + \Phi_{22}y + \Phi_{23}z, \; w = \Phi_{31}x + \Phi_{32}y + \Phi_{33}z.$$

Nun gelten aber nach Eulers Satz über homogene Funktionen die Gleichungen

$$\Phi_{11}x + \Phi_{12}y + \Phi_{13}z = 2\Phi_1, \qquad \Phi_{21}x + \Phi_{22}y + \Phi_{23}z = 2\Phi_2,$$
$$\Phi_{31}x + \Phi_{32}y + \Phi_{33}z = 2\Phi_3.$$

Folglich schreibt sich die Gleichung der Tangente

$$\Phi_1\xi + \Phi_2\eta + \Phi_3\zeta = 0.$$

Diese Gleichung ist aber die Gleichung der Kubiktangente im Punkte x, y, z. Das heißt:

Der Polarkegelschnitt berührt die Kubik im Punkte x, y, z [und zwar gilt dies, wie man ohne weiteres übersieht, nicht nur für den Polarkegelschnitt eines Inflexionspunktes, sondern überhaupt für den Polarkegelschnitt jedes Kubikpunktes].

Mithin ist eine der beiden Geraden, in die unser Polarkegelschnitt zerfällt, die durch p laufende Kubiktangente.

Jeder Punkt (ξ, η, ζ) in dieser Tangente befriedigt also die beiden Bedingungen

$$l = 0 \quad \text{und} \quad \lambda = 0.$$

Folglich ist die Tangente Inflexionstangente, ihr Berührungspunkt p Inflexionspunkt.

Satz von Hesse:

Die Inflexionspunkte einer Kubik sind die Schnittpunkte der Kubik mit ihrer Hessekurve, deren Gleichung sich aus der Kubikgleichung $\Phi = 0$ zu

$$\begin{vmatrix} \Phi_{11} & \Phi_{12} & \Phi_{13} \\ \Phi_{21} & \Phi_{22} & \Phi_{23} \\ \Phi_{31} & \Phi_{32} & \Phi_{33} \end{vmatrix} = 0$$

bestimmt.

Da die Hessekurve einer Kubik auch eine Kubik ist, und da sich zwei Kubiken im allgemeinen in neun Punkten schneiden, können wir hinzufügen:

Eine Kubik hat im allgemeinen neun Inflexionspunkte.

Der Satz von Hesse steht im 34. Bande des Crelleschen Journals.

Zusatz. Nach der obigen Definition des Inflexionspunkts müßte auch ein Doppelpunkt einer Kurve zu den Inflexionspunkten zählen, da ja jede der beiden durch den Doppelpunkt laufenden Tangenten drei unendlich benachbarte Punkte mit der Kurve gemeinsam hat. Genau genommen wendet man aber die Bezeichnung Inflexions- oder Wendepunkt nur auf solche Punkte (x, y) einer Kurve $y = f(x)$ an, für die die zweite Ableitung $f''(x)$ oder ihr reziproker Wert verschwindet und in der Umgebung der Stelle x entgegengesetzte Vorzeichen hat.
In diesem Sinne gilt der Hessesche Satz nur für doppelpunktsfreie Kubiken und Kubiken ohne Spitze.
Daß von den neun Inflexionspunkten einer Kubik ohne vielfache Punkte höchstens drei reell sind, die übrigen sechs also imaginär sein müssen, folgt schon aus dem Carnotschen Satze (§ 57).

§ 60. Der Satz von Maclaurin

Zieht man durch einen Punkt O der Kubik $\mathfrak{K}$ eine Gerade $\mathfrak{g}$, die die Kubik (außer in O) in R und S schneidet, und konstruiert man zu den drei Punkten O, R, S den vierten harmonischen, zu O konjugierten Punkt M, so ist der Ort dieses vierten harmonischen Punktes, wenn sich die Gerade $\mathfrak{g}$ um den Punkt O dreht, der Polarkegelschnitt des Punktes O (§ 56).
Wählen wir den Punkt O als Ursprung des Koordinatensystems xy und die durch O laufende Kubiktangente $\mathfrak{T}$ als x-Achse, so lautet die Gleichung der Kubik etwa

$$\mathfrak{B}y + Ax^2 + 2\,Bxy + Cy^2 + ax^3 + bx^2y + cxy^2 + dy^3 = 0,$$

die des Polarkegelschnitts

$$2\,\mathfrak{B}y + Ax^2 + 2\,Bxy + Cy^2 = 0.$$

Der Polarkegelschnitt zerfällt in ein Geradenpaar, wenn

$$\begin{vmatrix} A & B & 0 \\ B & C & \mathfrak{B} \\ 0 & \mathfrak{B} & 0 \end{vmatrix} = 0$$

oder

$$A\mathfrak{B}^2 = 0$$

wird. Daher gibt es genau zwei Fälle, in welchen der Polarkegelschnitt in ein Geradenpaar zerfällt:

Erstens, wenn A verschwindet, zweitens, wenn $\mathfrak{B}$ verschwindet.

Im ersten Falle bestimmen sich die Schnittpunkte der Tangente $y = 0$ mit $\mathfrak{K}$ durch die kubische Gleichung $ax^3 = 0$.

Die drei Schnittpunkte koinzidieren also in O, und der Punkt O ist ein Inflexionspunkt.

Im zweiten Falle ist O ein Doppelpunkt, und die Gerade $\mathfrak{g}$ schneidet $\mathfrak{K}$ nur noch einmal, so daß von einem vierten harmonischen Punkte keine Rede sein kann.

Aus diesem Grunde erregt nur der erste Fall — O ist Inflexionspunkt — unser Interesse.

Die Gleichung des Polarkegelschnitts hat dann die Form

$$y\,(2\,\mathfrak{B} + 2\,Bx + Cy) = 0,$$

und der Polarkegelschnitt besteht aus der Tangente $\mathfrak{T}$ und der Geraden

$$(\mathfrak{M}) \qquad \mathbf{2\,\mathfrak{B} + 2\,B\,x + C\,y = 0.}$$

Diese Gerade $(\mathfrak{M})$ ist daher der Ort des Punktes M.

Ist umgekehrt der Ort des Punktes M eine Gerade, so muß der Polarkegelschnitt von O diese Gerade enthalten, also ein Geradenpaar sein, was wieder zur Bedingung

$$A\,\mathfrak{B}^2 = 0$$

führt. Aber $\mathfrak{B}$ kann nicht verschwinden, da sonst O ein Doppelpunkt wäre und der Ort von M keine Gerade sein könnte. Folglich verschwindet A, und O ist ein Inflexionspunkt.

Das Ergebnis dieser Betrachtung ist der fundamentale

Satz von Maclaurin:

Rotiert eine durch den Kubikpunkt O laufende Gerade um O, und bestimmt man in jeder ihrer Lagen zu ihren drei Schnittpunkten mit der Kubik den vierten harmonischen, zu O konjugierten, Punkt M, so ist der Ort von M dann und nur dann eine Gerade, wenn O ein Inflexionspunkt der Kubik ist.

Wir nennen diese Gerade die Maclauringerade oder auch Maclaurinpolare des (Inflexions-)Punktes O. Ihre Gleichung ist oben unter $(\mathfrak{M})$ angegeben.

Dieser wichtige Satz wurde von Maclaurin in seinem 1720 in London erschienenen Buche „De Linearum Geometricarum Proprietatibus Generalibus" bekannt gemacht.

Der Inflexionspunkt O und seine Maclaurinpolare besitzen Eigenschaften, die den Eigenschaften von Pol und Polare ganz ähnlich sind; z. B.:

1. Zieht man durch O zwei Gerade OAA' und OBB', die die Kubik in A und A' bzw. B und B' treffen, so liegt der Schnittpunkt H der Geraden AB und $A'B'$, wie auch der Schnittpunkt K der Geraden AB' und BA' auf der Maclaurinpolare $\mathfrak{M}$. (H und K sind Diagonalpunkte des Vierseits $ABA'B'$.)

2. Die Kubiktangenten in den Schnittpunkten einer beliebigen durch O laufenden Geraden mit der Kubik schneiden sich auf der Maclaurinpolare $\mathfrak{M}$. (Folgt durch einen bekannten Grenzübergang ohne weiteres aus 1.)

3. Der Berührungspunkt jeder von O an die Kubik gelegten Tangente liegt auf der Maclaurinpolare $\mathfrak{M}$. Und umgekehrt: Ist T ein Schnittpunkt von $\mathfrak{M}$ mit $\mathfrak{K}$, so berührt die Gerade OT die Kubik in T.

Wir haben also den **Satz:**

Von einem Inflexionspunkte lassen sich genau drei Tangenten an eine Kubik legen, und die Berührungspunkte dieser Tangenten liegen auf einer Geraden $(\mathfrak{M})$.

Ein Doppelpunkt einer Kubik liegt auf der Maclaurinpolare jedes Inflexionspunktes.

Es sei $\mathfrak{a}$ eine Gerade, die die Kubik $\mathfrak{K}$ in den drei Punkten A, B, C schneide, S ihr Schnittpunkt mit der Maclaurinpolare $\mathfrak{M}$ des Punktes O, und die Geraden OA, OB, OC mögen $\mathfrak{K}$ nochmals in A', B', C' treffen. Aus 1. wissen wir dann, daß beispielsweise auch $A'C'$ sowie auch $B'C'$ durch S läuft. Folglich liegen die drei Punkte A', B', C' auf einer Geraden $\mathfrak{a}$, und wir haben den

Satz:

Die vom Inflexionspunkte O nach den drei Schnittpunkten einer beliebigen Geraden mit der Kubik laufenden Sekanten treffen die Kubik zum zweiten Male auf einer zweiten Geraden, und die beiden Geraden schneiden sich auf der Maclaurinpolare des Punktes O.

Wählen wir insonderheit A als Inflexionspunkt, und drehen die Gerade $\mathfrak{a}$ um A, bis sie zur Tangente in A wird, so wandert S auf $\mathfrak{M}$, und die Punkte B und C bzw. B' und C' nähern sich der Stelle A bzw. A', um sich in dem Augenblicke, wo $\mathfrak{a}$ Tangente wird, mit A bzw. A' zu vereinen. Demnach ist auch A' ein Inflexionspunkt, und wir haben

Maclaurins Satz von den drei kollinearen Inflexionspunkten:

Die Verbindungslinie zweier Inflexionspunkte einer Kubik trifft die Kubik noch in einem dritten Inflexionspunkte.

Eine derartige Verbindungslinie von drei Inflexionspunkten einer Kubik mag kurz eine Inflexionsgerade genannt werden.

Es gilt folgender

Satz von den zwölf Inflexionsgeraden:

Jede Kubik ohne mehrfache Punkte besitzt zwölf Inflexionsgerade. Diese zwölf Geraden bilden vier Inflexionsgeradentripel derart, daß jedes der vier Tripel die neun Inflexionspunkte der Kubik enthält.

Beweis: Verbindet man einen der neun Inflexionspunkte mit den anderen acht, so entstehen gleichwohl nur vier Verbindungslinien, da ja auf jeder drei Inflexionspunkte liegen. Daher laufen jeweils vier Inflexionsgerade durch einen Inflexionspunkt. Das macht im ganzen $9 \cdot 4 = 36$ Inflexionsgerade. Da aber bei dieser Zählung jede Inflexionsgerade dreimal gezählt wurde, reduziert sich die Gesamtzahl der Inflexionsgeraden auf zwölf.

Nunmehr fassen wir eine der vier Inflexionsgeraden ins Auge, die durch einen Inflexionspunkt O laufen. Auf ihr liegen genau drei Inflexionspunkte A, B, C, und durch jeden von ihnen laufen nach dem eben Gesagten drei von unseren zwölf Inflexionsgeraden. Das macht mit der ins Auge gefaßten Inflexionsgerade zusammen zehn Inflexionsgerade. Mithin verbleiben von den zwölf Inflexionsgeraden zwei, die keinen der Punkte A, B, C enthalten, und jede von ihnen enthält drei weitere Inflexionspunkte. Diese beiden Geraden und die Ausgangsgerade bilden also ein Geradentripel, welches sämtliche Inflexionspunkte der Kubik enthält.

Solcher Geradentripel gibt es demnach im ganzen vier Stück.

Aus Maclaurins Satze folgt schließlich noch der

Satz von den neun gemeinsamen Inflexionspunkten:

Jede Kubik, die durch die neun Inflexionspunkte einer vorgelegten Kubik läuft, hat ebenfalls diese neun Punkte zu Inflexionspunkten.

Beweis. O sei ein Inflexionspunkt einer gegebenen Kubik $\mathfrak{K}$ mit neun Inflexionspunkten. Wir achten auf das Büschel der vier durch O laufenden Geraden $\mathfrak{g}_1, \mathfrak{g}_2, \mathfrak{g}_3, \mathfrak{g}_4$, die jede neben O zwei weitere Inflexionspunkte enthält: die Gerade $\mathfrak{g}_\nu$ die beiden Inflexionspunkte A_ν und B_ν (wo ν eine beliebige der vier

Zahlen 1, 2, 3, 4 bedeutet). Bestimmt man auf $\mathfrak{g}_\nu$ zu den drei Punkten O, A_ν, B_ν den zu O konjugierten vierten harmonischen Punkt M_ν, so liegen die vier Punkte M_1, M_2, M_3, M_4 nach Maclaurins Satze auf einer Geraden $\mathfrak{M}$ (der Maclaurinpolare des Punktes O für die Kubik $\mathfrak{K}$).

Legt man nun durch die neun Punkte O, A_1, A_2, A_3, A_4, B_1, B_2, B_3, B_4 eine beliebige Kubik $\mathfrak{k}$, so ist O nach Maclaurins Satze Inflexionspunkt von $\mathfrak{k}$. Da aber O ein beliebiger Inflexionspunkt von $\mathfrak{K}$ ist, so gilt diese Eigenschaft für jeden Inflexionspunkt von $\mathfrak{K}$. M. a. W.: Alle neun Punkte O, A_1, A_2, A_3, A_4, B_1, B_2, B_3, B_4 sind Inflexionspunkte von $\mathfrak{k}$.

§ 61. Bestimmung der Inflexionspunkte

In diesem Paragraphen handelt es sich um die Lösung der Aufgabe:

Die neun Inflexionspunkte einer Kubik (die keine mehrfachen Punkte besitzt) zu ermitteln.

Lösung: Die 9 Inflexionspunkte der gegebenen Kubik $\mathfrak{K}$, deren Gleichung

$$\Phi = 0$$

heiße, sind nach Hesses Satz (§ 59) die Schnittpunkte der beiden Kubiken

$$\Phi = 0 \quad \text{und} \quad H\Phi = 0.$$

Da die Bestimmung der Schnittpunkte zweier Kubiken auf die Ermittlung der Wurzeln einer Gleichung neunten Grades hinauskommt (§ 58), so handelt es sich hier darum, die aus den beiden Kurvengleichungen $\Phi = 0$ und $H\Phi = 0$ hervorgehende spezielle Gleichung neunten Grades zu lösen. Wir werden im folgenden zeigen, daß die Lösung dieser Spezialgleichung auf die Ermittlung einer Wurzel einer biquadratischen Gleichung und die Lösung dreier kubischen Gleichungen hinauskommt.

Das Verfahren beruht einerseits auf dem Satze von Hesse (§ 59) sowie einem gleichfalls von Hesse herrührenden algebraischen Satze über das Hessepolynom, anderseits auf zwei Folgesätzen des Maclaurinschen Theorems: dem Satze von den neun gemeinsamen Inflexionspunkten und dem Satze von den zwölf Inflexionsgeraden.

Satz vom Hessepolynom:

Bedeutet Φ ein homogenes Polynom dritten Grades der Variablen x, y, z, so ist das Hessepolynom eines Linearkompositums von Φ und $H\Phi$ wieder ein Linearkompositum von Φ und $H\Phi$.

In Zeichen: $$H(\lambda\Phi + \mu H\Phi) = \Lambda\Phi + \mathrm{M}\, H\Phi.$$

Dabei sind λ und μ irgend zwei gegebene Konstanten, Λ und M zwei weitere Konstanten, die sich als Polynome dritten Grades von λ und μ vermöge des Operators H bestimmen lassen.

Beweis: Die Kurve $\Phi = 0$ ist eine Kubik, deren Inflexionspunkte die neun Schnittpunkte S_1, S_2, ... S_9 der beiden Kubiken $\Phi = 0$ und $H\Phi = 0$ sind. Nun läuft die Kubik

$$\lambda\Phi + \mu H\Phi = 0$$

durch die neun Punkte S_1, ..., S_9, besitzt also nach dem Satze von den neun gemeinsamen Inflexionspunkten die neun Punkte S zu Inflexionspunkten; und da die Kubik

$$H(\lambda\Phi + \mu H\Phi) = 0$$

nach Hesses Satz (§ 59) durch die Inflexionspunkte der Kubik

$$\lambda \Phi + \mu H\Phi = 0$$

läuft, so geht diese Hessekubik durch die Punkte $S_1, S_2, \ldots, S_9$. Dann hat aber die linke Seite ihrer Gleichung notwendig die Form $\Lambda\Phi + \mathsf{M} H\Phi$, wobei Λ und M gewisse Konstanten sind. (Jede Kubik, die durch die Schnittpunkte zweier Kubiken $\Phi = 0$ und $\Psi = 0$ geht, hat eine Gleichung von der Form $\Lambda\Phi + \mathsf{M}\Psi = 0$.)

Demnach ist in der Tat

$$H(\lambda\Phi + \mu H\Phi) = \Lambda\Phi + \mathsf{M} H\Phi.$$

Nachdem die Existenz der beiden Konstanten Λ und M festgestellt ist, erkennt man aus der Bildung der linken Seite der letzten Gleichung auch leicht, daß Λ und M Polynome dritten Grades von λ und μ sind.

Damit ist der Beweis des Hesseschen Satzes erbracht.

Es sei nunmehr

$$\Phi = 0$$

die Kubik $\mathfrak{K}$, deren Inflexionspunkte $J_1, J_2, \ldots, J_9$ ermittelt werden sollen. Letztere liegen zugleich auf der Hessekubik

$$H\Phi = 0.$$

Demgemäß läßt sich die Gleichung jeder durch die neun Punkte $J_1, J_2, \ldots, J_9$ laufenden Kubik $\mathfrak{k}$ auf die Form

$$H\Phi + \lambda\Phi = 0$$

bringen, unter λ eine geeignete Konstante verstanden.

Auch hat jede derartige Kubik $\mathfrak{k}$ die neun Punkte $J_1, J_2, \ldots, J_9$ zu Inflexionspunkten (§ 60, Satz von den neun gemeinsamen Inflexionspunkten).

Nach dem Satze von den zwölf Inflexionsgeraden (§ 60) gibt es genau vier Geradentripel derart, daß jedes Tripel alle neun Inflexionspunkte $J_1, J_2, \ldots, J_9$ enthält, und zwar jede Gerade eines Tripels genau drei Inflexionspunkte. Jedes derartige Geradentripel ist eine Zerfallskubik, d. h. eine Kubik $\mathfrak{k}$, die in drei Geraden zerfällt.

Demnach existieren genau vier λ-Werte, für welche sich das Polynom $H\Phi + \lambda\Phi$ in ein Produkt von drei Linearfaktoren von der Form $\mathfrak{a}x + \mathfrak{b}y + \mathfrak{c}z$ verwandeln läßt.

Nun ist nach Hesses Satz identisch

$$H(H\Phi + \lambda\Phi) = \Lambda H\Phi + \mathsf{M}\Phi,$$

wobei Λ und M vermöge der Bildung der linken Seite dieser Gleichung leicht zu berechnende, also bekannte Polynome dritten Grades von λ sind, und außerdem läuft die Kubik $H(H\Phi + \lambda\Phi)$ durch die Punkte $J_1, J_2, \ldots, J_9$.

Denken wir uns jetzt λ so gewählt, daß die Kubik $H\Phi + \lambda\Phi = 0$ eine der obigen Zerfallskubiken darstellt, so stellt auch die Kubik $H(H\Phi + \lambda\Phi) = 0$ — die ja nach Hesses Satz (§ 59) jeden Inflexionspunkt (also jeden Punkt) der Kubik $H\Phi + \lambda\Phi = 0$ gleichfalls als Inflexionspunkt besitzt — jene Zerfallskubik dar. Wenn aber die Gleichungen

$$H\Phi + \lambda\Phi = 0 \quad \text{und} \quad \Lambda H\Phi + \mathsf{M}\Phi = 0$$

dieselbe Kubik darstellen, besteht die Proportion

$$1 : \lambda = \Lambda : \mathsf{M}.$$

So erhalten wir für unser λ die biquadratische Gleichung

$$\lambda \Lambda - M = 0.$$

Wir bestimmen eine Wurzel dieser biquadratischen Gleichung und nennen sie λ. Für dieses λ läßt sich das Polynom $H\Phi + \lambda\Phi$ in ein Produkt von drei Linearfaktoren u, v, w verwandeln.

Nach obigem enthält jede der drei Geraden

$$u = 0, \qquad v = 0, \qquad w = 0$$

genau drei Inflexionspunkte der vorgelegten Kubik $\mathfrak{K}$.

Wir brauchen also nur noch die drei Schnittpunkte der Geraden $u = 0$ bzw. $v = 0$ bzw. $w = 0$ mit der Kubik $\Phi = 0$ zu bestimmen, um in den sich ergebenden neun Schnittpunkten die gesuchten Inflexionspunkte der Kubik $\mathfrak{K}$ zu bekommen.

Die Ermittlung eines solchen Schnittpunkttripels vollzieht sich aber mittels einer kubischen Gleichung.

Ergebnis:

Die Gleichung neunten Grades, welche die Abszissen oder Ordinaten der Inflexionspunkte einer Kubik zu Wurzeln hat, ist algebraisch lösbar.

Die Ermittlung der Inflexionspunkte der Kubik, d. h. die algebraische Lösung der zugehörigen Gleichung neunten Grades wird bewerkstelligt durch die Berechnung einer Wurzel einer biquadratischen Gleichung und die Lösung dreier kubischer Gleichungen.

Die algebraische Lösbarkeit der Gleichung neunten Grades für die Inflexionspunktkoordinaten einer Kubik wurde zuerst von Hesse bewiesen (Crelles Journal, Bd. XXXIV, S. 191).

DRITTER TEIL / EINIGE DIOPHANTISCHE KUBISCHE UND BIQUADRATISCHE GLEICHUNGEN

§ 62. Die diophantische Gleichung $x^3 + y^3 = z^2$

Wir suchen ganzzahlige Lösungen x, y, z der Gleichung $x^3 + y^3 = z^2$ und verabreden dementsprechend, daß alle in diesem Paragraphen vorkommenden Buchstaben ganze Zahlen bedeuten sollen.

Im Hinblick auf die Zerlegungsformel

$$x^3 + y^3 = (x + y)(x^2 - xy + y^2)$$

beginnen wir mit einer Vorbetrachtung über Zahlen von der Form $x^2 - xy + y^2$. Um eine bequeme Ausdrucksweise zu haben, wollen wir solche Zahlen kurz Spezialzahlen nennen, so daß $x^2 - xy + y^2$ die Spezialzahl der „Komponenten" x und y heißen soll.

Diese Spezialzahlen besitzen folgende fundamentalen Eigenschaften:

I. Das Produkt zweier (oder mehrerer) Spezialzahlen ist auch eine Spezialzahl.

II. Jeder positive ungerade Teiler einer Spezialzahl mit fremden*) Komponenten ist gleichfalls eine Spezialzahl.

Beweis zu I. Das Produkt

$$P = (a^2 - ab + b^2)(\alpha^2 - \alpha\beta + \beta^2)$$

der beiden Spezialzahlen $a^2 - ab + b^2$ und $\alpha^2 - \alpha\beta + \beta^2$ läßt sich schreiben

$$P = A^2 - AB + B^2,$$

wobei nach Belieben $A = a\beta - b\alpha$, $B = a\alpha + b\beta - b\alpha$

oder $A = a\alpha - b\beta$, $B = a\beta + b\alpha - b\beta$

gewählt werden darf.

Beweis zu II. Wenn $a^2 - ab + b^2$ mit fremden a (> 0) und b durch die ungerade Zahl m teilbar ist, so ist z. B. auch b zu m fremd und läßt sich mithin eine positive Zahl h angeben, derart, daß $hb \equiv 1 \bmod m$ ist. Damit wird $ha = A$, $hb = B$ gesetzt, $A^2 - AB + B^2 \equiv A^2 - A + 1 \bmod m$, also auch

$$A^2 - A + 1 \equiv 0 \bmod m.$$

Wir verwandeln $A : m$ in einen Kettenbruch und bestimmen seine sukzessiven Näherungsbrüche $p : q$ und $P : Q$, deren Nenner unterhalb und oberhalb von $\sqrt{m}$ liegen:

$$q < \sqrt{m} < Q.$$

*) „fremd" bedeutet teilerfremd.

Wegen $| A/m - p/q | < 1/Qq$

ist dann $| Aq - mp | < m : Q < \sqrt{m}$,

mithin, $Aq - mp = \mathfrak{A}, \quad q = \mathfrak{B}$ gesetzt,

wegen $\mathfrak{A}^2 < m, \quad |\mathfrak{A}\,\mathfrak{B}| < \sqrt{m}\, q < m, \quad \mathfrak{B}^2 = q^2 < m$

$$\mathfrak{A}^2 - \mathfrak{A}\,\mathfrak{B} + \mathfrak{B}^2 < 3\,m.$$

Anderseits ist

$\mathfrak{A}^2 - \mathfrak{A}\mathfrak{B} + \mathfrak{B}^2 = (Aq - mp)^2 \cdot (Aq - mp)q + q^2 \equiv q^2(A^2 - A + 1) \bmod m$,
also wegen $A^2 - A + 1 \equiv 0 \bmod m$ $\mathfrak{A}^2 - \mathfrak{A}\,\mathfrak{B} + \mathfrak{B}^2$ durch m teilbar.

Demnach ist entweder

$$\mathfrak{A}^2 - \mathfrak{A}\,\mathfrak{B} + \mathfrak{B}^2 = m \quad \text{oder} \quad \mathfrak{A}^2 - \mathfrak{A}\,\mathfrak{B} + \mathfrak{B}^2 = 2\,m.$$

Der zweite Fall scheidet aber aus, da bei gradem $\mathfrak{A}$ und $\mathfrak{B}$ $\mathfrak{A}^2 - \mathfrak{A}\,\mathfrak{B} + \mathfrak{B}^2$ durch 4 teilbar ist, $2\,m$ dagegen nicht, während bei ungeradem $\mathfrak{A}$ und $\mathfrak{B}$ wie auch bei ungleichartigen $\mathfrak{A}$ und $\mathfrak{B}$ $\mathfrak{A}^2 - \mathfrak{A}\,\mathfrak{B} + \mathfrak{B}^2$ ungerade ist, $2\,m$ dagegen nicht.

Damit wird $\mathfrak{A}^2 - \mathfrak{A}\,\mathfrak{B} + \mathfrak{B}^2 = m$, w. z. b. w.

Zusatz. Da eine Spezialzahl mit fremden Komponenten nicht gerade sein kann, besitzt sie nur ungerade (positive) Teiler, und da jeder dieser Teiler selbst eine Spezialzahl ist, haben wir das

Korollar:

Jede Spezialzahl mit fremden Komponenten ist ein Produkt von Spezialzahlen.

Nun zur diophantischen Gleichung

$$x^3 + y^3 = z^2$$

Wir schreiben sie

$$(x + y) \cdot (x^2 - xy + y^2) = z^2$$

und stellen zunächst fest, daß die beiden Faktoren ihrer linken Seite entweder fremd sind oder den (einzigen) gemeinsamen Teiler 3 haben.

[Aus $x + y = hd$, $x^2 - xy + y^2 = kd$ folgt $(x + y)^2 - 3\,xy = kd$, also $3\,xy = l\,d$. Daher muß ein etwaiger von 1 verschiedener Teiler d gleich 3 sein, da jeder andere Primteiler von d entweder in x oder in y, mithin wegen $x + y = hd$ in x und y aufgehen müßte, *q. e. a.*]

Demgemäß unterscheiden wir zwei Fälle.

Erster Fall:

$x + y$ und $x^2 - xy + y^2$ sind fremd.

In diesem Falle muß wegen

$$(x + y) \cdot (x^2 - xy + y^2) = z^2$$

jeder der beiden Faktoren der linken Seite dieser Gleichung ein Quadrat sein:

$$x + y = u^2, \qquad x^2 - xy + y^2 = v^2.$$

Nach dem obigen Korollar muß dann v eine Spezialzahl sein, also

$$x^2 - xy + y^2 = (p^2 - pq + q^2)^2$$

sein. Hieraus folgern wir auf Grund der unter I. angegebenen Zerlegungsformel

$$x = p^2 - 2\,pq, \qquad y = p^2 - q^2$$

bzw. $$x = 2\,pq - p^2, \qquad y = q^2 - p^2.$$

Das erste dieser Gleichungspaare führt auf die Relation

$$u^2 + (p+q)^2 = 3\,p^2,$$

und diese ist nicht zu verwirklichen, da eine Norm von zwei fremden Zahlen [u und $p+q$] nicht durch 3 teilbar sein kann.

Bleibt sonach nur die zweite Möglichkeit:

$$x = 2\,pq - p^2, \qquad y = q^2 - p^2.$$

Sie führt auf die verallgemeinerte platonische Gleichung

$$3\,p^2 + u^2 = r^2 \qquad \text{mit} \qquad r = p + q,$$

welche bekanntlich die Lösung

$$p = \varepsilon m n \qquad u = \varepsilon\,(m^2 - 3\,n^2)/2 \qquad r = \varepsilon\,(m^2 + 3\,n^2)/2$$

besitzt, in der m und n beliebige fremde Parameter bedeuten und ε den Wert 1 oder 2 hat, je nachdem m und n gleichartig oder ungleichartig sind. Damit wird (man beachte $z = uv$)

$$\left\{\begin{array}{l} x = (\varepsilon/2)^2 \cdot 4\,mn\,(m^2 - 3\,mn + 3\,n^2) \\ y = (\varepsilon/2)^2 \cdot (m-n)\,(m - 3\,n)\,(m^2 + 3\,n^2) \\ z = (\varepsilon/2)^3 \cdot (m^2 - 3\,n^2)\,[m^4 + 9\,n^4 - 6\,mn\,(m^2 - 3\,mn + 3\,n^2)] \end{array}\right\}.$$

Die in diesem Formelsystem vermöge der beiden Werte von ε enthaltenen beiden Formeltripel lassen sich auf ein einziges Tripel zurückführen.

Sind nämlich m und n gleichartig (ungerade), so sind $\mu = (m - 3\,n)/2$ und $\nu = (m-n)/2$ ungleichartig, und es wird

$$x = (\mu - \nu)\,(\mu - 3\,\nu)\,(\mu^2 + 3\,\nu^2), \qquad y = 4\,\mu\nu\,(\mu^2 - 3\,\mu\nu + 3\,\nu^2),$$

welche Lösung also statt durch die gleichartigen Parameterwerte m und n auch durch die ungleichartigen Parameterwerte μ und ν erhalten werden kann.

Deshalb können wir uns auf die Lösung

$$\left\{\begin{array}{c} x = 4\,mn\,(m^2 - 3\,mn + 3\,n^2), \qquad y = (m-n)\,(m-3\,n)\,(m^2 + 3\,n^2), \\ z = (m^2 - 3\,n^2)\,[m^4 + 9\,n^4 - 6\,mn\,(m^2 - 3\,mn + 3\,n^2)] \end{array}\right\}$$

mit ungleichartigen m und n beschränken.

Zweiter Fall:

$x + y$ und $x^2 - xy + y^2$ haben den gemeinsamen Teiler 3.

Wegen $$(x+y)\cdot(x^2 - xy + y^2) = z^2$$

ist jeder der beiden links stehenden Faktoren das Dreifache eines Quadrats:

$$x + y = 3\,u^2, \qquad x^2 - xy + y^2 = 3\,v^2.$$

Wieder ist nach dem Korollar v eine Spezialzahl, mithin

$$x^2 - xy + y^2 = 3\,(p^2 - pq + q^2)^2.$$

Hieraus folgern wir auf Grund der unter I. angegebenen Zerlegungsformel (es ist $3 = 2^2 - 2\cdot 1 + 1^2$)

1. $$x = p^2 + 2\,pq - 2\,q^2, \qquad y = 2\,p^2 - 2\,pq - q^2$$

oder

2. $$x = p^2 - 4\,pq + q^2, \qquad y = 2\,p^2 - 2\,pq - q^2$$

oder

3. $$x = p^2 - 4\,pq + q^2, \qquad y = 2\,q^2 - 2\,pq - p^2.$$

Im Falle 1. wird

$$x + y = 3\,(p^2 - q^2),$$

so daß $p^2 - q^2$ ein Quadrat sein muß. Nach Platons Formeln haben p und q dann die Gestalt

$$p = m^2 + n^2, \qquad q = 2\,mn$$

oder

$$p = m^2 + n^2, \qquad q = m^2 - n^2$$

mit ungleichartigen fremden m und n.

Damit erhalten wir die beiden Lösungstripel

$$\left\{\begin{array}{l} x = m^4 + 4\,m^3 n - 6\,m^2 n^2 + 4\,m n^3 + n^4 \\ y = 2\,m^4 - 4\,m^3 n - 4\,m n^3 + 2\,n^4 \\ z = 3\,(m^2 - n^2)\,[m^4 - 2\,m^3 n + 6\,m^2 n^2 - 2\,m n^3 + n^4] \end{array}\right\}$$

und

$$\left\{\begin{array}{l} x = m^4 + 6\,m^2 n^2 - 3\,n^4 \\ y = 3\,n^4 + 6\,m^2 n^2 - m^4 \\ z = 6\,mn\,(m^4 + 3\,n^4) \end{array}\right\}.$$

Setzen wir in dem zweiten dieser Lösungstripel

$$m = \mu + \nu, \qquad n = \mu - \nu,$$

so entsteht das „neue" Tripel

$$\left\{\begin{array}{l} \xi = \mu^4 + 4\,\mu^3\nu - 6\,\mu^2\nu^2 + 4\,\mu\nu^3 + \nu^4 \\ \eta = 2\,\mu^4 - 4\,\mu^3\nu - 4\,\mu\nu^3 + 2\,\nu^4 \\ \zeta = 3\,(\mu^2 - \nu^2)\,[\mu^4 - 2\,\mu^3\nu + 6\,\mu^2\nu^2 - 2\,\mu\nu^3 + \nu^4] \end{array}\right\},$$

wobei

$$x = 4\,\xi, \qquad y = 4\,\eta, \qquad z = 8\,\zeta$$

ist. Läßt man also im zweiten Lösungstripel für m und n auch gleichartige fremde Zahlen zu, so erhält man eine Lösung mit nichtfremden x, y, z, welche aber nach Beseitigung des gemeinsamen Teilers 4 eine dem ersten Tripel angehörige Lösung liefert. Damit können wir uns auf das zweite Lösungstripel beschränken.

Die Behandlung der Fälle 2. und 3. führt zu denselben Lösungsformeln.

Ergebnis:

Die diophantische Gleichung

$$x^3 + y^3 = z^2$$

hat die Lösungen

$$x = 4\,mn\,(m^2 - 3\,mn + 3\,n^2), \quad y = (m - n)\,(m - 3\,n)\,(m^2 + 3\,n^2),$$
$$z = (m^2 - 3\,n^2)\,[m^4 + 9\,n^4 - 6\,mn\,(m^2 - 3\,mn + 3\,n^2)]$$

und

$$x = m^4 + 6\,m^2 n^2 - 3\,n^4, \qquad y = 3\,n^4 + 6\,m^2 n^2 - m^4, \qquad z = 6\,mn\,(m^4 + 3\,n^4)$$

mit beliebigen fremden m und n.

Beispiele.

Für $m = 1$, $n = 2$ liefern die beiden Lösungstripel die Relationen

$$56^3 + 65^3 = 671^2, \qquad 71^3 - 23^3 = 588^2.$$

Für $m = 2$, $n = 1$ ergeben sich die Relationen

$$8^3 - 7^3 = 13^2, \qquad 37^3 + 11^3 = 228^2.$$

Für $m = 1$, $n = 1$ gibt nur das zweite Tripel eine brauchbare Lösung:

$$1^3 + 2^3 = 3^2.$$

Für $m = 11$, $n = 2$ liefert das erste Tripel die Lösung

$$5896^3 + 5985^3 = 647\,569^2.$$

§ 63. Aufgabe von Bachet-Fermat

Zwei Kuben zu finden, deren Summe oder Differenz gleich der Summe oder Differenz zweier gegebener Kuben ist.

M. a. W.: Die diophantische Gleichung

$$x^3 \pm y^3 = a^3 \pm b^3$$

zu lösen, in der a und b gegeben sind und die Vorzeichen beliebig sein dürfen. Doch wird nicht verlangt, daß die Basen a, b, x, y ganzzahlig sind; es genügt, wenn sie rational sind.

Das Problem besteht sonach aus folgenden vier Einzelaufgaben:

(1) $$x^3 - y^3 = a^3 - b^3,$$
(2) $$x^3 - y^3 = a^3 + b^3,$$
(3) $$x^3 + y^3 = a^3 - b^3,$$
(4) $$x^3 + y^3 = a^3 + b^3.$$

Die drei ersten stammen von Claude Gaspar Bachet, Sieur de Méziriac, der sie seiner 1621 in Paris erschienenen Ausgabe der Arithmetik des Diophant hinzufügte, die vierte wurde zur Vervollständigung der Bachetschen Aufgaben von Pierre Fermat hinzugefügt.

Lösung. Wir setzen $a > b$ und $x > y > 0$ voraus. Bachets Ansatz zur Lösung von (1) lautet

$$x = t - b, \qquad y = kt - a,$$

unter k eine vorläufig noch unbekannte Rationalzahl verstanden. Das gibt

$$(1 - k^3)\, t^3 + 3\,(ak^2 - b)\, t^2 + 3\,(b^2 - a^2 k)\, t = 0.$$

Um diese kubische Gleichung für t bequem und eindeutig lösen zu können, wählt Bachet

$$k = b^2 : a^2.$$

Dadurch wird

$$t = 3\,(b - ak^2) \,/\, (1 - k^3) = 3\,a^3 b\,(a^3 - b^3) \,/\, (a^6 - b^6) = 3\,a^3 b \,/\, (a^3 + b^3)$$

und

(1′) $$x = b\,(2\,a^3 - b^3) \,/\, (a^3 + b^3), \quad y = a\,(2\,b^3 - a^3) \,/\, (a^3 + b^3)$$

Hieraus bekommen wir auch sofort eine Lösung von Aufgabe (2). Wir brauchen nämlich nur in (1) und (1′) statt b $-b$ zu schreiben, um

(2′) $$x = a\,(a^3 + 2\,b^3) \,/\, (a^3 - b^3), \quad y = b\,(b^3 + 2\,a^3) \,/\, (a^3 - b^3)$$

als Lösung von (2) zu erhalten.

Auch die Lösung von (3) läßt sich sofort aus (1) entnehmen: Indem man in (1) und (1′) statt y $-y$ schreibt, ergibt sich

(3′) $$x = b\,(2\,a^3 - b^3) \,/\, (a^3 + b^3), \quad y = a\,(a^3 - 2\,b^3) \,/\, (a^3 + b^3)$$

als Lösung von (3).

Von den drei Bachetschen Formeln (1′), (2′), (3′) ist nur die zweite einwandfrei; bei (1′) muß der geforderten Positivität von y wegen a^3 kleiner, bei (3′) größer als $2\,b^3$ vorausgesetzt werden. Diesen Mangel, den Bachet nicht zu heben vermochte, beseitigte erst Fermat.

Wir betrachten zunächst (1) und setzen

$$a^3 > 2\,b^3$$

voraus, so daß Bachets Formel (1′) nicht funktioniert.

Auf Grund von (3′) bestimmt Fermat eine Lösung (A, B) von (3), wobei also für A die größere, für B die kleinere der beiden Zahlen

$$b\,(2\,a^3 - b^3)\,/\,(a^3 + b^3), \qquad a\,(a^3 - 2\,b^3)\,/\,(a^3 + b^3)$$

gewählt wird und

$$A^3 + B^3 = a^3 - b^3$$

ist. Dadurch verwandelt sich unsere Aufgabe in

$$x^3 - y^3 = A^3 + B^3$$

und auf Grund von (2) und (2′) erhalten wir die Lösung

$$(1'') \qquad x = A\,(A^3 + 2\,B^3)/(A^3 - B^3), \qquad y = B\,(B^3 + 2\,A^3)/(A^3 - B^3)$$

von (1).

Darauf betrachten wir (3) unter der Voraussetzung

$$a^3 < 2\,b^3,$$

so daß Bachets Lösung (3′) versagt.

Jetzt bestimmt Fermat auf Grund von (1′) eine Lösung

$$A = b\,(2\,a^3 - b^3)\,/\,(a^3 + b^3), \qquad B = a\,(2\,b^3 - a^3)\,/\,(a^3 + b^3)$$

von (1), so daß

$$A^3 - B^3 = a^3 - b^3$$

ist und unsere Aufgabe die Form

$$(3\text{a}) \qquad x^3 + y^3 = A^3 - B^3$$

annimmt.

Die erhaltene Gleichung ist nach Bachets Formel (3′) lösbar, falls

$$A^3 > 2\,B^3$$

ausgefallen ist. Bei z. B. $a = 5$, $b = 4$ wird $A = 248 : 63$, $B = 5 : 63$, also $A^3 > 2\,B^3$, so daß Bachets Formel (3′) anwendbar wird und x und y liefert. Es kann aber auch sein, daß A^3 kleiner als $2\,B^3$ ausfällt. Dann ist (3a) nach Bachets Formel nicht direkt lösbar, und das Verfahren muß fortgesetzt werden.

Wir stehen somit vor der Frage:

Wann fällt $A^3 > 2\,B^3$ aus?

Nun, es ist

$$A^3/(2\,B^3) = [b^3\,/\,(2\,a^3)] \cdot [(2\,a^3 - b^3)\,/\,(2\,b^3 - a^3)]^3$$
$$= [1\,/\,(2\,q)] \cdot [(2\,q - 1)\,/\,(2 - q)]^3 \qquad \text{mit} \qquad q = a^3/b^3$$

oder

$$A^3\,/\,(2\,B^3) = (8\,q^3 - 12\,q^2 + 6\,q - 1)\,/\,(16\,q - 24\,q^2 + 12\,q^3 - 2\,q^4)$$

und der auf der rechten Seite der letzten Gleichung stehende Bruch fällt unecht aus, wenn sein Zähler den Nenner übertrifft, d. h. wenn

$$2\,q^4 + 12\,q^2 > 1 + 10\,q + 4\,q^3$$

ist. Diese Ungleichung ist schon für $q = 1{,}1$, erst recht also für $q > 1{,}1$ erfüllt.

Sofern demnach das Verhältnis $a : b = v$ oberhalb $\sqrt[3]{1{,}1}$ liegt, fällt A^3 sicher größer als $2\,B^3$ aus.

Nun folgt aus den Formeln für A und B das Verhältnis $A : B = V$ als Funktion von $a : b = v$ zu

$$V = (2\,v^3 - 1)\,/\,(2\,v - v^4),$$

und die Schreibung

$$V = v^2 \cdot (2\,v^3 - 1) \,/\, (2\,v^3 - v^6)$$

dieser Formel zeigt (wegen $v^6 > 1$), daß

$$V > v^2$$

ist.

Fällt also $A^3 < 2\,B^3$ aus, so bestimmt man in derselben Weise eine Lösung $(\mathfrak{a}, \mathfrak{b})$ der Gleichung

$$x^3 - y^3 = A^3 - B^3,$$

und, wenn auch $\mathfrak{a}^3 < 2\,\mathfrak{b}^3$ ausfällt, eine Lösung $(\mathfrak{A}, \mathfrak{B})$ der Gleichung

$$x^3 - y^3 = \mathfrak{a}^3 - \mathfrak{b}^3 \qquad \text{usw.}$$

Da die sukzessiven Verhältnisse

$$v = a : b, \qquad V = A : B, \qquad \mathfrak{v} = \mathfrak{a} : \mathfrak{b}, \qquad \mathfrak{V} = \mathfrak{A} : \mathfrak{B}, \; \ldots$$

stark anwachsen:

$$V > v^2, \qquad \mathfrak{v} > V^2 > v^4, \qquad \mathfrak{V} > \mathfrak{v}^2 > v^8, \; \ldots$$

wird sehr bald ein Verhältnis erscheinen, welches oberhalb $\sqrt[3]{1{,}1}$ liegt, nehmen wir etwa an: das Verhältnis $\mathfrak{V}$.

Dann ist aber sicher $\mathfrak{A}^3 > 2\,\mathfrak{B}^3$, und die Gleichung

$$x^3 + y^3 = a^3 - b^3 = \mathfrak{A}^3 - \mathfrak{B}^3$$

hat die Lösung

$$x = \mathfrak{B}\,(2\,\mathfrak{A}^3 - \mathfrak{B}^3) \,/\, (\mathfrak{A}^3 + \mathfrak{B}^3), \qquad y = \mathfrak{A}\,(\mathfrak{A}^3 - 2\,\mathfrak{B}^3) \,/\, (\mathfrak{A}^3 + \mathfrak{B}^3).$$

Damit ist für jede der drei Bachetschen Gleichungen eine Lösung gefunden.

Es erübrigt noch, die Fermatsche Gleichung

$$x^3 + y^3 = a^3 + b^3 \tag{4}$$

zu betrachten.

Auch bei ihr führt Fermats Verfahren zum Ziele.

Man bestimmt zunächst auf Grund von (2) und (2′) eine Lösung (A, B) der Gleichung (2), so daß

$$A^3 - B^3 = a^3 + b^3$$

ist. Sodann ermittelt man nach dem geschilderten Verfahren eine Lösung (x, y) der dritten Bachetgleichung

$$x^3 + y^3 = A^3 - B^3.$$

Aus den beiden erhaltenen Gleichungen folgt

$$x^3 + y^3 = a^3 + b^3,$$

womit auch Fermats Gleichung eine Lösung gefunden hat.

Zusatz 1. Hat man eine Lösung (A, B) einer der Bachet-Fermatschen Gleichungen ermittelt, so daß also

$$A^3 + \varepsilon B^3 = a^3 + \eta b^3$$

ist, wo ε und η Einheiten bedeuten, so kann man weiter eine Lösung $(\mathfrak{A}, \mathfrak{B})$ der Gleichung

$$\mathfrak{A}^3 + \varepsilon\,\mathfrak{B}^3 = A^3 + \varepsilon\,B^3$$

bestimmen und hat dann zwei Lösungen: (A, B) und $(\mathfrak{A}, \mathfrak{B})$ der Gleichung

$$x^3 + \varepsilon\,y^3 = a^3 + \eta b^3$$

gefunden. Man erkennt:

Die Bachet-Fermatschen Gleichungen gestatten unendlich viele Lösungen.

Zusatz 2. Es braucht kaum gesagt zu werden, daß Bachet-Fermatsche Gleichungen auch ganzzahlige Lösungen haben können, wofür nur ein Beispiel.

Wir gehen aus von der dritten Bachetgleichung für den Fall $a = 2$, $b = 1$:

$$x^3 + y^3 = 2^3 - 1^3.$$

Hier führt Bachets Formelpaar

$$x = b(2a^3 - b^3) / (a^3 + b^3), \qquad y = a(a^3 - 2b^3) / (a^3 + b^3)$$

sofort zum Ziel und liefert

$$x = 5/3, \qquad y = 4/3,$$

so daß

$$(5/3)^3 + (4/3)^3 = 2^3 - 1^3.$$

Durch Befreiung dieser Gleichung von den Brüchen wird hieraus

$$5^3 + 4^3 = 6^3 - 3^3,$$

eine Bachetgleichung mit Ganzzahlen. Man achte auf die interessante Formel

$$\mathbf{3^3 + 4^3 + 5^3 = 6^3.}$$

§ 64. Eulers diophantische Gleichung $X^3 + Y^3 = x^3 + y^3$

Wir suchen die rationalen Lösungen der diophantischen Gleichung

(1) $$X^3 + Y^3 = x^3 + y^3.$$

Die Gleichung wird durch die Einführung neuer Unbekannten U, V, u, v:

$$X = U + V \qquad x = u + v$$
$$Y = U - V \qquad y = u - v$$

zunächst auf die Form

(2) $$U(U^2 + 3V^2) = u(u^2 + 3v^2)$$

gebracht.

Hieraus entsteht durch die weitere Substitution

$$U = (r + s)/2, \qquad u = (r - s)/2, \qquad V = (p + q)/2, \qquad v = (p - q)/2$$

die in s kubische Gleichung

(3) $$s^3 + 3(p^2 + q^2 + r^2)s + 6pqr = 0,$$

die sich in Determinantenform auch

(3') $$\begin{vmatrix} s & 3r & -3q \\ -r & s & 3p \\ q & -p & s \end{vmatrix} = 0$$

schreiben läßt.

Nach Bézouts Satze bedeutet das Verschwinden der in (3') auftretenden Determinante, daß das Homogensystem

$$\left\{\begin{array}{r} s\lambda + 3r\mu - 3q\nu = 0 \\ -r\lambda + s\mu + 3p\nu = 0 \\ q\lambda - p\mu + s\nu = 0 \end{array}\right\}$$

für die drei Unbekannten λ, μ, ν eine eigentliche Lösung λ, μ, ν zuläßt, wobei λ, μ, ν als rationale Größen angenommen werden können.

Wir denken uns λ, μ, ν bestimmt. Durch Elimination von p und q aus dem Homogensystem entsteht die Proportion

$$s : r = -2\lambda\mu : (\lambda^2 + \mu^2 + 3\nu^2).$$

Dieser entsprechend setzen wir an

$$s = -2\lambda\mu\nu f, \qquad r = \nu(\lambda^2 + \mu^2 + 3\nu^2) f,$$

wo f eine vorläufig noch beliebige Rationalzahl ist.

Gehen wir mit diesen Werten von r und s in das Homogensystem ein, so ergibt sich

$$3p = \lambda(\lambda^2 + 3\mu^2 + 3\nu^2) f, \qquad 3q = \mu(\lambda^2 + 3\mu^2 + 9\nu^2) f.$$

Diesem Gleichungspaare gemäß wählen wir f als Dreifaches, 3φ, einer beliebigen Rationalzahl φ und haben

$$\left\{\begin{array}{ll} p = \lambda(\lambda^2 + 3\mu^2 + 3\nu^2)\varphi, & q = \mu(\lambda^2 + 3\mu^2 + 9\nu^2)\varphi, \\ r = \nu(3\lambda^2 + 3\mu^2 + 9\nu^2)\varphi, & s = -6\lambda\mu\nu\varphi \end{array}\right\}.$$

Denken wir uns jetzt $\lambda, \mu, \nu, \varphi$ als beliebige Rationalzahlen und dann p, q, r, s diesem Gleichungsquadrupel entsprechend bestimmt, so befriedigen

$$U = (r + s)/2, \qquad u = (r - s)/2, \qquad V = (p + q)/2, \qquad v = (p - q)/2$$

die Gleichung (2) und

$$X = U + V, \qquad Y = U - V, \qquad x = u + v, \qquad y = u - v$$

die Gleichung (1).

Dabei kann man noch auf die Mitführung des Faktors φ verzichten.

Ergebnis:

Die allgemeine rationale Lösung der diophantischen Gleichung

$$X^3 + Y^3 = x^3 + y^3$$

lautet $\quad X = U + V, \quad Y = U - V, \quad x = u + v, \quad y = u - v$

mit $\quad U = (r + s)/2, \quad u = (r - s)/2, \quad V = (p + q)/2, \quad v = (p - q)/2$

und

$$\left\{\begin{array}{ll} p = \lambda(\lambda^2 + 3\mu^2 + 3\nu^2), & q = \mu(\lambda^2 + 3\mu^2 + 9\nu^2) \\ r = \nu(3\lambda^2 + 3\mu^2 + 9\nu^2), & s = -6\lambda\mu\nu \end{array}\right\},$$

wobei λ, μ, ν beliebig gewählte Rationalzahlen sind.

Beispiele.

1. $\lambda = \mu = \nu = 1$ gibt

$$p = 7, \quad q = 13, \quad r = 15, \quad s = -6,$$
$$U = 4{,}5, \quad u = 10{,}5, \quad V = 10, \quad v = -3.$$

Wir nehmen statt dessen $U = 9, \quad u = 21, \quad V = 20, \quad v = -6$

und bekommen $X = 29, \quad Y = -11, \quad x = 15, \quad y = 27.$

Es wird

$$29^3 = 27^3 + 15^3 + 11^3.$$

2. $\lambda = 2, \quad \mu = 1, \quad \nu = 1$ gibt

$$p = 20, \quad q = 16, \quad r = 24, \quad s = -12.$$

Wir nehmen statt dessen $p = 5, \quad q = 4, \quad r = 6, \quad s = -3$

und bekommen $U = 3/2, \quad u = 9/2, \quad V = 9/2, \quad v = 1/2$

oder besser $U = 3, \quad u = 9, \quad V = 9, \quad v = 1$

und weiter $X = 12, \quad Y = -6, \quad x = 10, \quad y = 8$

oder einfacher $X = 6, \quad Y = -3, \quad x = 5, \quad y = 4$

und schließlich die pythagoreische Relation

$$6^3 = 3^3 + 4^3 + 5^3.$$

§ 65. Hermites Betrachtung der Gleichung $x^3 + y^3 = z^3 + t^3$

Die Gleichung

$$x^3 + y^3 = z^3 + t^3$$

nimmt durch die Substitution

$$X = x/t, \qquad Y = y/t, \qquad Z = z/t$$

die inhomogene Form

$$X^3 + Y^3 = Z^3 + 1 \tag{1}$$

an, in welcher Form sie die Gleichung einer Fläche in kartesischen Koordinaten X, Y, Z darstellt.

Bedeutet ω eine dritte Einheitswurzel, so liegen, wie ohne weiteres ersichtlich, die beiden Geraden

$$X = \omega, \qquad Y = \omega^2 Z \qquad \text{und} \qquad X = \omega^2, \qquad Y = \omega Z$$

ganz in der Fläche (1), sie sind „Erzeugende" der Fläche.

Wir suchen die Bedingungen, unter denen die Gerade

$$X = aZ + b, \qquad Y = pZ + q \tag{2}$$

die beiden genannten Erzeugenden schneidet.

Bedeuten Z_1 und Z_2 die Applikaten der beiden Schnittpunkte, so wird

$$Z_1 = (\omega - b)/a = q/(\omega^2 - p) \quad \text{und} \quad Z_2 = (\omega^2 - b)/a = q/(\omega - p),$$

so daß die gesuchten Bedingungen

$$\begin{Bmatrix} 1 + bp - \omega^2 b - \omega p = aq \\ 1 + bp - \omega b - \omega^2 p = aq \end{Bmatrix}$$

lauten. Aus ihnen ergibt sich

$$p = b, \qquad q = (1 + b + b^2) : a.$$

Nun bestimmen sich die Applikaten der Schnittpunkte der Fläche (1) mit der Geraden (2) durch die kubische Gleichung

$$(aZ + b)^3 + (pZ + q)^3 = Z^3 + 1,$$

so daß drei Schnittpunkte, P_1, P_2, P, vorhanden sind. Von diesen sind zwei, P_1 und P_2, schon durch ihre Applikaten Z_1 und Z_2 bekannt, so daß nur noch der dritte, P bzw. die dritte Wurzel — sie heiße Z — der kubischen Gleichung zu ermitteln ist. Da der Koeffizient des quadratischen Gliedes der normalisierten Gleichung $3\,(a^2 b + p^2 q) : (a^3 + p^3 - 1)$ ist, so erhalten wir für Z die Bestimmungsgleichung

$$Z + Z_1 + Z_2 = 3\,(a^2 b + p^2 q) \,/\, (1 - a^3 - p^3).$$

Nun ist aber $\qquad Z_1 + Z_2 = -(1 + 2\,b) \,/\, a.$

Folglich wird die Applikate des dritten Schnittpunkts

$$Z = (1 + 2\,b) \,/\, a + 3\,(a^2 b + p^2 q) \,/\, (1 - a^3 - p^3).$$

Hier sind noch p und q durch die oben gefundenen Werte zu ersetzen. Dadurch entsteht schließlich

$$Z = [(1 + b + b^2)^2 - a^3\,(1 - b)] \,/\, [a\,(1 - a^3 - b^3)].$$

Die Abszisse X und Ordinate Y des Punktes P finden wir sofort durch Substitution dieses Z-Wertes in (2). Wir erhalten

$$X = [(1 + 2\,b)\,(1 + b + b^2) - a^3] \,/\, (1 - a^3 - b^3),$$
$$Y = [(1 + b + b^2)^2 - a^3\,(1 + 2\,b)] \,/\, [a\,(1 - a^3 - b^3)].$$

Die gefundenen Ausdrücke X, Y, Z befriedigen also die Gleichung (1), wovon man sich übrigens durch direktes Einsetzen überzeugen kann.

In ihnen bedeuten a und b irgend welche reellen Größen. Wir dürfen also z. B. a durch $1:a$ und b durch $b:a$ ersetzen, um etwas einfacher gebaute Ausdrücke zu erhalten, nämlich:

$$X=[(a+2b)(a^2+ab+b^2)-1]\,/\,(a^3-b^3-1),$$
$$Y=[(a^2+ab+b^2)^2-(a+2b)]\,/\,(a^3-b^3-1),$$
$$Z=[(a^2+ab+b^2)^2-(a-b)]\,/\,(a^3-b^3-1).$$

Mit Hilfe dieser Lösung der inhomogenen Gleichung (1) läßt sich nun auch eine Lösung der homogenen Ausgangsgleichung

$$x^3+y^3=z^3+t^3$$

angeben. Sie lautet

$$x=C(a+2b)-1,\qquad y=C^2-(a+2b),$$
$$z=C^2-(a-b),\qquad t=a^3-b^3-1,$$

wobei $C=a^2+ab+b^2$ ist.

Verwandelt man in diesen Formeln a in $a-b$, und b in $2b$, so nehmen sie die Gestalt

$$\left\{\begin{matrix} x=c(a+3b)-1, & y=c^2-(a+3b) \\ z=c^2-(a-3b), & t=c(a-3b)-1 \end{matrix}\right\} \text{ mit } c=a^2+3b^2$$

an, welche Formeln bereits von Euler angegeben wurden.

Die vorstehende Betrachtung stammt von Charles Hermite, der sie in den Nouvelles Annales de Mathématiques von 1872 veröffentlichte.

Wir fassen das Ergebnis kurz in Worte:

Bedeuten a und b beliebige Ganzzahlen, c den Ausdruck a^2+3b^2, so bilden die Werte

$$\boldsymbol{x=c(a+3b)-1,\qquad y=c^2-(a+3b),}$$
$$\boldsymbol{z=c^2-(a-3b),\qquad t=c(a-3b)-1}$$

eine **Lösung der diophantischen Gleichung**

$$\boldsymbol{x^3+y^3=z^3+t^3.}$$

§ 66. Die diophantische Gleichung $x^3+y^3=z^3$

Unmöglichkeitssatz von Fermat-Gauß:

Die Summe von zwei Kubikzahlen kann keine Kubikzahl sein.

Es gilt also zu zeigen, daß die Gleichung

$$x^3+y^3=z^3$$

in nicht verschwindenden ganzen Zahlen x, y, z nicht bestehen kann.

Der zu beweisende Satz ist ein Sonderfall des berühmten Fermatschen Unmöglichkeitssatzes, den Fermat in der 1670 von seinem Sohne herausgegebenen Arithmetik des Diophant folgendermaßen ausspricht:

„Es ist unmöglich, einen Kubus in zwei Kuben, ein Biquadrat in zwei Biquadrate, allgemein irgendeine Potenz außer dem Quadrat in zwei Potenzen von demselben Exponenten zu zerfällen.“

Fermat fügt hinzu: „Hierfür habe ich einen wahrhaft wunderbaren Beweis entdeckt, aber der Rand (des Heftes) ist zu schmal, ihn zu fassen.“ Leider hat Fermat unterlassen, diesen „wunderbaren Beweis“ bekanntzugeben.

Fermats Unmöglichkeitssatz ist dadurch zu besonderer Berühmtheit gelangt, daß sich die größten Mathematiker seit Fermat, wie Euler, Legendre, Gauß, Dirichlet, Kummer u. a., vergeblich bemüht haben, den allgemeinen Beweis des Satzes zu erbringen. Bis jetzt kennt man den Beweis der Unmöglichkeit der Gleichung

$$x^n + y^n = z^n$$

nur für spezielle Werte des Exponenten n, z. B. für die Werte von 3 bis 100, und schon dieser Nachweis verursacht außerordentliche Umstände und Schwierigkeiten.

Wir beschränken uns im folgenden auf den einfachsten Fall, den Fall $n = 3$. Die Unmöglichkeit der Gleichung

$$x^3 + y^3 = z^3$$

hat Euler in seiner 1770 erschienenen Algebra, später auch Gauß (Ges. Werke Bd. II) bewiesen. Bei diesem Problem zeigt sich, wie auch sonst oft in der Mathematik, daß der Beweis eines allgemeineren Satzes leichter gelingt als der eines speziellen Falles. Euler bewies, und zwar ziemlich umständlich, die Unmöglichkeit von

(1) $$a^3 + b^3 = c^3$$

für gewöhnliche ganze Zahlen a, b, c; Gauß zeigte einfach und übersichtlich die Unmöglichkeit der allgemeineren Gleichung

(2) $$\alpha^3 + \beta^3 = \gamma^3$$

für beliebige Zahlen α, β, γ von der Form $xJ + yO$, wo x und y beliebige ganze Zahlen, $J = (1 + i\sqrt{3})/2$ und $O = (1 - i\sqrt{3})/2$ dritte Wurzeln der (negativen) Einheit sind.

Um eine bequeme Bezeichnung zu haben, nennen wir Zahlen von der Form $xJ + yO$ (bei ganzzahligem x und y) kurz G-Zahlen.

Daß der von Euler behandelte Fall ein bloßer Sonderfall von (2) ist, folgt daraus, daß jede ganze Zahl g zugleich eine G-Zahl ist: $g = gJ + gO$.

Die G-Zahlen (die die ganzen Zahlen des sog. Körpers der dritten Einheitswurzeln sind) haben mit den gewöhnlichen ganzen Zahlen viele Eigenschaften gemeinsam. Der mit diesen Eigenschaften nicht vertraute Leser findet alles zum Verständnis des Gaußschen Beweises Nötige weiter unten hergeleitet.

Beweis von Gauß für die Unmöglichkeit der Gleichung

(2) $$\alpha^3 + \beta^3 = \gamma^3$$

Wir schicken voraus, daß griechische Buchstaben G-Zahlen, kleine lateinische Buchstaben gewöhnliche ganze Zahlen bedeuten sollen.

Wir verwandeln (2), indem wir α, β, γ durch ξ, η, $-\zeta$ ersetzen, zunächst in die symmetrische Gleichung

(3) $$\xi^3 + \eta^3 + \zeta^3 = 0,$$

von der wir voraussetzen, daß je zwei von den drei „Basen" ξ, η, ζ teilerfremd sind, und die wir kurz eine Gaußgleichung nennen wollen. [Diese Voraussetzung bedeutet keine Einschränkung des Beweises. Hätten nämlich z. B. ξ und η einen gemeinsamen Primteiler δ, so ginge δ wegen (3) auch in ζ^3 und damit in ζ auf, so daß (3) durch Division mit δ^3 von dem Teiler δ befreit werden könnte.]

Die Unmöglichkeit von (3) ergibt sich aus den beiden folgenden Sätzen, die wir unter der Voraussetzung des Bestehens von (3) herleiten werden.

I. In jeder Gaußgleichung hat eine und nur eine der drei Basen — wir nennen sie die Sonderbasis — den Primteiler $\pi = J - O$.

II. Zu jeder Gaußgleichung läßt sich eine zweite Gaußgleichung angeben, in der die Sonderbasis den Teiler π weniger oft enthält als die Sonderbasis der ersten Gleichung.

Diese beiden Sätze widersprechen sich aber. Durch fortgesetzte Anwendung von II. könnte man nämlich schließlich zu einer Gaußgleichung gelangen, die keine Sonderbasis mehr besäße, was dem Satze I. widerstreitet.

Beweis von I. Wäre keine der drei Basen ξ, η, ζ durch π teilbar, so wäre

$$\xi^3 \equiv e, \quad \eta^3 \equiv f, \quad \zeta^3 \equiv g \bmod 9 \qquad \text{mit} \qquad e^2 = f^2 = g^2 = 1$$

und damit wegen (3) $e + f + g \equiv 0 \bmod 9$, was aber unmöglich ist. Daher ist etwa $\zeta \equiv 0 \bmod \pi$, $\xi \not\equiv 0 \bmod \pi$, $\eta \not\equiv 0 \bmod \pi$.

Beweis von II. Aus $\zeta^3 \equiv 0 \bmod \pi^3$ folgt nach (3) $\xi^3 + \eta^3 \equiv 0 \bmod \pi^3$, mithin wegen $\xi^3 \equiv e \bmod 9$, $\eta^3 \equiv f \bmod 9$ $e + f \equiv 0 \bmod \pi^3$ also erst recht $e + f \equiv 0 \bmod 3$ und hieraus $f = -e$. Nunmehr wird $\xi^3 + \eta^3 \equiv e + f \equiv 0 \bmod 9$, demnach $\zeta^3 \equiv 0 \bmod \pi^4$ und $\zeta \equiv 0 \bmod \pi^2$.

Aus $\xi^3 + \eta^3 \equiv 0 \bmod \pi^3$ folgt in Verbindung mit der Identität

$$\xi^3 + \eta^3 = \varphi\psi\chi, \qquad \text{wo} \quad \varphi = \xi J + \eta O, \qquad \psi = \xi O + \eta J, \qquad \chi = \xi + \eta,$$

daß mindestens einer der Faktoren φ, ψ, χ durch π teilbar ist. Hieraus und aus $\varphi - \psi = (\xi - \eta)\pi$, $\varphi + \psi = \chi$ ergibt sich weiter, daß jeder der Faktoren φ, ψ, χ durch π teilbar ist, so daß

$$\varphi = \pi\varphi', \qquad \psi = \pi\psi', \qquad \chi = \pi\chi'.$$

Dabei sind φ', ψ', χ' paarweise teilerfremd.

[Hätten z. B. φ' und ψ' einen gemeinsamen Teiler δ, so wären auch $\varphi' - \psi' = \xi - \eta$ und $\pi(\varphi' + \psi') = \xi + \eta$, mithin auch 2ξ und 2η durch δ teilbar, so daß $\delta = 2$ wäre. Dann hätte man aber entweder $\xi = 2\lambda + \varepsilon$, $\eta = 2\mu + \varepsilon$ oder $\xi = 2\lambda + \varepsilon$, $\eta = 2\mu - \varepsilon$ mit $\varepsilon^3 = \pm 1$ und damit $\varphi = 2\nu + \varepsilon$ oder $\varphi = 2\nu + \varepsilon\pi$, was aber nicht durch $\delta = 2$ teilbar ist.]

Setzt man nun $\zeta : \pi = \omega$, so wird

$$\omega^3 = -\varphi'\psi'\chi' \qquad \text{mit} \quad \varphi' + \psi' = \chi'.$$

Da nun φ', ψ', $-\chi'$ paarweise teilerfremd sind, müssen diese drei Größen bis auf etwaige Einheitsfaktoren α, β, γ Kuben von paarweise teilerfremden Zahlen ϱ, σ, τ sein:

$$\varphi' = \alpha\varrho^3, \qquad \psi' = \beta\sigma^3, \qquad -\chi' = \gamma\tau^3 \qquad \text{mit } \alpha^6 = \beta^6 = \gamma^6 = 1,$$

so daß

$$\omega^3 = \alpha\beta\gamma\varrho^3\sigma^3\tau^3, \qquad \alpha\varrho^3 + \beta\sigma^3 + \gamma\tau^3 = 0. \tag{4}$$

Wenn aber der Kubus von $\varkappa = \omega : \varrho\sigma\tau$ die G-Einheit $\alpha\beta\gamma$ ist, so ist wegen $\varkappa^3 \equiv E \bmod 9$ auch $\alpha\beta\gamma \equiv E \bmod 9$ und sonach

$$\alpha\beta\gamma = E \qquad \text{mit } E^2 = 1.$$

Aus $\omega \equiv 0 \bmod \pi$ folgt

$$\text{etwa} \qquad \tau \equiv 0 \bmod \pi \qquad \text{und} \qquad \varrho \not\equiv 0, \qquad \sigma \not\equiv 0 \bmod \pi.$$

Dann ist aber $\varrho^3 \equiv e$ und $\sigma^3 \equiv f \bmod 9$ $(e^2 = f^2 = 1)$, mithin nach (4) $e\alpha + f\beta \equiv 0 \bmod 3$ und hieraus $e\alpha + f\beta = 0$. So erhalten wir

$$\beta = F\alpha, \qquad F\alpha^2\gamma = E \text{ (mit } F^2 = 1) \qquad \text{und aus (4)}$$

$$F\alpha^3\varrho^3 + \alpha^3\sigma^3 + E\tau^3 = 0.$$

Schreiben wir hier für $F\alpha\varrho$, $\alpha\sigma$, $E\tau$ bzw. ξ', η', ζ', so entsteht schließlich die Gauß-Gleichung

$$\xi'^3 + \eta'^3 + \zeta'^3 = 0, \tag{3'}$$

in der die Sonderbasis ζ' den Faktor π weniger oft als die Sonderbasis ζ von (3) enthält.

Eigenschaften der G-Zahlen

I. Die Größen J und O befriedigen folgende Gleichungen:
$J + O = 1$, $JO = 1$, $J^2 + O = 0$, $O^2 + J = 0$, $J^3 = -1$, $O^3 = -1$.

II. Summe, Differenz und Produkt von G-Zahlen sind wieder G-Zahlen.
Das Produkt der beiden Zahlen $aJ + bO$ und $a'J + b'O$ ist z. B. (nach I.) $pJ + qO$ mit

$$p = ab' + ba' - bb' \qquad \text{und} \qquad q = ab' + ba' - aa'.$$

III. Norm. Unter der Norm einer komplexen Zahl $\mathfrak{z} = \mathfrak{x} + i\mathfrak{y}$ versteht man bekanntlich das Produkt

$$\mathfrak{z}_0 = N(\mathfrak{z}) = \mathfrak{z}\bar{\mathfrak{z}} = (\mathfrak{x} + i\mathfrak{y})(\mathfrak{x} - i\mathfrak{y}) = \mathfrak{x}^2 + \mathfrak{y}^2$$

der beiden einander konjugierten Zahlen $\mathfrak{z}$ und $\bar{\mathfrak{z}} = \mathfrak{x} - i\mathfrak{y}$.

Die Norm der G-Zahl $aJ + bO$ hat demnach den Wert $a^2 + b^2 - ab$. Sie ist eine positive ganze Zahl, die nur dann verschwindet, wenn a und b beide Null sind. Die denkbar kleinsten Normen von G-Zahlen sind 1, 2, 3.

Aus
$$a^2 + b^2 - ab = 1$$
folgt einer der sechs Fälle:

$a =$	1	0	-1	0	1	-1
$b =$	0	1	0	-1	1	-1

Es gibt also sechs G-Zahlen:

$$J, \quad -J, \quad O, \quad -O, \quad 1, \quad -1$$

mit der Norm 1.

Die Gleichung
$$a^2 + b^2 - ab = 2$$
hat keine ganzzahlige Lösung. Es gibt daher keine G-Zahl mit der Norm 2.

Die Gleichung
$$a^2 + b^2 - ab = 3$$
endlich hat die sechs ganzzahligen Lösungen

$$a = 1,\ b = -1; \quad a = -1,\ b = 1; \quad a = 1,\ b = 2;$$
$$a = -1,\ b = -2; \quad a = 2,\ b = 1; \quad a = -2,\ b = -1.$$

Demnach gibt es sechs G-Zahlen mit der Norm 3, die Zahlen $\pi = J - O = i\sqrt{3}$, πJ, πO und ihre Konjugierten $\bar{\pi} = -\pi$, $-\pi O$, $-\pi J$.

Die Norm des Produkts zweier G-Zahlen ist gleich dem Produkt der Normen dieser Zahlen.

Beweis. $N(\alpha\beta) = \alpha\beta \cdot \overline{\alpha\beta} = \alpha\beta \cdot \bar{\alpha} \cdot \bar{\beta} = \alpha\bar{\alpha} \cdot \beta\bar{\beta} = N(\alpha) \cdot N(\beta)$.

IV. Einheiten. Eine G-Zahl ε heißt eine Einheit, ausführlicher: eine G-Einheit, wenn ihr reziproker Wert η auch eine G-Zahl ist. Aus $\varepsilon\eta = 1$ folgt durch Normbildung $\varepsilon_0\eta_0 = 1$, d. h. $\varepsilon_0 = 1$. Nach III. gibt es demnach sechs G-Einheiten:

$$J, \quad -J, \quad O, \quad -O, \quad 1, \quad -1.$$

Diese sechs Einheiten sind die ganzzahligen Potenzen von J oder O, z. B. J, J^2, J^3, J^4, J^5 und J^6.

V. Assoziierte. Die sechs Zahlen, die man erhält, wenn man eine G-Zahl ζ mit den sechs G-Einheiten multipliziert, heißen die zu ζ assoziierten Zahlen. Die sechs Assoziierten zu $\pi = J - O$ sind z. B.

$$\pi J = -1 - O, \qquad \pi J^2 = -1 - J, \qquad \pi J^3 = -\pi,$$
$$\pi J^4 = 1 + O, \qquad \pi J^5 = 1 + J, \qquad \pi J^6 = \pi.$$

VI. Division. Der Quotient $\mathfrak{q} = \alpha : \beta$ von zwei G-Zahlen α und β ist nicht notwendig eine G-Zahl. Ist er es aber, so nennt man β einen Teiler (G-Teiler) von α oder sagt: β geht in α auf.

Um eine beliebige G-Zahl α durch eine beliebige andere, β, zu dividieren, schreiben wir

$$\alpha/\beta = (\alpha\overline{\beta})/(\beta\overline{\beta}) = \alpha\overline{\beta}/\beta_0 = (hJ + kO)/\beta_0 = (h/\beta_0)\,J + (k/\beta_0)\,O.$$

Hier zerlegen wir die rationalen Brüche $h : \beta_0$ und $k : \beta_0$ in je einen ganzzahligen Bestandteil m bzw. n und einen rationalen Bestandteil $\mathfrak{r}$ bzw. $\mathfrak{s}$, dessen Betrag $\frac{1}{2}$ nicht überschreitet [Beispiel: $19 : 5 = 4 - 0{,}2$], setzen $mJ + nO = \varkappa$, $\mathfrak{r}J + \mathfrak{s}O = \mathfrak{R}$ und haben

$$\alpha/\beta = \varkappa + \mathfrak{R} \qquad \text{oder} \qquad \alpha = \varkappa\beta + \mathfrak{R}\beta.$$

Aus $\mathfrak{R}\beta = \alpha - \varkappa\beta$ folgt, daß $\mathfrak{R}\beta$ eine G-Zahl, γ, ist, und wir haben

$$\alpha = \varkappa\beta + \gamma.$$

Hier ist $\gamma_0 = \mathfrak{R}_0\beta_0 = (\mathfrak{r}^2 + \mathfrak{s}^2 - \mathfrak{r}\mathfrak{s})\beta_0$. Da aber $|\,\mathfrak{r}\,| \leqq \frac{1}{2}$ und $|\,\mathfrak{s}\,| \leqq \frac{1}{2}$ ist, so ist $\mathfrak{R}_0$ sicher $\leqq \frac{3}{4}$, d. h. $\gamma_0 \leqq \frac{3}{4}\,\beta_0$.

Ergebnis. Die Division einer G-Zahl α durch eine andere β führt auf einen „Quotienten" $\varkappa$ und einen „Rest" γ derart, daß

$$\alpha = \varkappa\beta + \gamma$$

ist und die Restnorm höchstens $\frac{3}{4}$ der Divisornorm ausmacht.

VII. Algorithmus des größten gemeinsamen Teilers. Wir gehen aus von der Division $\alpha : \beta$ und der zugehörigen Gleichung

(1) $$\alpha = \varkappa\beta + \gamma \qquad \text{mit} \quad \gamma_0 \leqq \tfrac{3}{4}\,\beta_0,$$

bestimmen, wie in VI., den Quotienten λ und Rest δ der Division $\beta : \gamma$ und erhalten die entsprechende Gleichung

(2) $$\beta = \lambda\gamma + \delta \qquad \text{mit} \quad \delta_0 \leqq \tfrac{3}{4}\,\gamma_0.$$

Von hier aus bekommen wir ähnlich

(3) $$\gamma = \mu\delta + \varepsilon \qquad \text{mit} \quad \varepsilon_0 \leqq \tfrac{3}{4}\,\delta_0$$

usw. Da die Restnormen immer kleiner werden, muß schließlich der Rest 0 auftreten. Um unnützes Schreibwerk zu vermeiden, nehmen wir an, die auf (3) folgende Division $\delta : \varepsilon$ geht auf, so daß

(4) $$\delta = \nu\varepsilon$$

ist.

Nun folgt aus (4), daß jeder Teiler τ von ε auch in δ aufgeht, darauf aus (3), daß τ auch in γ aufgeht, dann aus (2), daß τ in β und schließlich aus (1), daß τ in α aufgeht.
In umgekehrter Reihenfolge ergibt sich: aus (1), daß jeder gemeinsame Teiler τ von α und β auch Teiler von γ ist, dann aus (2), daß τ auch in δ aufgeht, endlich aus (3), daß τ auch Teiler von ε ist.

Jeder gemeinsame Teiler von α und β geht also in ε, jeder Teiler von ε in α und β auf.

ε ist sonach der (dem Betrage nach) größte gemeinsame Teiler von α und β.
Ist im besonderen ε eine G-Einheit, so nennt man die Zahlen α und β teilerfremd oder relativ prim.

Die Kette der Gleichungen (1), (2), (3), ... ist nichts anderes als der aus der Lehre von den gewöhnlichen ganzen Zahlen bekannte, auf G-Zahlen übertragene Algorithmus zur Bestimmung des größten gemeinsamen Teilers.

VIII. Eindeutige Zerlegung von G-Zahlen in Primfaktoren.

Aus dem Divisionsalgorithmus ergeben sich genau wie in der Lehre von den ganzen Zahlen die bekannten Sätze über Teilbarkeit, Teilerfremdheit und eindeutige Zerlegung in Primfaktoren:

1. Sind α und β teilerfremd, und ist $\alpha\mu$ durch β teilbar, so ist μ durch β teilbar.

2. Sind zwei G-Zahlen mit ein und derselben dritten teilerfremd, so ist auch ihr Produkt mit dieser dritten teilerfremd.

3. Jede G-Zahl ist nur auf eine Weise in ein Produkt von Primfaktoren (d. h. G-Primzahlen) zerlegbar. [Zerlegungen wie $\alpha\beta\gamma$ und $\alpha J \cdot \beta \cdot \gamma O$, bei denen in der einen statt gewisser Faktoren der anderen deren Assoziierte stehen, gelten als nicht voneinander verschieden.]

Eine G-Primzahl ist eine G-Zahl, die außer ihren sechs Assoziierten und den sechs Einheiten keinen Teiler hat.
Die Zahlen $\pi = J - O$ und 2 sind z. B. Primzahlen.

Nehmen wir nämlich π als zerlegbar an: $\pi = \lambda\mu$, so ergibt sich $\pi_0 = \lambda_0\mu_0$ oder $3 = \lambda_0\mu_0$. Hieraus folgt $\lambda_0 = 3$, $\mu_0 = 1$. μ ist also eine Einheit, und die Gleichung $\pi = \lambda\mu$ stellt gar keine Zerlegung dar.

Aus $2 = \lambda\mu$ folgt $2_0 = \lambda_0\mu_0$ oder $4 = \lambda_0\mu_0$. Der Fall $\lambda_0 = 2$, $\mu_0 = 2$ scheidet aus, da es nach III. keine G-Zahl mit der Norm 2 gibt.
Bleibt also $\lambda_0 = 4$, $\mu_0 = 1$. Wieder ist μ eine Einheit und die Gleichung $2 = \lambda\mu$ keine Zerlegung.

IX. Kongruenz. Wie in der Lehre von den natürlichen Zahlen sagt man auch hier: Zwei G-Zahlen α und β heißen nach dem Modul μ kongruent — geschrieben: $\alpha \equiv \beta \mod \mu$ —, wenn ihr Unterschied $\alpha - \beta$ durch die G-Zahl μ teilbar ist.

X. G-Zahlen modulo π. Wir betrachten noch eine G-Zahl $\varkappa = aJ + bO$ in bezug auf den Modul $\pi = J - O$.

Ist $\varkappa$ durch π teilbar:

$$aJ + bO = (mJ + nO)(J - O) = (2n - m)J + (n - 2m)O,$$

so entsteht $a = 2n - m, \quad b = n - 2m,$ also

$$a + b = 3g \quad \text{mit} \quad g = n - m.$$

Ist umgekehrt $a + b = 3g$, so bestimmt man n und m aus $n - m = g$ und $2n - m = a$ und erhält $\varkappa = (mJ + nO)(J - O)$.

Die G-Zahl $\varkappa = aJ + bO$ ist also nur dann durch π teilbar, wenn $a + b$ durch 3 teilbar ist.

Ist $\varkappa$ nicht durch π teilbar, so gilt eins der drei Formelpaare

$$a = 3h, \quad b = 3k + e; \quad a = 3h + e, \quad b = 3k; \quad a = 3h + e, \quad b = 3k + e$$

mit $e^2 = 1$, ist also, $hJ + kO = \lambda$ gesetzt,

$$\varkappa = 3\lambda + eO \quad \text{oder} \quad \varkappa = 3\lambda + eJ \quad \text{oder} \quad \varkappa = 3\lambda + e,$$

so daß $\varkappa$ in jedem Falle die Form

$$\varkappa = 3\lambda + \varepsilon$$

hat, wo ε eine G-Einheit ist.

Wir betrachten noch den Kubus von $\varkappa$. Er wird

$$\varkappa^3 = 9(3\lambda^3 + 3\lambda^2\varepsilon + \lambda\varepsilon^2) + \varepsilon^3,$$

hat also wegen $\varepsilon^3 = \pm 1$ die Form

$$\varkappa^3 = 9\mu \pm 1.$$

Ist also $\varkappa$ nicht durch π teilbar, so gelten die Kongruenzen

$$\varkappa \equiv \varepsilon \bmod 3, \qquad \varkappa^3 \equiv \pm 1 \bmod 9.$$

§ 67. Die Unmöglichkeit der Gleichung $x^4 + y^4 = z^4$

Wir wollen zeigen, daß die Gleichung $x^4 + y^4 = z^4$ in positiven Ganzzahlen x, y, z unmöglich ist; und zwar führen wir diesen Nachweis ohne Mehrarbeit gleich für die etwas allgemeinere diophantische Gleichung

$$x^4 + y^4 = z^2. \tag{1}$$

Wir setzen die drei Zahlen x, y, z paarweise fremd voraus. [Wären sie es nicht, so könnte man jeden etwaigen gemeinsamen Teiler durch Division beseitigen.]

Wir setzen außerdem voraus, daß z die kleinste Zahl ist, für die (1) möglich ist. Schreiben wir nun die Gleichung (1) als pythagoreische Relation:

$$(x^2)^2 + (y^2)^2 = (z)^2,$$

so wissen wir, daß etwa x^2 eine gerade Zahl ist und y^2 und z ungerade sind. Den platonischen Formeln entsprechend ist dann

$$x^2 = 2mn, \qquad y^2 = m^2 - n^2, \qquad z = m^2 + n^2,$$

wo m und n fremde Ganzzahlen sind, von denen m ungerade und n gerade ist. Da m und $2n$ keinen gemeinsamen Teiler haben, folgt aus

$$x^2 = m \cdot 2n,$$

daß jeder der beiden rechts stehenden Faktoren m und $2n$ ein Quadrat sein muß, etwa

$$m = \zeta^2, \qquad 2n = (2 \cdot \tau)^2 \qquad (\zeta \frown \tau).$$

Darauf ergibt sich aus der obigen Relation $m^2 = n^2 + y^2$, wieder nach den platonischen Formeln, daß m, n und y die Formen

$$m = u^2 + v^2, \qquad n = 2uv, \qquad y = u^2 - v^2$$

haben müssen, wo u und v fremde Ganzzahlen sind.

Da nun $n = 2\tau^2$, also $\tau^2 = n \cdot v$ ist, müssen u und v Quadrate sein:

$$u = \xi^2, \qquad v = \eta^2.$$

Damit verwandelt sich die Gleichung

$$m = u^2 + v^2$$

in

$$\xi^4 + \eta^4 = \zeta^2. \tag{2}$$

Nun ist wegen der obigen Gleichung $z = m^2 + n^2 \quad m^2$, erst recht also m kleiner als z, mithin, da $m = \zeta^2$ ist. ζ^2 kleiner als z und erst recht

ζ kleiner als z.

Da aber z die kleinste Zahl ist, für welche die Relation (1) besteht, so kann die gleichgebaute Relation (2), in welcher ζ kleiner als z ist, nicht bestehen. Durch die von (1') nach (2) führende Schlußweise sind wir demnach zu einem Widerspruche geführt worden. Folglich muß unsere Annahme vom Bestehen der Gleichung (1) falsch sein: eine Relation von der Form (1) ist also unmöglich. Damit ist aber auch die Gleichung

$$x^4 + y^4 = Z^2 \qquad \text{mit} \quad Z = z^2$$

oder

$$x^4 + y^4 = z^4$$

unmöglich, w. z. b. w.

§ 68. Die diophantische Gleichung $X^4 - Y^4 = x^4 - y^4$

Die vollständige Lösung dieser Gleichung ist nicht bekannt. Wir betrachten hier nur die Lösungen, welche Euler gefunden hat.

Wir setzen mit Euler

$$X = P + Q, \qquad Y = P - Q, \qquad x = p + q, \qquad y = p - q$$

und erhalten für die neuen Variablen P, Q, p, q die diophantische Gleichung

$$PQ\,(P^2 + Q^2) = pq\,(p^2 + q^2),$$

in welcher wir P, Q, p, q einstweilen als rationale, nicht notwendig ganze Zahlen auffassen.

Durch Einführung der drei Rationalzahlen

$$r = Q/p, \qquad s = q/P, \qquad t = r/s$$

geht unsere Gleichung in

$$t\,(P^2 + r^2p^2) = p^2 + P^2s^2$$

oder in

$$P^2/p^2 = (s^2t^3 - 1)/(s^2 - t)$$

über, welche Gleichung durch Einführung der beiden Brüche

$$\varrho = s^2/(s^2 - 1), \qquad \sigma = 1/(s^2 - 1) = \varrho - 1$$

die Form

$$P^2/p^2 = (\varrho t^3 - \sigma)/(\varrho - \sigma t)$$

annimmt.

Um die rechte Seite dieser Gleichung zu einem rationalen Quadrat zu machen, führt sie Euler zunächst durch die Substitution

$$t = 1 + \zeta$$

in

$$(\varrho\zeta^3 + 3\,\varrho\zeta^2 + 3\,\varrho\zeta + 1)/(1 - \sigma\zeta)$$

über und setzt diesen Bruch gleich $(1 + \tau\zeta)^2$. Dadurch entsteht die für ζ quadratische Gleichung:

$$(\varrho + \sigma\tau^2)\,\zeta^2 + (3\,\varrho + 2\,\sigma\tau - \tau^2)\,\zeta + (3\,\varrho + \sigma - 2\,\tau) = 0.$$

Um diese in eine lineare Gleichung für ζ zu verwandeln, wählt jetzt Euler τ so, daß das Freiglied der quadratischen Gleichung verschwindet:

$$\tau = (3\,\varrho + \sigma)/2.$$

Dadurch erhält zugleich der Koeffizient des Lineargliedes den einfachen Wert $3/4$, und wir bekommen

$$\zeta = -3/[4\,(\varrho + \sigma\tau^2)]$$

und $$t = 1 + \zeta = (4\,\varrho + 4\,\sigma\tau^2 - 3)\,/\,(4\,\varrho + 4\,\sigma\tau^2).$$

Nunmehr setzen wir, unter h und k zwei beliebige Ganzzahlen verstanden,

$$s = h : k$$

und haben

$$\varrho = h^2/(h^2 - k^2), \qquad \sigma = k^2/(h^2 - k^2), \qquad 2\,\tau = (3\,h^2 + k^2)/(h^2 - k^2).$$

Mit Benutzung dieser Werte wird der Nenner von ζ

$$4\,(\varrho + \sigma\tau^2) = H/N$$

mit $N = (h^2 - k^2)^3$ und $H = 4\,h^6 + h^4k^2 + 10\,h^2k^4 + k^6$

mithin $$\zeta = -3\,N/H$$

und $$t = 1 + \zeta = (H - 3\,N)/H = K/H$$

mit $$K = h^6 + 10\,h^4k^2 + h^2k^4 + 4\,k^6.$$

Weiter wird dann [wegen $P^2 : p^2 = (1 + \tau\zeta)^2$]

$$P/p = 1 + \tau\zeta = L/(2\,H)$$

mit $L = (h^2 + k^2)\,(18\,h^2k^2 - h^4 - k^4)$ und $r = st = (h/k)\,(K/H)$.

Mit den angegebenen Werten von r, s, t, $P : p$ und den obigen Formeln

$$Q = rp \qquad \text{und} \qquad q = Ps$$

wird schließlich

$$P = [L/(2\,H)]\,p, \qquad Q = [Kh/(Hk)]\,p, \qquad q = [Lh/(2\,Hk)]\,p$$

oder, mit Einführung eines gemeinsamen Nenners,

$$P = [Lk/(2\,Hk)]\cdot p, \qquad Q = [2\,Kh/(2\,Hk)]\cdot p, \qquad q = [Lh/(2\,Hk)]\cdot p.$$

In diesen Formeln darf p irgendeine Rationalzahl sein.
Um nur ganzzahlige Lösungen zu erhalten, wählt Euler

$$p = 2\,Hk$$

und bekommt so die Lösungen

$$P = Lk, \qquad Q = 2\,Kh, \qquad p = 2\,Hk, \qquad q = Lh.$$

Ergebnis:

Die Eulersche Gleichung

$$\boldsymbol{PQ\,(P^2 + Q^2) = pq\,(p^2 + q^2)}$$

hat die Lösungen

$$\begin{aligned} \boldsymbol{P} &= \boldsymbol{k\,(h^2 + k^2)\,(18\,h^2k^2 - h^4 - k^4)} \\ \boldsymbol{Q} &= \boldsymbol{2\,h\,[4\,k^6 + k^4h^2 + 10\,k^2h^4 + h^6]} \\ \boldsymbol{p} &= \boldsymbol{2\,k\,[4\,h^6 + h^4k^2 + 10\,h^2k^4 + k^6]} \\ \boldsymbol{q} &= \boldsymbol{h\,(h^2 + k^2)\,(18\,h^2k^2 - h^4 - k^4)} \end{aligned}$$

worin h und k beliebige Ganzzahlen sein dürfen.

Die Ausgangsgleichung

$$\boldsymbol{X^4 - Y^4 = x^4 - y^4}$$

hat die Lösungen

$$\boldsymbol{X = P + Q, \qquad Y = P - Q, \qquad x = p + q, \qquad y = p - q.}$$

Die einfachste Lösung der Ausgangsgleichung entsteht aus Eulers Formeln durch die Wahl $h = 1$, $k = 3$. Es wird dann

$$P = 2^5 \cdot 3 \cdot 5^2, \qquad Q = 2^5 \cdot 193, \qquad p = 2^5 \cdot 291, \qquad q = 2^5 \cdot 5^2,$$

so daß in Ansehung des gemeinsamen Faktors 2^5 auch

$$P = 75, \qquad Q = 193, \qquad p = 291, \qquad q = 25$$

als Lösung brauchbar ist. Das gibt (mit einer bedeutungslosen Vorzeichenänderung)

$$X = 268, \qquad Y = 118, \qquad x = 316, \qquad y = 266,$$

woraus noch die einfachere Lösung

$$X = 134, \qquad Y = 59, \qquad x = 158, \qquad y = 133$$

folgt.

Die einfachste Lösung der diophantischen Gleichung

$$x^4 + y^4 = z^4 + t^4$$

lautet $\quad x = 133, \qquad y = 134, \qquad z = 158, \qquad t = 59,$

ein schwerlich auf anderem Wege auffindbares Resultat!

ANHANG / HILFSSÄTZE AUS DER ALGEBRA

§ 69 Moivres Formel

Setzt man den Cosinus und Sinus eines Winkels ω zu der komplexen Zahl

$$\zeta = \cos\omega + i\sin\omega$$

zusammen, wo i die imaginäre Einheit bedeutet, so stellt die Zahl ζ in der komplexen Zahlenebene einen Punkt des um den Nullpunkt beschriebenen Einheitskreises dar. Man bezeichnet sie deshalb abgekürzt zweckmäßig durch 1_ω:

$$\cos\omega + i\sin\omega = 1_\omega.$$

Da der französisch-englische Mathematiker Abraham de Moivre (1667—1754) zuerst solche Zahlen betrachtet hat, wollen wir ζ eine Moivrezahl und ω ihren Winkel nennen.

Einfache Verhältnisse ergeben sich bei der Multiplikation von Moivrezahlen. Das Produkt der beiden Moivrezahlen 1_α und 1_β hat den Wert

$$\begin{aligned} 1_\alpha \cdot 1_\beta &= (\cos\alpha + i\sin\alpha)(\cos\beta + i\sin\beta) \\ &= (\cos\alpha\cos\beta - \sin\alpha\sin\beta) + i(\sin\alpha\cos\beta + \cos\alpha\sin\beta). \end{aligned}$$

Nach dem Additionstheorem der Kreisfunktionen haben die beiden Klammerausdrücke der rechten Seite dieser Gleichung die Werte $\cos(\alpha+\beta)$ und $\sin(\alpha+\beta)$, so daß

$$1_\alpha \cdot 1_\beta = \cos(\alpha+\beta) + i\sin(\alpha+\beta)$$

ist. Da die rechte Seite dieser Gleichung die Moivrezahl $1_{\alpha+\beta}$ ist, bekommen wir die Gleichung

$$1_\alpha \cdot 1_\beta = 1_{\alpha+\beta},$$

ausführlich geschrieben:

$$(\cos\alpha + i\sin\alpha)(\cos\beta + i\sin\beta) = \cos(\alpha+\beta) + i\sin(\alpha+\beta)$$

und damit den **Satz:**

Das Produkt zweier Moivrezahlen ist wieder eine Moivrezahl, deren Winkel die Summe der Winkel der Faktoren ist.

Dieser Satz läßt sich sofort auf Produkte von beliebig vielen Moivrezahlen erweitern. Es wird (nach dem bewiesenen Satze) z. B.

$$1_\alpha \cdot 1_\beta \cdot 1_\gamma = 1_{\alpha+\beta} \cdot 1_\gamma = 1_{\alpha+\beta+\gamma}, \quad 1_\alpha \cdot 1_\beta \cdot 1_\gamma \cdot 1_\delta = 1_{\alpha+\beta+\gamma} \cdot 1_\delta = 1_{\alpha+\beta+\gamma+\delta}$$

usw. Folglich:

Satz von Moivre:

Das Produkt von beliebig vielen Moivrezahlen ist wieder eine Moivrezahl; der Winkel des Produkts ist gleich der Summe der Winkel der Faktoren.

Von besonderem Interesse ist der Fall, wo es sich um n gleiche Faktoren handelt. Der Satz führt dann auf die Formel

$$(\cos\varphi + i\sin\varphi)^n = \cos n\varphi + i\sin n\varphi,$$

welche als **Moivres Formel** bekannt ist.

Die Moivresche Formel gilt nicht nur für positive ganzzahlige Exponenten n, sondern auch für irgendwelche rationale Exponenten $n = r : s$ (mit ganzzahligen r und s); es ist

$$(\cos \varphi + i \sin \varphi)^{r/s} = \cos (r/s) \varphi + i \sin (r/s) \varphi.$$

Um das einzusehen, braucht man nur zu zeigen, daß die s^{te} Potenz der rechten Seite dieser Gleichung den Wert $(\cos \varphi + i \sin \varphi)^r$ hat:

$$[\cos (r/s) \varphi + i \sin (r/s) \varphi]^s = \cos r\varphi + i \sin r\varphi = (\cos \varphi + i \sin \varphi)^r.$$

Diese Relation gilt zunächst eigentlich nur für positiv ganzzahliges r. Wenn aber r eine negative Ganzzahl ist: $r = -\varrho$ (mit $\varrho > 0$), so ist

$$\begin{aligned}\cos r\varphi + i \sin r\varphi &= \cos \varrho\varphi - i \sin \varrho\varphi = 1/(\cos \varrho\varphi + i \sin \varrho\varphi) \\ &= 1/(\cos \varphi + i \sin \varphi)^\varrho = (\cos \varphi + i \sin \varphi)^{-\varrho} = (\cos \varphi + i \sin \varphi)^r,\end{aligned}$$

so daß die Relation auch bei negativem r gültig bleibt.

Ergebnis:

Die Moivresche Formel

$$(\cos \varphi + i \sin \varphi)^n = \cos n \varphi + i \sin n \varphi$$

gilt für jeden rationalen Exponenten n.

§ 70. Symmetrische Funktionen

Eine Funktion mehrerer Variablen heißt symmetrisch, wenn sie bei einer beliebigen Permutation der Variablen unverändert bleibt.

Da jede Permutation sich aus Transpositionen (eine Transposition ist eine Vertauschung zweier Variablen) zusammensetzen läßt, können wir auch sagen: Eine Funktion von mehreren Veränderlichen heißt symmetrisch, wenn sie bei jeder Vertauschung zweier Variablen ungeändert bleibt.

Wir betrachten hier nur symmetrische Polynome der Variablen. Ein solches Polynom wird im allgemeinen nicht homogen in den Variablen sein, sondern Glieder verschiedener Dimensionen umfassen. So enthält das symmetrische Polynom

$$x^3 + y^3 + z^3 + yz + zx + xy$$

der drei Variablen x, y, z Glieder dritter und zweiter Dimension. Wenn man aber jeweils alle Glieder derselben Dimension zu einem homogenen Polynom zusammenfaßt, so ergibt sich das vorgelegte Polynom als Summe homogener symmetrischer Polynome. Demgemäß beschränken wir uns auf die Betrachtung homogener symmetrischer Polynome.

Ein solches Polynom der N Variablen $\alpha, \beta, \gamma, \ldots, \nu$ entsteht also z. B., wenn man in dem Produkt

$$\alpha^a \quad \beta^b \quad \gamma^c \ldots \nu^n,$$

wo einige Exponenten auch Null sein können, die Variablen auf alle möglichen Arten permutiert und die entstehenden Produkte, die untereinander verschieden sind, addiert. So ergibt sich beispielsweise aus dem Produkt

$$\alpha^3 \quad \beta^2 \quad \gamma^0$$

der 3 Variablen α, β, γ das homogene symmetrische Polynom

$$\alpha^3\beta^2 + \alpha^2\beta^3 + \alpha^3\gamma^2 + \alpha^2\gamma^3 + \beta^3\gamma^2 + \beta^2\gamma^3$$

der 3 Variablen α, β, γ, ebenso aus dem Produkt

$$\alpha^3 \beta^2 \gamma^0 \delta^0$$

das homogene symmetrische Polynom

$$\alpha^3\beta^2 + \alpha^2\beta^3 + \alpha^3\gamma^2 + \alpha^2\gamma^3 + \alpha^3\delta^2 + \alpha^2\delta^3 + \beta^3\gamma^2 + \beta^2\gamma^3 + \beta^3\delta^2 + \beta^2\delta^3 + \gamma^3\delta^2 + \gamma^2\delta^3$$

der 4 Veränderlichen α, β, γ, δ.

Um für das so gebildete homogene symmetrische Polynom eine bequeme Abkürzung zu haben, schreibt man es $\overline{3,2}$, wobei aber über die Anzahl der Variablen kein Zweifel sein darf. So ist z. B. bei 5 Variablen α, β, γ, δ, ε $\overline{4, 3, 1}$ das homogene symmetrische Polynom

$$\begin{aligned}
&\alpha^4\beta^3\gamma + \alpha^4\beta^3\delta + \alpha^4\beta^3\varepsilon + \alpha^4\gamma^3\beta + \alpha^4\gamma^3\delta + \alpha^4\gamma^3\varepsilon\\
&+ \alpha^4\delta^3\beta + \alpha^4\delta^3\gamma + \alpha^4\delta^3\varepsilon + \alpha^4\varepsilon^3\beta + \alpha^4\varepsilon^3\gamma + \alpha^4\varepsilon^3\delta\\
&+ \beta^4\alpha^3\gamma + \beta^4\alpha^3\delta + \beta^4\alpha^3\varepsilon + \beta^4\gamma^3\alpha + \beta^4\gamma^3\delta + \beta^4\gamma^3\varepsilon\\
&+ \beta^4\delta^3\alpha + \beta^4\delta^3\gamma + \beta^4\delta^3\varepsilon + \beta^4\varepsilon^3\alpha + \beta^4\varepsilon^3\gamma + \beta^4\varepsilon^3\delta\\
&+ \gamma^4\alpha^3\beta + \gamma^4\alpha^3\delta + \gamma^4\alpha^3\varepsilon + \gamma^4\beta^3\alpha + \gamma^4\beta^3\delta + \gamma^4\beta^3\varepsilon\\
&+ \gamma^4\delta^3\alpha + \gamma^4\delta^3\beta + \gamma^4\delta^3\varepsilon + \gamma^4\varepsilon^3\alpha + \gamma^4\varepsilon^3\beta + \gamma^4\varepsilon^3\delta\\
&+ \delta^4\alpha^3\beta + \delta^4\alpha^3\gamma + \delta^4\alpha^3\varepsilon + \delta^4\beta^3\alpha + \delta^4\beta^3\gamma + \delta^4\beta^3\varepsilon\\
&+ \delta^4\gamma^3\alpha + \delta^4\gamma^3\beta + \delta^4\gamma^3\varepsilon + \delta^4\varepsilon^3\alpha + \delta^4\varepsilon^3\beta + \delta^4\varepsilon^3\gamma\\
&+ \varepsilon^4\alpha^3\beta + \varepsilon^4\alpha^3\gamma + \varepsilon^4\alpha^3\delta + \varepsilon^4\beta^3\alpha + \varepsilon^4\beta^3\gamma + \varepsilon^4\beta^3\delta\\
&+ \varepsilon^4\gamma^3\alpha + \varepsilon^4\gamma^3\beta + \varepsilon^4\gamma^3\delta + \varepsilon^4\delta^3\alpha + \varepsilon^4\delta^3\beta + \varepsilon^4\delta^3\gamma.
\end{aligned}$$

Im allgemeinen liegen n Variable vor, so daß die Bedeutung der Abkürzungen $\overline{a, b}$, $\overline{a, b, c}$, $\overline{a, b, c, d}$ usw. klar ist. Die einfachsten symmetrischen Polynome sind in diesem Falle die Polynome

$$\overline{1}, \quad \overline{1,1}, \quad \overline{1, 1, 1}, \quad \ldots, \quad \overline{1, 1, 1, \ldots, 1}$$

wo die letzte Abkürzung n Einsen enthält. Es sind dies die Polynome

$$\begin{aligned}
\overline{1} &= \alpha + \beta + \gamma + \ldots + \nu,\\
\overline{1, 1} &= \alpha\beta + \alpha\gamma + \alpha\delta + \ldots + \beta\gamma + \beta\delta + \ldots + \mu\nu,\\
\overline{1, 1, 1} &= \alpha\beta\gamma + \alpha\beta\delta + \ldots + \beta\gamma\delta + \beta\gamma\varepsilon + \ldots + \ldots + \lambda\mu\nu,
\end{aligned}$$

und das letzte ist

$$\overline{1, 1, \ldots, 1} = \alpha\,\beta\,\gamma\,\delta \ldots \nu.$$

Es ist also z. B. $\overline{1, 1}$ die Summe aller Produkte aus je zwei Variablen, $\overline{1, 1, 1}$ die Summe aller Produkte aus je drei Variablen usw.

Diese n Polynome nennt man die symmetrischen Grundfunktionen oder elementar symmetrischen Funktionen. Man sollte sie wegen ihrer symbolischen Schreibung und wegen der Rolle, die der Exponent 1 bei ihnen spielt, kurzweg Einerfunktionen oder Einerpolynome nennen.

Man kürzt sie noch etwas bequemer

$$\overline{1}, \quad \overline{1^2}, \quad \overline{1^3}, \quad \ldots, \quad \overline{1^n}$$

ab. [In Erweiterung dieser Abkürzung bedeutet z. B. $\overline{a^2\, b^3}$ das Polynom $\overline{a, a, b, b, b}$.]

Die Einerpolynome spielen in der Lehre von den symmetrischen Polynomen eine dominierende Rolle. Es gilt nämlich der fundamentale

Satz von Waring:

Jedes (ganzzahlige) symmetrische Polynom*) ist ein (ganzzahliges) Polynom der Einerpolynome.

Waring, Miscellanea analytica, Cambridge 1762.

Nehmen wir z. B. 3 Variable α, β, γ und das Polynom $\varphi = \alpha^3\beta^2 + \alpha^3\gamma^2 + \beta^3\alpha^2 + \beta^3\gamma^2 + \gamma^3\alpha^2 + \gamma^3\beta^2$. Die 3 Einerpolynome sind

$$p = \alpha + \beta + \gamma, \qquad q = \beta\gamma + \gamma\alpha + \alpha\beta, \qquad r = \alpha\beta\gamma,$$

und es ist, wie man leicht nachprüft (s. u.),

$$\varphi = pq^2 - qr - 2\,p^2 r.$$

Der Beweis des Waringschen Satzes gestaltet sich durch Einführung der Begriffe Höchstglied und Ordnung eines symmetrischen Polynoms überaus einfach.

Zwei Glieder $k\alpha^a\beta^b\gamma^c\ldots$ und $k'\alpha^{a'}\beta^{b'}\gamma^{c'}\ldots$ eines symmetrischen Polynoms (von n Variablen) heißen gleich hoch, wenn $a = a'$, $b = b'$, $c = c'$, ... ist. Wir denken uns alle gleich hohen Glieder eines symmetrischen Polynoms zu einem einzigen Gliede zusammengezogen.

Von zwei Gliedern $k\alpha^a\beta^b\gamma^c\ldots$ und $k'\alpha^{a'}\beta^{b'}\gamma^{c'}\ldots$ eines symmetrischen Polynoms heißt das erste das höhere, das zweite das niedrigere, wenn die erste der nichtverschwindenden Differenzen

$$a - a', \qquad b - b', \qquad c - c', \ldots$$

positiv ausfällt.

Jedes symmetrische Polynom besitzt demnach ein Höchstglied, dadurch gekennzeichnet, daß es höher ist als jedes andere Glied des Polynoms.

Beim Höchstgliede $K\alpha^A\beta^B\gamma^C\ldots$ eines symmetrischen Polynoms bilden die Exponenten A, B, C, ... eine abnehmende oder doch wenigstens nirgends zunehmende Reihe. [Wäre z. B. $B > A$, so stände das Glied $k\alpha^B\beta^A\gamma^C\ldots$ des Polynoms höher als $k\alpha^A\beta^B\gamma^C\ldots$ gegen die Voraussetzung.] Man findet leicht den

Satz:

Das Höchstglied eines Produkts symmetrischer Polynome ist das Produkt der Höchstglieder der Polynome.

Unter der Ordnung eines symmetrischen Polynoms versteht man die Exponentenreihe $(A, B, C, \ldots)$ seines Höchstgliedes. Die Ordnungen der n Einerfunktionen z. B. sind

$$(1, 0, 0, \ldots, 0), \qquad (1, 1, 0, 0, \ldots, 0), \ldots, \qquad (1, 1, 1, \ldots, 1),$$

wo jede Klammer n Ziffern umfaßt.

Von den Ordnungen $(A, B, C, \ldots)$ und $(A', B', C', \ldots)$ zweier symmetrischer Polynome heißt die erste die höhere, die zweite die niedrigere, wenn die erste der nichtverschwindenden Differenzen

$$A - A', \qquad B - B', \qquad C - C', \ldots$$

positiv ausfällt.

Nun zum Beweise von Warings Satze! Wir führen den Beweis durch Induktion. Vorgelegt sei ein symmetrisches Polynom $\varphi = \varphi(\alpha, \beta, \gamma, \ldots)$ der n Variablen $\alpha, \beta, \gamma, \ldots$ mit dem Höchstgliede $K\alpha^a\beta^b\gamma^c\ldots$, also der Ordnung $(a, b, c, \ldots)$,

---

*) Ein Polynom heißt ganzzahlig, wenn es nur ganzzahlige Koeffizienten besitzt.

und es sei schon gelungen, jedes symmetrische Polynom niedrigerer Ordnung in der behaupteten Weise durch Einerpolynome darzustellen.

Wir werden zeigen, daß dann auch φ durch Einerpolynome dargestellt werden kann.

Zu dem Zwecke vergleichen wir φ mit dem Hilfspolynom

$$\psi = K\, p^{a-b}\, q^{b-c}\, r^{c-d} \ldots,$$

in welchem $p, q, r, \ldots$ die Einerpolynome $\overline{1}$, $\overline{1^2}$, $\overline{1^3}, \ldots$ bedeuten und im letzten Exponenten kein Subtrahend mehr auftritt. Man sieht leicht, daß auch dies Polynom das Höchstglied $K\alpha^a \beta^b \gamma^c \ldots$ besitzt.

Subtrahiert man demnach ψ von φ, so entsteht das symmetrische Polynom

$$\chi = \varphi - \psi,$$

dessen Höchstglied niedriger ist als das durch die Subtraktion verschwundene vormalige Höchstglied, welches sonach von niedrigerer Ordnung ist als φ oder ψ. Dieses χ ist daher nach Voraussetzung in der behaupteten Weise durch Einerfunktionen darstellbar. Mithin ist auch

$$\varphi = \psi + \chi$$

in der behaupteten Weise durch Einerfunktionen darstellbar.

Man achte insbesondere darauf, daß das die Darstellung bewirkende Polynom von $p, q, r, \ldots$ ganzzahlige Koeffizienten hat, wenn φ solche besitzt.

Der vorgetragene Beweis von Waring enthält zugleich ein Verfahren, die behauptete Darstellung durch Einerpolynome auch zu vollziehen.

Beispiel. Nehmen wir z. B. das obenerwähnte Polynom

$$\varphi = \alpha^3\beta^2 + \alpha^3\gamma^2 + \beta^3\alpha^2 + \beta^3\gamma^2 + \gamma^3\alpha^2 + \gamma^3\beta^2.$$

Das von φ zu subtrahierende Hilfspolynom heißt

$$\psi = p^{3-2}q^2 = pq^2,$$

ausführlich geschrieben,

$$\psi = \left\{\begin{array}{l} \alpha^3\beta^2 + \alpha^3\gamma^2 + \beta^3\alpha^2 + \beta^3\gamma^2 + \gamma^3\alpha^2 + \gamma^3\beta^2 \\ + 5\,(\alpha^2\beta^2\gamma + \beta^2\gamma^2\alpha + \gamma^2\alpha^2\beta) \\ + 2\,[\alpha^3\beta\gamma + \beta^3\gamma\alpha + \gamma^3\alpha\beta] \end{array}\right\},$$

wo nun jede rechts stehende Zeile ein symmetrisches Polynom ist, und zwar die erste Zeile das vorgelegte Polynom φ, während die Summe der zweiten und dritten Zeile den entgegengesetzten Wert des oben mit χ bezeichneten Restes darstellt. Es ist also

$$\varphi = \psi + \chi$$

mit $\quad -\chi = 5\,(\alpha^2\beta^2\gamma + \beta^2\gamma^2\alpha + \gamma^2\alpha^2\beta) + 2\,[\alpha^3\beta\gamma + \beta^3\gamma\alpha + \gamma^3\alpha\beta].$

Sowohl die runde Klammer als auch die eckige stellt ein symmetrisches Polynom dar, dessen Ordnung niedriger als die von φ oder ψ ist. Jede dieser Klammern kann nun in derselben Weise wie φ weiter behandelt werden, wodurch wir zu neuen Polynomen von noch niedrigerer Ordnung gelangen usw. Hier ist die Sache sehr einfach. Es ist

$$(\;) = \alpha\beta\gamma\,\{\alpha\beta + \beta\gamma + \gamma\alpha\} = q\,r,$$

womit die Darstellung der runden Klammer durch Einerpolynome schon vollzogen ist. Sodann wird

$$[\;] = \alpha\beta\gamma\,\{\alpha^2 + \beta^2 + \gamma^2\} = r\,\{\alpha^2 + \beta^2 + \gamma^2\},$$

so daß nur mehr $\varrho = \alpha^2 + \beta^2 + \gamma^2$ dargestellt zu werden braucht. Zu diesem Zwecke vermindern wir nach obigem Rezept ϱ um p^2 und bekommen

$$\varrho - p^2 = \varrho - (\alpha^2 + \beta^2 + \gamma^2 + 2\beta\gamma + 2\gamma\alpha + 2\alpha\beta) = -2(\beta\gamma + \gamma\alpha + \alpha\beta) = -2q,$$

so daß $\varrho = p^2 - 2q$ ist.

So ergibt sich die Darstellung (s. o.)

$$\varphi = pq^2 - 5qr - 2r(p^2 - 2q) = pq^2 - qr - 2p^2r.$$

Gewicht eines symmetrischen Polynoms.

Es muß noch erwähnt werden, daß die Exponentensumme

$$a + b + c + \ldots$$

des symmetrischen Polynoms

$$\sum \alpha^a \beta^b \gamma^c \ldots = \overline{a, b, c \ldots}$$

das Gewicht des Polynoms genannt wird.

§ 71. Der Fundamentalsatz der Algebra

Eine Gleichung ersten Grades hat eine Wurzel, eine Gleichung zweiten Grades zwei Wurzeln, eine Gleichung dritten bzw. vierten Grades, wie in § 3 bzw. 15 gezeigt wurde, drei bzw. vier Wurzeln. Man kann daher vermuten, daß eine Gleichung n^{ten} Grades n-Wurzeln besitzt. Diese Vermutung hat sich bestätigt: es gilt der

Fundamentalsatz der Algebra:

Jede Gleichung n^{ten} Grades hat n-Wurzeln.

Wir betrachten das Polynom n^{ten} Grades

$$f(z) = C_0 z^n + C_1 z^{n-1} + C_2 z^{n-2} + \ldots \qquad (C_0 \neq 0),$$

wo die Koeffizienten C beliebige Konstanten sind. Wenn $f(z)$ für den Wert $z = \alpha$ verschwindet, hat die Gleichung n^{ten} Grades

$$f(z) = 0$$

die Wurzel α. Man sagt auch: „das Polynom $f(z)$ hat die Nullstelle α" und hat damit für den Fundamentalsatz die zweite Ausdrucksweise:

Jedes Polynom n^{ten} Grades hat n Nullstellen.

Es gilt nun der einfach zu beweisende

Satz:

Hat das Polynom $f(z)$ die Nullstelle α, so ist es durch $z - \alpha$ ohne Rest teilbar; d. h. es gibt ein Polynom $g(z)$ vom Grade $n - 1$ derart, daß identisch

$$f(z) = (z - \alpha)\, g(z)$$

ist.

Beweis. Aus $f(\alpha) = 0$ folgt

$$f(z) = f(z) - f(\alpha) = C_0(z^n - \alpha^n) + C_1(z^{n-1} - \alpha^{n-1}) + \ldots + C_{n-1}(z - \alpha),$$

so daß

$$\frac{f(z)}{z-\alpha} = C_0 \frac{z^n - \alpha^n}{z - \alpha} + C_1 \frac{z^{n-1} - \alpha^{n-1}}{z - \alpha} + \ldots + C_{n-2} \frac{z^2 - \alpha^2}{z - \alpha} + C_{n-1}$$

wird.

Hier ist jeder der auf der rechten Seite stehenden Brüche ein Polynom von z, z. B.

$$(z^n - \alpha^n) / (z - \alpha) = z^{n-1} + \alpha z^{n-2} + \alpha^2 z^{n-3} + \ldots + \alpha^{n-1}.$$

Mithin ist die rechte Seite selbst auch ein Polynom, $g(z)$, von z, und zwar vom $(n-1)^{\text{ten}}$ Grade und

$$f(z) = (z - \alpha)\, g(z).$$

Es kann sein, daß auch $g(z)$ die Nullstelle α hat. Dann wird ähnlich

$$g(z) = (z - \alpha)\, h(z)$$

oder

$$f(z) = (z - \alpha)^2\, h(z),$$

wo $h(z)$ ein Polynom $(n-2)^{\text{ten}}$ Grades ist.

Wenn auch $h(z)$ die Nullstelle α besitzt, so entsteht durch dieselbe Schlußweise die Gleichung

$$f(z) = (z - \alpha)^3\, i(z),$$

wo $i(z)$ ein Polynom $(n-3)^{\text{ten}}$ Grades ist, usw.

Das kann natürlich nicht unbegrenzt so weiter gehen; vielmehr wird es einen Höchstexponenten a geben derart, daß

$$f(z) = (z - \alpha)^a\, k(z)$$

ist, wo nun das Polynom $k(z)$ die Nullstelle α nicht mehr besitzt. Man sagt dann:

$f(z)$ hat die Nullstelle α in der Vielfachheit oder Multiplizität a oder auch: α ist eine Nullstelle a^{ter} Ordnung von $f(z)$.

Wenn $f(z)$ außer α noch eine andere Nullstelle β hat, so folgt aus der letzten Gleichung wegen $f(\beta) = 0$ $\;k(\beta) = 0$, so daß das Polynom $k(z)$ die Nullstelle β besitzt. Ist β Nullstelle b^{ter} Ordnung von $k(z)$, so folgt aus

$$k(z) = (z - \beta)^b\, l(z) \qquad \text{mit} \quad l(\beta) \neq 0$$

$$f(z) = (z - \alpha)^a (z - \beta)^b\, l(z),$$

und wir sehen, daß β auch Nullstelle b^{ter} Ordnung von f ist.

In dieser Weise fortfahrend, gelangt man, wenn $\alpha, \beta, \gamma, \ldots, \varepsilon$ alle paarweise verschiedenen Nullstellen von $f(z)$, und zwar in den Vielfachheiten $a, b, c, \ldots, e$ sind, zur Formel

$$f(z) = (z - \alpha)^a (z - \beta)^b (z - \gamma)^c \ldots (z - \varepsilon)^c \cdot \varphi(z),$$

in welcher das Polynom $\varphi(z)$ keine Nullstelle besitzt.

Der Fundamentalsatz behauptet nun, daß das Polynom $\varphi(z)$ eine Konstante ist, die in Gemäßheit der letzten Formel den Wert C_0 haben muß, so daß identisch

$$\boldsymbol{f(z) = C_0 (z - \alpha)^a (z - \beta)^b (z - \gamma)^c \ldots (z - \varepsilon)^e}$$

und damit

$$\boldsymbol{a + b + c + \ldots + e = n}$$

ist.

Der Wortlaut des Fundamentalsatzes ist also nur so zu verstehen, daß jede Nullstelle des Polynoms für so viele „einfache" Nullstellen gezählt wird wie ihre Ordnung anzeigt.

Ein Polynom $f(z)$ 11ten Grades z. B. wird ja im allgemeinen 11 einfache Nullstellen (d. h. Nullstellen erster Ordnung) haben. Es kann aber auch sein, daß es etwa eine Nullstelle α 2ter Ordnung, eine weitere Nullstelle β 3ter

Ordnung, eine Nullstelle γ 4ter Ordnung und nur zwei einfache Nullstellen δ und ε besitzt. Dann ist also

$$f(z) = C(z-\alpha)^2(z-\beta)^3(z-\gamma)^4(z-\delta)(z-\varepsilon),$$

wo C den Koeffizienten von z^{11} in $f(z)$ bedeutet.

Der Beweis des Fundamentalsatzes hat den Mathematikern der früheren Jahrhunderte große Schwierigkeiten bereitet; denn erst Gauß ist es (im Jahre 1797) gelungen, einen strengen Beweis zu erbringen. Seine diesbezügliche im Jahre 1797 als Inauguraldissertation zu Helmstedt gedruckte berühmte Abhandlung trägt den Titel „Demonstratio nova theorematis omnem functionem algebraicam rationalem integram unius variabilis in factores reales primi vel secundi gradus resolvi posse“.

Der folgende Beweis des Fundamentalsatzes zeichnet sich durch Einfachheit, Übersichtlichkeit und Anschaulichkeit aus.

Um seinen ruhigen Gang nicht durch störende Zwischenerörterungen über die anzuwendenden Hilfsbegriffe und Hilfssätze unterbrechen zu müssen, stellen wir diese in einer Einleitung zusammen.

Komplexe Abbildung

Denken wir uns bei einer rationalen Funktion

$$z' = f(z)$$

des komplexen Arguments z zu jedem Argumentwert z der z-Ebene den zugehörigen Funktionswert z' in einer besonderen Ebene, der z'-Ebene, markiert, so haben wir eine „komplexe Abbildung“ der z-Ebene oder Objektebene auf die z'-Ebene oder Bildebene, in welcher jedem Objektpunkt z — kurz jedem Objekt z — ein Bildpunkt — kurz Bild — z' entspricht.

Durchläuft das Objekt z eine stetige Kurve $\mathfrak{C}$ der z-Ebene, die keinen Pol*) der Funktion $f(z)$ enthält, so durcheilt sein Bild z' eine stetige Kurve $\mathfrak{C}'$ der z' Ebene, die das Bild von $\mathfrak{C}$ genannt wird.

Kurven, Umläufe und Bereiche der z-Ebene

Unter einer Kurve der z-Ebene verstehen wir im folgenden eine Strecke oder einen Kreisbogen oder einen aus Strecken oder Kreisbögen oder Strecken und Kreisbögen bestehenden stetigen Linienzug.

Ein Umlauf ist eine geschlossene stetige Kurve ohne mehrfache Punkte.

Ein Bereich — ausführlicher: ein Bereich eines Umlaufs — ist die Gesamtheit aller innerhalb eines Umlaufs und auf dem Umlaufe liegenden Punkte. Der Umlauf selbst wird Rand des Bereichs genannt.

Schließt man aus einem Bereiche die Punkte aus, die dem Innern gewisser innerhalb des Bereiches liegenden punktfremder Kreise — genauer gesagt: Kreisflächen — angehören, so entsteht ein „Lochbereich“, dessen „Löcher“ die erwähnten Kreisflächen sind. Der Rand des Lochbereichs besteht aus dem Außenrande, d. h. dem Rande des ursprünglichen Bereichs und den Umfängen oder Rändern der Löcher.

Jeder Lochbereich läßt sich durch geeignete Kurven in Bereiche zerlegen, ein Bereich mit n Löchern in $(n+1)$ einfache Bereiche.

---

*) Ein Pol einer Funktion $f(z)$ ist eine Stelle z, an welcher die Funktion unendlich wird.

In der Tat! Betrachten wir etwa einen Lochbereich $\mathfrak{L}$ mit dem Außenrande $\mathfrak{U}$ und mit den n Löchern $\mathfrak{K}_1$, $\mathfrak{K}_2$, ... $\mathfrak{K}_n$. Wir verbinden zwei geeignet gelegene Randpunkte A und B von $\mathfrak{K}_1$ mit zewi Punkten C und D von $\mathfrak{U}$ so zwar, daß im Innern der von $\mathfrak{U}$, dem Rande des Kreises $\mathfrak{K}_1$ und den Verbindungskurven AC und BD begrenzten Fläche kein Punkt der Löcher liegt. Das ist auf unendlich viele Weisen möglich. Dadurch zerfällt der vorgelegte Lochbereich in den Bereich des Umlaufs $A\,C\,D\,B\,A$ und einen Lochbereich mit den $(n-1)$ Löchern $\mathfrak{K}_2$, $\mathfrak{K}_3$, ..., $\mathfrak{K}_n$.
Mit diesem verfährt man ähnlich usw., bis schließlich der ursprüngliche Lochbereich in $(n+1)$ einfache Bereiche zerlegt ist.

Winkelvariation:

Eine komplexe Zahl $c = a + bi$ hat den Betrag $r = |c| = |\sqrt{a^2 + b^2}|$ und, bei nicht verschwindendem Betrage, den Winkel Θ, dessen Cosinus $a : r$, dessen Sinus $b : r$ ist. Nennen wir den dem Intervall 0 bis 2π, 0 inkl., 2π exkl., entnommenen Winkel von c θ, so kann jeder Winkel

$$\Theta = \theta + k \cdot 2\pi$$

bei beliebig ganzzahligem k als Winkel der komplexen Zahl c fungieren. Bei dieser Abmachung ist der Winkel einer komplexen Zahl im allgemeinen vieldeutig.

Bei der Wanderung des Objektpunktes z längs der in der z-Ebene liegenden Kurve $\mathfrak{C}$ mit einem Anfangspunkte A und dem Endpunkte E und der gleichzeitig erfolgenden Wanderung des (durch die Abbildungsvorschrift $z' = f(z)$ definierten) Bildpunktes z' längs der Bildkurve $\mathfrak{C}'$ der z'-Ebene vom Anfangspunkte A' bis zum Endpunkte E' der Bildkurve (wobei wir stillschweigend voraussetzen, daß auf C kein Pol von z' liegt) achten wir auf den Winkel Θ' von z'.

Wir denken uns ihn folgendermaßen bestimmt: Von A' wählen wir den Winkel — den Anfangswinkel — beliebig; bei dem nunmehr erfolgenden stetigen Fortschreiten des Bildpunktes z' aber wählen wir den Winkel Θ' von z' so, daß Θ' eine stetige Funktion von z darstellt.

Der Winkel Θ' von z' wird dann bei der Wanderung des Bildes z' auf $\mathfrak{C}'$ einen ganz bestimmten Zuwachs erfahren, welcher von der Funktion $f(z)$ einerseits, von der Kurve $\mathfrak{C}$ anderseits abhängt, von der Wahl des Anfangswinkels dagegen unabhängig ist. Diesen Zuwachs nennt man die Variation des Winkels Θ' für die Funktion $f(z)$ und die Kurve $\mathfrak{C}$ oder die Winkelvariation der Funktion $f(z)$ für die Kurve $\mathfrak{C}$ mit dem Laufsinne von A bis E und bezeichnet sie kurz durch $f\,\mathfrak{C}$ oder, wenn der Laufsinn durch ein besonderes Zeichen hervorgehoben werden soll, durch $f\,\mathfrak{C}_A^E$.

Für die Winkelvariation gelten folgende zumeist ohne weiteres einleuchtende Sätze:

I. Die Winkelvariationen, die sich ergeben, wenn der Punkt z die Kurve $\mathfrak{C}$ in entgegengesetzten Sinnen durcheilt, sind entgegengesetzt gleich.

In Zeichen: $$f\,\mathfrak{C}_A^E + f\,\mathfrak{C}_E^A = 0.$$

II. Für jede aus mehreren unmittelbar aufeinanderfolgenden Stücken $\mathfrak{C}_1$, $\mathfrak{C}_2$, ... bestehende Kurve $\mathfrak{C}$ ist

$$f\mathfrak{C} = f\mathfrak{C}_1 + f\mathfrak{C}_2 + \dots.$$

III. Die Winkelvariation eines Produkts mehrerer (rationaler) Funktionen, etwa $f(z), g(z), h(z)$, ist gleich der Summe der Winkelvariationen der Faktoren.

In Zeichen: $$f\,g\,h\mathfrak{C} = f\mathfrak{C} + g\mathfrak{C} + h\mathfrak{C}.$$

Der Beweis dieser Eigenschaft folgt ohne weiteres aus dem Satze „Der Winkel eines Produkts komplexer Zahlen ist gleich der Summe der Winkel der Faktoren".

IV. Zerlegt man einen Bereich in Teilbereiche, so ist die Winkelvariation einer (rationalen) Funktion für den Rand des Bereiches gleich der Summe der Winkelvariationen der Funktion für die Ränder der Teilbereiche.

Dabei wird stillschweigend vorausgesetzt, daß alle Ränder in demselben Sinne, etwa im Uhrzeigersinne, durchlaufen werden.

Die Richtigkeit dieses Satzes folgt daraus, daß jedes zwei benachbarten Teilbereichen gemeinsame Randstück zweimal durchlaufen wird, und zwar beim zweiten Male im entgegengesetzten Sinne wie beim ersten Male, so daß sich aus der oben genannten Summe die beiden Winkelvariationen jedes solchen zwei Teilbereichen gemeinsamen Randstücks wegheben und nur die Winkelvariationen für die übrigen Randstücke, nämlich für jene, aus denen der Rand des vorgelegten Bereiches besteht, übrig bleiben.

Zusatz. Der Satz gilt nicht nur für einfache Bereiche, sondern auch für Lochbereiche.

V. Die Winkelvariation einer rationalen Funktion $f(z)$ für den Rand $\mathfrak{C}$ eines Bereiches $\mathfrak{B}$, in dem die Funktion weder Pole noch Nullstellen hat, verschwindet:
$$f\mathfrak{C} = 0.$$

Beweis. Da die Funktion in $\mathfrak{B}$ überall stetig ist, besitzt ihr Betrag dort ein positives Minimum 2μ.

Wir zerlegen nun den Bereich $\mathfrak{B}$ in so kleine Teilbereiche, daß der Unterschied der Funktionswerte, die zu zwei beliebigen Punkten eines solchen Teilbereichs gehören, betraglich stets unterhalb μ liegt.

Ist nun c ein beliebiger, aber fester Punkt eines Teilbereichs $\mathfrak{b}$, so liegt sein Bild c' außerhalb des um den Nullpunkt der z'-Ebene beschriebenen Kreises $\mathfrak{K}$ vom Radius 2μ, und das Bild $z' = f(z)$ eines beliebigen Randpunktes z von $\mathfrak{b}$ liegt in der z'-Ebene im Innern eines um c' beschriebenen Kreises $\mathfrak{k}$ vom Radius μ. Wenn also z den Rand von $\mathfrak{b}$ durchläuft, durcheilt sein Bild z' eine im Innern von $\mathfrak{k}$ verlaufende geschlossene Kurve $\mathfrak{c}$. Verfolgt man bei der Bewegung des Bildpunktes z' den Verlauf des Winkels Θ' von z', so sieht man, daß dieser Winkel nach Ablauf der Bewegung keinen Zuwachs erfahren hat. Daher ist die Winkelvariation für den Rand jedes Teilbereichs Null. Und da die Winkelvariation für den Rand von $\mathfrak{B}$ nach Satz IV gleich der Summe der Winkelvariationen für die Ränder aller Teilbereiche $\mathfrak{b}$ von $\mathfrak{B}$ ist, so verschwindet auch die Winkelvariation für den Rand von $\mathfrak{B}$, w. z. b. w.

Zusatz. Der Satz gilt auch für Lochbereiche [in denen die Funktion weder Pole noch Nullstellen hat], wenn die Ränder seiner Löcher im entgegengesetzten Sinne wie der Außenrand durchlaufen werden.

Man kann Außenrand wie Lochränder auch gleichsinnig durchlaufen, muß dann nur die Formel unseres Satzes

$$\int \mathfrak{U} = \int \mathfrak{A} + \int \mathfrak{B} + \int \mathfrak{C} + \ldots$$

schreiben, wo $\mathfrak{U}$ den Außenrand bedeutet, $\mathfrak{A}$, $\mathfrak{B}$, $\mathfrak{C}$, ... die Lochränder sind.

Um das einzusehen, zerlege man den Lochbereich in der oben beschriebenen Weise in einfache Bereiche und wende auf jeden Satz V an.

VI. Die Winkelvariation der Potenz

$$z' = f(z) = (z - c)^n$$

für einen Kreis $\mathfrak{K}$ vom Zentrum c hat den Wert $\pm n \cdot 2\pi$, je nachdem der Kreis im positiven oder negativen Sinne durchlaufen wird.

Beweis. Ist r der Halbmesser, z ein Punkt des Kreises $\mathfrak{K}$, ϑ die Neigung des von c nach z führenden Halbmessers gegen die positive reelle Zahlenachse, so ist $z - c = re^{\vartheta i}$,

$$z' = f(z) = r^n e^{n\vartheta i}$$

und der Winkel ϑ' von z'

$$\vartheta' = n\vartheta.$$

Durchläuft z den Kreis im positiven Sinne, so wächst ϑ um 2π, mithin ϑ' um $n \cdot 2\pi$. Also ist

$$\int \mathfrak{K} = n \cdot 2\pi.$$

Wird $\mathfrak{K}$ im entgegengesetzten Sinne durchlaufen, so nimmt die Winkelvariation den entgegengesetzten Wert an.

Nun zum Beweise des Fundamentalsatzes!

Das Polynom n^{ten} Grades

$$z' = f(z) = z^n + Az^{n-1} + Bz^{n-2} + \ldots$$

habe die Nullstellen $\alpha, \beta, \gamma, \ldots$ in den Vielfachheiten $a, b, c, \ldots$ Wie wir wissen, hat es dann die Form

$$f(z) = \varphi(z) \cdot \psi(z),$$

wo

$$\varphi(z) = (z - \alpha)^a (z - \beta)^b (z - \gamma)^c \ldots$$

ist und $\psi(z)$ ein Polynom ohne Nullstellen bedeutet.

Wir zeichnen in der z-Ebene um den Nullpunkt als Zentrum einen Kreis $\mathfrak{K}$ von so großem Radius, daß sämtliche Nullstellen von f in seinem Innern liegen sowie um die Zentren $\alpha, \beta, \gamma, \ldots$ punktfremde Kreise $\mathfrak{A}$, $\mathfrak{B}$, $\mathfrak{C}$, ..., die gleichfalls im Innern von $\mathfrak{K}$ liegen.

Darauf wenden wir auf den so entstandenen Lochbereich mit dem Außenrande $\mathfrak{K}$ und den Lochrändern $\mathfrak{A}$, $\mathfrak{B}$, $\mathfrak{C}$, ... den Zusatz zu Satz V an. Das gibt

$$\int \mathfrak{K} = \int \mathfrak{A} + \int \mathfrak{B} + \int \mathfrak{C} + \ldots$$

Nun ist nach Satz III z. B.

$$\int \mathfrak{A} = (z - \alpha)^a \mathfrak{A} + (z - \beta)^b \mathfrak{A} + (z - \gamma)^c \mathfrak{A} + \ldots + \psi \mathfrak{A}.$$

Hier ist das erste Glied der rechten Seite nach Satz VI $a \cdot 2\pi$, während jedes andere Glied nach Satz V verschwindet. Daher ist

$$\int \mathfrak{A} = a \cdot 2\pi.$$

Ähnlich ergibt sich

$$\int \mathfrak{B} = b \cdot 2\pi, \quad \int \mathfrak{C} = c \cdot 2\pi,$$

Damit haben wir

(1) $$f\,\mathfrak{K} = (a + b + c + \ldots)\, 2\pi.$$

Um einen zweiten Wert für $f\,\mathfrak{K}$ zu bekommen, schreiben wir

$$f(z) = z^n\, e(z)$$

mit $$e(z) = 1 + (A/z) + (B/z^2) + \ldots$$

und nehmen den Radius von $\mathfrak{K}$ so groß an, daß der Betrag von $(A/z) + (B/z^2) + \ldots$ für die auf $\mathfrak{K}$ gelegenen z-Werte unterhalb 0,1 liegt. Wenn dann z den Kreis $\mathfrak{K}$ durchwandert, bewegt sich $e(z)$ in der e-Ebene im Innern eines um den Punkt $e = 1$ beschriebenen Kreises vom Radius 0,1, so daß die zugehörige Winkelvariation verschwindet:

$$e\,\mathfrak{K} = 0.$$

Nun ist nach Satz III

$$f\,\mathfrak{K} = z^n\,\mathfrak{K} + e\,\mathfrak{K},$$

folglich wegen Satz VI

(2) $$f\,\mathfrak{K} = n \cdot 2\pi.$$

Aus (1) und (2) ergibt sich

$$\boldsymbol{a + b + c + \ldots = n}.$$

In Worten:

Das Polynom f hat genau n-Nullstellen. Auch zeigt sich jetzt, daß alle diese Nullstellen durch den Faktor φ geliefert werden, daß m. a. W. der Faktor ψ den konstanten Wert 1 hat und

$$f(z) = \varphi(z) = (z - \alpha)^a\,(z - \beta)^b\,(z - \gamma)^c \ldots$$

ist.

Endergebnis.

Fundamentalsatz der Algebra:

Das Polynom n^{ten} Grades

$$f(z) = z^n + A\,z^{n-1} + B\,z^{n-2} + \ldots$$

hat genau n-Nullstellen (Wurzeln). Sind diese α, β, γ, ... mit den Vielfachheiten a, b, c, ..., so ist identisch

$$f(z) = (z - \alpha)^a \cdot (z - \beta)^b \cdot (z - \gamma)^c \cdot \ldots$$

Zweiter Beweis des Fundamentalsatzes der Algebra.

Der Wichtigkeit des Gegenstandes entsprechend möge noch ein zweiter Beweis des Fundamentalsatzes folgen. Um diesen Beweis von den Betrachtungen des vorausgegangenen ersten Beweises ganz unabhängig zu halten, werden wir dabei das Lemma über die Teilbarkeit eines Polynoms nochmals wiederholen.

Im ersten — schwierigeren — Schritt wird lediglich gezeigt, daß eine Gleichung n^{ten} Grades stets mindestens eine Wurzel besitzt; im zweiten Schritt wird dargetan, daß sie genau n Wurzeln hat.

Erster Schritt.

Wir setzen

$$z^n + C_1 z^{n-1} + C_2 z^{n-2} + \ldots + C_n = f(z) = w$$

und achten auf die verschiedenen Werte, die der Betrag $|w|$ annimmt, wenn sich z in der Gaußebene (Ebene der komplexen Zahlen) bewegt. Der kleinste von diesen Werten sei μ und werde z. B. an der Stelle z_0 erreicht, so daß $|f(z_0)| = |w_0| = \mu$ ist.

Zwei Fälle sind möglich:

1. Das Minimum μ ist größer als Null, 2. das Minimum μ ist gleich Null.

Wir untersuchen zunächst den ersten Fall. In der unmittelbaren Umgebung des Punktes z_0, etwa im Innern eines kleinen Kreises K vom Halbmesser R und Zentrum z_0, ist $|w|$ überall $\geqq \mu$, da ja μ den kleinsten Wert von $|w|$ darstellt; in z_0 selbst ist $|w| = |w_0| = \mu$.

Für ein beliebiges z in K ist nun $z = z_0 + \zeta$, wo

$$\zeta = \varrho (\cos \vartheta + i \sin \vartheta)$$

ist und ϱ den Betrag von ζ, d. h. die Strecke $z_0 z$, ϑ die Neigung dieser Strecke gegen die Achse der positiven reellen Zahlen bedeutet. Wir berechnen

$$w = f(z) = f(z_0 + \zeta) = (z_0 + \zeta)^n + C_1 (z_0 + \zeta)^{n-1} + \ldots + C_n,$$

indem wir die Klammern auflösen und nach steigenden Potenzen von ζ ordnen. So entsteht

$$w = f(z) = z_0^n + C_1 z_0^{n-1} + C_2 z_0^{n-2} + \ldots + C_n + c_1 \zeta + c_2 \zeta^2 + \ldots + c_n \zeta^n$$

d. h. $$w = f(z_0) + c_1 \zeta + c_2 \zeta^2 + \ldots + c_n \zeta^n.$$

Da einige Koeffizienten c_r Null sein können, so nennen wir den ersten der nicht verschwindenden Koeffizienten c, den zweiten c' usw., so daß

$$w = w_0 + c\,\zeta^\nu + c'\,\zeta^{\nu'} + c''\,\zeta^{\nu''} + \ldots$$

mit $\nu < \nu' < \nu'' \ldots$

Durch Division mit w_0 und Absonderung von ζ^ν folgt

$$w/w_0 = 1 + q\zeta^\nu \cdot (1 + \zeta\xi),$$

wo $q = c : w_0$ ist und ξ eine Summe von verschiedenen Potenzen von ζ mit positiven Exponenten und bekannten Koeffizienten bedeutet.

Wir achten auf das Produkt $q\zeta^\nu \cdot (1 + \zeta\xi)$. Wir schreiben den ersten Faktor trigonometrisch, wobei wir $\cos \varphi + i \sin \varphi$ mit 1_φ abkürzen, und erhalten aus $q = h(\cos \lambda + i \sin \lambda) = h \cdot 1_\lambda$ und $\zeta = \varrho \cdot 1_\vartheta$ $q\,\zeta^\nu = h \cdot 1_\lambda \cdot \varrho^\nu \cdot 1_{\nu\vartheta} = h\varrho^\nu \cdot 1_{\lambda + \nu\vartheta}$. Von nun an beschränken wir uns auf z-Werte aus K, für die $\lambda + \nu\vartheta = \pi$ ist, die also auf dem Radius $z_0 H$ liegen, der mit der reellen Achse den Winkel $\vartheta = (\pi - \lambda) : \nu$ bildet. Für alle diese z hat die Zahl $1_{\lambda + \nu\vartheta} = 1_\pi$ den Wert -1, und unser Produkt nimmt die Form $-h\varrho^\nu \cdot (1 + \zeta\xi)$ an.

Den zweiten Faktor $1 + \zeta\xi$ können wir, wenn wir den Radius R nur klein genug wählen, der Einheit so nahe bringen, wie wir nur wollen, da $\varrho = |\zeta| < R$ ist. Dann liegt aber das Produkt dem Werte $-h\varrho^\nu$ beliebig nahe. D. h. der Bruch

$$w/w_0 = 1 - h\varrho^\nu \cdot (1 + \zeta\xi)$$

liegt dem Punkte $1 - h\varrho^\nu$ der Gaußebene so nahe, wie wir wollen, womit gezeigt ist, daß für alle z zwischen z_0 und H der Betrag $|w/w_0| < 1$ ausfällt. Mit anderen Worten: Für diese z ist $|w| < \mu$, während doch für alle z der Umgebung von z_0 $|w| \geqq \mu$ sein sollte. Das ist ein Widerspruch; und mit ihm scheidet der oben als möglich angenommene erste Fall ($\mu > 0$) aus. Sonach bleibt nur der zweite Fall übrig: w_0 ist gleich Null oder

$$f(z_0) = 0.$$

Folglich: Jede Gleichung — ihr Grad spielt keine Rolle — hat mindestens eine Wurzel.

Zweiter Schritt.

Wir beginnen mit dem Nachweise des Hilfssatzes: Hat eine algebraische Gleichung $f(z) = 0$ die Wurzel α, so ist die linke Seite der Gleichung durch $z - \alpha$ ohne Rest teilbar.

Teilen wir das Polynom $f(z)$ durch $z - \alpha$, bis der Rest R kein z mehr enthält, so bekommen wir

$$f(z)/(z-\alpha) = f_1(z) + [R/(z-\alpha)],$$

wo R eine Konstante ist und $f_1(z)$ die Form

$$z^{n-1} + \mathfrak{C}_1 z^{n-2} + \mathfrak{C}_2 z^{n-3} + \dots + \mathfrak{C}_{n-1}$$

hat. Durch Multiplikation mit $z - \alpha$ entsteht

$$f(z) = (z-\alpha) f_1(z) + R.$$

Setzen wir in dieser Gleichung, die für jedes z gilt, $z = \alpha$, so erhalten wir

$$R = f(\alpha) = 0$$

und damit für jedes z

$$f(z) = (z-\alpha) f_1(z),$$

w. z. b. w.

Verknüpfen wir diesen Hilfssatz mit dem im ersten Schritt bewiesenen Satze von der Existenz einer Wurzel, so gewinnen wir den neuen

Satz:

Jedes Polynom von z läßt sich darstellen als Produkt eines Linearfaktors $z - \alpha$ mit einem Polynom eines um 1 niedrigeren Grades.

Wir schreiben statt α jetzt besser α_1 und haben

$$f(z) = (z-\alpha_1) f_1(z).$$

Wir wenden den gewonnenen Satz auf das Polynom $f_1(z)$ an und erhalten

$$f_1(z) = (z-\alpha_2) f_2(z),$$

wo $f_2(z)$ vom $(n-2)^{\text{ten}}$ Grade und α_2 eine Wurzel der Gleichung $f_1(z) = 0$ ist. Weiter ebenso:

$$f_2(z) = (z-\alpha_3) f_3(z),$$
$$f_3(z) = (z-\alpha_4) f_4(z) \quad \text{usw.}$$

Ersetzen wir in dieser Kette von Gleichungen, mit der vorletzten beginnend, jedes rechts stehende f durch seinen aus der darunterstehenden Gleichung folgenden Wert, so kommen wir schließlich zum Satz von der Verwandlung eines Polynoms n^{ten} Grades in ein Produkt von n Linearfaktoren:

$$f(z) = (z-\alpha_1)(z-\alpha_2)\dots(z-\alpha_n).$$

In Worten:

Jede ganze rationale Funktion n^{ten} Grades läßt sich als Produkt von n Linearfaktoren darstellen.

Damit gestattet die vorgelegte Gleichung $f(z) = 0$ die Schreibweise

$$(z-\alpha_1)(z-\alpha_2)\dots(z-\alpha_n) = 0.$$

Nun wird aber das links stehende Produkt nur dann Null, wenn ein Faktor Null wird. Und da aus $z - \alpha_\nu = 0$ $z = \alpha_\nu$, folgt, so ergibt sich schließlich:

Die Gleichung $f(z) = 0$ hat die n Wurzeln $\alpha_1, \alpha_2, \dots \alpha_n$ und keine andern.

Damit ist der Fundamentalsatz bewiesen.

§ 72. Taylors Entwicklung

Nach dem binomischen Satze ist, unter n eine nichtnegative Ganzzahl verstanden,

$$(x + h)^n = x^n + n_1 x^{n-1} h + n_2 x^{n-2} h^2 + \ldots,$$

wo n_ν den ν^{ten} Binomialkoeffizienten zur Basis n bedeutet und die rechts stehende Entwicklung $(n + 1)$ Glieder aufweist.

Wir multiplizieren die Gleichung noch mit einer beliebigen Konstante A, ziehen jeweils den Zähler $n(n-1)(n-2)\ldots(n-\nu+1)$ von n_ν zu $x^{n-\nu}$, den Nenner $\nu!$ zu h^ν und erhalten

$$A(x+h)^n = A x^n + n A x^{n-1} \cdot (h^1/1!) + n(n-1) A x^{n-2} \cdot (h^2/2!)$$
$$+ n(n-1)(n-2) A x^{n-3} \cdot (h^3/3!) + \ldots$$

Die hier auftretenden Koeffizienten

$$n A x^{n-1}, \quad n(n-1) A x^{n-2}, \quad n(n-1)(n-2) A x^{n-3}, \ldots$$

von $\qquad h^1/1!, \quad h^2/2!, \quad h^3/3!, \ldots$

heißen bzw. die $\qquad$ erste, zweite, dritte, ...

Ableitung des Monoms $\qquad \varphi(x) = A x^n$

und erhalten (nach Lagrange) die Bezeichnungen

$$\varphi'(x), \quad \varphi''(x), \quad \varphi'''(x), \ldots$$

oder auch $\qquad \varphi^1(x), \quad \varphi^2(x), \quad \varphi^3(x), \ldots,$

so daß

$$\varphi(x) = A x^n, \quad \varphi'(x) = n A x^{n-1}, \quad \varphi''(x) = n(n-1) A x^{n-1},$$
$$\varphi^3(x) = n(n-1)(n-2) A x^{n-3}, \quad \varphi^4(x) = n(n-1)(n-2)(n-3) A x^{n-4} \ldots$$

ist, und unsere Entwicklung sich schreiben läßt

$$\varphi(x+h) = \varphi(x) + \varphi'(x) \cdot (h^1/1!) + \varphi''(x) \cdot (h^2/2!) + \varphi'''(x) \cdot (h^3/3!) + \ldots,$$

wo die rechts stehende Reihe mit dem Gliede $\varphi^n(x)\, h^n : n!$ endigt.

Bei $n = 0$ ist speziell $\qquad \varphi(x+h) = \varphi(x) = A;$

alle Ableitungen einer Konstante sind also verschwindende Größen.

Wir brauchen übrigens nicht besonders hervorzuheben, daß die Reihe mit dem $(n+1)^{\text{ten}}$ Gliede endigt, da die Entwicklung ja auf Grund des Baues der Binomialkoeffizienten ganz von selbst abbricht. Wir können die Entwicklung unbegrenzt weit fortgesetzt denken, wenn wir nur die ν^{te} Ableitung von $\varphi(x) = A x^n$ für jedes positiv ganzzahlige ν durch die Vorschrift

$$\varphi^\nu(x) = n(n-1)(n-2)\ldots(n-\nu+1) A x^{n-\nu}$$

definieren. Es ist dann

$$\varphi(x+h) = \varphi(x) + \varphi'(x) \cdot h + \varphi''(x)(h^2/2!) + \varphi'''(x) \cdot (h^3/3!) + \ldots,$$

wo nunmehr die rechts stehende Entwicklung unbegrenzt weit fortgeführt werden darf.

Für das Monom $\psi(x) = B x^m$ ist genau so

$$\psi(x+h) = \psi(x) + \psi'(x) \cdot h + \psi''(x) \cdot (h^2/2!) + \psi'''(x) \cdot (h^3/3!) + \ldots,$$

wo $\psi'(x)$, $\psi''(x)$, $\psi'''(x)$, ... die erste, zweite, dritte, ... Ableitung von $\psi(x)$ bedeutet.

Daher wird für die Summe

$$f(x) = \varphi(x) + \psi(x)$$

der beiden Monome φ und ψ

$$f(x+h) = f(x) + f'(x) \cdot h + f''(x) \cdot (h^2/2!) + f'''(x) \cdot (h^3/3!) + \ldots$$

mit

$$f'(x) = \varphi'(x) + \psi'(x), \quad f''(x) = \varphi''(x) + \psi''(x), \quad f'''(x) = \varphi'''(x) + \psi'''(x), \ldots$$

In Ansehung dieser Formel nennt man die Summe der ν^{ten} Ableitungen zweier Monome die ν^{te} Ableitung der Summe der beiden Monome.

Man sieht ohne weiteres, daß die Entwicklung von $f(x+h)$ in eine nach steigenden Potenzen von h fortschreitende Reihe keineswegs auf die Summe von nur zwei Monomen beschränkt ist.

Für jedes aus Monomen von der Form Ax^n zusammengesetzte Polynom $f(x)$ gilt die

Taylorsche Entwicklung:

$$\boldsymbol{f(x+h) = f(x) + f'(x) \cdot h + f''(x) \cdot (h^2/2!) + f'''(x) \cdot (h^3/3!) + \ldots}.$$

In ihr bedeutet $f'(x)$, $f''(x)$, $f'''(x)$, ... die bzw. erste, zweite, dritte, ... Ableitung von $f(x)$, d. h. die Summe der bzw. ersten, zweiten, dritten, ... Ableitungen der $f(x)$ zusammensetzenden Monome.

Die Entwicklung kann unbegrenzt weit fortgesetzt werden. [Ist n der Grad von $f(x)$, so bricht die Entwicklung mit dem n^{ten} Gliede von selbst ab.]

Schreibt man statt x α, statt h $x-\alpha$, also statt $x+h$ x, so erhält Taylors Entwicklung die Form

$$f(x) = f(\alpha) + f'(\alpha) \cdot (x-\alpha) + f''(\alpha) \cdot \frac{(x-\alpha)^2}{2!} + f'''(\alpha) \cdot \frac{(x-\alpha)^3}{3!} + \ldots,$$

eine Form, die gleichfalls viel gebräuchlich ist.

§ 73. Vielfache Wurzeln

Man sagt: „Das Polynom

$$f(x) = A\,x^n + Bx^{n-1} + Cx^{n-2} + \ldots$$

hat eine ν-fache Nullstelle α*) [auch ν-fache Wurzel α]“ oder „Die Gleichung $f(x) = 0$ hat eine ν-fache Wurzel α“, wenn $f(x)$ durch $(x-\alpha)^\nu$, jedoch nicht durch $(x-\alpha)^{\nu+1}$ ohne Rest teilbar ist, d. h. wenn ein für $x = \alpha$ nicht verschwindendes Polynom $\varphi(x)$ existiert, derart, daß identisch

$$f(x) = (x-\alpha)^\nu \cdot \varphi(x)$$

ist.

Wir suchen die Bedingung, unter welcher die Gleichung

$$f(x) = 0$$

eine ν-fache Wurzel α hat.

Nach Taylors Entwicklung ist

$$f(x) = f(\alpha) + f'(\alpha) \cdot (x-\alpha) + f''(\alpha) \cdot \frac{(x-\alpha)^2}{2!} + f'''(\alpha) \cdot \frac{(x-\alpha)^3}{3!} + \ldots$$

Da

$$f(x) = (x-\alpha)^\nu \cdot \varphi(x) \qquad \text{mit} \qquad \varphi(\alpha) \neq 0$$

---

*) Man sagt auch: „α ist eine Nullstelle ν^{ter} Ordnung“.

sein soll, muß die Taylorsche Entwicklung mit der ν^{ten} Potenz von $x-\alpha$ beginnen, muß sie demnach hier lauten

$$f(x) = f^{\nu}(\alpha)\cdot\frac{(x-\alpha)^{\nu}}{\nu!} + f^{\nu+1}(\alpha)\cdot\frac{(x-\alpha)^{\nu+1}}{(\nu+1)!} + \ldots$$

und demgemäß

$$\varphi(x) = f^{\nu}(\alpha)\cdot\frac{1}{\nu!} + f^{\nu+1}(\alpha)\cdot\frac{x-\alpha}{(\nu+1)!} + f^{\nu+2}(\alpha)\cdot\frac{(x-\alpha)^2}{(\nu+2)!} + \ldots \quad \text{mit} \quad f^{\nu}(\alpha) \neq 0$$

sein.

Wenn also α eine ν-fache Wurzel von $f(x)$ ist, müssen die ν Größen $f(\alpha)$, $f'(\alpha)$, $f''(\alpha)$, …, $f^{\nu-1}(\alpha)$ verschwinden, während $f^{\nu}(\alpha)$ von Null verschieden sein muß.

Ist umgekehrt

$$f(\alpha) = 0,\ f'(\alpha) = 0,\ f''(\alpha) = 0,\ \ldots,\ f^{\nu-1}(\alpha) = 0 \quad \text{und} \quad f^{\nu}(\alpha) \neq 0,$$

so lautet Taylors Entwicklung

$$f(x) = f^{\nu}(\alpha)\cdot\frac{(x-\alpha)^{\nu}}{\nu!} + f^{\nu+1}(\alpha)\cdot\frac{(x-\alpha)^{\nu+1}}{(\nu+1)!} + \ldots,$$

so daß,

$$f^{\nu}(\alpha)\cdot\frac{1}{\nu!} + f^{\nu+1}(\alpha)\cdot\frac{x-\alpha}{(\nu+1)!} + f^{\nu+2}(\alpha)\cdot\frac{(x-\alpha)^2}{(\nu+2)!} + \ldots = \varphi(x)$$

gesetzt,

$$f(x) = (x-\alpha)^{\nu}\cdot\varphi(x) \qquad \text{mit} \qquad \varphi(\alpha) \neq 0$$

wird, mithin α eine ν-fache Nullstelle von $f(x)$ ist.

Folglich:

Das Polynom $f(x)$ hat eine ν-fache Wurzel α, wenn $f(x)$ und seine Ableitungen bis zur ν^{ten} ausschließlich an der Stelle α verschwinden.

So hat $f(x)$ beispielsweise eine zweifache Wurzel oder Doppelwurzel α, wenn $f(\alpha)$ und $f'(\alpha)$ verschwinden, $f''(\alpha)$ dagegen nicht verschwindet.

§ 74. Zerfall der ternären quadratischen Form

Es ist die Bedingung aufzustellen, unter welcher sich die ternäre quadratische Form

$$f = ax^2 + by^2 + cz^2 + 2\alpha yz + 2\beta zx + 2\gamma xy$$

in ein Produkt von zwei Linearfaktoren

$$\varphi = hx + ky + lz \qquad \text{und} \qquad \varphi' = h'x + k'y + l'z$$

zerlegen läßt.

Aus dem Ansatz

$$f = \varphi\,\varphi'$$

folgt, wenn wir die Quotienten $X = x:z$ und $Y = y:z$ einführen,

$$aX^2 + bY^2 + 2\gamma XY + 2\beta X + 2\alpha Y + c = (hX + kY + l)(h'X + k'Y + l').$$

Fassen wir X und Y als kartesische Koordinaten auf, so lautet jetzt unsere Frage:

Wann zerfällt der Kegelschnitt

$$F \equiv aX^2 + bY^2 + 2\gamma XY + 2\beta X + 2\alpha Y + c = 0$$

in ein Geradenpaar?

Zur Beantwortung dieser Frage setzen wir zunächst mindestens einen der beiden Koeffizienten der quadratischen Glieder, etwa a, als von Null verschieden voraus und schreiben unsere Gleichung als quadratische Gleichung für X:

$$P X^2 + 2 Q X + R = 0$$

mit $P = a, \quad Q = \gamma Y + \beta, \quad R = b Y^2 + 2 \alpha Y + c.$

Aus der quadratischen Gleichung folgt

$$P X + Q = \pm \sqrt{D},$$

wo

$$D = Q^2 - P R$$

die Diskriminante der Gleichung bedeutet, die sich als Trinom in Y

$$D = - C Y^2 + 2 A Y - B$$

schreibt, wenn man, wie üblich, die Adjunkten von Elementen der Determinante

$$\varDelta = \begin{vmatrix} a & \gamma & \beta \\ \gamma & b & \alpha \\ \beta & \alpha & c \end{vmatrix}$$

durch die gleichnamigen Großbuchstaben bezeichnet.

Wenn nun F das Produkt zweier Linearfaktoren in X und Y sein soll, so muß $\sqrt{D}$ eine Linearfunktion von Y sein. Die Diskriminante D ist aber nur dann Quadrat einer Linearfunktion in Y, wenn die Diskriminante

$$\mathfrak{D} = A^2 - BC$$

des Trinoms D verschwindet.

Nun ist $\mathfrak{D} =$
$(\beta\gamma - a\alpha)^2 - (ac - \beta^2)(ab - \gamma^2) = - a[abc + 2\alpha\beta\gamma - a\alpha^2 - b\beta^2 - c\gamma^2]$

oder

$$\mathfrak{D} = - a\varDelta;$$

und diese Größe verschwindet nur dann, wenn $\varDelta$ verschwindet.

Und umgekehrt: Wenn $\varDelta$ verschwindet, verschwindet $\mathfrak{D}$, ist also D das Quadrat einer Linearfunktion in Y:

$$D = (M Y + N)^2$$

und

$$P X + Q = \pm (M Y + N),$$

so daß aF in das Produkt der beiden Linearfaktoren

$$P X + M Y + Q + N \qquad \text{und} \qquad P X - M Y + Q - N$$

zerfällt.

Sollte jeder der beiden Koeffizienten der quadratischen Glieder verschwinden: $a = 0$ und $b = 0$, so ist

$$F \equiv 2\gamma X Y + 2\beta X + 2\alpha Y + c$$

und γ sicher von Null verschieden. In diesem Falle ist $2\gamma F$ (und damit F) nur dann Produkt von zwei Linearfaktoren:

$$2\gamma F = (2\gamma X + 2\alpha) \cdot (2\gamma Y + 2\beta),$$

wenn auf der rechten Seite der Gleichung

$$2\gamma F = (2\gamma X + 2\alpha)(2\gamma Y + 2\beta) - 2[2\alpha\beta - c\gamma]$$

die eckige Klammer verschwindet. Nun hat aber jetzt die Determinante Δ den Wert

$$\Delta = \begin{vmatrix} 0 & \gamma & \beta \\ \gamma & 0 & \alpha \\ \beta & \alpha & c \end{vmatrix} = 2\,\alpha\beta\gamma - c\gamma^2 = \gamma\,[2\,\alpha\beta - c\gamma],$$

so daß die eckige Klammer nur bei verschwindendem Δ verschwindet.

Demnach ist in jedem Falle die notwendige und hinreichende Bedingung für die Verwandelbarkeit von F in ein Produkt von Linearfaktoren bzw. für den Zerfall des Kegelschnitts $F = 0$ in ein Geradenpaar das Verschwinden der Determinante Δ. Diese aus den Koeffizienten der vorgelegten Form aufgebaute Determinante heißt Koeffizientendeterminante oder meist Diskriminante der Form f; und wir haben den

Fundamentalsatz:

Die ternäre quadratische Form

$$f = a\,x^2 + b\,y^2 + c\,z^2 + 2\,\alpha\,y\,z + 2\,\beta\,z\,x + 2\,\gamma\,x\,y$$

zerfällt dann und nur dann in ein Produkt von Linearfaktoren, wenn ihre Diskriminante

$$\Delta = \begin{vmatrix} a & \gamma & \beta \\ \gamma & b & \alpha \\ \beta & \alpha & c \end{vmatrix}$$

verschwindet.

§ 75. Die platonischen Formeln

Aufgabe: Drei Fremdzahlen*) x, y, z zu finden, die in pythagoreischer Beziehung stehen. Es handelt sich also darum, drei fremde ganze Zahlen x, y, z zu finden, die die pythagoreische Relation

$$x^2 + y^2 = z^2$$

befriedigen.

Lösung: Zunächst können x und y nicht gleichartig (d. h. beide gerade oder beide ungerade) sein. Gerade können sie nicht sein, weil sonst auch z gerade sein müßte und die drei Zahlen dann nicht fremd wären. Wären x und y aber beide ungerade, etwa $x = 2\,m + 1$, $y = 2\,n + 1$, so hätte z^2 die Form $4\,N + 2$ (mit $N = m^2 + n^2 + m + n$); und das ist nicht möglich, da z^2 bei geradem z durch 4 teilbar ist, bei ungeradem z ungerade ist. Demnach muß eine der beiden Zahlen x und y, etwa x, gerade, die andere, y, ungerade sein. Daraufhin fällt dann z ganz von selbst ungerade aus.

Nunmehr schreiben wir unsere Gleichung

$$(z + y)/2 \cdot (z - y)/2 = (x/2)^2.$$

Hier müssen die beiden auf der linken Seite stehenden Ganzzahlen $(z + y)/2$ und $(z - y)/2$ fremd sein. Hätten sie nämlich den gemeinsamen Teiler $d > 1$, so wäre $\quad (z + y)/2 = hd \quad$ und $\quad (z - y)/2 = kd,$

*) Fremdzahlen sind Ganzzahlen, die (außer 1) keinen gemeinsamen Teiler besitzen. Das Zeichen für Fremdheit (Teilerfremdheit) ist $\frown$, so daß $a \frown b$ bedeutet, daß a und b fremd sind.

wo h und k Ganzzahlen sind. Hieraus würde $z = (h + k)\,d$ und $y = (h - k)\,d$ folgen, so daß auch z und y den gemeinsamen Teiler d hätten. Letzteres ist aber nicht möglich, da (wegen $x^2 = z^2 - y^2$) dann auch x den Teiler d haben würde und die drei Zahlen x, y, z nicht fremd wären.

Nun kann aber das Produkt der Quadrate von zwei Fremdzahlen $[(z + y)/2$ und $(z - y)/2]$ nur dann ein Quadrat $[(x/2)^2]$ sein, wenn jede der beiden Fremdzahlen selbst ein Quadrat ist. Folglich muß

$$(z + y)/2 = m^2 \qquad \text{und} \qquad (z - y)/2 = n^2$$

sein, wo m und n gewisse Fremdzahlen sind; und aus

$$(z + y)/2 \cdot (z - y)/2 = (x/2)^2$$

folgt weiter

$$x/2 = mn.$$

Daher haben die drei gesuchten Fremdzahlen notwendig die Formen

$$x = 2\,mn, \qquad y = m^2 - n^2, \qquad z = m^2 + n^2,$$

wo m und n ungleichartige Fremdzahlen sind. [m und n können nicht beide ungerade sein, da y und z ungerade ausfallen müssen.]

Bedeuten umgekehrt m und n zwei beliebige ungleichartige Fremdzahlen, so sind die drei Zahlen

$$x = 2\,mn, \qquad y = m^2 - n^2, \qquad z = m^2 + n^2$$

erstens fremd — sogar paarweise fremd — und gilt zweitens die pythagoreische Relation

$$x^2 + y^2 = z^2.$$

Beweis. Hätten x und y oder x und z einen (ungeraden) Primteiler p gemeinsam, so ginge dieser etwa in m und damit (weil in y bzw. z aufgehend) auch in n auf, q. e. a. Hätten y und z den Primteiler p gemeinsam, so ginge dieser in den Ganzzahlen $(z + y)/2$ und $(z - y)/2$ und damit in den diesen beiden Zahlen gleichen Ganzzahlen m^2 und n^2, also auch in m und n selbst auf, *q. e. a.*

Die pythagoreische Relation aber wird sofort durch Ausrechnen bestätigt. Das Ergebnis unserer Betrachtungen ist der

Satz von Plato:

Sämtliche fremden Lösungen der diophantischen Gleichung

$$x^2 + y^2 = z^2$$

werden durch das Formeltripel

$$x = 2\,mn, \qquad y = m^2 - n^2, \qquad z = m^2 + n^2$$

geliefert, in welchem m und n beliebige ungleichartige Fremdzahlen sind.

Anmerkung. Das angegebene Formeltripel geht auf Plato zurück. Wir nennen es deshalb das platonische Formeltripel.

Plato lehrte zwar nur die Formeln

$$x = 2\,g, \qquad y = g^2 - 1, \qquad z = g^2 + 1$$

unter g eine beliebige Ganzzahl verstanden; aber man braucht ja g nur als Rationalzahl $m : n$ anzunehmen und die drei entstehenden Ausdrücke (durch

Multiplikation mit n^2) ganzzahlig zu gestalten, um die obigen Lösungswerte

$$2mn, \qquad m^2 - n^2, \qquad m^2 + n^2$$ zu bekommen.

Die verallgemeinerte platonische Gleichung

$$C x^2 + y^2 = z^2$$

erledigt sich ganz ähnlich.

(C ist eine gegebene Ganzzahl, x, y, z sind gesuchte paarweise fremde positive Ganzzahlen.)

Wir setzen C als linear*) voraus. [Hat C einen unechten quadratischen Faktor e^2, so daß $C = c e^2$ mit linearem c ist, so setzt man $e x = X$ und betrachtet die diophantische Gleichung $c X^2 + y^2 = z^2$, in welcher nun c linear ist.]

Wir schreiben $$\frac{z+y}{2} = s, \quad \frac{z-y}{2} = u, \quad \frac{x}{2} = w$$

und haben $$s u = C w^2.$$

Sind nun s und u Ganzzahlen, so sind sie fremd, da ein etwaiger gemeinsamer Teiler d gegen die Voraussetzung in z und y aufgehen würde.

Bedeutet m^2 bzw. n^2 den größten in s bzw. u aufgehenden quadratischen Teiler, so wird $s = a m^2$, $u = b n^2$ mit linearen a und b, $a \frown b$,

also auch mit linearem ab und mit $m \frown n$,

und wir erhalten $$a b\,(m n)^2 = C\,(w)^2$$

mit linearem C und linearem ab.

Hieraus folgt $ab = C$ und $w = mn$

und weiter

$$z = s + u = a m^2 + b n^2, \quad y = s - u = a m^2 - b n^2, \quad x = 2w = 2mn.$$

Sind dagegen s und u Halbzahlen, so sind $2s$ und $2u$ fremde ungrade Zahlen, da ein etwaiger gemeinsamer (ungrader) Teiler d auch in $2z = 2s + 2u$ und $2y = 2s - 2u$, also gegen die Voraussetzung auch in z und y aufgehen würde.

Bedeutet wieder m^2 bzw. n^2 den größten quadratischen Teiler von $2s$ bzw. $2u$, so ist

$$2s = a m^2, \; 2u = b n^2 \text{ mit linearen } a \text{ und } b, \; a \frown b, \text{ also auch}$$

mit linearem ab, $m \frown n$, und wir erhalten

$$a b\,(m n)^2 = C\,(2w)^2$$

mit linearem ab und linearem C.

---

*) Eine Zahl heißt linear, wenn sie keinen von 1 verschiedenen quadratischen Faktor besitzt.

Das Verhältnis zweier verschiedener Linearzahlen kann nie das Quadrat einer Rationszahl sein.

Beweis: Es sei $a\alpha^2 = b\beta^2$ mit linearen a und b, mit fremden α und β. Hier kann α keinen Primteiler besitzen, da dieser sonst auch in β aufgehen müßte. Folglich ist $\alpha = 1$, ebenso $\beta = 1$ und a gleich b!

Hieraus folgt wieder $ab = C$ und $2w = mn$
und weiter

$$z = \frac{a m^2 + b n^2}{2}, \quad y = \frac{a m^2 - b n^2}{2}, \quad x = m n.$$

Ergebnis:

Die Stammlösungen*) der platonischen Gleichung

$$C x^2 + y^2 = z^2 \qquad \text{(mit linearem } C\text{)}$$

ergeben sich durch das Formeltripel

$$x = \varepsilon m n, \qquad y = \varepsilon \frac{a m^2 - b n^2}{2}, \qquad z = \varepsilon \frac{a m^2 + b n^2}{2},$$

wo a, b beliebige Fremdzahlen vom Produkt C, m, n ganz beliebige Fremdzahlen sind und ε gleich 1 oder 2 gewählt wird, je nachdem $a m^2 + b n^2$ grade oder ungrade ausfällt.

---

*) Eine Stammlösung x, y, z ist eine Lösung, in welcher x, y, z paarweise fremd sind.

REGISTER